信息技术重点图书·雷达

U0394520

有源相控阵雷达天线结构设计

中国电子科技集团公司第十四研究所

唐宝富　钟剑锋　顾叶青　著

西安电子科技大学出版社

内 容 简 介

　　有源相控阵雷达天线是复杂的电子装备,是典型的机、电、热等多学科交叉技术的结晶。本书立足于工程实践,详尽阐述了有源相控阵雷达天线结构的总体设计、造型设计、冷却设计和折叠拼装设计的流程与方法,同时叙述了有源相控阵天线的核心部件——有源子阵的设计,并介绍了力学仿真和数字样机先进设计技术的应用。本书还介绍了天线智能结构新技术的应用前景以及特种材料与工艺在工程中的应用情况。本书比较全面地反映了有源相控阵雷达天线结构设计的各个方面,列举了大量的设计实例,实用性较强,具有一定的前瞻性。

　　本书可供雷达系统、天线及相关电子设备研究和设计的工程技术人员学习、参考,也可作为高等院校相关专业师生的参考书。

图书在版编目(CIP)数据

有源相控阵雷达天线结构技术/中国电子科技集团公司第十四研究所著. —西安:
西安电子科技大学出版社,2016.6(2022.2重印)
ISBN 978 - 7 - 5606 - 4079 - 2

Ⅰ. ① 有…　Ⅱ. ① 中…　Ⅲ. ① 有源相控阵-相控雷达-天线-研究

Ⅳ. ① TN957.2

中国版本图书馆 CIP 数据核字(2016)第 115879 号

策　　划	李惠萍
责任编辑	王　斌　李惠萍
出版发行	西安电子科技大学出版社(西安市太白南路 2 号)
电　　话	(029)88202421　88201467　　邮　编　710071
网　　址	www.xduph.com　　　　电子邮箱　xdupfxb001@163.com
经　　销	新华书店
印刷单位	陕西天意印务有限责任公司
版　　次	2016 年 6 月第 1 版　2022 年 2 月第 3 次印刷
开　　本	毫米×毫米　1/16　印张　22.5
字　　数	532 千字
印　　数	4001～5000 册
定　　价	51.00 元

ISBN 978 - 7 - 5606 - 4079 - 2/TN

XDUP　4371001 - 3

序

  随着科学技术的飞速发展和信息化战争的需要，对雷达提出了新的要求，如探测精度高、作用距离远、反应速度快、跟踪目标多等。

  有源相控阵雷达是一种复杂的电子设备，天线是其核心部分之一。有源相控阵雷达天线是一个机电结合的系统，主要包括电磁与机械结构两大部分。机械结构不仅是电性能实现的载体和保障，且往往制约着电性能的实现。而且，随着雷达向高频段、高增益，高密度、小型化，快响应、高指向精度方向发展的趋势，这种制约作用愈发明显。为适应这一新的发展趋势，传统的雷达体系架构和设计方法相应地得到了发展和补充，其结构上呈现出功能多元化、布局集成化、口径大型化以及外形轻薄化等多种特点。为满足天线结构日益发展的需求，设计方法上出现了模型数字化、实验虚拟化、学科交叉化等特点。

  雷达服役环境与装载平台对结构提出了许多特殊需求，如车载高机动雷达面临体积空间、重量和快速架撤的严格限制，而舰载、机载及弹载雷达则受到舰船、载机和弹体资源的严苛约束等。为满足这些需求，雷达结构设计的理念、模型、方法及手段都发生了明显的变化。

  中国电子科技集团公司第十四研究所是我国雷达工业的发源地，研制过诸多新型、高端雷达装备。本书作者及其团队在各型雷达的研制中，主持过多型雷达天线的研制工作，积累了丰富的经验。本书就是他们科研工作的体会与总结。相信该书的出版，将有益于促进我国微波天线，特别是有源相控阵雷达天线的设计、制造与服役保障工作，为我国雷达尤其是有源相控阵雷达技术的发展贡献力量。

  此书可供从事雷达设计、制造及保障的工程技术人员及高等学校相关专业的师生参考。

中国工程院院士

西安电子科技大学原校长

2016 年 1 月 20 日

前　　言

　　20世纪30年代雷达问世以来，技术发展迅速，已从当初的机械扫描雷达发展到当今的有源相控阵雷达。20世纪60年代，美国和前苏联相继研制和装备了多部相控阵雷达，多用于弹道导弹防御系统。20世纪80年代，多功能相控阵雷达广泛应用于远程防空导弹武器系统中，大大提高了防空导弹武器系统的作战性能。到了21世纪，随着科技的不断发展和现代信息战争的需求，有源相控阵体制已成为雷达产品的主流。

　　普通雷达的波束扫描是靠雷达天线转动来实现的，又称为机械扫描雷达。而相控阵雷达是用电的方式控制雷达波束的指向变化来进行扫描的，这种方式被称为电扫描。

　　相控阵雷达强大的生命力表现在它独特的功能特点上：能对付多目标；功能多，机动性强；反应时间短，跟踪空中高速机动目标的能力高；方便的信号处理和灵活的控制；低功率固态组件的应用使雷达工作可靠性高；平均功率高，功率孔径积大（作用距离远）等。

　　相控阵雷达有两种形式：无源相控阵和有源相控阵。两者的主要区别在阵列天线。前者集中式发射机输出的能量通过馈电网络分配至各个移相器，经适当相移后由阵列单元辐射出去。后者每一阵列单元接有一发射机或者接收机前端（T/R组件），最重要的特点是天线能直接向空中辐射和接收射频能量。

　　有源相控阵天线是有源相控阵雷达的核心组成部分。由于有源组件直接与阵列单元相连，收、发位置前置（降低了系统的损耗），成千上万个发射源合成的总功率可达十几兆瓦至几十兆瓦。多个独立的T/R（收/发）组件和阵列单元形成独立的系统，只有当20%以上的收发组件失效后才会严重影响雷达性能，因此提高了信噪比和辐射功率，也提高了系统的可靠性（或称为冗余度）。可在射频上形成自适应波束，提高了抗干扰能力。有源相控阵天线在陆基、海基、空基直至天基雷达上均已得到广泛应用。

　　不同于以机械结构为主的反射面天线，有源相控阵天线由辐射单元、T/R组件、电源模块、控制模块、射频网络模块、供电网络、液冷管网以及作为结构支撑的阵面骨架等组成，是复杂的电子装备。其结构设计有电子设备结构的鲜明特征，又有独特的个性，涉及机械、电子、材料、微电子、工业设计等多门学科，是典型的机、电、热等多学科交叉的技术成果。

　　本书从工程设计的角度，详尽地介绍了有源相控阵天线结构设计的流程和主要组成部件的设计方法，以及相关的重要技术。第1章概述了有源相控阵天线的基本原理、结构设计特点，并简述了典型的有源相控阵天线；第2章讲述了总体设计过程和不同平台的有源相控阵天线布局构型方法；第3章介绍了有源相控阵天线核心部件——有源子阵的设计；第4、5、6章分别介绍了有源相控阵天线的造型设计、冷却设计和折叠拼装设计；第7、8章分别介绍了力学仿真和数字样机技术在有源相控阵天线设计中的应用；第9章介绍了天线智能结构新技术；第10章介绍了特种材料与工艺应用。本书取材于工程实践，内容反映了有源相控阵雷达天线结构技术近十多年来的研究成果，列举了大量的设计实例，具有较强的实用性。本书根据结构设计的特点，插入大量图片，力求图文并茂，方便读者阅读理解。

  本书由唐宝富设计策划，并对各章进行了审读与修改。其中，第1章由唐宝富、姚晔编写，第2章由唐宝富、张继成、钱宣、吴鸿超、陈敏编写，第3章由唐宝富、姚晔编写，第4章由姚晔、毛栌浠、钟剑锋编写，第5章由钟剑锋、江守利、张轶群编写，第6章由王金伟编写，第7章由顾叶青、孙为民编写，第8章由钟剑锋、刘加增编写，第9章由唐宝富、王超、张轶群编写，第10章由顾叶青、江守利、钟剑锋、崔凯编写。西安电子科技大学原校长、中国工程院院士段宝岩教授为本书作序。在此笔者对以上提及的各位同志表示由衷的感谢。

  我们已努力确保书稿的质量和准确性，希望为读者提供一本好书，但限于水平和工作经验，书中难免有疏漏及不妥之处，敬请广大读者批评指正。

唐宝富

2016.1.20

目　　录

第 1 章 概 述

1.1 雷 达 系 统

众所周知，雷达探测目标是模仿蝙蝠夜间飞行捕食过程，其原理是通过天线发出无线电波，无线电波遇到障碍物反射回来，反射波经处理后显示在显示屏上，从而指示出目标。当前，雷达技术已广泛应用于导航、海洋、气象、环境、农业、森林、资源勘测等领域。在军事侦察中，雷达更是将利用电磁波对目标检测、定位、跟踪、成像、识别的功能发挥得淋漓尽致。

雷达的基本概念形成于 20 世纪初，但直到第二次世界大战前后，雷达才得到迅速发展。1922 年，意大利马可尼发表了无线电波可能检测物体的论文。同年，美国海军实验室利用双基地连续波雷达检测到在其间通过的木船。1925 年，美国开始研制能测距的脉冲调制雷达，并首先用它来测量电离层的高度。1936 年，美国研制出作用距离达 40 km、分辨率为 457 m 的探测飞机的脉冲雷达。1938 年，英国已在邻近法国的本土海岸线上布设了一条观测敌方飞机的早期报警雷达链(Chain Home，CH)。

早在 20 世纪 30 年代后期，相控阵技术就已经出现。1937 年，美国首先开始这项研究工作，于 20 世纪 50 年代中期研制出两部实用型舰载相控阵雷达。20 世纪 60 年代，美国和前苏联相继研制和装备了多部相控阵雷达，多用于弹道导弹防御系统，如美国的 AN/FPS - 46、AN/FPS - 85、MAR、MSR，前苏联的“鸡笼”和“狗窝”等。这些都属于固定式大型相控阵雷达，其共同点是：采用固定式平面阵天线，天线体积大、辐射功率高、作用距离远，其中以美国的 AN/FPS - 85 和前苏联的“狗窝”最为典型。20 世纪 70 年代，相控阵雷达得到了迅速发展，除美国和前苏联两国外，又有很多国家研制和装备了相控阵雷达，如英、法、日、意、德、瑞典等。其中最为典型的有：美国的 AN/TPQ - 25、AN/TPQ - 37 和 GE - 592，英国的 AR - 3D，法国的 AN/TPN - 25，日本的 NPM - 510 和 J/NPQ - P7，意大利的 RAT - 31S，德国的 KR - 75 等。这一时期的相控阵雷达具有机动性高、天线小型化、天线扫描体制多样化、应用范围广等特点。20 世纪 80 年代，相控阵雷达由于具有很多独特的优点，得到了更进一步的应用，在已装备和正在研制的新一代中/远程防空导弹武器系统中多采用多功能相控阵雷达，它已成为第三代中/远程防空导弹武器系统的一个重要标志，从而大大提高了防空导弹武器系统的作战性能。21 世纪，随着科技的不断发展和现代战争兵器的新特点，相控阵雷达的制造和研究将会更上一层楼。

1.1.1 雷达基本原理

雷达(Radar)一词是 Radio Detection and Ranging 英文单词的简称，完整的意思为无线电探测与测距。雷达的基本原理是通过发射电磁信号，接收来自其威力范围内目标的回波，并从回波信号中提取出位置和其他信息，以用于目标探测、目标定位和目标识别。

雷达的基本原理可以用脉冲雷达简化框图来说明，如图 1.1 所示。雷达发射机产生足够的电磁能量，经过双工器或收发转换开关传送给天线。天线将这些电磁能量辐射至空间中，集中在某一个很窄的方向上形成波束，向前传播。当电磁波遇到波束内的目标后，将沿着各个方向产生反射，其中的一部分电磁能量反射回雷达的方向，被雷达天线获取。天线接收的能量经过双工器或收发转换开关送到接收机，形成雷达回波信号。由于在传播过程中电磁波会随着传播距离而衰减，雷达回波信号往往非常微弱，甚至几乎被噪声所淹没。接收机放大微弱的回波信号，经过信号处理机处理，提取出包含在回波中的信息，送到监视器，显示出目标的距离、方向、速度等信息。

雷达的种类很多，分类方法也很复杂，其基本分类如图 1.2 所示。

1.1.2　相控阵雷达

普通雷达的波束扫描是靠雷达天线转动来实现的，又称为机械扫描雷达，而相控阵雷达是用电的方式控制雷达波束的指向变化来进行扫描的，这种方式被称为电扫描。相控阵雷达虽然不能像其他雷达那样依靠旋转天线来使雷达波束转动，但它自有自己的"绝招"，那就是使用"移相器"来实现雷达波束转动。相控阵雷达天线是由大量的辐射器（小天线）组成的阵列（如正方形、三角形等），辐射器少则几百，多则数千，甚至上万，每个辐射器的后面都接有一个可控移相器，每个移相器都由电子计算机控制。单个辐射器称为阵列单元

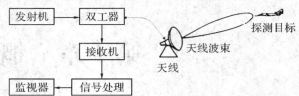

图 1.1　脉冲雷达简化框图

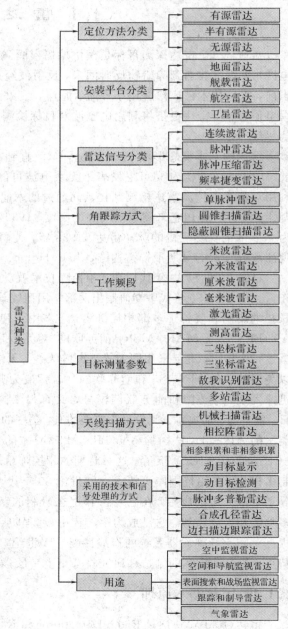

图 1.2　雷达的基本分类

（或辐射单元），简称阵元。雷达工作就是利用电子计算机控制移相器改变天线孔径上的相位分布来实现波束在空间的扫描，从而完成对空搜索的使命。当相控阵雷达搜索远距离目标时，虽然看不到天线转动，但上万个辐射器通过电子计算机控制集中向一个方向发射、偏转，即使是几万千米以外的洲际导弹和卫星，也逃不过它的"眼睛"。如果是对付较近的目标，这些辐射器又可以分工负责，产生多个波束，有的搜索，有的跟踪，有的引导。正是由于这种雷达摒弃了一般雷达天线的工作原理，人们给它起了个与众不同的名字——相控阵雷达，表示"相位可以控制的天线阵"的含义。相控阵雷达的原理框图如图 1.3 所示。

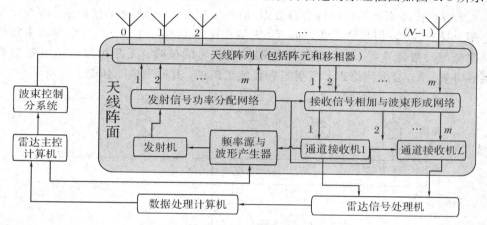

图 1.3　相控阵雷达的原理框图

　　正如前文所述，相控阵雷达即电子扫描阵列雷达（AESA），是指一类通过改变天线表面阵列所发出波束的合成方式，来改变波束扫描方向的雷达。这种设计有别于机械扫描的雷达天线，可以减少或完全避免使用机械马达驱动雷达天线便可达到涵盖较大侦测范围的目的。目前使用的电子扫描方式包括改变频率或者是改变相位的方式，将合成波束的发射方向加以变化。电子扫描的优点有：扫描速率高，改变波束方向的速率快，对于目标信号测量的精确度高于机械扫描雷达，同时免去机械扫描雷达天线驱动装置可能发生的故障。相控阵雷达天线个别部件发生故障时，仍保持较高的可靠性，平均无故障时间为 10 万小时，而机械扫描雷达天线的平均无故障时间小于 1000 小时。

　　相控阵雷达强大的生命力，表现在它独特的功能特点上：

　　（1）能处理多目标。相控阵雷达容易实现数字波束形成，与电子计算机相配合，能同时搜索、跟踪不同方向、不同高度的多批目标，并能同时制导多枚导弹进行攻击。大型相控阵雷达一般能同时搜索 1000 个以上目标或同时跟踪 200 个以上目标。

　　（2）功能多，机动性强。相控阵雷达的天线阵列可同时形成多波束，各个波束又具有不同的功率、波束宽度、驻留时间、重复频率等，并且这些波束可以分别控制和统一控制。这样，其中有些波束可用做一般搜索，有的做重点搜索，有些波束可用来跟踪目标等。

　　（3）反应时间短，跟踪空中高速机动目标的能力高。相控阵雷达因波束扫描不受机械惯量的限制，波束移动很快，具有较高的数据率，使相控阵雷达具有短的目标搜索、跟踪准备时间，因而可提高跟踪空中高速机动目标的能力。

　　（4）方便的信号处理和灵活的波束控制。相控阵雷达的脉冲重复频率和宽度、一定范围内的工作频率和调制方式都可以改变，这种方便的信号处理和灵活的波束控制，便于综合运用抗干扰技术。

（5）低功率固态组件的应用使雷达工作可靠性高。因为大功率器件是雷达可靠性的薄弱环节，现在改为数千个小功率的固态组件，故障率低，所以有极高的可靠性。

（6）大的平均功率，功率孔径积大（作用距离远）。

1.1.3 相控阵雷达的类别

相控阵雷达有两种形式：无源相控阵雷达和有源相控阵雷达。

（1）无源相控阵雷达系统中包含有数据/信号处理系统、激励器、接收机、波控计算机、低压电源、双工器、发射机和无源阵面等。无源相控阵雷达共用一个或几个高功率发射机，通过功率分配器激励阵列天线，通过组合器实现信号的接收。无源相控雷达由辐射单元、移相器、功率分配/合成网络以及发射机和接收机组成，其原理框图如图1.4所示。

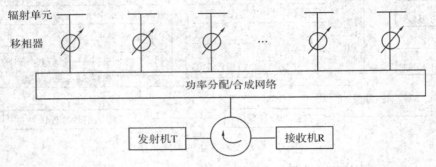

图 1.4　无源相控阵雷达原理框图

（2）有源相控阵雷达系统中包含有数据/信号处理系统、激励器、接收机、波控计算机、低压电源和有源阵面。有源相控阵雷达射频功率通过阵列结构中的组件放大到辐射所需的电平，而且通常由阵列或子阵列中的某种功率"模块"来实现。有源相控阵雷达由阵列单元、T/R组件、子阵功分网络、收发开关、发射功分网络、功率相加与多波束形成网络等组成，其原理框图如图1.5所示。

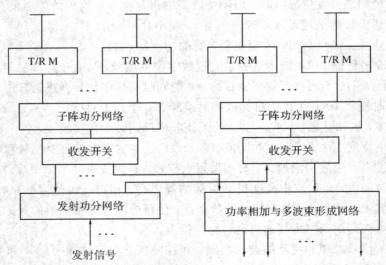

图 1.5　有源相控阵雷达原理框图

无源相控阵雷达与有源相控阵雷达相比较，主要区别在阵列天线。无源相控阵雷达采用一个集中发射机，这与机械扫描雷达区别不大，仅是在每一个阵列单元上接了一个移相器。集中式发射机输出的能量通过馈电网络分配至各个移相器，经适当相移后由阵列单元辐射出去。回波信号经阵列单元接收，通过移相器移相、馈电网络合成后进入集中式接收机进行检测和处理。由于这种相控阵雷达的天线一般由无源器件构成，因此，称为无源相控阵天线。有源相控阵通常是指每一阵列单元接有一发射机或者接收机前端，即 T/R 组件，由于其天线阵面包含了大量的有源部件，所以称为有源相控阵天线。有源相控阵天线最重要的特点是天线能直接向空中辐射和接收射频能量。

两种相控阵雷达中数据/信号处理系统常常是由一台通用计算机(称为中心计算机)组成的，对其进行编程以控制雷达，进行数据处理，对关心的目标进行相关处理，并响应用户的请求。

从今后雷达的发展趋势来看，有源相控阵雷达将是一种优先的选择。它有许多显著的优点，如天线不需要高功率分配网络，尺寸可做得很大，因而提高了雷达威力，增大了雷达探测距离；辐射功率大，通常情况下，成千上万个发射源合成的总功率可达十几兆瓦至几十兆瓦，加之大尺寸的天线，使得相控阵雷达能较方便地把探测导弹头的作用距离提高到 100 千米以上。有源相控阵雷达天线由多个独立的 T/R 组件和阵列单元组成，只有当 20% 以上的收发组件失效后才会严重影响雷达性能，比无源相控阵雷达的任务可靠性有较大提高。

相控阵天线亦称为天线阵面或阵面，本书所提及天线阵面或阵面皆指有源阵面，即有源相控阵天线。

1.2 有源相控阵天线

有源相控阵天线是有源相控阵雷达的核心组成部分，由有源组件(又称为收/发组件)与天线阵列中的每一个阵列单元(或子阵)通道直接连接而组成，这些有源组件与其相对应的阵列单元构成了阵列的一个模块，它具有只接收、只发射或收/发的功能。

有源相控阵天线除具有无源相控阵天线的功能之外，还有一些其他重要的特点。由于有源组件直接与阵列单元相连，收/发位置前置(降低了系统的损耗)且阵面有源模块间形成独立的系统，从而提高了有源相控阵雷达的信噪比和辐射功率，也提高了系统的可靠性(或称为冗余度)。另外通过控制每个有源模块的幅相，可在射频上形成自适应波束，提高有源相控阵雷达系统的抗干扰能力。由于有源组件的制造成本较高、系统较无源相控阵天线复杂，使得有源相控阵天线在实际应用中受到一定的限制，但随着单片微波集成电路(MMIC)技术的不断发展与成熟，它必将逐步取代现有的无源相控阵天线。目前有源相控阵天线已越来越多应用于陆基、海基、空基、天基雷达。有源相控阵天线所用的有源组件均采用了固态器件，因此也被称为固态有源相控阵天线。

有源相控阵天线也用于通信、电子对抗、气象等领域，本书所提及有源相控阵天线指雷达天线。

1.2.1 有源相控阵天线的组成

典型的有源相控阵天线中除阵列单元和 T/R 组件外，还包括电源模块、控制模块、射频网络、电源分配网络、液冷管网以及作为结构支撑基础的阵面骨架等。典型有源相控阵天线的组成如图 1.6 所示。

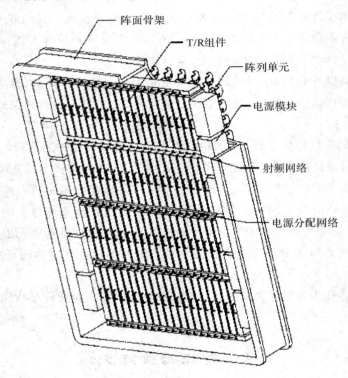

图 1.6　典型有源相控阵天线的组成

阵列单元的作用是将 T/R 组件产生的导波场转换成空间辐射场，并接收目标反射的空间回波，将回波的能量转换为导波场，馈送到 T/R 组件。阵列单元电讯设计需从阻抗匹配、栅瓣抑制、极化控制和功率容量等诸方面分析，阵列单元结构设计应由工作环境、性能造价、重量、体积等因素决定。阵列单元的几何形式主要有偶极形载流线源和孔径形面元。前者多用于不超过 1 GHz 频段的场合，后者常为高于 1 GHz 频率的阵列采纳。阵元沿曲线排列的天线简称线阵，最简单的线阵是直线阵。当然，阵元可沿空间曲线排列而成为一般曲线阵。单元沿曲面设置的天线简称面阵，最简单也是最常用的面阵是平面阵。同样，单元也可以在柱面、球面以及载体表面上设置而形成曲面阵或共形阵。常用的阵列单元(如图 1.7 所示)有以下几种。

1. 渐变开槽式天线

渐变开槽式天线，或称为 Vivaldi 天线，是一种典型的超宽带天线。该天线既可以作为单天线使用，也可以作为阵列天线的单元使用。Vivaldi 天线最早是由 P. J. Gibson 设计用于视频接收。该天线的工作频率为 8 GHz～40 GHz。

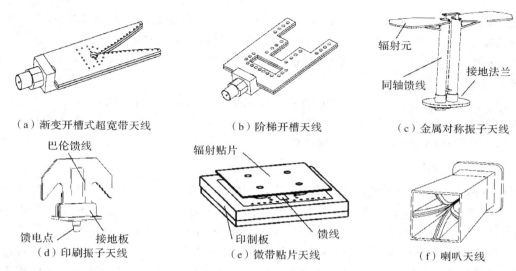

（a）渐变开槽式超宽带天线　　　　（b）阶梯开槽天线　　　　（c）金属对称振子天线

（d）印刷振子天线　　　　（e）微带贴片天线　　　　（f）喇叭天线

图 1.7　常用的阵列单元

阵元采用多层层压 PCB 工艺制作，天线单元共包括三层铺铜层，其中最上和最下两层为地平面。在金属地平面上，通过腐蚀或切割，形成槽线结构，作为天线的辐射口径。中间金属层为馈电微带，与上下两层金属地平面合成为带状线结构，为天线单元的槽线馈电。在最上和最下两层金属地平面之间，开有若干金属化过孔，将上下金属层短接在一起，以防止在这两层之间存在不希望的平行板模式的电磁波。

2. 阶梯开槽天线

阶梯开槽天线是渐变开槽天线的一种变形，天线中每一节不同宽度的槽线都具有不同的特性阻抗，而多节不同特性阻抗的传输线依次连接在一起，可以实现宽带阻抗匹配。根据滤波器理论，阶梯形式的多支节阻抗变换线，可以在很宽的带宽内实现非常良好的匹配特性（VSWR＜1.2）。在整个扫描空域内（E 面、H 面均扫描 60°），绝大多数频点的驻波都小于 2。阶梯开槽天线的阵元结构形式和制作工艺与渐变开槽式天线基本相同。

3. 金属对称振子天线

对称振子天线由于结构简单、效率高、易于实现等优点，广泛地应用于相控阵天线阵面的设计中。对称振子是振子类辐射元的最基本形式，由它衍生的有伞形振子、微带振子、折叠振子和单极振子等。金属对称振子耐高功率，一般用于 P、L 波段以下尺寸较大的单元。振子包括对称的振子辐射元和馈电部分，馈电一般采用同轴线传输形式。

在结构上对称振子采用焊接的形式焊接在用于馈电的同轴线顶端，并用短路板将顶端的两路同轴线内导体互连。由于振子为悬臂结构，需要考虑其刚强度设计，保证其使用中的稳定性。

4. 印刷振子天线

印刷振子的阵列单元发展较成熟，是一种优良的单元形式。印刷偶极子天线单元具有重量轻、体积小、成本低、便于排阵等优点，在有源相控阵雷达领域得到了广泛应用。印制板振子单元还可以设计为双极化天线，能发射或接收两个正交极化的电磁波，因此在同一带宽内，天线可以发射两种信号，这有利于频率复用或者收发同时工作。到目前为止，虽然微带印刷振子天线的带宽已经达到了 30%，但是它们仍然不能满足许多未来系统的要求。为了得到较好的带宽，用积分巴伦进行耦合馈电的形式得到了很大的关注。最近的研究者也在带宽的改进方面得到了一定的成果。目前通常使用在 S 波段以上的较高频段天线。

印刷振子单元在结构上由振子印制板、接地板、馈电头组成。印制板采用多层印制板层压的工艺，和接地板之间采用可以螺接或者焊接的方式安装，馈电头和印制板之间采用内导体焊接和压接的方式，进行馈电传输。

5. 微带贴片天线

微带贴片天线由带接地板的介质基片上贴加导体薄片形成。通常使用微带线或同轴线一类馈线馈电，是在导体贴片与接地板之间激励其射频电磁场，并通过贴片四周与接地板间的缝隙向外辐射。其基片厚度与波长相比一般很小，因而实现了一维小型化，满足阵面"轻薄化"要求。与普通微带天线相比，微带贴片天线具有剖面薄、体积小、重量轻的特点，其平面结构可以与载体表面形成共形结构。可多个单元集成在一块印制板上，并可集成馈电网络，适合使用印刷电路技术大批量生产。微带贴片天线便于获得圆极化，容易实现双频段、双极化等多功能工作。但是，贴片天线频带窄，导体和介质损耗较大，并且会激励表面波，导致辐射效率降低。微带贴片天线功率容量小，一般用于中、小功率场合，其性能受基片材料影响大。

贴片天线由金属底板、印制板、空气层、贴片、介质支架等组成，整个天线单元厚度不超过 10 mm。在结构上采用非金属材料将贴片支撑于印制板表面，保证绝缘安装。多层印制板采用层压工艺，保证性能指标。

6. 开口波导天线

开口波导为相控阵的一个非常实用的单元，一般使用 X、C 及其以上的频段的阵列天线，常采用工作于主模的开口矩形波导、圆波导及矩形波导裂缝作为阵列单元。矩形波导阵列单元相对于圆波导阵列单元极化纯度高、极化面稳定，因此通常阵面采用矩形波导辐射器作为阵列单元。这种阵列单元具有增益高的特点，适用大间距、扫描角小的超宽带天线阵面。

波导开口形式可以是均匀波导，也可以是喇叭。喇叭式波导是一段截面逐渐增大的波导，逐渐增大的目的一方面是为了改善其辐射的方向性，同时又是为了保证得到所需的场分布，使之达到最好的阻抗匹配。开口波导单元在结构设计上通常需要关注两个方面：一是波导辐射元的布局和维修形式。由于采用波导喇叭形式，阵元之间的间距排列紧凑，给前向单元维修带来很大的困难，需要合理布局单元的安装点，便于前向安装和调试。二是由于阵元结构相对复杂，加工工艺性要求高，通常在结构设计上采用整理拼焊或者整体铸造而成，保证精度一致性要求。

T/R 组件一般包括移相器、衰减器、收发开关、发射高功率放大器、接收低噪声放大器和波控器等部分，具有发射功率放大、接收信号放大、收发转换、阵面幅度修正和波束扫描等功能。其原理如图 1.8 所示。在电源开启、激励信号输入后，T/R 组件的工作状态由控制板接入的雷达指令和时序脉冲来控制和同步，在使用过程中，T/R 组件分别工作在发射状态、接收状态和收发切换的中间过渡状态。在发射状态时，收发开关打到发射支路，信号经过收发开关、移相器，驱动前级放大器，推动末级放大器，经环行器至阵元辐射。接收状态时，收发开关打到接收支路，阵元接收的信号经过环行器、限幅器、低噪声放大器、电调衰减器、移相器、收发开关，输出至下一级波束合成网络。

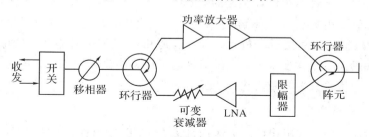

图 1.8　T/R 组件原理

T/R 组件有单通道、两通道、四通道和八通道，其大小、形状各异，与频段、性能指标、阵面结构、安装要求、维修方式等密切相关。T/R 组件的常见形式如图 1.9 所示。

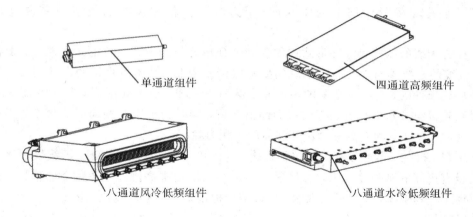

图 1.9　T/R 组件的常见形式

1.2.2　结构设计要点

普通反射面天线主要由反射面、副面、馈源、天线背架组成，典型形式为抛物面天线、抛物柱面天线、赋形波束天线等。其电性能与反射面形面精度、馈源位置精度密切相关。

反射面天线结构设计有以下特点：

1. 天线结构的刚强度设计

反射面天线结构最突出的要求是：刚强度好、重量轻、精度高、风阻小。在各种载荷作用下，应具有足够的刚强度，结构变形应限制在允许范围之内，天线所受载荷大致分为风力、裹冰及积雪载荷、天线运动的惯性载荷、自重、温度载荷以及馈源（副面）支架载荷等，同时结构本身的固有频率需要仿真设计，防止发生结构谐振。

2. 天线结构的环境适应性设计

天线应适应各种环境条件，应能防腐蚀、耐高低温、抗轰炸以及抗原子弹热辐射与冲击波等。例如，海用雷达天线特别要注意抗盐雾、海水腐蚀以及防止炮火的烧毁。材料的耐腐蚀性和表面防护是天线结构设计关注的重点。

有源相控阵天线内集成了 T/R 组件等大量电子模块，天线电性能在很大程度上依赖于这些电子模块。反射面天线接近于机械设备，有源相控阵天线则是复杂的电子设备，其结构设计除满足一般天线结构要求外，还得满足电子设备的设计要求，如电磁兼容、散热等。有源相控阵天线结构设计要着重考虑以下几点。

1）天线阵面刚强度

不同于反射面天线，有源相控阵天线内部安装有 T/R 组件、子阵组件、馈电网络、电源等大量电子设备，因此，与一般反射面天线相比，天线结构除能承受风载、冰雪、自重等载荷，保证精度外，还必须能承受安装在其内的电子设备的重量，而这些设备的重量往往是天线结构自重的数倍（约占整个天线阵面总重的 2/3），这对天线结构的刚强度提出了更高的要求，尤其动载荷作用下的刚强度（因为电子设备对天线承载结构来说只是附着质量）。

而相控阵天线的结构尺寸和形式往往受到阵列单元排列方式、间距、内部电子设备安装、大量电缆的走线排布以及冷却系统的要求等诸多限制，结构可设计的余地很小。对于不同使用环境条件的雷达，其承受的振动冲击载荷不一样，如舰载雷达必须承受舰上武器系统发射和轮机组及水下冲击引起的振动冲击载荷，同时为了避开振动源的频率，要求整个阵面装舰后，保证其固有频率段避开舰体的干扰力频率。

对于星载、机载、车载等有源相控阵天线，其体积、重量有严格限制，天线骨架比一般反射面天线有更高的刚强度要求，直接通过增加结构厚度提高刚度，必然增加重量，往往不可行。而且，受内部设备布局的限制，通过结构构型来提高刚度也比较困难。一个比较好的方法就是巧妙合理地利用阵面内的大量电子设备结构，将离散结构设计为阵面骨架连续的受力结构，增加整体或局部刚度。通过功能结构一体化设计，提高天线阵面的刚度，减轻重量。可利用的电功能件包括 T/R 组件、电源组件、子阵、射频馈线网络、走线层等，而结构功能件包括冷却水道管网、各种形式的导轨结构以及各种走线支架等。

示例一： 有源相控阵天线的主骨架由反射面板、围框和内部两根纵梁构成。由于上下 T/R 组件间隙小，而且阵列单元三角格栅布置，T/R 组件也随之上下错位，因而内部无法布置横梁，造成纵梁间承力结构只有反射面板，局部刚度差。单纯增加反射面板厚度来提高局部刚度效果较差，通过在 T/R 组件缝隙中布置纵横小隔板形成 N 型受力网格结构来提高局部刚度是很好的设计。横隔板上带有导向槽，兼做 T/R 组件插拔导轨，如图1.10所示。纵隔板使用铝蜂窝夹芯板，重量轻，抗弯刚度高，可有效承受左右相邻横隔板错位带来的弯矩。

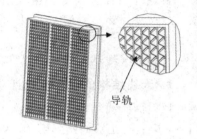

导轨

图 1.10 利用 T/R 组件安装导轨

示例二：某相控阵天线主要由阵列单元、转接模块、有源子阵模块以及阵面链路部件组成。阵面链路部件中主要为电缆、汇流条等，不具备承载能力。阵面承载的主要部件包括结构面板、围框和内部一根横梁。与上一个例子相似，局部刚度差。天线阵面前端的转接模块的原本作用只是阵列单元与 T/R 组件的射频连接，由多根射频电缆集成在壳体中，形成条状件，本身有一定刚度。利用转接模块的刚度，将其排列安装在结构面板上，与结构面板可靠连接后，可有效解决局部刚度差的问题，又不增加天线重量，如图 1.11 所示。将阵面的电讯功能和结构功能结合后，形成功能一体化结构，可提高阵面的集成度。

转接模块

图 1.11 利用转接模块

2）电磁兼容

有源相控阵天线中有大量的射频电路、控制电路和多种供电电路，电磁兼容是能否正常工作的关键。包括两个方面：系统与设备在预定的电磁环境中运行时，按规定的安全裕度实现设计的工作性能且不因电磁干扰而受损或产生不可接受的降级；系统和设备在预定的电磁环境中正常地工作且不会给环境（或其他设备）带来不可接受的电磁干扰。天线的电磁干扰（EMI）的定义为任何可能中断、阻碍，甚至降低、限制无线电通信或其他电气电子设备性能的传导或辐射的电磁能量。

电磁兼容性设计要求分为定量要求和定性要求。定量要求包括电磁发射和电磁敏感度的性能指标、抗烧毁指标和漏电流指标；定性要求包括系统布线、系统和分机屏蔽、滤波和接地等方面的要求。

系统及各设备布线要求是：电线电缆布线设计必须尽可能减少耦合；对各种信号走线进行合理布局，对输入的强弱信号要隔离；尽量缩短各种引线，以减少干扰；电源线尽量靠近地线平行布线；接地线尤其是高频电路接地线要短；信号和交流电源线用屏蔽双绞线，直流电源用屏蔽线。

从系统到分机电路的设计中，对可能产生的电磁干扰及易受电磁干扰的部件都必须采取切实可行的屏蔽措施。设备中易产生干扰的源采用屏蔽体进行屏蔽，这些干扰源可能是元件、电路、组件、模块等。设备中对干扰敏感的元件、组件、模块等进行结构屏蔽。对于单层屏蔽不能满足要求的，应采取多层屏蔽。各层屏蔽之间除单点连接外，其余应绝缘。对于较大的变频磁场，则采用复合屏蔽。对于低频磁场干扰，应选用高导磁率的金属材料（防止磁饱和），对于射频电磁干扰，应选用高导电率、高导磁率的金属材料。材料的延伸率、导电率、可焊性和可电镀性等因素也是电磁屏蔽设计需要关注的方面。

接地要求是有源相控阵天线电磁屏蔽中重要的因素。阵面及内部各个设备的地共分为三种：信号地、安全地（机壳地）和噪声地，这三种地在一点接地前彼此绝缘。交流电的中线不能与上述三类地线一点接地。

安全地是为保证人员安全，使设备壳体与地之间形成低阻抗连接。信号地除了提供电位基准以外，还为各级电路之间的信号传输提供返回通路。设备内部，将噪声地分为高电平模拟信号地和低电平模拟信号地，最终将高电平模拟信号地与机壳地相接，而低电平的模拟信号则通过信号地接入安装平台上的数字信号接地系统。另外，为保证有源组件的安装安全，在有源阵面周围还应设置专用的防静电地桩，该地桩用于连接防静电地线。

3）天线阵面环境控制

现代有源相控阵天线的发展趋势是，需要更多的子系统和组件集成于天线中，而集成带来的直接结果是功率密度的增加。环境对固态器件的性能影响很大，是半导体器件寿命和可靠性评估的一个关键参数，因而对阵面的环控技术提出了很高的要求。

阵面环控技术，即天线阵面的环境控制技术，主要包括阵面温度环境控制、湿度环境控制、阵面"三防"设计、阵面密封技术等几大方面。阵面环境控制如果没有做好，就会出现因环境因素造成器件失效、打火、绝缘电阻降低、腐蚀等现象，影响雷达的使用寿命和产品形象，增加了维护、维修的工作量。因此，必须对阵面的工作环境进行充分的分析和设计，以保证阵面设备的可靠性。

阵面"三防"技术，指电子设备的防潮、防霉、防盐雾技术。电子设备对环境条件反应非常敏感，尤其是潮湿、盐雾、霉菌等环境对其影响更为突出，应采取必要的、合理的防护措施以减少外部环境因素对天线阵面的影响。

有源相控阵面天线阵面集成了巨量的电子设备和器件，其中组件的功放芯片、高功率电源、高集成的数字电路板等极易受到环境因素的影响而失效或损坏。环境因素对阵面设备的典型影响表现在以下几个方面：

（1）高低温可引起元器件失效损坏、焊点脱离、结构强度减弱、电性能变差、接触热阻增大、表面电阻变大、结构失效、磨损恶化、丧失润滑特性、电容器损坏、石英晶体不振荡等。

（2）高湿度可引起器件的电化反应、结构件锈蚀、电解、降低电气性能、表面结露、绝缘性变差等；而过于干燥的氛围容易造成电打火、结构失效等危害。

（3）所有的军用装备在它的寿命周期内都有可能暴露在某种形式的盐分环境中，当盐分与潮湿空气结合形成盐雾时，其中的氯离子活性很强，对金属保护膜有穿透作用，加速了点蚀、应力腐蚀、晶间腐蚀；此外盐雾还引起器件的电解腐蚀、电化学腐蚀，产生导电层，增大构件的磨损，降低装备的强度。

（4）霉菌等微生物不仅以水、氧、氢、棉麻皮革等作为养料，层压印制板、灌装材料、包封树脂等也可以作为养料。霉菌生长改变设备的物理性能、使用功能，可引起有机材料强度降低、破坏密封、吸附水分导致电化腐蚀、侵蚀光洁表面、降低绝缘强度、影响电气性能等。

（5）腐蚀性气体主要是指雷达使用的大气环境中所存在的臭氧、工业废气及某些有机气体，其中臭氧是已知的最强氧化剂，可加速绝缘材料的氧化，降低绝缘性能，发生跳弧、脆化、裂纹等；空气中的二氧化硫等酸性气体会明显地加速金属材料腐蚀，而硫的氧化物可使银层变黑，增加电阻，引起打火；此外，设备、包装所用的木材、塑料、油漆、胶黏剂等会散发出微量的甲酸、乙酸、酚、醛等，这些气体比大气腐蚀严重的多。例如，30℃时乙酸的质量分数达到 0.05×10^{-6} 就能大大加速锌的腐蚀，达到 $0.5 \times 10^{-6} \sim 10 \times 10^{-6}$ 就能导致镁、锌、钢的严重腐蚀，镍、铜、铝的轻微腐蚀。

（6）其他因素：包括太阳辐射、宇宙射线、沙尘、压力、振动冲击、加速度等，太阳辐射可产生热效应，引起各个部件不同的膨胀收缩，可导致严重的热应力，此外还导致橡胶等材料的功能性改变；对于空间环境中的高能射线粒子，还会引起热控涂层的性能衰减，产生严重后果；风载荷引起机械强度下降、结构失效、加速磨损；振动引起机械应力疲劳、晶体管引线、管脚导线折断、连接器和继电器及开关的瞬时断开、产生电路噪声等。

新一代有源相控阵天线以阵面结构为中心载体，开展阵面环控设计，最终实现从"抗"

向"防"转变，由单纯的结构密封、涂装防护，向与主被动结合的环境控制、共同防护方向转变，实现阵面结构与环控技术的融合，达到阵面高可靠、模块化、轻量化的设计要求。

4）天线阵面的维修性

有源相控阵天线包含大量的有源组件，其辐射性能主要依赖于各个通道的幅度、相位控制，实现控制的都是电子线路，相对于结构件，可靠性较低，因而天线阵面的维修要求非常高。天线阵面设计时要充分考虑维修性，根据各组成部件的可靠性、性能影响度和维修等级，确定其布局位置、安装方式、维修方便性等。

通常根据天线阵面维修时所处的场所或实施维修的机构来划分等级，一般在服役期间实施三级维修体制（基层级、中继级、基地级）。

（1）基层级：由装备的使用操作人员和所属分队的保障人员进行维修，只限定较短时间能完成的简单维修工作，配备有限的保障设备和人员。在天线阵面中典型的基层级维修模块为有源子阵、T/R 组合、电源模块以及互联电路的更换等，为现场可更换单元（LRU），主要工作是将在阵面上直接可以拆装的模块，快速拆下并快速装配更换，保证阵面性能完整。

（2）中继级：比基层级有较高的维修能力（有数量较多和能力较强的人员及保障设备），承担基层级所不能完成的维修工作。在天线阵面中，典型的中继级维修的模块为冷却管网、阵面内电缆走线等。

（3）基地级：具有更高修理能力的维修机构，承担装备大修和大部件的修理、备件制造和中继级所不能完成的维修工作。在天线阵面中需要基地级维修的为内场维修模块，如有源子阵内的各种模块（驱动、延迟线、数字电路板等）、射频网络、电源模块内部电路、阵列单元层等故障的维修以及对车间可更换单元（SRU）的维修。基地级的维修包括设备的故障维修、自然破坏维修以及战损维修。

1.2.3 结构设计相关专业基础

天线阵面结构设计中涉及结构总体布局、天线微波结构、馈线结构、发射机结构、接收机结构、电源结构、冷却系统等多个部分，相关专业知识包括：机械设计制造、电子设备结构设计、材料加工工程、微电子学、工业设计学等。

机械设计制造专业基础包括力学、机械学、机械工程材料、机械设计工程、机械制造基础等，具备必需的制图、计算、实验、测试等基本技能，是天线结构设计的基础。

电子设备结构设计的三大核心内容是：减振、热控、电磁兼容，也是有源相控阵天线设计的核心内容，是不可或缺的专业知识。

材料加工工程专业基础包括金属和非金属材料制备、成型与加工技术，有源相控阵天线中使用多种金属、非金属和复合材料，设计时必须了解其加工工艺方法。

微电子学专业基础包括半导体材料、半导体器件、半导体制造、微电子封装、集成电路设计、微组装工艺等，有源相控阵天线内 T/R 组件等模块已由分立元件电路向大规模集成电路发展，微电子学相关专业知识对于有源相控阵天线设计将越来越重要。

工业设计基础包括造型设计、人机工程学、美学等，是技术和审美的交叉点。随着时代的发展，雷达作为武器装备，不仅有功能和性能要求，美观和人性化设计的要求也越来越高。天线作为雷达的形象代表，其外观造型设计必须专业化。

当然，雷达毕竟是电子装备，有源相控阵天线结构设计必然涉及天线微波、模拟电路、数字电路等专业知识，对其基本概念要了解，与结构设计密切相关的知识要掌握。

有源相控阵天线设计是典型的机电综合设计，阵面结构设计过程就是一个不断迭代、优化的过程，是一个多平台、跨专业的联合设计过程，需要各专业在统一架构内相互兼容，相互适应，综合平衡系统性能，以期达到最优化。

上述各专业需要掌握的常用设计软件有：

（1）PRO/E、UG 等专业三维设计软件，进行三维建模、三维转二维图和三维布线等。三维设计软件的应用是其他仿真分析的基础，为天线阵面的力学仿真分析建模、冷却设计建模、电磁兼容仿真分析建模以及工业造型设计等提供基础条件和设计输入。

（2）ANSYS 12.0、PATRAN 2010、NASTRAN 2010 有限元分析软件，进行天线阵面以及各个模块的模态、冲击、随机振动分析。功能完好的计算机软件是基础，运用有限元法进行结构分析时应充分了解天线阵面的特点，合理选择元素类型、元素连接及边界条件模拟等，把工程设计规范和有限元技术很好地结合起来，因为并不是有了好的结构分析软件自然就能算出好的计算结果。

（3）掌握 KEYSHOT 软件，能进行简单图形渲染处理，给产品的造型设计提供评价基础和材料。产品的造型设计属于"工业设计"的范畴，它应用工程技术和艺术手段设计、塑造产品形象，并统一产品的功能、结构、工艺、宜人性、视觉传达以及市场关系等方面，取得产品与环境和谐的创造性设计。

（4）ANSOFT HFSS、CST Microwave Studio、ANSYS(FEKO)、FLO/EMC、EMC 2000、IES 等电磁防护仿真软件。电磁防护仿真是实现相控阵天线系统及各子系统电磁防护的必要步骤，也是进行电磁防护结构设计的主要依据。电磁防护仿真的主要工作就是建立电磁干扰三要素，即电磁干扰源、耦合通道和敏感设备的数学模型。建模的基本方法有频域的稳态方法、时域的暂态分析方法，并在全域离散化技术基础上出现了瞬态法、有限元法、边界元法以及奇异展开法等。

（5）ICEPAK 是一个专业的电子设备热分析软件，它能够解决系统级、部件级、封装级的热分析问题。天线阵面的热分析、热设计及热测试应分为三个层次：元器件级、电路板级和设备环境级的热分析、热设计及热测试。

（6）采用功能强大的 Ansys Workbench 平台进行多软件综合仿真，实现结构热控一体化设计，解决面临机电热综合仿真的问题。采用功能强大的、基于有限元分析(FEA)的结构仿真软件 ANSYS 与基于有限体积法(FVM)的、应用最为广泛的 CFD 软件 FLUENT 可进行多场耦合计算。

1.3　典型有源相控阵天线简介

1.3.1　大型有源相控阵天线

20 世纪 50 年代后期，由于对洲际导弹防御的需要，而常规机械扫描雷达又无法满足这些要求时，当时的美苏相继研制成了一系列战略相控阵雷达，如美国的 AN/FPS - 46、PAR、铺路爪（PAVEPAWS），前苏联的"鸡笼"、"狗窝"等，这些固定式大型相控阵雷达占领了战略防御的重要地位。

由阵列单元或子阵接有 T/R 组件的固态有源相控阵天线，较一般无源相控阵天线具有更显著的性能优势，所以，大型固态有源相控阵雷达是弹道导弹防御系统中地基雷达的最佳选择。目前美国和俄罗斯精心建造了一大堆令人叹为观止的、辐射致命电波的"超级雷达基地"，相继研制和装备了多部地面大型相控阵雷达，主要用于弹道导弹防御系统。

1. 美国 AN/FPS‐115"铺路爪"远程预警雷达

美国雷神公司的 AN/FPS‐115"铺路爪"远程预警雷达被称为战略雷达，如图 1.12 所示。它是第一部采用全固态两维相扫的弹道导弹预警相控阵雷达。雷达采用双面阵天线，直径为 30 m，所有设备安装在一座 32 m 高的多层建筑物内，工作频率 420 MHz～450 MHz，探测距离一般为 4800 km，对高弹道、雷达截面为 10 m^2 的潜射弹道导弹的探测距离可达 5550 km。雷达峰值功率为 582.4 kW，平均功率为 145 kW，两个圆形天线阵面彼此成 60°，每个阵面后倾 20°，直径约为 30 m，由 2000 个阵元组成，阵面由 56 个子阵（每个子阵由 32 个收发组件）、一个子阵激励功放和一个 32 V 直流电源组成。菲林代尔斯穆尔站的 N/FPS‐115 为三面阵，每个阵面有 2500 个阵列单元。

图 1.12　"铺路爪"远程预警雷达

2. 美国地基 X 波段雷达(GBR)

地基 X 波段雷达是美国导弹防御系统(NMD)的重要组成部分，GBR‐P 雷达是一个 X 波段相控阵雷达，由雷神公司研制，安装在夸贾林反导靶场，如图 1.13 所示。该雷达的天线阵为八角形状，含有 16 896 个固态收发模块，其有效天线孔径的面积为 105 m^2。单阵面具备机械转动加电扫描功能，机械转动的方位范围为 ±178°、仰角范围为 0°～90°，电扫方位角和仰角范围同为 0°～50°。

图 1.13　GBR‐P 雷达

3. 美国海基 X 波段雷达（SBX）

美国海基 X 波段雷达（Sea - Based X Band Radar，SBX）于 2002 年开始研制，2006 年 3 月投入使用。SBX（如图 1.14 所示）包括 4 个主要的操作系统：雷达平台、X 波段雷达（XBR）、在飞拦截弹通信系统（IFICS）数据终端以及陆基中段防御（GMD）通信网络。

图 1.14　美国的 SBX

海基 X 波段雷达是把先进的 X 波段雷达安装在一个远航的、半潜平台上的独特产物，由雷神公司研制，可为弹道导弹防御系统提供导弹跟踪和识别能力，以支持导弹防御的作战及试验。SBX 雷达天线为有源相控阵天线，呈八角形平面阵列，直径为 12.5 m，拥有 69 632 个 T/R 模块，其中有 45000 个砷化镓（GaAs）模块为有源 T/R 模块。平均功率为 170 kW（每一阵面），低副瓣相控阵天线面积为 123 m²。雷达的功率孔径达到 2000 万数量级。这些 T/R 模块呈大网格分布，这种分布方式使雷达可以追踪极远距离的目标，以支援战区高空区域防御系统（THAAD）外大气层目标导引，这个阵列雷达需要超过 1000 kW 的电源。阵列天线方位旋转 ±270°，仰角电扫为 0°～80°，带宽为 1.3 GHz，波束宽度为 0.14°，作用距离为 4800 km。SBX 雷达的总重量为 2000 t，雷达天线罩直径为 72 m，天线罩采用高科技合成材料和新工艺制成，可以抵御速度为 208 km/h 的大风。

4. 俄罗斯"沃罗涅日"DM 雷达

俄罗斯"沃罗涅日"DM 雷达如图 1.15 所示。2005 年底，俄罗斯对新一代预警系统——"沃罗涅日"DM 系统进行架设与测试。2015 年，俄周边区域共部署 6 个"沃罗涅日"DM 雷

图 1.15　俄罗斯"沃罗涅日"DM 雷达

达站。该雷达的特点是：天线由六大块子阵面组成，采用先进的集装箱组合式结构，由 23 个集装箱式装备模块组成。由于实现了高度工厂预制化，雷达的建造周期大大缩短，一年半到两年时间便可部署一座雷达站，同时为服务该型雷达站所需的人员数量也远远少于上一代产品。该雷达的大规模部署将大大提高俄罗斯的导弹和太空防御能力。

5. 7010 超远程预警雷达

7010 是我国国内首部超远程预警雷达，如图 1.16 所示。它的天线阵面为 20 m×40 m，阵列单元为 8976 个，是我国"640 工程"战略预警系统的组成部分之一，探测距离为 3000 km。该雷达 1970 年 5 月批准研制，部署在海拔 1600 多米的山坡上，1976 年进行全阵面调试，并投入运转，多次完成我国导弹与卫星观测任务，标志着我国雷达技术达到了一个新水平。

6. 空间目标侦察监视有源相控阵雷达

图 1.17 为空间目标侦察监视有源相控阵雷达。其天线楼为混凝土建筑楼房，天线阵面通过过渡骨架与天线楼的 24 个支撑点连接。天线为超大型有源相控阵天线，阵面成八边形，口径为二十多米。天线阵面倾角 35°（阵面法线与水平面夹角），安装在天线楼的斜面上。

图 1.16　7010 超远程预警雷达　　　　图 1.17　空间目标侦察监视有源相控阵雷达

1.3.2　机载有源相控阵天线

机载有源相控阵雷达技术起步于 20 世纪 80 年代，经过 30 多年的研究和发展逐渐形成了以机载有源相控阵火控雷达和机载有源相控阵预警雷达为主的两大体系。

机载有源相控阵火控雷达是应用于战斗机火控系统的相控阵雷达，具有空对空搜索和截获目标、空对空制导导弹、空对空精密测距和控制机炮射击、空对地观察地形和引导轰炸等功能，同时具有敌我识别和导航信标的识别功能，雷达系统反应时间短，生存能力强，可靠性高。

机载有源相控阵预警雷达具有远距离搜索、敌我识别、监视与跟踪空中与地面及海上目标的能力，并指挥、引导己方飞机执行作战任务。机载有源相控阵预警雷达多数选择工作在 UHF 波段、L 波段和 S 波段，因此，雷达设备量较多，天线的口径、体积、重量较之机载火控雷达要大很多，通常选用运输机、客机、大型无人机等作为载机平台。

机载相控阵雷达发展的总趋势是以固态有源阵面和数字波束形成(DBF)为核心,综合应用有关高新技术,使其潜力得到更充分的发挥。随着有源阵列、数字波束形成、超低旁瓣天线、大容量实时处理、光电技术和微波单片集成电路等高新技术的迅速发展,将把机载相控阵雷达的发展推向一个新阶段。

以美国和欧洲为代表的军事强国着力发展机载有源相控阵雷达技术,有相当数量和型号的飞机已经装备并使用了先进的相控阵雷达系统,国内从 20 世纪 90 年代以来逐渐加大对机载有源相控阵雷达研究的投入,并取得可喜的成果,以下按机载火控和机载预警两类对机载有源相控阵雷达作简单介绍。

1. AN/APG - 77 雷达

AN/APG - 77 雷达是一种具有低可观测性的 X 波段有源相控阵雷达,如图 1.18 所示。其天线口径约为 1 m,T/R 通道数约为 2000 个,组件功率为 10 W/通道,采用液冷散热。

2. AN/APG - 81 雷达

AN/APG - 81 雷达与 AN/APG - 77 雷达相似,如图 1.19 所示。它们同为 X 波段有源相控阵雷达,在合成孔径雷达地图测绘、地面移动目标指示(GMTI)、海上移动目标指示等方面性能超过 AN/APG - 77 雷达。但由于受限于飞机机头罩空间,AN/APG - 81 雷达天线口径小于 AN/APG - 77 天线口径,T/R 通道数约为 1200 个,采用液冷散热,工作寿命达到 8000 h(整机),与飞机有相同的寿命,也就是说在全寿命周期内不用更换雷达。

图 1.18　AN/APG-77 雷达

图 1.19　AN/APG-81 雷达

3. 空警 2000 雷达

空警 2000 预警机(如图 1.20 所示)以俄罗斯伊尔 76 作为平台,搭载重达 14 t 的雷达系统设备,采用三面固定有源相控平面阵列天线,保证了预警机 360°环视探测,用于远程监视。

4. "爱立眼"(ERIEYE)雷达

瑞典"爱立眼"预警机采用的是目前世界上独具特色的有源相控阵体制预警雷达,如图 1.21 所示。其机身背部的天线罩体是平衡木式,内装两块天线阵面,共有 192 个 T/R 组件,每个天线阵只负责 120°扫描,因此,全方位上有机头和机尾各 60°盲区,在高度方向上也不扫描,是一维相控阵、二坐标雷达。

图 1.20 空警 2000 预警机

图 1.21 "爱立眼"预警机

5. "费尔康"预警雷达

以色列的"费尔康"预警机是世界上第一种采用有源相控阵体制雷达的预警机,也是世界上第一种采用天线阵列的安装与机身外形相符(即共形阵)的预警机,如图 1.22 所示,其天线罩不再采用蘑菇形,天线阵列分布在机头(大鼻子)、机身两侧和机尾,分别负责覆盖不同的方位,全机设计有 1472 个 T/R 组件。

图 1.22 "费尔康"预警机

1.3.3 机动雷达有源相控阵天线

在现代战争中由于电子侦察能力和快速打击能力的大幅提高,雷达面对低空突防和巡航导弹、反辐射导弹的广泛使用,其生存能力受到严峻考验。为了提高雷达在未来战争中的战斗力和战场生存能力,满足打赢现代化高技术战争的需求,新型低空性能好、测量精度高、抗干扰能力强、机动性和可靠性高的高机动雷达是部队作战急需的军事装备。能实现快速部署和转移、阵地适应性强的高机动雷达是提高生存能力的重要手段,而雷达的机动性能主要取决于天线阵面的快速架设与撤收能力。机动雷达天线阵面一般安装在专用车辆上,天线阵面与车辆为一体化设计,即为天线车。天线阵面也称为车载相控阵天线,通过旋转、折叠、倒竖、快速拼接等动作实现快速架设与撤收。

1. 俄罗斯"伽马－DE"(Gamma－DE)相控阵雷达

俄罗斯"伽马－DE"相控阵雷达(如图 1.23 所示)用于空军的防空自动控制系统和非自动系统中,也可以作为空中交通管制系统的跟踪雷达。雷达工作于 L 波段,它能探测和跟踪现代空中的威胁目标,包括在严重的杂波电子干扰环境中探测高空飞行的信号特征小的空中导弹目标,该雷达由方位转动的相控阵天线,信号/数据处理、控制、显示和发射等设备及 IFF 询问机、电源等组成。相控阵天线的外形尺寸为长 8 m、宽 5.2 m(其中单个雷达罩面)。扫描宽度为 360°,扫描高度为 2°~60°,操作人员为 5 人。天线阵面分上下两块,上块可翻转折叠,以满足运输要求,其展开时间为 1.5 h,开机时间为 1.5 min。

图 1.23 "伽马－DE"雷达

2. 美国 THAAD 相控阵雷达

THAAD 相控阵雷达(如图 1.24 所示)是一部 X 波段相控阵固态雷达,由美国雷神公司研制,具备搜索、威胁探测与分类、在极远范围内精确跟踪的能力。THAAD 武器系统的各部分协同工作,探测、识别及摧毁中短程弹道导弹。THAAD 武器系统可在世界各地快速部署,能够深化和扩展作战指挥官在各种类型弹道导弹飞行末段将之摧毁的能力。该雷达作用距离为 1000 km,天线尺寸为 9.2 m²(孔径面积),天线单元数为 25 344 个(T/R 组件),为车载机动式雷达,可用 C－5、C－17、C－130 等飞机空运。

图 1.24 THAAD 相控阵雷达

3. 以色列 EL/M－2080"绿松"固态有源相控阵雷达

EL/M－2080(Green Pine,绿松)是以色列 ARROW 反弹道导弹系统使用的预警和火控雷达。以色列"绿松"雷达是工作在 L 波段的电扫、固态相控阵雷达，如图 1.25 所示。它是可运输系统，由相控阵雷达阵面、发电机、冷却系统和控制系统组成，分别安装在拖车上。该雷达在方位和仰角上都进行电扫，能同时进行目标搜索、探测、报警、跟踪和导弹制导。能跟踪照射飞行速度超过 3000 m/s 的目标，并将 ARROW 导弹引导到离目标 4 m 以内。

图 1.25　以色列 "绿松"雷达

控制中心下载雷达数据以及从其他传感器来的数据，并采用功能强的信号处理工具全自动管理对单个和多个威胁的拦截，该雷达其作用距离达到 500 km，是以色列防御工业上研制的最大、最复杂的雷达系统。

4. 法国 Master - T 型战术三坐标远程防空雷达

泰雷兹·雷神系统公司的高度机动性 Master - T 型战术三坐标远程防空雷达工作在 S 波段，探测距离达 440 km。Master - T 型雷达（如图 1.26 所示）采用了与 Master 系列雷达相同的全固态技术，它能够很好地满足目前绝大多数的战术远程防空需求。该雷达能够对高杂波干扰和苛刻的电子对抗环境下的飞机目标进行最佳的探测与跟踪。

5. 美国 AN/FPS - 117(V)和 AN/TPS - 77(V)固态三坐标雷达

AN/FPS - 117(V)是一套 L 波段固态三坐标防空雷达系统，用于远程飞行器探测和提供位置数据、辅助系统、战斗指挥和近程空中支援。它是 TPS - 59(V)战略雷达派生的固定型产品。AN/TPS - 77(V)雷达（如图 1.27 所示）是可运输型产品。

AN/FPS - 117(V)雷达平面天线由 44 行发射组件、44 行 X4 列接收组件和 12 行电源组成。发射机和接收机原先安装在天线底部的电子单元平台内。AN/TPS - 77(V)则将 34 组收/发组件放在天线阵面中，直接耦合到天线单元。天线阵面产生一系列笔形波束，通过改变相位使其在 20°范围内扫描，在方位上则进行机械转动扫描。俯仰扫描波束由覆盖 5 mile～100 mile 的近程波束和 100 mile～250 mile 的远程波束构成。天线扫描方式为方位机扫、仰角相扫方式，天线转速为 5 r/min，阵面采用组件式结构，组装和拆卸时间为 4 h～8 h，能安装在塔上和拖车上。工作温度为 -50℃～49℃，电源为 28V，功耗为 70 kW。该雷达的收发组合总重量为 13.6 t，处理控制组合部分重 2.59 t，操作控制组合部分重 0.64 t。AN/TPS - 77 型雷达具有一定的机动性和 30 min 的快速配置能力。

图 1.26　Master - T 型雷达

图 1.27　AN/TPS - 77(V)雷达

1.3.4　舰载有源相控阵天线

美国海军的首部舰载有源相控阵多功能雷达 AN/SPY - 3 在 2006 年成功进行了一系列海试,包括首次在海上进行了对真实飞行飞机进行搜索跟踪的测试。SPY - 3 雷达工作在 X 波段,由雷神公司负责研制。该雷达能够有效地满足美国海军在未来海战中同时进行防空战、反舰战、反潜战、对陆攻击、海军舰炮火力支援和导航等任务的要求。此外,SPY - 3 还满足新一代军舰对减少雷达截面积、降低全寿期费用和极大地减少维护等技术指标的设计要求。雷神公司还将负责把 SPY - 3 雷达与另一部正在研制中的 S 波段搜索雷达集成,形成非常先进的双波段雷达系统。该双波段雷达系统将装备在美海军新一代的 DDG - 1000 多功能驱逐舰(如图 1.28 所示)和转型的 CVN - 21 航母上。

图 1.28　DDG - 1000 多功能驱逐舰

20 世纪 90 年代初,根据新的作战要求,美海军提出"双波段雷达"系统。所谓双波段雷达,是指整套系统由两部在不同波段工作的雷达组成,即在 X 波段工作的 AN/SPY - 3 多功能雷达和在 S 波段工作的 AN/SPY - 4 广域搜索雷达。AN/SPY - 3 和 AN/SPY - 4 均采用全电扫描有源相控阵设计,天线阵面为矩形,单个天线阵面视角为 120°,采用 3 部天线组成一套完整的雷达,如图 1.29 所示。AN/SPY - 4 天线长 4.1 m,宽 4.0 m,3 部天线总重量为 10.2 t。AN/SPY-3 天线长 2.7 m、宽 2.1 m，3 部天线总重量为 2.9 t。AN/SPY-3 被安排在舰桥外表面较上部分，AN/SPY-4 在其下部。SPY-3 由 6 个主要的子系统组成。2 个子系统(3 个有源阵列和接收激励器)位于甲板上。SPY-3 有 3 个有源阵列，每个阵列包含大约 5000 个发射/接收(T/R)阵元。这些阵元与 T/R 组件相连，构成了基本的阵列模块即综合多通道 T/R 组件(T/RIMM)。每个综合多通道 T/R 组件驱动 8 个阵元，其被设计为渐变式阵列结构，它包含有微波放大器、移相器和封装在 4 个组件中的衰减器、封装在两个组件中的分发移相与衰减指令的控制电路、使 T/R 组件所需的电源达到要求的直流/直流变换器以及 8 个 T/R 组件所需的储能电容器。

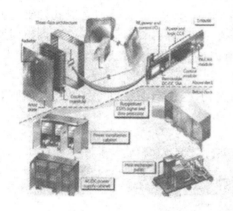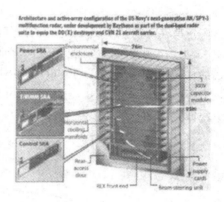

图 1.29　AN/SPY-3 阵面组成示意图

我国"中华神盾"舰载有源相控阵雷达是第一个实装的舰载有源相控阵雷达，如图 1.30 所示，有"海之星"的美誉。其四个天线阵面嵌装于舰体上层建筑上，构成 360°方位全覆盖，单个阵面尺寸约为 4m×4m，重量约为 5t，采用 4 通道组件，T/R 组件与阵元一体化，风冷散热，外部覆盖弧形天线罩。

图 1.30　"中华神盾"舰载有源相控阵雷达

1.3.5　卫星 SAR 有源相控阵天线

SAR (Synthetic Aperture Radar，合成孔径雷达)作为一种主动式微波成像传感器，通过发射宽带信号，结合合成孔径技术，SAR 能在距离向和方位向上同时获得二维高分辨率图像。它是 20 世纪高新科技的产物，是利用合成孔径原理、脉冲压缩技术和信号处理方法，以真实的小孔径天线获得距离向和方位向高分辨率遥感成像的雷达系统，在成像雷达中占有绝对重要的地位。

与传统光学遥感和高光谱遥感相比，SAR 具备全天候、全天时的成像能力，还有一定的穿透性，获得的图像能够反映目标微波散射特性，是人类获取地物信息的一种重要技术手段，已被广泛应用于军事和民生领域，是实现空间军事侦察、自然资源普查、自然灾害监测等的重要技术手段，成为对地观测的一种不可或缺的工具。

1. 德国 Terra SAR - X 雷达卫星

Terra SAR - X 雷达卫星（如图 1.31 所示）是固态有源相控阵的 X 波段合成孔径雷达卫星。其分辨率可高达 1 m，X 波段有源阵列天线贴装在卫星侧面。Terra SAR - X 重访周期为 11 天，然而由于其具有电子光束控制机制，对地面任一点的重复观测可达到 4.5 天，90%的地点可在两天内重访。Terra SAR - X 是一个先进综合孔径雷达卫星系统，其设计目的是科学研究和商业应用。它是首颗由德国宇航中心和 EADS 阿斯特里厄姆公司共同研制的卫星。

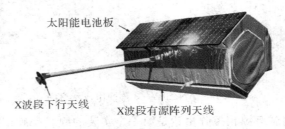

太阳能电池板
X 波段下行天线　　X 波段有源阵列天线

图 1.31　TerraSAR - X 雷达卫星

2. 欧空局 ENVISAT 卫星

ENVISAT 卫星（如图 1.32 所示）上载有 10 种探测设备，其中 4 种是 ERS - 1/2 所载设备的改进型，所载最大设备是先进的合成孔径雷达（ASAR），可生成海洋、海岸、极地冰冠和陆地的高质量图像，为科学家提供更高分辨率的图像来研究海洋的变化。相控阵雷达天线分为四块，发射时折叠贴在星体的两侧面，入轨后由展开机构打开，到位后锁定，形成完整天线阵面。

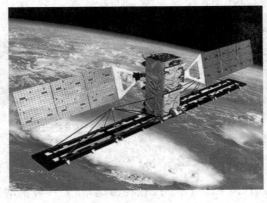

图 1.32　ENVISAT 卫星

1.3.6　雷达导引头有源相控阵天线

高新技术的发展和应用改变着战争的形式、范围和速度，向高新技术要战斗力是当代军事战争的突出特点。第四代隐身战斗机、高超音速飞行器、新型电子战飞机与新型干扰装备等的出现，对精确制导武器提出严酷挑战，是精确制导技术必须解决的重大课题。弹载有源相控阵雷达，即有源相控阵雷达导引头具有看得远、扫描快、电子对抗能力强、可靠性高等突出技术优势，已成为精确制导技术发展的热点，为精确制导武器应对未来复杂战场环境提供了一种有效的解决手段。

相控阵雷达导引头，特别是共形天线相控阵雷达导引头，是当今世界上最前沿、最复杂的雷达导引头之一。

自20世纪90年代初，美国为应对今后作战需要开展有源相控阵雷达导引头研究以来，俄、英、法、德、日等多个国家也逐步在多种毫米波和厘米波雷达导引头中引入相控阵技术。从国外相控阵雷达导引头的研制情况可以看出，目前已完成原理验证，正在开展工程研制与应用。

根据2006年报道，在美国国防高级研究计划局（DARPA）资助下，雷声公司已经开发并展示了一种低成本毫米波相控阵雷达导引头样机。当前雷声公司正在自筹资金发展战斧Block IV反舰型巡航导弹，在几种候选导引头中，最有希望的是雷声公司生产的有源相控阵雷达导引头。

图1.33为美国雷声公司的有源相控阵雷达导引头。其天线阵元采用槽线天线，T/R组件单元发射功率为40 mW，共有600个阵列单元，总成本仅为19 000美元，每个单元仅30多美元。

图1.33　美国雷声公司的有源相控阵雷达导引头

图1.34为美国W波段（94 GHz）相控阵雷达导引头阵列示意图。其天线口径为127 mm，内有368个模块，每个模块有6个收发单元和2208个阵元。

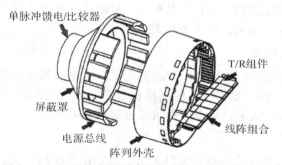

图1.34　美国W波段相控阵雷达导引头阵列示意图

第2章 总体设计

现代有源相控阵雷达的多功能需求，已经使其成为一种综合性的机电一体化系统，而天线阵面作为有源相控阵雷达的核心部分，集成包括天线、馈线、T/R组件、电源、冷却等设备，是整个雷达系统中结构最复杂的部分，其总体设计至关重要。

有源相控阵雷达天线的结构总体设计主要包括阵面布局和构型，阵面布局是对阵面进行整体规划和安排，阵面构型是确定各组成部分排列方式、形成空间结构的过程。

有源相控阵雷达天线作为电子装备，其用途体现在电性能上，结构设计必须围绕电性能指标进行，因此，阵面电讯设计是结构设计的基础。同时，结构总体设计时还要考虑结构指标(体积、重量)、环境要求(风、雨、盐雾、沙尘、辐射、温度、湿度、振动、冲击等)、安装要求、运输要求、维修要求等。

2.1 阵面电讯特性

相控阵天线电讯特性包括天线波束快速扫描能力、天线波束形状的捷变能力、空间功率合成能力、多波束形成能力等多个方面，与结构总体设计相关的主要是阵列设计。

2.1.1 主要电讯指标

1. 工作频率范围

天线的性能参数满足技术要求时的频率范围。

天线阵面在接收和发射时，具有空间滤波和频率选择的功能，该指标规定了天线阵面各个组成部件的性能特性(如天线单元有源扫描驻波、组件发射输出功率、接收噪声系数和动态范围等)满足指标要求下的频率范围。

2. 瞬时工作带宽

雷达的瞬时工作带宽是指雷达信号的带宽，根据雷达宽带工作方式(如宽带成像等)的需求来确定相控阵天线阵面的瞬时工作带宽。

3. 波束扫描空域覆盖

天线扫描增益(对应雷达作用距离)、副瓣电平、差零深等性能满足系统指标要求的空域范围。根据雷达作战对象(低空飞行的飞机和导弹、高空飞行的高机动空间目标)所处空域高度，对相控阵天线的波束扫描空域覆盖提出明确的范围。

4. 主瓣波束宽度

天线方向图的波瓣宽度是包括主瓣最大值的特定截面中辐射强度为最大值一半的两个方向之间夹角，包括主瓣最大值的截面可以是E面、H面，或者水平面、垂直面。根据对雷达作战目标方位和俯仰的角分辨率，规定相控阵天线的主瓣波束宽度要求。

5. 天线增益

天线增益是指在输入功率相同的条件下，实际天线与理想的辐射单元在空间同一点处所产生的信号的功率密度之比。它定量地描述一个天线把输入功率集中辐射的程度。它与天线的方向图有密切的关系，方向图主瓣越窄、副瓣越小、增益越高。根据雷达探测目标的作用距离，规定相控阵天线的增益要求。

6. 副瓣电平

在天线方向图中，主瓣以外任何方向的辐射瓣通称为副瓣，主瓣附近的称为近副瓣，紧挨主瓣的称为第一副瓣，主瓣背后的为背瓣。根据雷达反干扰的工作要求，规定相控阵天线的最大副瓣电平和平均副瓣电平。

7. 差零深

差波束零深度简称为差零深，它的定义为：差方向图中心零点处电场与最大值处电场（差波束本身或者与和波束）之比，通常用 dB 表示。它关系到雷达的跟踪精度，零深度越深，跟踪误差越小（当然这也与接收机的灵敏度有关）。根据对雷达作战目标的角分辨率要求，规定相控阵天线的差波束零深度。

相控阵天线阵面其他系统指标还包括：波束指向精度、工作模式（脉冲工作或连续波工作）、波束建立时间和 T/R 转换时间等。

相控阵天线阵面的组成部件指标包括：发射通道输出功率、接收通道噪声系数和动态范围、阵列单元有源扫描驻波、延迟线位数等，在此不一一赘述。

2.1.2 天线阵列设计

1. 阵列单元的排列方式

阵列单元的排列方式（如图 2.1 所示）有三种：矩形排列；方位面错开半个单元间距三角形排列；俯仰面错开半个单元间距三角形排列。

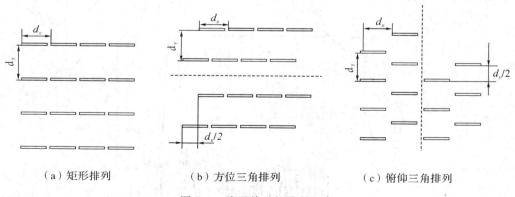

（a）矩形排列　　　　（b）方位三角排列　　　　（c）俯仰三角排列

图 2.1　阵列单元的排列方式

对于两维相控阵天线，相对于矩形排列，三角形排列能略微增大水平和垂直单元间距，从而在保证同样的天线增益（见式 2-1）下，天线阵面的有源通道数目相对较少（节省约 10%），从而有效降低相控阵天线阵面的成本。

$$G=\eta\frac{4\times\pi\times N\times d_x\times d_y}{\lambda^2} \qquad (2-1)$$

其中，d_x、d_y 分别为天线单元的水平和垂直间距；λ 为工作频率波长；N 为天线单元数目；η 为天线效率；G 为天线增益。

因此，一般除了存在结构设计困难或者天线扫描空域较小，其他情况都尽可能地采用三角形排布方式。采用方位错开还是俯仰错开，则与组件的安装方式（垂直安装或者水平安装）、方位/俯仰最大扫描角度（对应是需要增大方位间距还是增大俯仰间距）以及大口径相控阵天线阵面的分块拼接方式有关（左右分块采用俯仰三角形错开，上下分块采用方位三角形错开）。

2. 天线阵面倾角

天线阵面倾角 θ_T 的定义如图 2.2 所示。

在空间扫描空域指标确定的情况下，天线阵面倾角与俯仰最大扫描角度有关，从而也就限制了俯仰的单元间距：

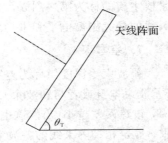

$$\Delta EL_{max}=max((EL_H-\theta_T)(\theta_T-EL_L)) \qquad (2-2)$$

其中，θ_T 为天线阵面倾角；EL_L 为俯仰扫描最低仰角（大地坐标）；EL_H 为俯仰扫描最高仰角（大地坐标）；ΔEL_{max} 为俯仰最大扫描角度。

图 2.2 天线阵面倾角 θ_T 的定义

从式（2-2）上看，$\theta_T=(EL_H-EL_L)/2$ 似乎是最优的，但是通常情况是过大的阵面倾角导致阵面法向波束指向角度太大，用于看低空目标时（例如，情报雷达，主要用于看低空域的飞机目标），阵面波束的扫描增益损失较大，因此，天线阵面的倾角需要根据实际情况再做相应的优化选择。

3. 阵列单元间距

对于固定的工作频率和扫描角，若相控阵天线的阵元间距过大，扫描时辐射场除了主瓣以外，在其他方向因场强同相叠加，会形成强度与主瓣相仿的辐射瓣（即栅瓣）。相控阵天线扫描的主瓣和栅瓣如图 2.3 所示。

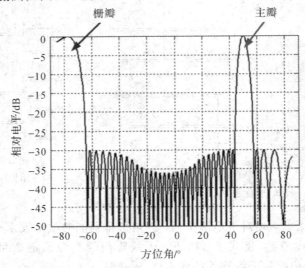

图 2.3 相控阵天线扫描的主瓣和栅瓣

　　阵元间距是相控阵天线的基本参量，它的合理确定是相控阵天线设计的基础。阵元间距的选择应以抑制栅瓣和满足宽角阻抗匹配为目标，它直接关系到天线阵面的性能和造价。一部性能良好的相控阵天线，在阵元数不变的情况下，阵元间距大，则阵列孔径互耦弱、增益高。间距增大 12％，天线阵的单程增益将提高 1 dB；反之，若孔径尺寸一定，则阵元间距越大，孔径内需要设置的阵元数越少，相应地移相器、激励器以及有源阵的高功率发射放大器，低噪声接收放大器（即 T/R 组件）的数量及相应的馈电网络、微波电路的复杂性和规模都将减小。资料表明，L 频段、S 频段和 X 频段 T/R 组件的价格高达数千乃至数万元。因此，对于大型相控阵天线，应选择尽可能大的阵元间距，使阵元数减少，产生的经济效益十分可观。

　　但是相控阵天线中，阵元间距扩大受到扫描波瓣质量的限制。这是由于在预定的空域内扫描时，相控阵天线在实空间只允许出现一个主瓣，而应避免电平与主瓣相当而高于旁瓣峰值的栅瓣。这一要求，在给定工作频段和扫描空域后，将直接制约着阵元间距的选择。

　　相控阵天线阵元间距过大，扫描时不仅在实空间会出现多个栅瓣，使能量分散、增益下降，而且在栅瓣角到达前，阵元的有源输入阻抗出现奇异点，阵列孔径与馈电网络严重失配。

　　为有效避免这些不良后果，相控阵天线阵元间距有一个可资利用的上限。

　　通常认为，对于确定的工作频段和最大扫描角 θ_s，相控阵天线阵元的理论最大间距 d_x、d_y 为：

　　① 矩形栅格，即

$$d_x、d_y \leqslant \frac{\lambda}{1+|\sin\theta_s|} \tag{2-3}$$

　　② 等腰三角栅格，即

$$\begin{cases} d_x \leqslant \dfrac{1}{\sin\alpha}\dfrac{\lambda}{1+|\sin\theta_s|} \\ d_y \leqslant \dfrac{1}{\cos\alpha}\dfrac{\lambda}{1+|\sin\theta_s|} \end{cases} \qquad \frac{\pi}{6} \leqslant \alpha \leqslant \frac{\pi}{3} \tag{2-4}$$

式中，α 为等腰三角形腰与 x 轴夹角。

　　当 $\alpha = \pi/3$ 时，式（2-4）表示阵元以正三角形排列的间距约束。阵列孔径尺寸一定，由于正三角形栅格阵元所占有的面积最大。因此，孔径内所需阵元数最少。正三角形排列的阵元数比正方形的少$(1-\frac{\sqrt{3}}{2}) = 13.4\%$。

　　式（2-3）和式（2-4）中的波长应取工作频段中的最短波长。式（2-3）和（2-4）给出了栅瓣最大值在虚、实空间交界处，即将进入实空间的单位圆时阵元间距的理论上限。所对应的扫描空域为正弦空间上以原点为圆心，以 $\sin\theta_s$ 为半径的圆域。

　　确定了阵列单元的排布形式和天线阵面倾角，根据扫描空域指标，即可计算出阵元的间距，如图 2.4 所示，保证相控阵天线的扫描空域不要落入会出现栅瓣的空域内。

　　合理设计后的阵列单元间距，可保证天线阵面波束同时扫描到方位最大角和俯仰最大角时，不会出现栅瓣。

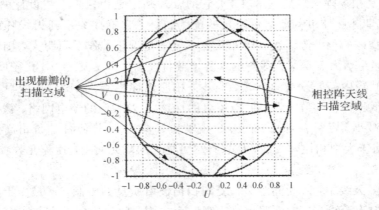

图 2.4　相控阵天线扫描空域

4. 天线阵面幅相加权

要满足天线副瓣电平指标(主要指接收时),需要进行阵面幅相加权(同时需要考虑到天线阵面存在一定的误差情况)。

图 2.5 给出了要满足 -30 dB 接收最大副瓣情况,天线阵面的 -35 dB 泰勒加权分布。存在一定误差的情况下,得到的天线阵面二维波瓣图如图 2.6 所示。

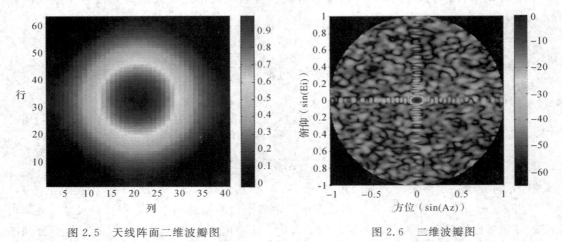

图 2.5　天线阵面二维波瓣图　　　　　　　　图 2.6　二维波瓣图

5. 天线阵面口径形状

天线阵面口径形状,常用的有圆(椭圆)形和矩形两种,如图 2.7 所示。

两种排布方式各有优缺点:在相同接收和波束最大副瓣电平的情况下,矩形阵面采用两维的线泰勒接收加权,加权损失比圆(椭圆)形排布阵面采用的一维圆泰勒加权大,但是平均副瓣低,有利于抗干扰;在相同威力(收发增益)的情况下,矩形排布有源阵面与圆(椭圆)形排布阵面相比,物理口径小;在发射等幅输出情况下,圆形口径的天线阵面发射最大副瓣比矩形口径的略小。

设计时可根据阵面物理口径大小、副瓣电平、增益、结构布局等因素综合考虑,选择天线口径形状。

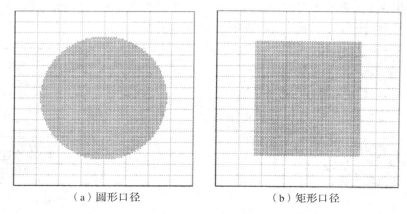

（a）圆形口径   （b）矩形口径

图 2.7　天线阵面口径形状

6. 天线阵面口径大小

天线阵面口径大小主要与天线波束主瓣宽度和天线增益相关。在天线阵面等幅加权的情况下，大型相控阵（口径尺寸 $L >$ 波长 λ）天线的主瓣宽度 B_0 可以用以下公式估算，即

$$B_0 = 0.886 \frac{\lambda}{L} \tag{2-5}$$

在不等幅加权情况下，主瓣波束宽度会适当展宽，对于不同的加权幅度，计算公式也不同，读者可参考相应文献，或者自行编程计算。

根据口径大小需要再进行天线阵列增益复核，适当调整。

7. 天线单元数目

相控阵天线的单元数目主要由天线增益决定。

由式（2-1）可知，在天线单元间距一定的情况下，并考虑天线效率（主要由加权函数效率、损耗和阵面误差）后，由收发天线增益指标即可计算得出天线单元的数目。

8. 子阵大小

电子阵就是将天线阵列中一定数量的阵元组合在一起，成为具有一定功能和性能的子阵列。采用电子阵，是想在满足指标的前提下，通过多个射频通道共用某些部件，来实现减少设备量、简化设计难度和降低成本的目的。

扫描范围很小且副瓣电平指标不高的模拟阵雷达，可多个模拟通道合用一个移相器，做子阵级移相。其子阵级移相与单元级移相原理如图 2.8 所示。

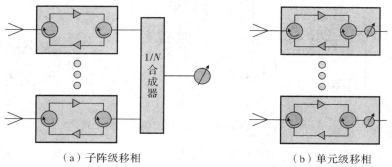

（a）子阵级移相   （b）单元级移相

图 2.8　子阵级移相与单元级移相原理

对副瓣电平指标要求不高的模拟阵雷达，可多个通道对应一个衰减器，做子阵级幅度接收加权。其子阵级加权与单元级加权原理如图2.9所示。

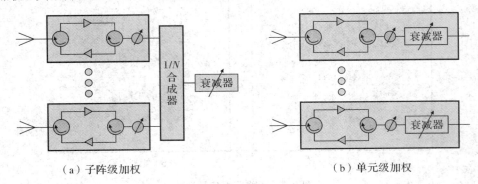

（a）子阵级加权　　　　　　　　　　（b）单元级加权

图2.9　子阵级加权与单元级加权原理

对副瓣电平指标要求不高的宽带模拟阵雷达，可多个通道对应一个延迟线，做子阵级延迟。其子阵级延迟与单元级延迟原理如图2.10所示。

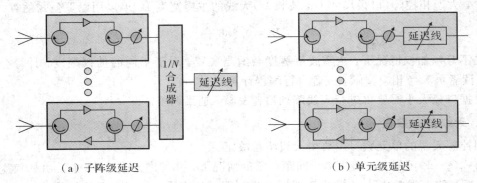

（a）子阵级延迟　　　　　　　　　　（b）单元级延迟

图2.10　子阵级延迟与单元级延迟原理

对同时接收多波束覆盖范围不大的数字阵雷达，可多个模拟通道对应一个数字通道，做子阵级同时接收多波束。其子阵级多波束与单元级多波束原理如图2.11所示。

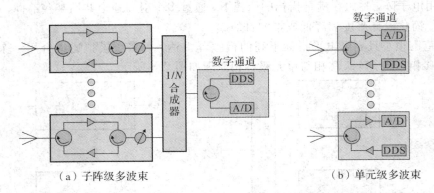

（a）子阵级多波束　　　　　　　　　　（b）单元级多波束

图2.11　子阵级多波束与单元级多波束原理

电子阵的大小与副瓣电平、DBF同时多波束覆盖范围和瞬时工作带宽等指标相关，由这些性能指标，就基本限定了电子阵的大小（当方位和俯仰两维上指标不同，则电子阵内方位数量和俯仰数量的最大限制条件也不同）。

采用如图 2.9 所示的子阵，则天线阵面的波瓣图会产生子阵级幅度量化瓣，如图 2.12 所示。电子阵越大，副瓣电平指标越差。

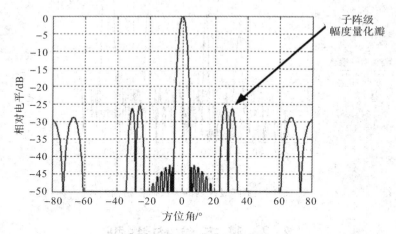

图 2.12　子阵级幅度量化瓣

若电子阵内等相分布，即整个天线阵面为子阵级方位扫描，则会产生子阵级扫描量化瓣，其接收和波束方位波瓣如图 2.13 所示。当由子阵级 DBF 来形成同时多波束覆盖时，子阵越大，则多波束的量化瓣越大，如图 2.14 所示。

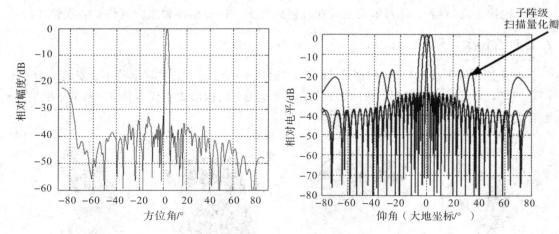

图 2.13　接收和波束方位波瓣（子阵级方位扫描 3°）　　图 2.14　子阵级同时多波束覆盖（3 个波束）

若雷达工作在瞬时宽带模式，每个电子阵对应一个延迟线，则电子阵内的通道数目越大，高低边频的副瓣电平和指向精度等指标也越差。子阵级延迟的天线阵面扫描波瓣如图 2.15 所示。

从电性能上来讲，电子阵越小越好，但是在实际相控阵天线阵面设计，受技术难度、经济成本、结构尺寸等限制，必须合理地选择电子阵大小，达到整个相控阵天线阵面设计的最优化。

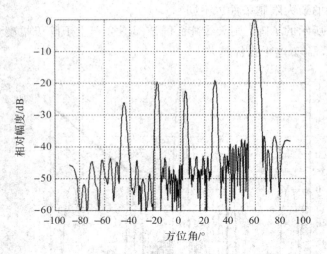

图 2.15　子阵级延迟的天线阵面扫描波瓣

2.2　基本结构类型

有源相控阵天线的基本结构组成包含阵列单元、T/R 组件、综合网络(射频、控制、供电)、天线骨架,常见的天线骨架是反射面板和纵横梁构成的箱体结构(因其中安装了高频设备,也称为高频箱),阵列单元安装在反射面板上,T/R 组件和综合网络安装在箱体内。

2.2.1　外形

有源相控阵天线的外形(如图 2.16 所示)取决于电口径、工作频率范围、安装平台、工作环境等,常见形状有圆形、椭圆形、正方形、矩形,结构形式主要有箱式、板式、框架式、混合式。

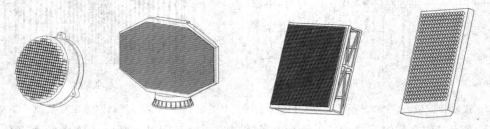

图 2.16　有源相控阵天线的外形

2.2.2　内部结构

阵列单元和 T/R 组件是有源相控阵天线核心组成部分,因此天线结构构型首先取决于阵列单元与 T/R 组件的对应位置关系。根据两者的位置关系,可以将相控阵天线内部结构归纳成以下六种基本类型。

1. 等距阵列结构

等距阵列结构就是 T/R 组件与阵列单元位置一一对应,适用于阵列单元间距远大于 T/R 组件宽度与厚度尺寸的天线,阵列单元多为矩形排列,T/R 组件多为单通道或两通道,适用于低频段或高频段大间距天线结构。

等距阵列结构(如图 2.17 所示)设计简单,T/R 组件与阵列单元可以直接互连,电讯损耗小。不足之处:T/R 组件排列分散,不利于后端设备集成。

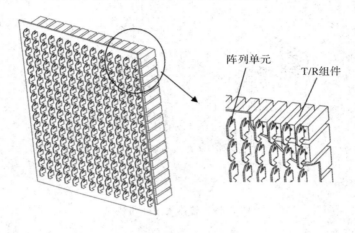

图 2.17　等距阵列结构

2. 区域集中阵列结构

区域集中阵列结构是指将一定区域内的 T/R 组件向区域中心收拢,适用于阵列单元间距大于 T/R 组件宽度与厚度尺寸的天线。T/R 组件区域集中后,区域之间留出了空隙,用于布置支撑骨架、安装导轨、电缆走线等,同时也利于区域内 T/R 组件集成为子阵模块。但阵列单元与 T/R 组件之间的位置不再一一对应,两者不能直接互连,必须增加过渡连接层,结构设计复杂,电讯损耗有所增加。区域集中阵列结构又可分为区域一维集中阵列与两维集中阵列,如图 2.18 所示。

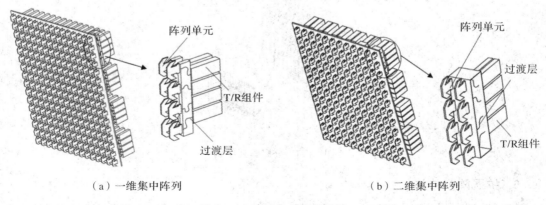

（a）一维集中阵列　　　　　　　　　　　　　　（b）二维集中阵列

图 2.18　区域集中阵列结构

3. 整体集中阵列结构

整体集中阵列结构（如图 2.19 所示）是指 T/R 组件整体向天线中部集中收拢，多用于阵列单元远大于 T/R 组件尺寸的低频段天线或一维相扫天线（一行阵列单元对应于一个有源通道）。T/R 组件集中放置，可减小馈电网络和高频箱尺寸，有利于给 T/R 组件等设备创造一个好的环境。这种方式的阵列单元与 T/R 组件位置差距大，往往需要较长的电缆实现互连，电讯损耗大。

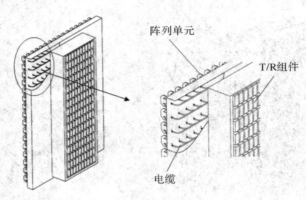

图 2.19　整体集中阵列结构

4. 分离阵列结构

分离阵列结构（如图 2.20 所示）是指 T/R 组件与天线分离，放置于天线外部地板上的机柜或方舱内，易实现较好的环境，维修方便。天线骨架多采用桁架结构，风阻小，重量轻，易于拼装与折叠，结构简单，造价低。但阵列单元到 T/R 组件的电缆要横跨整个天线，电缆很长，电讯损耗很大，适用于低频段、大口径天线。

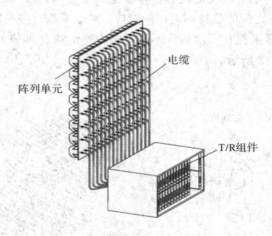

图 2.20　分离阵列结构

5. 扩展阵列结构

扩展阵列结构（如图 2.21 所示）是指 T/R 组件组件尺寸大于阵列单元间距，无法在阵列单元间距范围内排布，需要扩展到电口径之外，天线呈现前部阵列口径小，后部有源模块大的结构外形，阵列单元与 T/R 组件之间也需要过渡层转接。为提高集成度，减少有源模块尺寸，T/R 组件采用多通道形式。适用于 X 波段以上高频段、小口径天线。

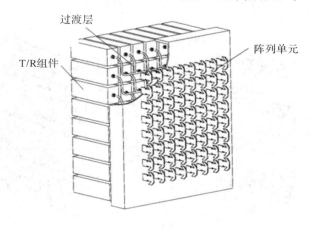

图 2.21　扩展阵列结构

6. 叠层阵列结构

叠层阵列结构（如图 2.22 所示）是指基于片式 T/R 组件、轻薄型馈电网络、轻薄型控制电路在天线孔径平面平行方向逐层叠放而形成的一种高度集成化轻薄型阵面结构形式。叠层阵列结构作为新一代片式架构，需要高密度集成技术和小型化的多功能专用芯片、高性能高可靠性射频电路和控制电路作为技术支撑，重点解决层间垂直互连、散热以及阵面维护等方面的关键技术，是有源阵面的发展方向。

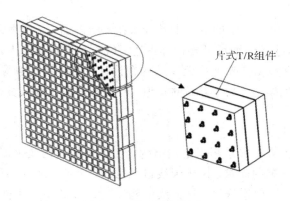

图 2.22　叠层阵列结构

2.2.3　维修方式

产品的维修性是指产品在规定的条件下和规定的时间内，按规定的程序和方法进行维修时，保持或恢复其规定状态的能力。

有源相控阵天线阵面的维修首要考虑 T/R 组件的维修性。按组件的维修插拔方式将相控阵天线结构分为后向维修方式、前向维修方式和前后双向维修方式。不同用途和不同使用平台的天线需要不同的维修方式，阵面布局设计与维修方式密切相关。后向维修结构是指 T/R 组件从阵列单元的背面进行安装拆卸维修，如图 2.23 所示；反之，从天线单元一侧安装拆卸维修是前向维修结构，如图 2.24 所示。

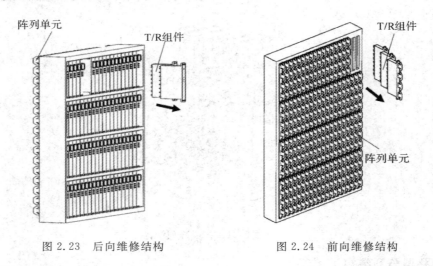

图 2.23　后向维修结构　　　　　图 2.24　前向维修结构

2.3　地基远程预警相控阵天线结构

地基远程预警相控阵天线作用距离一般在两千米以上，口径二十多米以上，阵元数达到几万个甚至更多，堪称巨型相控阵雷达天线。通常用于卫星、弹道导弹等空间目标的探测。

对于相控阵天线，由于大量的电子设备分布在天线阵面上，牵涉到微波、控制、电源和冷却等系统，因而结构复杂。而巨型相控阵雷达天线更是设备量巨大，结构庞大复杂。与一般相控阵天线相比，巨型相控阵雷达天线结构在设计、安装和支撑等方面有其特点，需要天线结构设计师了解气候、建筑等方面的知识，与建筑安装工程人员密切地协同工作。

2.3.1　分块设计

巨型相控阵雷达天线一般采用固定式结构，安装在钢结构或钢混结构建筑上，但少数雷达也有可搬移重新部署的需求。由于天线口径巨大，为便于加工、调试、运输、安装，天线阵面必须分块。如何合理地分块，是天线结构布局设计的一个重要方面。通常有两种方法：结构性分块和功能性分块。

1. 结构性分块

结构性分块主要从加工、运输、安装的角度考虑，阵面的各组成部分各自分块，单块本身不具备完整功能。各组成部分独立包装运输，阵地现场安装、调试。

例如，丹麦"眼镜蛇"相控阵雷达（如图 2.25 所示）的阵面由 180 块平铝板构成，每块约为乒乓球桌大小，采用铸造成型。所有平板敷设在一个 12 层的建筑物的整个壁上，在其上支撑大约 35 000 个技术水平极高的阵列单元，构成直径约为 28.7 m 的圆阵面。

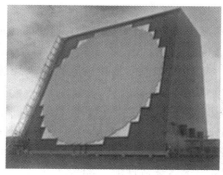

图 2.25 丹麦"眼镜蛇"相控阵雷达

图 2.26 是一种典型的大型有源相控阵天线，以 8×8 组成的 64 单元子阵为基本单位，将一个子阵的阵列单元与 T/R 组件、功分网络、波控、电源等设备集成在一起，形成一个子阵模块。子阵模块采用类似于机柜的结构形式，T/R 组件等设备均做成模块。可在机柜中插拔，如图 2.27 所示。整个阵面采用"嵌块"式结构，天线骨架是由工字钢焊成的框架结构，每个子阵模块嵌入框架格子中，如图 2.28 所示。天线骨架由大小约为 2 m×4 m 的单块拼装在建筑物基础上而形成。天线骨架按方便加工、运输、安装因素分块，阵列单元和其他设备按子阵来分块，将在很多方面带来好处。首先，天线阵面是由若干个子阵构成，不同的子阵数可以很方便地组合出不同的天线口径，自由度较大，在一定程度上实现了天线阵面的模块组合化；其次，子阵模块具有独立的结构和性能，不仅方便了调试，而且简化了阵面布线设计；再次，子阵模块尺寸较小，加工、运输、安装均比较方便。

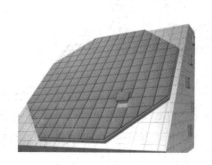
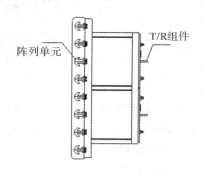

图 2.26 "嵌块式"阵面   图 2.27 子阵模块

图 2.28 "嵌块式"阵面安装中

2. 功能性分块

功能性分块不仅从加工、运输、安装的角度考虑，还要考虑功能，阵面的各组成部分统一分块，形成一个整体子阵面，分块本身具备完整功能，便于在工厂装配与调试。子阵面就是一个运输单元，阵地拼装、调试工作量小，不仅可实现巨型相控阵雷达天线快速拆装和重新部署，而且可以组合成不同口径的天线，满足不同需求。

例如，俄罗斯的赛尔科姆雷达。该雷达用于区域反航空飞行器防御和探测空间目标以及弹道导弹。其相控阵天线采用横向分块设计，如图 2.29 所示，每一块就是一个运输单元，阵面在水平方向可以 2、4、8 块组合成不同口径的天线，其性能如表 2-1 所示。

表 2-1　赛尔科姆雷达天线性能

天线口径	作用距离	同时跟踪目标数
13 m×10.6 m(2 块)	2000 km	
13 m×16 m(4 块)	3000 km	>100 个
13 m×26.4 m(8 块)	5000 km	

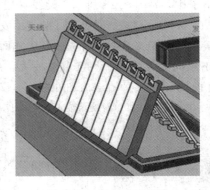

图 2.29　赛尔科姆雷达

图 2.30 所示的远程预警雷达天线阵面采用纵横向两维分块设计，由多个子阵面拼装而成。每个子阵面由阵列单元、T/R 组件、电源组件、综合网络及阵面冷却管网等组成，子阵面骨架采用密闭箱体结构，为阵面设备提供防护，单个子阵面具有完整的结构和功能，同时也是一个运输单元。不同数量的子阵面可拼装出不同口径的天线。

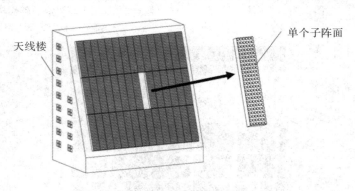

图 2.30　远程预警雷达天线阵面

2.3.2 内部结构

根据地基远程预警相控阵天线两维分块拼装的特点,其内部结构常有两种:一种是区域两维集中阵列结构;另一种是分离阵列结构。

区域两维集中阵列结构通常是按子阵集中,将与子阵对应的 T/R 组件、波控、电源及相应的信号传输网络等设备集成在一个机柜中(称为子阵有源组合机柜),与阵列单元电缆连接,如图 2.31 所示。

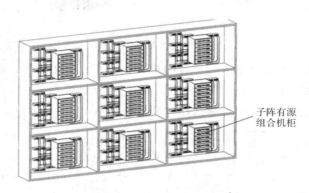

图 2.31 子阵集中式阵面结构

分离阵列结构有两种方式(如图 2.32 所示):一是子阵有源组合机柜从阵面上分离出来,就近放在天线楼的各层楼板上;二是有源组合机柜(不一定按子阵组合)集中放在地面上的方舱中,可以提供良好的环境,方便维修。天线及其支撑结构采用镂空桁架结构,可减少风阻,降低造价,适合于米波频段雷达(阵面口径大,单元间距大)。

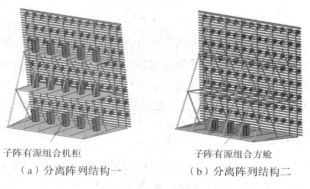

(a)分离阵列结构一   (b)分离阵列结构二

图 2.32 子阵分离式阵面结构

2.4 机载火控有源相控阵天线结构

由于飞机的技战术需要,机载有源相控阵火控雷达多是 X 波段,通常应用于战斗机平台,天线位于飞机的最前端,在机头雷达罩内部,不突出飞机的气动外形,因此机载有源相控阵火控雷达口径相对较小,外形为圆饼状(或近似圆饼状),直径一般不超过 1 m,如图 2.33所示。

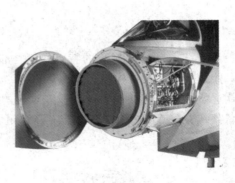

图 2.33　机载火控有源相控阵天线

机载火控有源相控阵雷达的天线阵面包括天线振子、T/R 组件、馈线网络、控制模块、电源传输、信号传输以及阵面框架等，阵面的组成如图 2.34 所示。除这些独立的功能部件之外，天线阵面还包括必需的冷却系统和内部互联网络。

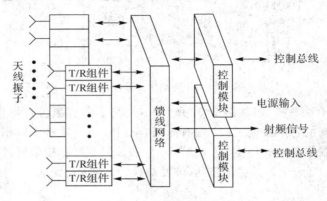

图 2.34　天线阵面的组成

由于载机平台空间受限，天线阵面内部天线振子、T/R 组件、综合馈电网络、控制模块、电源传输、信号传输等高度集成，通过层与层之间的紧密互连，最终形成一个复杂的阵面系统。目前机载火控有源相控阵雷达天线阵面在结构形式上主要分为三大类，即刀片式子阵结构、一体式结构、片式叠层结构。以下对这三种体制的天线阵面结构形式做简单介绍。

2.4.1　刀片式子阵结构

刀片式子阵结构是将天线阵面中有源部件和无源传输网络在一维方向上按阵列单元间距的整数倍划分成多个相同（或相似）结构，成为相互独立的功能模块，通过阵面框架与行列馈以及供电和波控信号传输线缆（或传输层）并联装配在一起的阵面结构形式。刀片式子阵结构（如图 2.35 所示）的阵面框架（如图 2.36 所示）为带有分水静压腔的一体化功能框架，与刀片式子阵采用的自密封盲插水接头连接，形成阵面冷却管网。

刀片式子阵结构是天线阵面的核心部件，以子阵支架为结构载体，集成了天线振子、T/R 组件、馈电网络、供电和波控信号传输线等，子阵支架内部包含冷却管路，为 T/R 组件散热，内部流道需根据散热功耗、外部流量和流阻特性来确定具体结构形式，常见的有直通型流道、蛇形流道和微通道流道（详见第 3 章）。

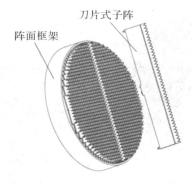

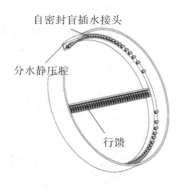

图 2.35 刀片式子阵结构   图 2.36 阵面框架

多个刀片式子阵通过阵面框架连成整体,阵面框架中集成有液冷的分水静压腔,为子阵供液,并有稳定流量的作用。子阵通过自密封盲插水接头与分水静压腔连接,方便子阵插拔和维修。

目前国外有多个型号的机载雷达天线阵面采用刀片式子阵结构,如美国的 F-22 战机的 AN/APG-77 雷达、法国的"阵风"战机雷达。AN/APG-77 雷达的天线阵面和刀片式子阵如图 2.37 所示。

图 2.37 AN/APG-77 雷达的天线阵面和刀片式子阵

刀片式子阵形式的天线阵面结构简单,生产调试方便,前向维修,适合机头平台,操作方便。但对于圆口径天线,子阵长短不一,品种多。刀片式子阵是线阵形式,通常有一列或两列阵列单元,如果要划分电子阵,在一维方向上只能有一个或两个阵列单元,限制了电子阵的设计。另外,由于刀片式结构特点,阵面有一维方向刚度较差,子阵模块与阵面框架上分水静压腔连接的盲插水接头有渗漏的风险。

2.4.2 一体式结构

天线阵面分为前后两层:前层是阵列单元和 T/R 组件;后层是馈电网络、波控模块、驱动放大模块等(可集成为综合模块)。天线阵列单元和 T/R 组件安装在条形冷板上(与刀片式子阵相似),T/R 组件通过锁紧机构固定,可单独插拔,后层模块安装在结构底板的背面。所谓一体式结构就是将冷板与阵面的结构围框和底板连成一体,作为结构载体,如图 2.38 所示。其优点是结构刚度好,电子阵划分不受限制,省去了大量的盲插水接头;缺点是后层模块需后向或侧向插拔维修,操作不方便。

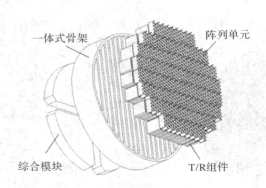

图 2.38　一体式结构的天线阵面示意图

目前国内外多个型号的机载雷达天线阵面采用一体式结构体制，如美国的 F-35 战机的 AN/APG-81 雷达。其天线阵面装配示意图如图 2.39 所示。

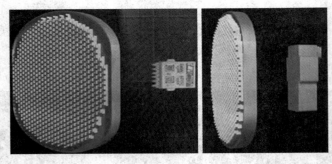

图 2.39　AN/APG-81 雷达天线阵面装配示意图

2.4.3　片式叠层结构

片式叠层结构是基于片式 T/R 组件、轻薄型馈电网络、轻薄型控制电路逐层叠放而形成的一种高度集成化阵面结构形式，通常采用 2×2、4×4、4×8、8×8 等单元组合成子阵（详见第 3 章），片式子阵安装在综合底板上，如图 2.40 所示。其综合底板由结构板和网络板叠压而成，结构板除提供阵面结构支撑外，其中还分布液冷流道，兼作冷板，为片式子阵冷却。网络板中包含射频、控制、供电等多个网络，常用多层印制板制作。

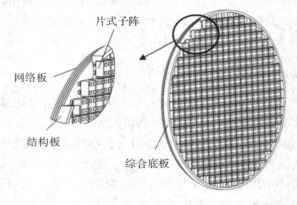

图 2.40　片式叠层结构的天线阵面

片式叠层结构的天线阵面（简称片式阵面）结构相对简单，由于内部电路的高度集成使得阵面厚度和重量得到大大削减，可实现阵面轻薄化。片式子阵模块化程度高，具有良好可扩展性，可以构建成不同形状的共形阵。子阵品种单一，方便加工、调试，备件少。具有良好的维护性和可扩展性，便于不同平台的移植和借用，容易形成系列化，适合规模化生产。

片式阵面需要高密度集成技术（HDI）和小型化、高性能高可靠性射频电路和控制电路作为技术支撑，在层间互连、散热以及阵面维护等方面同样是片式阵面急需解决的关键技术。美国在片式相控阵天线领域研究开展的最早，并已有工程化产品（AN/APG-79雷达，如图2.41所示）装备飞机（F-18战机）。近年来欧洲对该领域关注度提高，就片式阵面的T/R组件的多功能专用芯片、垂直互连技术、多层电路设计、子阵设计等各项关键技术都有研究，但这些解决方案目前多处于实验室阶段，其中一些方案的工程应用的实际效果有待验证。

图 2.41 AN/APG-79 雷达

2.5 机载预警有源相控阵天线结构

机载有源相控阵预警雷达一般工作在 UHF 波段、L 波段以及 S 波段，选用运输机、客机、大型无人机等作为载机平台，平台空间大、载重量大，容许天线的口径、体积、重量比机载火控雷达大很多。天线阵面结构形式取决于预警机的总体布局，天线与载机平台的构型主要有三种形式，即圆盘形式、平衡木形式以及机身共形形式。

2.5.1 圆盘形式

圆盘形式天线阵面一般安装在飞机顶部，外形类似于"蘑菇"，阵面通过结构支撑与飞机内部骨架相连，这种布局的优点是在不改变飞机飞行方向的前提下实现方位向360°波束扫描。圆盘形式雷达包括固定式三面阵和旋转式单面阵两种形式：前者没有机械转动部分，三个天线阵面造价高，重量较重，要求载机平台有较大的承载能力，一般选用大型运输机；后者是方位机扫加相扫的形式，通过机械旋转的辅助实现方位向360°全覆盖，天线阵面重量较轻，一般选用中小型运输机或客机。图2.42为以色列A-501"费尔康"预警机。

图 2.42　以色列 A－501"费尔康"预警机

1.　固定式三面阵

　　固定式三面阵的三个阵面按正三角形布置，每个阵面覆盖方位角为 120°，雷达天线整流罩（DOME）内部布局如图 2.43 所示，中间是三角形 DOME 框架，是整个天线整流罩的结构基础，阵面悬挂在 DOME 框架侧面立柱上，阵面外安装天线罩，DOME 框架内安装雷达后端设备。

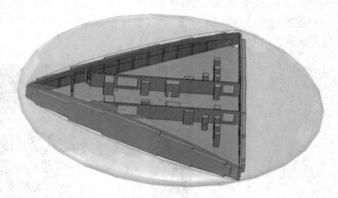

图 2.43　三面阵布局

　　根据圆盘的结构特点，阵面安装面为椭圆形。为充分利用空间，增大天线口径，阵面一般采用轻薄的板式结构，外形为近椭圆的阶梯状。阵面与 DOME 框架立柱多点连接，充分利用其结构刚度，减轻阵面重量。固定式三面阵的阵列结构有分离式和区域集中式两种：

　　（1）分离式的 T/R 组件分装在多个机柜中，机柜放在 DOME 中间舱内，如图 2.43 所示。其优点是天线轻，重量向圆盘中心集中，可降低 DOME 框架结构重量，缺点是阵元与 T/R 组件之间的连接电缆长，损耗大。

　　（2）区域集中式的 T/R 组件安装于 DOME 框架立柱之间，利用立柱做支撑，通过转接层与天线单元对接，如图 2.44 所示。其优点是阵面结构紧凑，省去了长电缆，损耗小，缺点是阵面重，对 DOME 框架结构刚强度要求高。

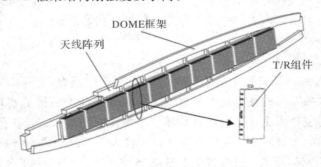

图 2.44　区域集中式阵面

2. 旋转式单面阵

旋转式单面阵的 DOME 框架通常为条块结构，阵面悬挂在 DOME 框架一侧面立柱上，阵面外安装透波天线罩，另一侧面安装整流罩，罩内也可安装卫星通信等其他天线。图2.45为旋转式单面阵结构。

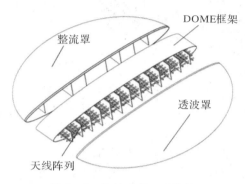

图 2.45　旋转式单面阵结构

旋转式单面阵的阵列结构有分离式和区域集中式两种。区域集中式的阵面布局与固定式三面阵的一个阵面相似，分离式阵面的 T/R 组件可以放在 DOME 框架内，也可以放在飞机机舱内。T/R 组件放在机舱内，可大大减轻天线重量，但其与天线单元的连接就必须通过射频旋转交链，受交链通道数的限制，射频通道数有限，适用于低频段阵面（单元数少）或一维相扫阵面。图2.46为旋转单面阵中的 E3A 单面阵天线阵列。

图 2.46　E3A 单面阵天线阵列

2.5.2　平衡木形式

平衡木式天线阵面通常安装在飞机顶部，外形类似于"平衡木"，阵面通过结构支撑件与飞机内部骨架相连，这种形式的优点是结构布局规则简单，重量轻，对载机平台的承载能力要求不高，因此整机成本较低。缺点是如果雷达实现方位向360°波束扫描，飞机需要按"S"形航线飞行，扫描的实时性较差。

平衡木式天线多采用背靠背双阵面，外形为长条形，比较合适的布局是用刀片式子阵沿长度方向排列，天线框架内布置由射频、控制、供电组成的网络综合层，刀片式子阵从两面插入，如图2.47所示。

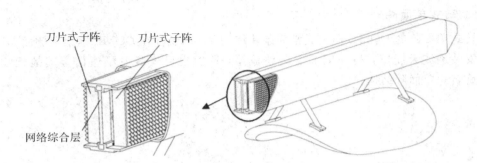

图 2.47　平衡木式天线结构示意图

2.5.3　机身共形形式

　　根据美国电气和电子工程师学会的定义（IEEE Std 145 - 1993），共形天线是指与某一表面共形的天线或阵列。该表面的外形不是由电磁因素，而是由诸如空气动力或水力等因素确定的。通常所指的共形天线一般会是圆柱形、圆锥形、圆台形、椭球形、球形、旋转双曲面形、旋转抛物面形、任意双弯曲面形等，其成千上万的辐射单元安装在平滑弯曲的物体表面或集成在物体之中。共形天线的应用使得载体外部再也看不到传统的突出天线，改善了飞机、高速列车、飞艇等气动特性，使武器系统的单站 RCS 极大降低，增加了隐身特性。

　　随着隐身飞机和电子对抗技术的快速发展，多数现役机载预警雷达，面临日益严重的电子对抗环境和雷达截面积成数量级减小的隐身目标时，已经满足不了军方的技战术指标要求，甚至自身的安全都会受到威胁。因此，为了在复杂的战场环境中探测隐身飞机等作战对象，未来机载预警雷达必须具有更远的探测距离、更多的工作模式、更灵活的能量管理方案和更好的抗干扰措施，这就意味着需要更大的功率孔径积。但单纯增大发射功率受载机资源制约，而天线孔径在雷达收发双程起作用，因此扩大天线孔径比提高发射功率有效得多。但大孔径天线在载机平台上的安装矛盾突出，机头空间有限，背在机背上影响飞机的气动性能。因此，较好的解决办法是把雷达阵面和机身融合在一起，把雷达阵面安装在飞机蒙皮内，通过共形相控阵天线实现"智能蒙皮"是未来机载预警雷达的一个发展趋势，同时这种共形阵雷达在反有源、无源干扰、低截获概率等方面也有较大的优越性。

　　机身共形天线阵面（如图 2.48 所示）通常安装在飞机机身侧面或机翼上，阵面结构骨架与机身骨架完全一体化集成，天线罩外形与飞机气动外形一致。这种布局的优点是天线结构与飞机一体化设计，不影响飞机气动特性，空间布局紧凑，重量轻，对载机平台的承载能力要求不高，整机成本较低。缺点是受飞机尺寸以及机翼位置的影响，阵面口径受限，同时也不利于实现方位向360°波束扫描。

图 2.48　机身共形天线阵面示意图

在共形阵面结构(如图 2.49 所示)中，留给 T/R 通道与综合网络的空间在很多情况下会相当狭小(如在机翼结构中)且形状各异，同时由于飞机载体所能承载的重量是很有限的，而大天线孔径的共形阵所需要的收发通道数量相比于现有的机载预警雷达将有极大的提高，这也就需要单个 T/R 通道及所需的综合网络的体积重量相比于现有结构有很大的减少。

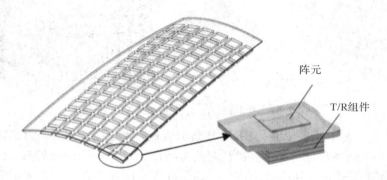

图 2.49　共形阵面结构示意图

为了实现弯曲，阵面的厚度要薄，一般为片式叠层结构，由前往后分别是辐射单元层、综合网络层、结构层(含冷却功能)、T/R 组件层。辐射单元选低剖面的贴片单元或振子，T/R 组件采用三维片式结构，通过 T/R 组件、综合网络与天线等结构高密度集成来实现阵面的超轻、超薄。更进一步的结合片式组件与有源子阵的概念，形成片式有源子阵结构将更加适合阵面共形的需求，最大限度地节省空间，减轻阵面重量。

近年来有源相控阵技术的飞速发展，推动了共形天线的研究。随着集成电路、数字处理等技术的成熟，共形智能天线受到了越来越多的关注，得到了快速发展。当前，共形智能天线已是天线技术中最重要的发展方向之一，将对雷达、电子战、通信等领域产生深远的影响，同时对平台的设计也将带来一次变革。

世界各国对共形智能天线的研发都非常重视，不断取得了进展和突破。最简单的共形天线是一维侧视阵列。图 2.50 是 1996 年研发的集成在机翼上的 X 波段共形天线。图 2.51 是 2008 年南京电子技术研究所研制的 S 波段一维弯曲共形有源相控阵天线。图 2.52 为西门子公司开发的共形相控阵天线和 ALCANT 天线。

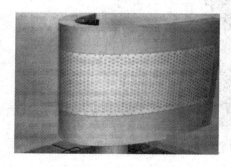

图 2.50　集成在机翼上的 X 波段共形天线

图 2.51　S 波段一维弯曲共形有源相控阵天线

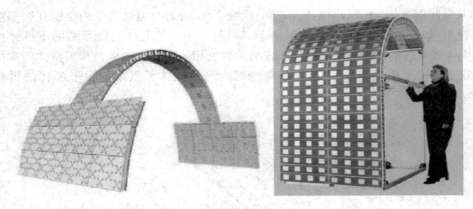

图 2.52　共形相控阵天线和 ALCANT 天线

　　更复杂的是二维弯曲阵列，它具有更复杂的表面，因此更难制造。为了降低成本和重量，需要利用一系列革新性的部件和措施对此进行设计，其中包括辐射器、冷却部件、芯片设计、芯片附着、互连件及功率分配网络，需要将所有这些结合在一起才能实现阵列的二维弯曲。

2.6　车载有源相控阵天线结构

　　车载雷达，顾名思义，就是安装在运输车上的雷达。车载雷达机动性强，可快速部署。通常由天线车、后端设备车、电站车三个运输单元组成，小型车载雷达也可集成为一个运输单元，大型车载雷达可能超过三个运输单元。典型的天线车布局如图 2.53 所示，由天线阵面、天线座、冷却设备、载车等组成，其核心是天线阵面。

图 2.53　典型天线车布局

　　根据载车的不同，天线阵面的运输和工作位置需要采取不同的措施，通常载车的后轮承重较大，前轮承重较小，而且前轮还要承载发动机等的重量，因此天线阵面在天线车上的工作位置和运输状态需统筹考虑，根据具体车辆进行布局，保证工作、撤收、运输等全过程都能满足载车的承重要求。天线在工作状态、运输状态及状态转换过程中不得与其他设备等干涉。

　　未经国家有关部门特别许可就能在国家公路网上运行的载货汽车应符合下列条件：

长　　12 000 mm　　（载货汽车，包括越野载货汽车）
　　　 16 500 mm　　（半挂汽车）
　　　 20 000 mm　　（全挂汽车）
宽　　2500 mm　　（不包括后视镜）
高　　4000 mm

　　目前全挂汽车按规定不得在高速公路上行使，因此天线车基本不采用全挂汽车。定制特种车辆的单车和半挂汽车的最大宽度一般不超过 3200 mm，整车的长度和高度均需满足公路对汽车货载的尺寸限制。阵面运输示意图如图 2.54 所示。

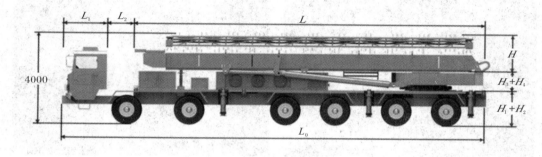

图 2.54　阵面运输示意图

　　阵面运输时的长度（通常为天线阵面的高）L、限长 L_0、车头长度 L_1、阵面和车头之间的安全距离 L_2 之间的关系为

$$L = L_0 - L_1 - L_2$$

　　阵面运输时的厚度 H、载车的高度 H_1、平台厚度 H_2、转台厚度 H_3、阵面和转台之间的安全间隙 H_4、限高 4000 mm 的关系为（必要时还要考虑保护架的尺寸）

$$H = 4000 - (H_1 + H_2 + H_3 + H_4)$$

　　车载有源相控阵天线阵面的运输方式一般有几种方式：① 单车单块运输，阵面最多只需倒竖即可完成架设撤收；② 单车多块运输，阵面分成多块，阵面需要通过折叠、翻转等动作完成架设撤收；③ 多车多块运输，阵面分成多块，主块随转台等设备在主天线车上运输，其他块在天线运输车上运输，块与块之间通过对接、锁紧等方式，在主天线上完成天线阵面的架设、撤收。

　　根据天线阵面的电口径、单元的间距、单元的形式及设备量，结合运输进行初步布局，需要对天线阵面进行分块时，应便于天线阵面后端设备的模块化设计，因为 T/R 组合通常是数量为 2、4、8 等通道的组合，所以单元的行列数通常选取 4 的倍数，每块阵面上的单元的行列数最好是 4 的倍数。

　　设计时还要充分考虑天线设备的维修、维护，必要时需在阵面设置维修升降梯或配备维修升降设备。

2.6.1 单车单块天线阵面

当阵面口径在一个方向小于 2500 mm(允许超限时小于 3200 mm)时考虑采用单车单块运输,可以通过适当布置承载骨架、安装布局等方法将阵面尺寸控制在 2500 mm(3200 mm)之内,必要时可以适当调整电口径尺寸、阵元形式、阵元间距等参数以满足运输要求。

单车单块天线阵面一般是口径大的方向沿着车长方向布置,口径小的方向占用车宽尺寸,阵面有时需要举升一定高度时,可能需要采用多级活动关节进行翻转、倒竖等动作满足工作和运输要求(详见第 6 章)。当口径为圆形或两个方向口径均小于 2500 mm 时,根据具体情况选用适当的方式。单车单块天线阵面工作及运输状态如图 2.55 所示。单车单块举升天线阵面及运输状态如图 2.56 所示。

图 2.55 单车单块天线阵面工作及运输状态

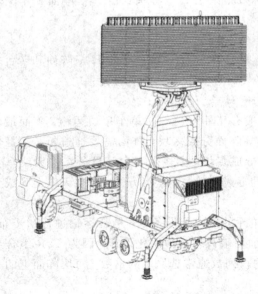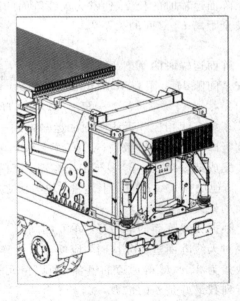

图 2.56 单车单块举升天线阵面工作及运输状态

单车单块天线阵面一般口径小、重量轻,机动性最好,多用于高机动雷达。其天线阵面一般采用局部区域集中或整体集中阵列结构。

　　单车单块天线阵面的运输车一般比较小，车上可用空间小，因而要求天线阵面厚度要小。一种超薄车载天线阵面如图 2.57 所示。其阵面可以采用等距阵列结构，该结构适用于阵面频率较高时，为减小损耗、节省空间，阵列单元和 T/R 组件一一对应布置，它们可以采用双阴接头等形式穿过冷板或箱体壁连接，不使用电缆，整个阵面外形为平板式箱体结构。这时，需对受力骨架进行优化布局及受力分析，骨架采用薄壁箱型梁结构和薄壁异型梁结构，梁内空腔或侧壁用来布线及安装功分器等设备，结构紧凑，最大程度节省了空间，压缩了结构尺寸，满足了电讯、结构的各方面要求。

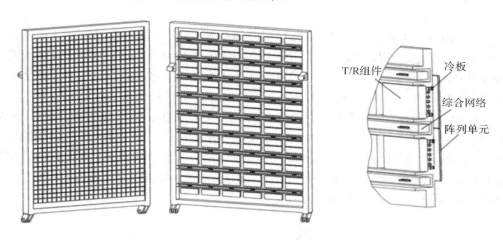

图 2.57　一种超薄车载天线阵面

　　天线单元和 T/R 组件采用一对一盲插形式，组件可以平贴在冷板上进行冷却，阵面的各种功分器、线缆均集成为行馈和列馈的形式安装，不但节省了空间，还提高了维修性。组件也可以自带冷板（水、风）采用竖插形式和单元对接。

　　阵面也可以采用整体集中阵列结构，适用于一维相扫（通常是方位机扫、俯仰相扫）天线阵面，如图 2.58 所示。其 T/R 组件等内部设备数量少，可以集中在阵面中部区域放置。阵面外形为中间高频箱，其余部分为桁架结构支撑阵列单元，重量轻，风阻小。

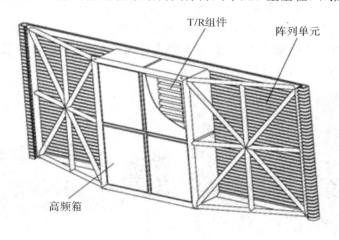

图 2.58　一维相扫天线阵面

2.6.2　单车多块天线阵面

单车多块天线阵面一般口径较大、重量较重，机动性较单车单块天线阵面略低，多用于频率较低的雷达。其天线阵面一般采用局部区域集中或整体集中阵列结构。

当阵面口径在两个方向均大于 2500 mm 时（特殊情况，可以考虑定制特种车辆，保证阵面在小于 3200 mm 情况下运输），且阵面厚度较薄，或采用整体集中阵列结构时，边块较薄，则考虑采用单车多块运输，折叠后的阵面宽度控制在 2500 mm 之内，厚度满足整车高度不小于 4000 mm 的要求。

天线阵面的折叠有多种形式，需要根据具体情况确定，不但要合理利用天线车上的空间，将必要的设备放置在天线车上，还要充分考虑天线阵面分块的可实现性，保证阵列单元和阵面内设备布局合理，满足骨架的刚强度要求和阵面折叠动作的可靠性。阵面折叠一般通过液压驱动机构完成（详见第 6 章）。常见的天线阵面的折叠形式有以下几种：

（1）天线阵面的"八"字形折叠，如图 2.59 所示。阵面在高度方向上分成两块，运输时阵面的宽度方向占用车长尺寸。分块时一般沿两行单元间距的中心进行，上下两块最好大小相同、设备量相同以方便模块化布局，使得阵面划分为多个区域后，每个区域具有相同或相似的设备和结构形式，减小设计、加工、调试、维护、维修的复杂程度。折叠后"八"字形的内部空间可以有效利用放置其他设备。

图 2.59　天线阵面的"八"字形折叠

（2）天线阵面的"Ⅱ"形折叠，如图 2.60 所示。此时阵面一般在宽度方向分成三块，撤收时阵面向后倒伏放平，两侧边块往下折。阵面一般采用 T/R 组件局部区域集中阵列结构，留出空间布置结构框架。中间主块支撑整个阵面，两侧边块与主块铰接，阵面外部的接口也都在主块，如与转台连接的支耳、倒竖支耳、冷却水、电、光等。

图 2.60　天线阵面的"Ⅱ"形折叠

（3）天线阵面的多次折叠，如图2.61所示。阵面一般是在宽度方向分成五块（或更多的奇数块），阵面一般采用T/R组件整体集中阵列结构，中间主块为高频箱，不但集中安装阵面设备，还要负责支撑整个阵面，边块与主块以及边块与边块之间铰接，边块厚度较薄，骨架采用桁架结构，以减小风阻，其上仅有阵元，通过电缆和主块连接。

图 2.61　天线阵面的多次折叠

阵面的折叠形式不局限于上述三种，在具体布局时，需根据情况，结合布局的原则采用适当的方式，也可创新采用其它更先进可靠的折叠或展收技术。

2.6.3　多车多块天线阵面

当阵面口径在两个方向均远大于 2500 mm，设备多，重量大，阵面厚度较厚，采用折叠、旋转等方法不能满足运输等要求时，则必须考虑采用多车多块运输。阵面一般是在宽度方向分成奇数块，每块宽度不大于 2500 mm。与折叠式车载阵面类似，中间主块支撑整个阵面，阵面外部的接口也都在主块上，主块安装在转台上，边块与主块以及边块与边块之间采用快速连接锁紧结构，水、电、光等也要采用快速连接方式，以满足机动性要求（详见第 6 章）。主块由天线车运输，每一个或两个边块用一辆车运输。

阵面口径大、威力远、重量大，精度要求相对较低，机动性相对于前两种阵面低，多用于低频段中远程雷达。多车多块运输的车载天线阵面相对于单车运输的天线阵面机动性要差，但仍是机动性雷达，对阵面的架设、撤收也有着较高的要求，因此阵面分块时，可以考虑每块都尽量做成一致，每块区域集中布局，与电讯协同设计，在单元的行列数、排列方式、间距方面要进行充分考虑，以满足分块要求及快速锁紧机构的拼接、安装要求。一种多块拼装天线阵面如图 2.62 所示。

由图 2.62 可知，由于天线阵面口径很大，应尽量采用区域集中阵列结构，每块中间是高频箱体（内部安装 T/R 组件等设备），两边是桁架镂空结构（安装阵列单元），以减少风阻。

图 2.62　一种多块拼装天线阵面

2.7 舰载有源相控阵天线结构

常见的舰载有源相控阵天线采用嵌壁式安装，在船舰的上层建筑舱壁上开窗，嵌入天线后再外装平板天线罩保护天线。为实现方位360°波束扫描覆盖，常用四个阵面组合方式。舰载天线阵面安装示意图如图2.63所示。

受舰载平台的尺寸、重量与舱容的限制，同时受舰上恶劣的振动冲击环境、严酷的气候环境和复杂的电磁环境的影响，要求舰载天线体积小、重量轻、高可靠，对高集成、轻量化、维修性、适装性等均有严苛的要求。根据电口径的形状，天线外形一般为方形或八角形，结构形式为密闭箱体结构，与外界环境隔离，箱体内安装环控装置，控制温湿度，为天线内电子设备提供良好的环境。因为舰上装拆天线罩很困难，维修需在舱内，所以天线阵面内部设备的维修必须是后向维修。

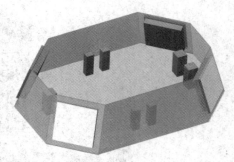

图 2.63 舰载天线阵面安装示意图

2.7.1 低频段天线阵面结构

对于 S 波段以下的低频段天线阵面（如图 2.64 所示），其阵列单元间距较大，多采用区域集中阵列结构。以四单元、八单元、十六单元规模集中，并做成相应的结构子阵，形似砖块，称为砖块式子阵。阵面箱体内部可用网格结构，每个网格内插装一个或几个子阵。

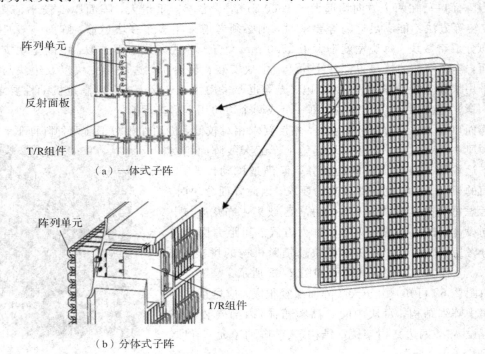

（a）一体式子阵

（b）分体式子阵

图 2.64 S 波段以下的低频段天线阵面

子阵按 T/R 组件与阵列单元的连接方式区分，可分为一体式和分体式：一体式就是两者固定连接，阵列单元随 T/R 组件一体插拔；分体式就是两者通过盲插连接器连接，阵列单元固定安装在反射面板上，不随 T/R 组件插拔。一体式的优点是损耗小，但 T/R 组件插拔时阵列单元要穿过反射面板，反射面板上需开大孔，对强度影响大，分体式则相反。

2.7.2　高频段天线阵面结构

对于 X 波段以上的高频段天线阵面（如图 2.65 所示），其阵列单元间距小，多采用一维扩展阵列结构，以两列或两行阵列集成为刀片式子阵。阵面箱体一般为带面板的围框结构，刀片式子阵排列其中。由于子阵是扩展结构且是后向插拔，T/R 组件与阵列单元的连接必须是分体式。

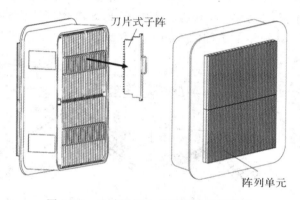

图 2.65　X 波段以上的高频段天线阵面

2.8　星载有源相控阵天线结构

星载有源相控阵天线设计时必须充分考虑卫星平台形式及最大包络尺寸要求，按照是否展开分为两类：非展开阵面和可展开阵面。

非展开平面阵的天线尺寸较小，能够与平台一体化，由于没有折叠展开过程，天线的可靠性及成功率高，如德国的 Terra SAR 天线，如图 2.66 所示。

图 2.66　德国的 Terra SAR 天线

当天线尺寸大于平台要求的包络时，就需要在地面总成时收拢天线，发射到指定轨道后展开，目前大型可展开平面相控阵天线主要有两种结构：折叠阵面天线和柔性阵面天线。折叠阵面天线通常做成刚性单元块，发射时折叠起来，在轨道上通过展开机构展开。其优点是阵面精度高，但对天线口径有限制，太大就超重，收缩也很难，而且需要复杂的展开机构，可靠性较低。柔性阵面天线具有低质量、高收缩率、低成本、高展开可靠性等特点。通常采用薄膜结构，发射时折叠或卷曲收缩，入轨后以充气膨胀方式展开。这种充气式柔性相控阵天线在大口径天线中具有无可比拟的优势。

2.8.1　折叠阵面

常用的折叠阵面是平板式的，在一维方向分块折叠，以简化折叠机构，保证天线阵面可靠展开。可以有 2 块板、3 块板、4 块板、多块板（ESS 结构）等折叠形式，分别形成倒 V 型、Ⅱ型、W 型。图 2.67 所示的美国的 Light SAR 天线，则由 4 块板折叠展开而成。

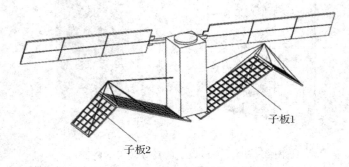

图 2.67　Light SAR 天线示意图

根据折叠阵面的特点，每个单块就是一个完整的子阵面。为满足收拢体积小的要求，子阵面一般选择薄板型结构，也称为子板。在保证天线阵面结构刚度的前提下，子阵面厚度尽可能薄。

典型天线子阵面如图 2.68 所示。其采用模块化设计，利用标准的模块进行"堆积"，不仅结构容易实现，方便调试，提高阵面可靠性，而且易于扩展、重组阵面，可形成系列产品。标准模块以有源子阵为基本集成单元，每个模块包含的辐射单元、T/R 组件、波控、电源、综合网络等，称为子阵模块。有源子阵模块安装到框架上形成子阵面。有源子阵模块采用叠层结构，各层分别是辐射单元层、安装板、信号网络和有源模块层（含 T/R 组件、波控、电源等模块），安装板中嵌装热管，用于 T/R 组件温度均衡。

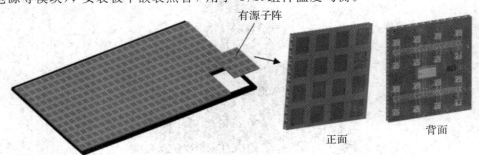

图 2.68　典型天线子阵面

空间环境的特点是温度变化大和温度分布不均匀，为保证天线阵面的刚度和强度性能，保证结构在高低温交变情况下不破坏，在阵面温度不均匀分布的情况下，仍维持较高的平面度，框架选用高模量的碳纤维复合材料。利用碳纤维复合材料热膨胀系数小的特点，进行合理的铺层设计以满足轻量化、收拢状态的频率要求和保证天线展开状态下的结构精度要求。子阵模块与框架可采用浮动连接，以减小温度变形。

折叠阵面上发热单机包括 T/R 组件、电源模块、波控单机等，通过表面辐射向深空辐射进行散热。在阵面布局时，各模块尽量不要叠层放置，以利散热。

折叠机构(如图 2.69 所示)主要功能是保证上升段的天线收拢，满足发射环境要求，卫星入轨后，完成天线阵面的展开及锁定，并保证天线阵面在轨刚度及平面度等要求。卫星入轨前，压紧释放机构将天线板压紧在卫星有效载荷舱侧面；卫星入轨后，由指令控制压紧释放机构释放，由机构控制器控制给展开机构电机加电，展开机构工作，展开机构的输出力矩通过转接件带动天线板展开，子阵面间的连接铰链依次锁定，通过微动开关给出到位信号，电机停止工作，期间撑杆机构随动展开，并最终同时锁定，天线展开结束。折叠机构展开并后锁定后相当于天线背架，提高阵面整体刚度，其结构形式以及与阵面的连接点需与阵面布局统筹考虑。

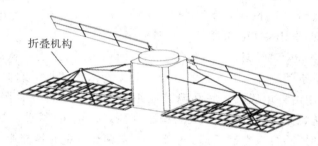

折叠机构

图 2.69　折叠机构

2.8.2　柔性阵面

柔性阵面一般由充气框架、薄膜和悬挂张紧装置三部分组成，有三种基本结构形式：圆环形、矩形、十字架形。

圆环形结构的充气框架具有很好的力学特性，而且这种结构形式紧凑、重量轻、收缩体积小。但这种结构形式不适宜卷曲收纳而需折叠，不利于天线薄膜的保护。而且展开控制较难。

矩形结构形式是用一个矩形充气框架作为支撑结构的。这种结构形式适宜卷曲收纳，因而易于控制，也有利于保护天线薄膜。但直的薄壁管承受横向载荷能力差，因此要求比较大的管径和壁厚，这将导致重量增加。

十字架形结构形式是通过一个"十"字形充气框架来张紧天线薄膜，薄膜与框架仅有四点连接，因而可以大大简化调节装置，使充气管结构简化。但其显著缺点是体积较大，刚度差，展开控制更复杂。

充气框架是由聚氨酯涂覆的凯芙拉材料制成的柔性薄膜圆管，充气后具有一定的刚度，给薄膜天线提供悬挂支撑。框架薄膜在发射收缩状态是柔性的，在轨道上完成充气展开后，通过太阳紫外线照射或加温固化。这样就不需要持续充气来保证刚度，即使所充气体泄漏后，框架仍然是刚性结构，这种可刚化的充气结构寿命可达 7～15 年，而普通的充气结构寿命只有 1～3 年。

框架上设置多个充、排气口来帮助展开和收缩控制，为了使展开过程平缓，增强可控性，管内安装阻流板来减小展开速度，尼龙搭扣和弹簧也用来防止过早展开。另外，框架上还装有压力安全阀（设置值为正常压力的 1.5 倍，爆裂压力的一半），以防止充气框架过压。

天线薄膜是整个天线的关键部分，它是多功能复合结构，其基本结构如图 2.70 所示。微带天线具有剖面低、质量轻、体积小、结构简单、制作容易、成本低、可与馈电网络共面集成、容易实现多频段和多极化工作等优点，它可与采用 MMIC 工艺生产的高可靠性和稳定性的 T/R 组件相结合，特别适合于柔性薄膜天线。通常采用双面敷铜箔的聚酰亚胺（Kaption）薄膜通过蚀刻而成，正面为微带贴片辐射单元及其微带馈电网络，反面为接地面。T/R 组件或移相器通过射频馈电探针与馈电网络相

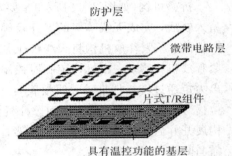

图 2.70　多功能薄膜结构

连。当天线浸没在空间等离子环境，静电容易在大面积天线上积累，从而影响天线性能，损坏电子器件。另外，空间碎片、微流星和原子氧会损伤天线表面，因而天线表面必须有防护层。防护层可采用由导电膜、基底和温控漆组成的三层结构复合膜，导电膜主要有氧化锡（TO）膜和氧化铟锡（ITO）膜，基底为聚酰亚胺（Kaption）薄膜，温控漆是白色的，如 Chemglaze 等。防护层除具有良好的透波能力外，还具有一定的热控能力，以减小温度变化对天线的影响。天线的背面是具有热控功能的结构基层，它采用高强度纤维增强复合材料，为整个天线薄膜提供结构强度，同时也为 T/R 组件在有限的温度范围内正常工作提供保证。波束馈电网络、电源和控制信号网络也预埋其中。波束馈电网络采用轻质低损耗的光纤功分网络。

T/R 组件是相控阵天线的核心部件，对于柔性薄膜天线而言，T/R 组件必须是体积小、重量轻的片式结构，而且要求高的效率，以减少发热量，因为薄膜天线散热困难。T/R 组件的制造从最初的分立元器件组合不断发展，经过混合微波集成电路到单片微波集成电路，现在已经可以将多个器件集成在一个单片上。单片微波集成电路做的 T/R 组件体积小、重量轻，容易安装在阵面上，这使柔性薄膜相控阵天线有了实现的可能。另外，微电机械（MEM）技术应用于 T/R 组件，将大大降低其成本，进而降低大口径相控阵天线的造价。

相控阵天线要求控制反射面的平面度和辐射单元的间距，这对柔性薄膜天线来说是个难题，必须依靠悬挂调节装置来保证。美国喷气动力试验室（JPL）研制的充气阵列天线的薄膜通过有限个点悬挂在框架上，这样减小了框架本身的形状误差对天线薄膜精度的影响，也方便调节。悬挂调节装置由薄膜加强边，连接绳索，张紧弹簧和螺旋调节机构组成，如图 2.71 所示。两连接点间的加强边呈悬链线状，以使薄膜受力均匀。每个点通过螺旋机

构来调整张紧力,张紧力的大小由弹簧的伸长量来控制。悬挂点的数量、悬链线的曲率半径和张紧力的数值通过计算和试验来确定,目的是使薄膜具有所需刚度,同时不发生面内扭曲变形,以保证辐射单元间距精度。薄膜的平面度通过垂直于膜平面的螺旋机构来调节。

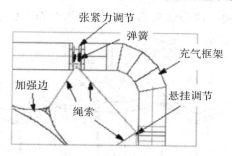

图 2.71　悬挂调节装置

图 2.72 是圆环式折叠天线的展开和收缩状态示意图。其天线收拢采用类似于折叠伞的方法,天线阵面通过四个充气柱与航天器相连。

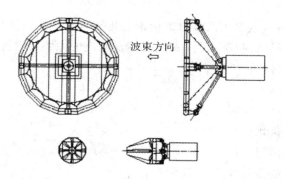

图 2.72　圆环式折叠天线

图 2.73 是美国 JPL 为 NASA 研制的一个柔性可卷曲 SAR 天线。其展开尺寸为 $10\ \text{m} \times 3\ \text{m}$,面密度为 $1.7\ \text{kg/m}^2$,采用矩形充气框架。展开过程类似于卷曲席筒的展开。这种方式收纳率高,易于控制。还使天线在发射时有较高的刚度,防止振动损伤天线,提高安全性。

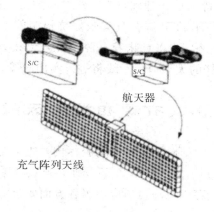

图 2.73　柔性可卷曲 SAR 天线

图 2.74 是一种刚柔结合天线的示意图。它吸收了柔性充气天线和刚性折叠天线的优点，框架采用充气膨胀式，但阵列天线部分采用刚性薄板结构，其厚度比一般的刚性天线薄，但比柔性薄膜厚。这样可以降低对 T/R 组件和热控装置体积的要求。天线子板之间由柔性薄膜相连，以利于折叠。这种结构形式不仅有利于阵面精度的保证，而且有利于加工制造和地面调试。

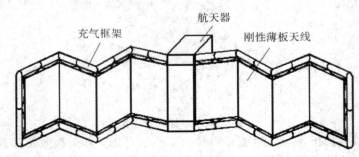

图 2.74　刚柔结合天线

充气式柔性相控阵天线是天线技术的前沿，其结构设计是一项具有挑战性的工作，它牵涉到许多新概念、新材料和新工艺，结构方面需解决的主要关键技术有：

① 可刚化的薄膜材料；
② 薄膜的精度控制；
③ 天线的收缩和展开控制；
④ 天线系统的轻量化；
⑤ 减小天线收纳体积；
⑥ 体积小重量轻的高效片式 T/R 组件；
⑦ 适应于薄膜结构的热控技术；
⑧ 太空环境下天线的动静态结构特性。

充气式柔性相控阵天线具有诸多优点，尤其适合于空间应用，美国、日本等国早已开展这方面研究，并已取得较大进展。目前，我国许多高校和研究所也已积极开展研究，但与国外技术水平的差距较大，特别是在基础材料、器件和加工工艺上尤其明显，因此需要各方面的支持和努力。随着可工作在高温并具有较好抗辐照能力的高效宽禁带器件的出现，使固态器件效率可望高于 60%，这将意味着有源相控阵天线系统体积、重量的急剧降低。可展开、非常低的功耗、超轻的大型薄膜天线将进入实用阶段。

2.9　弹载有源相控阵天线结构

弹载有源相控阵天线阵面安装在导弹前端腔体内，通常为圆柱状，受弹体空间尺寸、资源以及使用环境的限制，其示意图如图 2.75 所示。弹载有源相控阵天线阵面在体积、重量、可靠性、散热、维护、储存以及环境适应性等各方面要求苛刻。阵面的高密度结构集成技术是解决上述问题的关键。

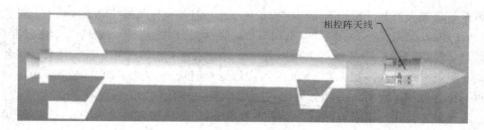

图 2.75　弹载有源相控阵天线安装示意图

弹载有源相控阵天线阵面组成与其他平台的天线阵面相同，包括阵列单元、T/R 组件、馈线网络、控制模块，电源模块、信号传输以及阵面框架等，与机载火控有源相控阵天线相似，阵面结构形式有砖块子阵式、刀片子阵式和叠层瓦片式。

（1）砖块子阵式常用 4×4、8×8 通道集成，阵列单元布局为"十"字形。由于四个角上是没有阵元，口径利用率较低。当然，四个角结构空间不会浪费，可用来布置其他小设备。砖块子阵式导引头结构如图 2.76 所示。

（2）刀片子阵式的优点是阵元排布灵活，可按近圆口径布局，同样口径下阵元数量多，口径利用率高，这一点对口径小、阵元总数少的弹载相控阵天线来说，尤其重要。其缺点也很明显：子阵品种多，设计、加工、调试工作量大，备件多。刀片子阵式导引头结构如图 2.77 所示。

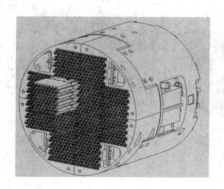
图 2.76　砖块子阵式导引头结构示意图

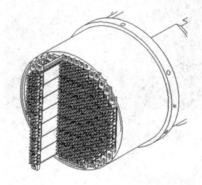
图 2.77　刀片子阵式导引头结构示意图

（3）叠层瓦片式的优点是体积小、重量轻，这对弹载相控阵天线非常重要。随着技术的进步，未来是弹载有源相控阵天线的主流形式。叠层瓦片式导引头结构如图 2.78 所示。

图 2.78　叠层瓦片式导引头结构示意图

虽然与机载火控有源相控阵天线结构布局相似，但弹载有源相控阵天线也有其结构特点：

（1）因为天线口径小，频段高，空间有限，必须充分利用空间，结构一体化程度远比其他天线高。例如，图 2.79 所示的一种八通道一体化线阵，它将阵元、T/R 组件、综合网络、波控、电源集成在一块多层 LTCC（低温共烧陶瓷）基板上。又如，图 2.80 所示的一种二十四通道一体化线阵，它将波导功分网络和结构冷板一体化设置，在空间上大大节约了结构空间，波导为 2 mm 的半高波导，冷板厚度为 2 mm，冷却水道尺寸为 2 mm×1 mm，正反面安装三维微波多芯片组件。

（2）新型的互连设计，如垂直盲插互连、高精度的多点盲插互连技术、模块与模块之间直接用接线柱连接实现供电传输、微型连接器的使用、平面触点式板间互连连接器应用等，大大节省了空间。

（3）弹载有源相控阵天线一个非常显著的特点是功率密度大，工作时间短。如在 φ180 左右的口径内聚集了数千瓦的射频功率，由于弹载条件所限，并不具有其他平台天线的强制散热条件，但工作时间只有几十秒，因此散热主要采用热容储能散热方式。热容储能散热方式通常有两种：一种是直接依靠结构件自身的热容进行吸热，另一种是在结构件中填埋相变材料，利用相变材料的物理特性吸热。

图 2.79　八通道一体化线阵

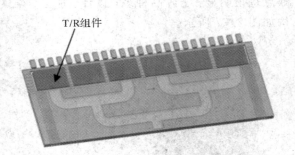

图 2.80　二十四通道一体化线阵

第 3 章 有源子阵结构设计

有源相控阵系统未来的发展趋势将雷达、电子战、遥感和通信等多项功能综合融入单一有源相控阵雷达。新一代有源相控阵天线是相控阵系统的核心部分，为适应现代战争的需求，需要构建为开放式阵面系统，系统实现可重构、可扩展功能，根据作战需求调整阵面规模和阵面功能，满足现代雷达性能提升要求。

当应用平台或者功能项目变化，导致扩大或者缩小阵列天线的口径，增加或减少 T/R 组件的数量，传统的有源相控阵天线，需要重新设计相控阵天线相关分系统，以适应射频、中频、数字信号与电源接口数量以及负荷能力的变化。阵面功能变化和规模的扩大导致整个阵面重新规划和设计，势必受到阵面体积、重量、隐身性能和费用成本的多重约束。

根据有源相控阵天线阵面的现代战术需求，满足更高的灵活性、开放性的自适应阵列新一代有源相控阵雷达，将使整个阵面设计从传统的单一功能模块组合，发展为高集成、多功能、综合一体化的"多级模块化"的多功能阵面，向适应大批量制造和低成本方向发展，"多级模块化"的设计思想带来了新一代有源相控阵天线的技术变革。

3.1 有 源 子 阵

有源相控阵天线阵面在总体设计时采用"自顶向下"的系统方法对产品进行"多级模块化"设计，根据功能需求，对阵面采用迭代优化的方法进行模块划分。将大阵合理分为多个子阵面，每个子阵面再由若干个有源子阵（Active Sub-array，ASA）组成，如图 3.1 所示，使有源相控阵天线阵面具有可重组、可扩展的功能。

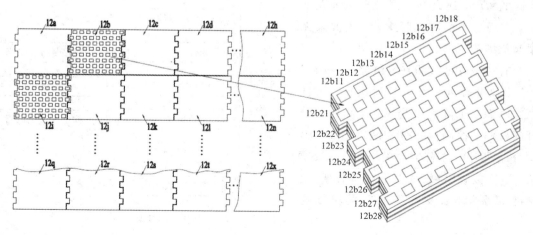

图 3.1 有源子阵

有源子阵在阵面中作为核心模块,具有接口简单、构建灵活、功能可软件定义的特点,其集成度最终体现了有源相控阵天线阵面的组合性、互换性和可靠性。因此,从这个意义来讲,有源子阵设计成为新一代有源相控阵天线系统设计的基础。

3.1.1 有源子阵的基本构架

有源子阵是将一个或几个电子阵的阵列单元与 T/R 组件、功分网络、波控、电源等设备集成在一起,形成的一个阵列模块,具有完整的结构,可独立调试,通常作为阵面基本可更换单元。它包含阵列单元、信号传输、信号放大、信号产生、信号处理、接口控制、阵面监测、阵面修正、阵面工作模式控制等功能,其基本构架如图 3.2 所示。

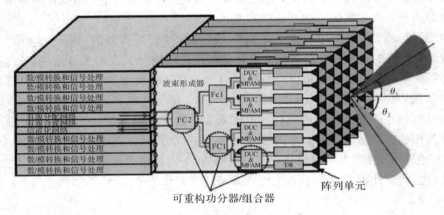

图 3.2　有源子阵的基本构架

有源子阵模块集成能够大幅度减少相控阵天线与波束形成网络、控制电路、电源组件等分系统之间的信号互联,降低损耗,提高效率与电磁兼容水平;减少机械装配结构件,降低重量;简化封装与装配程序,实现流水生产,提高生产效率,降低生产成本,提高相控阵天线的测试性、维修性与可扩展性。在较高的频段,还有利于降低机械公差要求,实现更小的阵元间距,扩大波束无栅瓣扫描范围。

有源子阵系统的基本组成(如图 3.3 所示)包括阵列单元、T/R 组件、组件二次电源、子阵内综合网络(射频信号分配网络、控制信号分配网络、二次电源分配网络)、子阵驱动模块、延迟线模块、数字接收模块、一体化子阵骨架(包括冷却系统)以及子阵内部模块互连接口。

T/R 组件主要完成发射信号的放

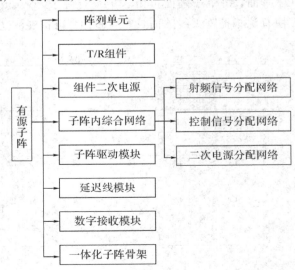

图 3.3　有源子阵系统的基本组成

大、接收信号的放大、天线波束扫描控制、变极化的实现和控制以及监测功能。

子阵馈电网络主要完成 T/R 组件、数字接收模块、电源等模块之间传输、分配和合成。其基本结构由射频信号分配网络、控制信号分配网络和电源分配网络等组成。

组件二次电源作用是将阵面电源通过 AC‐DC 或 DC‐DC 变化变换到 T/R 组件等功能模块所需的电源品种。对于每个电源品种，其主要技术要求有电压精度、功率容量、纹波、转换效率、开关电顺序以及体积重量等。

子阵驱动将发射激励信号功率放大，通过功分网络分配到每个 T/R 组件，保证 T/R 组件的饱和功率输出。

子阵级延时线主要作用是补偿由于波束扫描引起的传播时间差，降低相控阵天线孔径渡越时间的影响，实现相控阵雷达的宽带宽角扫描。

数字接收通过滤波、混频、放大和 A/D 采样，将射频微弱回波信号变换成大幅度数字信号，并打包后通过光纤送往 DBF 分系统。

3.1.2　结构设计流程及要点

有源子阵的设计过程，涉及天线辐射单元、微波电路、有源电路、MMIC 技术、电源管理、波束管理、数字波束形成技术、结构、冷却、综合网络、制造和封装工艺等多个专业，需要各专业协同，相互适应，综合优化。从结构设计的角度，流程如图 3.4 所示。

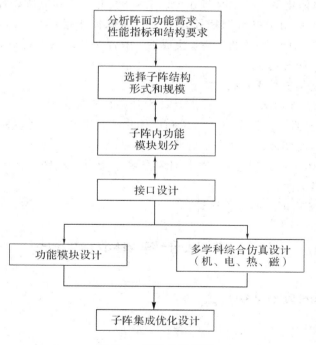

图 3.4　基本设计流程

有源子阵系统设计充分贯彻通用化、系列化、模块化的设计思想，并在具体实施过程中注意解决好继承和发展的关系，利用和发展成熟技术，可大大减少设计、生产和调试的时间。采用自顶向下的方法进行多级模块化设计，提高产品的组合性、互换性和可靠性，减少备件品种和数量,实现先进技术的高度集成。有源子阵采用了模块化设计技术后,可扩展性和维修性好。设计时需重点关注以下几点:

(1) 根据有源相控阵雷达工作频段、阵面结构、阵元间距和电子阵的划分,合理规划子阵规模,选择结构形式。子阵与阵面、电讯设计与结构设计反复迭代,以求最佳方案。

(2) 有源子阵功率密度大、集成度高、热量大、电路密集而空间有限,要求有源电路高效率、低损传输、高效冷却和高密度互联,必须对信号通道、波束控制、电源管理、结构、冷却和高低频综合网络进行一体化设计,以保证阵面的散热、可靠性、维修性要求。

(3) 有源子阵数量大,要求安装简便、易维修与可扩展,体积和重量应满足人机工程要求。

(4) 有源子阵价格昂贵,是相控阵雷达的主要成本所在,它要求以综合性能、成本、工艺水平、生产能力等因素进行设计,力争性价比最优。

综上所述,模块化设计技术和一体化集成技术是有源子阵设计中的关键技术难点:

(1) 有源子阵模块化设计是指将复杂的有源子阵系统自顶向下逐层按功能和结构划分成若个模块的过程。有源子阵内部的每个功能模块完成一个特定功能,功能模块之间相互独立。子阵内各模块按照设计规则分散设计(即分布设计)并具有独立测试性,所有功能模块可以供自由选择,并按照子阵规模和功能划分等方式组装成有源子阵。各个功能模块具有接口、功能、逻辑、状态四种基本属性,功能状态与接口反映功能模块的外部特征,逻辑反映子阵内部特性,子阵内所有功能模块是可更换、分解和组合的单元。

(2) 有源子阵一体化集成技术是指在设计中将机、电、热和电磁兼容设计融合一体,功能结构的一体化设计有助于将有源相控阵天线重量和体积最小化,满足雷达的轻量化需求。根据子阵设计中各个学科的交叉性、集成性、融合性和复杂性特点,建立一套系统的、完整的子阵设计方法和理论。

有源子阵一体化集成技术包括:

① 设计中大量采用 MMIC、ASIC 芯片技术和综合布板技术。

② 在无源传输电路的设计上整体考虑和一体化综合设计,实现多种频率的多种信号在同一个网络中,进行大容量、高效率和高可靠传输。

③ 采用功能一体化设计理念,将热设计和传统框架设计相结合,将结构载体和冷却效能相结合,形成功能构件。

④ 形式多样、精巧可靠的互连设计。

3.2 有源子阵架构设计

3.2.1 有源子阵的典型结构形式

目前,产品中常用的高集成的有源子阵有三种形式。

1. 基于两维方向集成的砖块式子阵

砖块式架构将有源电路平面与阵面孔径相垂直,可以充分利用阵面深度尺寸,采用更大的元器件和更好的热扩散,产生更高的单位辐射单元射频输出功率的能力。但是,这种架构的有源阵面阵面体积庞大而且笨重,给运输和快速部署带来很大的困难,对应用平台的要求也比较严格。砖块式子阵一般采用 4×4、8×8 等阵列单元排列方式在 X、Y 两维方向上的集成，子阵规模的大小需要根据阵面的集成度和可更换模块的重量要求确定。子阵结构口径小于子阵的电口径，T/R 组件在 X 和 Y 方向两维集中布局，给阵面骨架、阵面综合网络等留出结构空间和安装空间，保证阵面的刚强度。一般砖块式子阵内的所有功能模块以子阵骨架为依托，以子阵内的综合网络为中心布局，将子阵内的所有功能模块合理放置。子阵骨架为多功能结构件，一般设计为多层冷板的三维立体结构。

图 3.5 为 64 点砖块式子阵及典型应用。其 8×8 个阵列单元与射频转接层结构上做成一体，射频转接层的作用是阵列单元与 T/R 组件间的射频信号连接，并实现两者射频接口的位置匹配转换。紧随其后的是 2×8 共 16 个四通道 T/R 组件阵列，每个 T/R 组件后跟一个电源模块，然后就是综合网络层（含射频、控制、电源分配传输），最后是延时驱动模块。

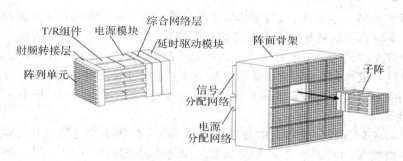

图 3.5　64 点砖块式子阵及典型应用

砖块式子阵主要应用在需要在两维方向上可扩展且对阵面厚度要求不高的大型有源相控阵雷达中。阵面后端设备一般叠层放置在子阵后方，如阵面信号传输网络、阵面电源分配网络等，其阵面维修方向通常为双向维修，前向（天线辐射为前）维修有源子阵，后向维修综合网络等。

2. 基于一维方向集成的刀片式子阵

与砖块式子阵一样，刀片式子阵有源电路平面与阵面孔径相垂直，它是砖块式子阵的变形，即一维方向阵元数减少，另一维方向阵元数增加。通常为 2×16、2×32 等方式，其结构子阵外形为薄片，形似刀片，故名刀片式子阵。

图 3.6 为 64 点刀片式子阵及典型应用。其 2×32 个阵列单元与射频转接层结构上做成一个长条形模块，紧随其后的是 2×8 共 16 个四通道 T/R 组件阵列，每个 T/R 组件后跟一个电源模块，贴在冷板两侧，然后是条状的综合网络层（含射频、控制、电源分配传输），最后是延时驱动模块、数字板等。子阵骨架为单层冷板的三维多腔板式结构。

由于子阵厚度限制，延时驱动等模块必须与 T/R 组件一样平铺，因而刀片式子阵的深度更大，阵面厚度也随之加大。

刀片式子阵一般在厚度方向采用等距阵列，厚度小于相应两个阵元间距，在长度方向采用扩展阵列，长度大于相应数量的阵元间距，可利用电口径外的结构空间，适用于高频段（X 以上频段）、小单元间距的阵面。其结构特点决定了阵面只能在一维方向上可以扩展，用于小口径天线。而且有一维方向只有两个阵元，对电子阵的划分也有限制。

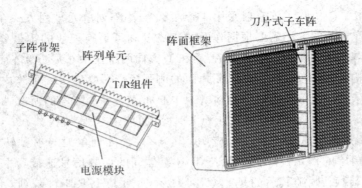

图 3.6 64 点刀片式子阵及典型应用

3. 基于叠层式集成瓦片式子阵

所谓瓦片式（Tile，也称为片式）架构，是将有源电路平面与阵面孔径平面相平行，采用分层叠加结构，将多个通道相同功能的芯片或电路集成在数个平行放置的瓦片上，然后垂直互连，辐射阵元多采用微带贴片天线。瓦片式子阵利用高密度组装技术，大幅度减小了纵向高度、重量与成本，但是需要新颖的互连技术，完成各层之间、子阵模块与信号分配背板之间的信号交换。此外还需要处理好毗邻器件可能发生的耦合效应、中间层热设计、测试性与维修性设计。

瓦片式子阵是阵面深度方向上的叠层结构，一般分为四个功能层：天线辐射层、收发射频层、数字接收层、电源层，各功能电路层之间是结构壳体层。图 3.7 是一种 S 波段四通道瓦片式子阵及典型应用。其辐射阵元层采用微波多层印制板安装于金属基板上，以提高刚度，便于安装。接着是发射功放层，采用微组装工艺，气密封装结构。再就是接收层（低噪放）和（二次）电源层，安装在一层壳体的正反两面。然后是四通道变频层和 A/D 数字变换及处理层，也安装在一层壳体的正反两面。各层之间通过多种微型连接器垂直互连。

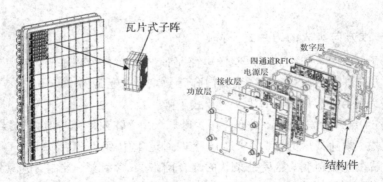

图 3.7 S 波段四通道瓦片式子阵及典型应用

瓦片式集成的子阵模块是今后有源相控阵天线中子阵模块的发展方向，其集成度远远超过了砖式子阵和刀片式子阵，不仅在 X 和 Y 方向上集成，使得阵面实现模块化可扩展结构，而且大大减小阵面的深度尺寸，实现阵面轻薄化。

阵面架构从砖块长条式结构向片式结构的转变，使得有源相控阵体积和重量大为减少，更加灵活和机动，尤其适应于受到体积、重量限制的平台。例如，一些高性能的机载、星载和无人机系统以及一些地面机动型雷达系统，在美国已经应用于无人机 Iridium、机载

F/A-18 和最新版本的 F-15 等平台。

在过去，片式架构其输出功率电平主要受到单位辐射单元尺寸范围内封装的功率放大器的限制。但是，随着第三代半导体 GaN MMIC 技术的发展，新一代的片式有源相控阵输出功率将得到大幅提升，RF COMS、SiGe 技术将使其可以提供更多的功能。

3.2.2 子阵规模和结构形式的选择

有源子阵规模主要考虑三个基本要素：电子阵的大小、阵面扩展需求、有源子阵作为最小维修单元的重量和体积。结构子阵必须包含一个或多个完整电子阵，一般单个有源子阵的重量控制在 10 kg 以下，最重一般不超过 12 kg，体积不宜过大，以方便阵面上插拔。

根据不同阵面的需求、子阵特点、阵面维修方式，选用不同的子阵结构形式。对于 X 频段以下的低频段阵面，阵列单元间距大，子阵体积重量大，常用砖块式架构，S 波段子阵集成为 1×8、2×4、1×16 等规模，P 波段集成为 1×4、2×4 等规模。对于 X 频段及以上的高频段阵面，单元间距较大且要求在两维方向上扩展的大口径天线，一般采用砖块式子阵结构形式，常选 8×8 的规模。单元间距较小，一般采用刀片式子阵结构形式，单个子阵通常集成 80 个通道以下，子阵长度控制在 800 mm 以内。以上两种子阵是现阶段相控阵天线的常用结构形式，随着阵面高集成、轻薄化、多功能的需求增加（如共形阵面、超薄板式阵面等），子阵结构向纵向叠层结构的瓦片式子阵发展。瓦片式子阵在高频段阵面的应用需求较大，一般规模为 4×4、8×8。

子阵规模和结构形式确定后，首先要确定外部接口，有源子阵的主要外部接口为：结构安装接口、电源接口、射频接口、电信号接口、光信号接口、冷却接口。结构安装接口包括插拔导向、定位、固定，结构接口应插拔方便、精确定位、固定可靠。其他各接口的形式、大小、位置，除满足功能和性能要求外，需与阵面总体设计一体考虑，选择合适的方案。图 3.8 是典型的子阵外部接口。

其次，进行内部模块的规划，单个模块应尽量有独立功能，对外接口简单，外形便于子阵布局。在满足加工、调试、维修等要求的前提下，单个模块可包含多个功能，以提高集成度，减小子阵体积和重量。例如，监测耦合器可与阵列单元集成在一起，T/R 组件可与二次电源集成一体（如图 3.9 所示），子阵驱动可与延时器集成一模块。根据不同的需求，考虑兼容性、可靠性、维修性、测试性、技术难度及成本等多个因素，综合平衡、迭代优化，形成好的子阵内部布局。

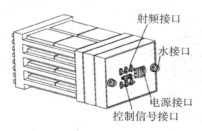

图 3.8 典型的子阵外部接口

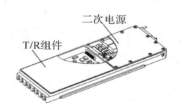

图 3.9 T/R 组件与二次电源集成

最后确定内部接口，也就是内部模块对外接口，包括结构安装接口和各种电接口。结构安装接口重点考虑连接牢固、装拆方便、接地可靠。内部模块功能不同，电接口的品种也不同，根据不同的互连方式，选择不同的接口形式。常用的有直接盲插互连和电缆互连两种方式，在条件允许的情况下，尽量采用盲插互连，以减小子阵体积。

3.3 子阵内主要模块

有源子阵内主要模块有 T/R 组件、子阵驱动组件(或称为激励组件)、延迟器模块、二次电源模块、综合网络模块等。实际工程设计中可根据具体情况增减其中的功能模块。

3.3.1 T/R 组件

T/R 组件位于有源子阵射频前端，主要包含收发两个通道，完成发射信号到阵元的末级功率放大和接收的前级放大，实现阵面的幅相修正和波束扫描等功能。

1. 基本原理

T/R 组件随系统性能要求各有不同，具体电路的复杂程度也有很大差异，但基本组成差不多，其基本原理如图 3.10 所示，主要由移相器、射频 T/R 开关、功率放大器、限幅器、低噪声放大器(LNA)、环行器以及控制电路组成。

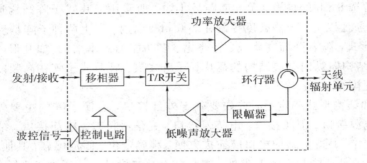

图 3.10　T/R 组件原理框图

2. 典型结构

图 3.11 是一种 X 波段四通道 T/R 组件。其功率、控制等器件均采用裸芯片，微波电路采用低温共烧陶瓷(LTCC)。四个通道结构做成一个整体，所有器件安装于一个气密封装的腔体结构壳体内，高频信号的输入、输出采用 SMP 气密同轴插座，用 J30J 超微矩形气密插座(连接器)来传输电源和控制信号。

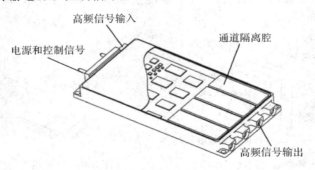

图 3.11　一种 X 波段四通道 T/R 组件

组件封装壳体的结构形式一般为底板、围框和盖板三部分组成。其中，底板、围框与 LTCC 电路基板、高低频插座整体一次焊接，然后进行电路元器件以及芯片的电装，在完成电装、电测及半密封检漏合格后再对围框和盖板进行激光封焊。

为了利于组件散热，发热量大的功放芯片将采用焊接方式，将其直接焊在与其热膨胀系数非常接近且导热性能良好的热沉材料上，减小热传递路径上各处的热阻，提高其散热效率，其散热结构如图 3.12 所示。同时在 LTCC 上增加金属化通孔和每层的金铺层面积，改善 LTCC 自身的导热性能且 LTCC 与封装壳体也采用焊接方式连接。

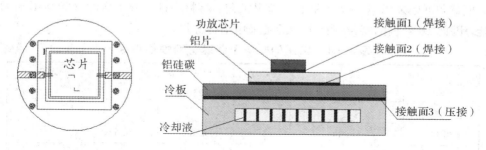

图 3.12　功放芯片散热结构

由于组件内大量采用裸芯片，功放芯片等有源器件还会产生大量的热量，为保证器件长期可靠地工作，组件必须有足够的气密性和良好的散热性，还要与芯片及 LTCC 电路基板有良好的热匹配，并满足封装焊接要求。因此，对壳体材料有特殊要求，主要体现在两个性能指标：泄漏率和热失配。

（1）泄漏率：在规定的条件下，采用规定的试验媒质所测得的，给定封装每分钟通过一条或多条泄漏通道的干燥空气量，单位为 $Pa \cdot cm^3/s$。

（2）热失配：在电子封装中，不同材料在一定温度范围内因热膨胀系数差异而出现的焊接应力，这种不匹配产生的应力达到一定程度造成芯片或基板的翘曲、断裂从而导致元器件的功能失效。

目前气密封装壳体材料有金属和陶瓷两种，其中，金属气密封装由于在最严酷使用条件下具有杰出的可靠性而被广泛使用于军事用途。金属气密封装中最后封盖焊接常用的高可靠性熔焊方式有平行缝焊、储能焊、电子束焊和激光焊接等方法，考虑到 GaAs 芯片对热的敏感特性，一般选用激光焊接作为最后的封盖焊接。

材料间热膨胀系数的匹配是封接工艺的一项关键因素。一般情况下，金属气密封装均是由金属腔体、盖板、接插件以及内部的电路、器件组成。这就存在金属与金属封接、金属与非金属封接，如果它们之间线热膨胀系数 α 相差较大，就会在封装时受热胀冷缩不均匀的影响，导致材料内部产生不应有的应力，而使封接界面出现开裂或封接强度急剧减弱，因此我们需要掌握各种材料的热膨胀系数的具体数值以及它们之间的相互关系，合理解决封接工艺中经常出现的问题，提高封接技术的可靠性和封接质量，来保证封装的气密性和焊接的牢固性。

常用的微电子封装材料性能指标如表 3-1 所示。表 3-2 为常用材料的电、机械性能。考虑到实际安装要求和几种材料的热膨胀系数的差异，组件外壳的热膨胀系数必须与 LTCC 的热膨胀系数非常接近。从表中可以看出，常用封装壳体材料中与 LTCC 的热膨胀系数匹配得较好的有 AlSiCp、AlSi、Kovar、Ti，其中，AlSiCp、AlSi 的导热率较高、密度小，从中可以看出 AlSiCp 的刚强度好，但是由于 SiCp 含量过高不适用于激光焊接（熔焊），只能采用钎焊密封。AlSi 复合材料系列中 CE7（Si-30％Al）和 CE9（Si-40％Al）两种材料中的 Si 含量过高也不能直接进行激光封焊，但可以与低体积分数的 AlSi（如 CE11、CE13 或者铝合金 LD11 等）进行激光焊接。Kovar、Ti 的导热率较低，但二者均能实现激光焊接，且二者各有优势：Kovar 是最常用的金属封装壳体材料，Ti 的密度小、刚强度好；同时二者又共有弱点：机加工工艺性差。10 号钢作为另一种常用的电子封装材料，材料成本低，机加工性能好，可以采用激光焊接和平行缝焊工艺，材料中硫、磷杂质的含量会影响激化焊接性能，因此 10 号钢的密封焊接更多的是采用平行缝焊。

表 3-1　常用的微电子封装材料性能指标

材料		导热率/(W/m·K)	热膨胀系数/(ppm/K)	密度/(g/cc)	比热/(J/g·K)
芯片电路材料	LTCC	15	6~6.5	3.6	
	GaAs	45	5.87	5.32	
封装壳体材料	AlSiCp(33%Al)	170	7	3	0.77
	Kovar	16.3	5.3	8.36	0.432
	Al(6061)	171	23.6	2.7	
	Cu	386	16.5	8.96	
	Ti	15	5.6	4.5	0.52
	AlSi(30%Al)	120	6.8	2.4	0.81
	10 号钢	49.8	12.6	7.8	
热沉材料	W90Cu	170	6.5	17	
	Mo 99.9%	138	5.2	10.22	
	Cu	386	16.5	8.96	
	Mo85Cu	150	6.5~7.1	10	
	CIC(Cu/Invar/Cu)	110~30	5.6~9.0	8.2~8.4	
	CMC(Cu/Mo/Cu)	220~50	5.6~9.0	9.7~9.8	

表 3-2　常用材料的电、机械性能

材料	电阻率/(μΩ·cm)	抗弯强度/MPa	极限抗拉强度/MPa	弹性模量/GPa
AlSiCp(33%Al)	34	270	192	224
Al	2.9		90	70
Cu	1.7		207	110
钢(4140)	22		450	207
Kovar	49		551	138
W90Cu		970		367
Al₂O₃		344		381
AlN		345		345
AlSi(30%Al)				90

随着壳体材料和加工工艺的发展，组件壳体结构经过以下几个发展过程：

（1）AlSiCp 复合材料底板＋钛合金 TC4 围框＋钛 TA2 盖板结构阶段。

该结构的优点是：钛合金作为电子封装材料，它的热膨胀系数同碳铝化硅复合材料、LTCC 基板和气密插座壳体材料相近，焊接存在的热失配很小，可以进行激光焊接，密度又比传统的电子封装材料（如可伐、钼铜等材料）要小，可以满足组件减重的要求。

该结构的缺点是：钛合金属于贵重金属，材料成本高，机加工性能较差，退火工艺复杂，造成整个组件壳体加工成本上升，加工周期长，已经无法满足组件低成本大批量生产的要求。

（2）AlSiCp 复合材料底板＋10♯钢围框＋10♯钢盖板。

该结构的优点是：10♯钢材料成本低廉，焊接性能好，可以进行激光焊或者平行缝焊。材料的切削性能优异，机加工难度小，加工成本也比钛合金围框低很多，适合大批量生产。

该结构的缺点是：钛合金围框和盖板换成 10♯钢后，组件重量会增加。10♯钢在组件激光封装工艺上的应用对钢材材质有较高要求，钢材中磷、硫杂质的含量对激光焊接性能的影响很大，因此在封装上必须选择磷、硫杂质含量低的优质 10♯钢。

（3）整体 AlSiCp 壳体＋AlSiCp 盖板结构阶段。

该结构的优点是：AlSiCp 材料密度接近铝，导热率能够满足封装散热的要求，热膨胀系数可达 7.2 ppm，可以跟 LTCC 电路板达到热匹配。整体 AlSiCp 的结构形式减少了金属围框与 AlSiCp 底板的焊接步骤，这样组件底面的平面度要求有保证，比围框与底板焊接的结构更有利于散热，不会出现围框与底板焊接质量缺陷造成的多次返修以及少量焊料溢出到壳体底面影响平面度。

该结构的缺点是：AlSiCp 材料机加工工艺性差，由于组件腔体有高低频安装孔，隔离墙，以及焊接台阶等复杂的结构特征，更增加了 AlSiCp 材料的加工难度。因此整体壳体的加工效率不高，成本也会增加。同时由于材料中 SiCp 的含量过高，组件壳体与盖板的气密封焊无法直接采用激光焊接工艺。

（4）整体 AlSi 壳体＋AlSi 盖板结构阶段。

AlSi 复合材料作为一种新型的电子封装复合材料具有优异的热物理性能及力学性能。不同体积份数比的 AlSi 有不同的牌号，线膨胀系数可以在 $7.4 \sim 20 \times 10^{-6} \mathrm{K}^{-1}$ 的范围内调节，因此又称为可控膨胀合金。CE 合金的成分及性能如表 3-3 所示。

表 3-3　CE 合金的成分及性能

CE 合金的名称	成分	25℃～100℃下的 CTEI /(ppm/℃)	密度/(g/cm³)	25℃下的热传导系数/(W/m·K)	弯曲强度/MPa	屈服强度/MPa	弹性模量/GPa
CE20	Al－12％Si	20.0	2.70				
CE17	Al－27％Si	16.0	2.60	177	210	183	92
CE17M	Al－27％Si*	16.0	2.60	147			92
CE13	Al－42％Si	12.8	2.55	160	213	155	107
CE11	Si－50％Al	11.0	2.50	149	172	125	121
CE9	Si－40％Al	9.0	2.45	129	140	134	124
CE7	Si－30％Al	7.4	2.40	120	143	100	129

其中 Si－30％/Al 即 CE7 合金的 CTE 只有$(7\sim8)\times10^{-6}K^{-1}$，与 LTCC 和砷化镓匹配，热导率为 120W(m·K)，密度只有 2.4 g/cm³，低体积分数的 AlSi 复合材料机加工性能跟铝合金相当，可以用普通刀具加工，表面也很容易镀涂，其中，CE11 以上的 AlSi 可以直接进行激光焊接。AlSi 壳体与 AlSi 盖板焊接结构示意图如图 3.13 所示。此外 CE7 和 CE9 合金无法直接进行激光焊接，考虑到组件封装的特点，壳体选择 CE7 或 CE9，盖板可以选择 CE13 合金。英国的 Osprey 公司可以通过特殊的扩散工艺将不同牌号即不同膨胀系数的合金融合在一起。国外已有多家公司具备这种材料的供货能力，其中，Osprey 公司对这种材料的制造加工形成了成熟的商业化运作。

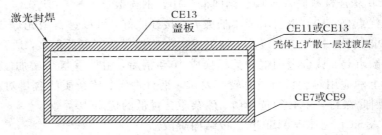

图 3.13　AlSi 壳体与 AlSi 盖板焊接结构示意图

（5）基板＋钛合金 TC4 围框＋钛 TA2 盖板结构阶段。

将围框直接焊在电路基板上，省去结构底板，优点有三点：一是可减少热传导层数，有利于散热；二是电路基板可通过焊盘或"金手指"的形式对外高低频连接，省去气密插座；三是可实现完整的多腔结构，提高链路和通道间隔离度。电路基板一般选用 LTCC（低温共烧陶瓷）或 HTCC（高温共烧陶瓷），HTCC 比 LTCC 强度高、散热好、气密性好，但成本较高。

基板＋围框壳体（如图 3.14 所示）这种结构形式的组件加工简单，工序少，生产效率高，从而使加工成本大大降低。由于底板的安装不是内嵌在围框中的，因此可以很好的保证组件底面的平面度，而且底板的厚度也可以进一步减小，进而减小组件的高度，重量也大大降低，适合单元间距小、频段高、功率大的新一代 MMC 组件。

图 3.14　基板＋围框壳体

3.3.2 子阵内综合网络

相控阵雷达信号传输网络是指天线阵面中阵元、T/R 组件、波控单元、电源系统等模块之间传输、分配和合成射频/波控/电源信号的各类馈线的总称，其基本结构由微波馈电网络、波束控制网络和电源分配网络等组成。

对于集成度高的子阵内，微波、波控、电源网络进行一体化设计，集成一个结构模块，三种信号和谐共处、互不干扰，称为综合网络模块。

1. 基本原理

综合网络主要由高频信号网络与低频信号网络有机结合构成的，其原理框图如图 3.15 所示，从中可以看出，主要包含微波信号通道、波控信号通道、电源通道等三大通道，其中，微波信号通道是馈线网络的重要组成部分，主要完成收/发微波信号的传输、收/发转换、配合雷达进行收/发通道的幅相校准等功能。波控信号通道是波控分系统的组成部分，主要完成波控信号的传输、分配；配合雷达进行幅度加权、相位控制以及雷达监测信号的回传等功能。电源通道是电源传输的组成部分，主要完成收/发电源的传输、分配等功能。

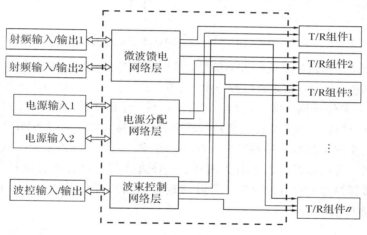

图 3.15 综合网络原理框图

2. 典型结构形式

微波馈电网络层主要由功率分配器/合成器和功率耦合器等微波器件所组成，其中前者用于微波功率的分配和合成，后者用于监测功率的耦合输出。为了有效地利用空间，微波馈电网络层通常被设计为多层电路板的形式。因此，不同层之间的垂直互连结构是确保馈电网络层整体性能的关键，需要对此进行深入的分析研究。

电源分配网络层有两种形式：一种是多层印制板，铜箔厚度达 3 盎司(oz)，适用于电流较小的子阵；另一种是大电流集成式基板，多个品种的电源汇流板通过多层铜板与胶膜整体热压后形成刚性构件，用于电流较大的子阵。前者一般与微波馈电网络、波束控制网络层压成一体，后者则是单独成型，再与其他网络基板胶接或螺接在一起。

综合网络的上下表面是金属结构层，这样有三点好处：一是为电路基板提供结构防护；二是提高电磁屏蔽性，增强抗干扰能力；三是为接插件提供安装基础。一种综合网络叠层示意图如图 3.16 所示。

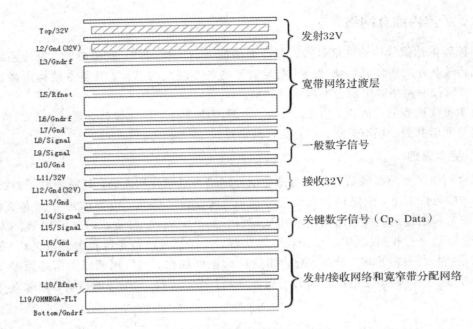

图 3.16　一种综合网络叠层示意图

　　波束控制网络层传输的是波控数字信号，采用数字与微波多层电路一体化叠层结构，形成高低频混合基板，通过宽带垂直过渡技术、通孔、盲埋孔工艺实现网络之间的信号互连。

　　图 3.17 为一种综合网络模块结构，它由结构板、综合背板、汇流板、绝缘隔离板叠成。射频端口采用了 SMP - JHD 垂直连接器与综合背板焊接，然后通过 SMP 弹簧浮动双阴与结构壳体固定，实现了高频连接器轴向与纵向的浮动。低频连接器采用 J30J - 25TJ 带焊接排的连接器组件，焊接排针的长度分为两种：一种直接与综合背板直接焊接；另一种与汇流板焊接。连接器自身带有浮动铆套，排阵与连接器之间带有引线，实现了低频连接器的横向与纵向浮动盲插。

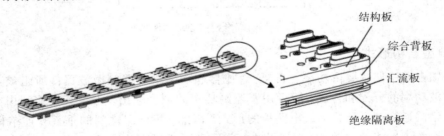

图 3.17　一种综合网络模块结构

3.3.3　子阵驱动模块

　　子阵包含多个组件，激励信号进入子阵后通过功分网络分配到各个组件，为驱动各个组件，必须对子阵激励信号进行放大。另外，各个组件下传的接收信号经过网络后损耗大，也需要对其进行放大。因此，子阵内一般设有驱动模块，对上下行信号放大，满足链路增益要求。

1. 基本原理

子阵驱动主要由射频 T/R 开关、功率放大器、限幅器、低噪声放大器(LNA)、环行器以及控制电路组成,与 T/R 组件相比,少了移相器。因此,除没有移相功能外,其他与 T/R 组件基本相同。子阵驱动原理如图 3.18 所示。

2. 典型结构形式

子阵驱动模块如图 3.19 所示。子阵驱动模块与 T/R 组件功能相近,因而电路相似,其结构也相似,可以是单通道,也可以多通道组合成一体。对应于高频段驱动模块一般采用裸芯片集成的气密封装结构,以减小体积。通常驱动模块与其二次电源一体化设计。

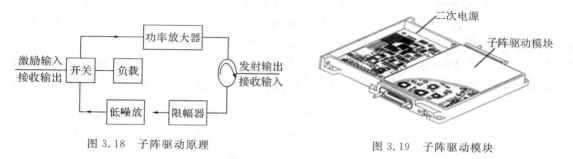

图 3.18　子阵驱动原理

图 3.19　子阵驱动模块

3.3.4　二次电源模块

电源是相控阵雷达系统收发组件和子阵不可缺少的组成部分,是其能量来源。阵面电源分为阵面一次电源和阵面二次电源。阵面一次电源是将油机或市电提供的交流电转换为二次电源所需的特定直流电压,子阵内二次电源模块将其转换为组件等各模块所需的直流电压,并具备过压、过流和过温等保护功能。此种二次供电方式减轻了电流传送的压力,方便阵面布局,容易在工程中实现。同时二次电源作为子阵内独立模块,方便测试并适合大批量生产。

1. 基本原理

典型的二次电源原理框图如图 3.20 所示。二次电源将 32 V 直流电转换成组件需要的

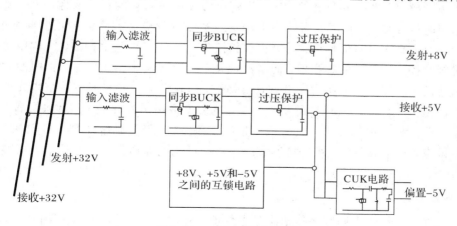

图 3.20　二次电源原理框图

接收电＋5 V、偏置电－5 V和发射电＋8 V。其中，接收一次母线＋32 V经输入滤波电路后进行同步BUCK变换，将接收＋32 V直流电变换为稳定的低压直流电，低压直流电经过压保护电路后输出稳定可靠的直流接收电＋5 V，接收电＋5 V经CUK电路变换成直流偏置电－5 V，接收＋5 V和偏置－5 V具有电压纹波小、稳定性能好等优点。发射一次母线＋32 V经输入滤波电路后进行同步BUCK变换，将发射＋32 V直流电变换为稳定的低压直流电，低压直流电经过压保护电路后输出稳定可靠的直流发射电＋8 V，发射＋8 V具有输出峰值电流大、动态特性好等优点。

2. 典型结构形式

子阵内二次电源模块（如图3.21所示）一般为独立电源模块或者综合电源模块：

(1) 独立电源模块给一个T/R组件供电，通常采用板载电源，所有器件在铝基板上单面布板。单层或叠层安装于壳体中，通过接插件与外部连接。

(2) 综合电源模块是将多个电源单元集成在一块基板上，给多个T/R组件供电。这种形式可将电源分配网络集成在基板上，还可与波控模块一体集成设计，减少子阵内模块互联环节，提高子阵系统集成度。

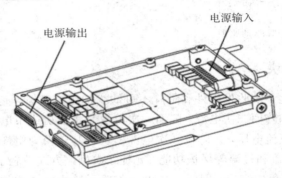

电源输入

电源输出

图 3.21　二次电源模块

3.3.5　延迟器

为了提高相控阵雷达对目标的分辨、识别能力和解决目标的雷达成像问题，要求雷达具有大的瞬时信号带宽。同时，为减小雷达信号被截获的概率和降低反辐射导弹的威胁，通常采用具有大瞬时带宽的扩谱信号。实现相控阵雷达的宽带宽角扫描，应该用实时延迟器取代常规相控阵雷达中的移相器，但因数量太多给工程实现带来困难，折中的方法是在相控阵雷达的子阵级上引入延时器进行延时补偿，以保证天线扫描时宽频带内几近无色散的辐射方向图。延迟器的实现方式多种多样，通常可采用声表面波、声体波、静磁波、光纤、高温超导、数字储频、MEMS、微带、带线、共面波导及同轴电缆等结构实现，各种方式各有优缺点，从集成角度出发，基于LTCC多层结构的介质带状线结构的延时线是一个很好的选择。

1. 基本原理

延迟线在工作原理上同数字移相器有些类同，如图3.22所示，都是利用开关，选取不同的路线来达到移相和延迟的目的。延迟线的开关线路一般较长，多为工作波长的整数倍。

对于同一种 TEM 模传输介质来说，传输时延和相移有确定的对应关系，而相移的测量精度一般较高，因而一般用相移特性来表示路线的时延特性。在图 3.22 中，信号从 A 点传输到 B 点，经过 EF 路径要比经过 CD 路径多延迟 1λ。如果采取五位数字延迟，每一次的动作都会产生 1λ、2λ、4λ、8λ、16λ 或其组合波长的延迟，最大延迟 31λ。

延迟器组件（如图 3.23 所示）内部包含了大位延迟线路、宽带切换开关、增益补偿电路、控制电路等，是一个复杂的时延组件。多位延迟线的大位延迟路径长，损耗较大，为了保证发射链路组件的饱和激励、接收链路的噪声系数及系统动态，必须在延迟线内部引入增益放大电路，以补偿大位延迟带来的插入损耗。

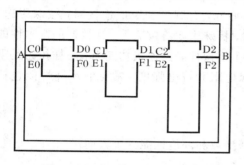

图 3.22　延迟线基本原理框图

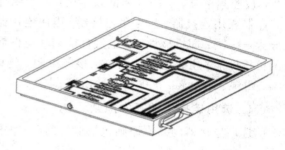

图 3.23　延迟器组件

2. 典型结构形式

为了提高集成度，减小时延组件的重量与体积，设计中采取了一体化的设计方案，采用先进的微波印制板层压技术和 LTCC 技术将波控电路、控制芯片、延迟电路、增益补偿电路一体化设计，通过金属化孔隔墙技术实现电路之间的电磁兼容性，解决电路之间的串扰与互耦问题。延迟线一般采用独立封装模块结构形式，以提高可测试性和可靠性，其封装结构与 T/R 组件基本相同。

3.4　子阵互连设计

有源子阵互连包括子阵外部与阵面之间的互连以及子阵内部模块之间的互连：

对外连接一般包括供电、供液、射频信号和控制信号接口，为方便阵面的安装和维修，有源子阵和阵面之间的互连尽可能采用盲插形式，使阵面结构简洁紧凑，方便安装。子阵外部连接通常采用盲插连接器，由于子阵外部接口为多种信号互连端面，因而要求子阵在安装时，实现多品种连接器的同步盲插连接。

有源子阵内部各模块之间，根据布局选择直接互连和通过电缆互连，充分利用子阵内综合网络的走线优势，尽可能地集中走线，减少过渡电缆的数量和品种。

子阵对内、对外大量使用盲插对接，为满足盲插精度需求，消除误差带来的互连可靠性问题，所有电连接器和其他功能的连接器（如水接头等）的安装在结构设计上需要有浮动连接的设计要求，以消除多级安装造成的误差，保证连接可靠。浮动设计包括以下三个方面：

（1）选用自身带浮动能力的连接器。

（2）在结构安装上考虑浮动设计，加装浮动套结构，保证连接器相对于安装板可以径向浮动，由连接器的轴向对插深度尺寸精度来满足连接器和安装背板之间的轴向间隙要求。

（3）两个盲插连接器之间使用过渡转接，一般采用可以容差的转接器，如弹簧双阴连接器满足连接器在轴向和径向方向的误差要求。

3.4.1 连接器的选用

连接器是连接电气线路的机电元件，也可称为插头插座，广泛应用于各种电气线路中，起着连接或断开电路的作用。连接器的种类繁多，应用范围广泛。连接器有不同的分类方法，按照频率分，有高频和低频连接器；按照外形分，有圆形和矩形连接器；按照用途分，有印制板用连接器、机柜用连接器、电源连接器、特殊用途连接器等。连接器的基本性能可分为三大类：即机械性能、电气性能和环境性能。机械性能就连接功能而言，插拔力是重要的机械性能。主要电气性能包括接触电阻、绝缘电阻和抗电强度。常见的环境性能包括耐温、耐湿、耐盐雾、抗振动和冲击等。

1. 选用连接器的基本原则

选用连接器的基本原则包括电气参数、机械参数和环境性能三个方面。

1）电气参数

（1）额定电压：又称为工作电压，它主要取决于连接器所使用的绝缘材料，接触对之间的间距大小。某些元件或装置在低于其额定电压时，就不能完成其应有功能。

（2）额定电流：又称为工作电流，同额定电压一样，在低于额定电流的情况下，连接器能正常工作。在连接器的设计过程中，是通过对连接器的热设计来满足额定电流要求的，因为在接触对有电流流过时，由于存在导体电阻和接触电阻，接触对将会发热，当其发热超过一定极限时，将破坏连接器的绝缘和形成接触对表面镀层的软化，造成故障。因此，其额定电流实际是限制连接器内部的温升不超过设计的规定值。所以，多芯连接器应降额使用，芯越多，降幅应越大。

（3）接触电阻：接触电阻是指两个接触导体在接触部分产生的电阻，连接器的接触电阻是指接触对电阻。它包括接触电阻和接触对导体电阻，从几毫欧到数十毫欧不等。

（4）屏蔽性：在现代电气电子设备中，元器件的密度以及它们之间相关功能的日益增加，对电磁干扰提出了严格的限制。电磁干扰泄漏衰减是评价连接器的电磁干扰屏蔽效果的指标，一般在 100 MHz～10 GHz 频率范围内测试。

对射频同轴连接器而言，还有特性阻抗、插入损耗、反射系数、电压驻波比（VSWR）等电气指标。由于数字技术的发展，为了连接和传输高速数字脉冲信号，出现了一类新型的连接器，即高速信号连接器。在电气性能方面，除特性阻抗外，还出现了一些新的电气指标，如串扰（Crosstalk）、传输延迟（Delay）、时滞（Skew）等。

（5）绝缘电阻：衡量电连接器接触件之间和接触件与外壳之间绝缘性能的指标，其数量级为数百兆欧至数千兆欧不等。它主要受绝缘材料、温度、湿度、污损等因素影响。

（6）耐压：指接触对的相互绝缘部分之间或绝缘部分与地，在规定时间内所能承受的比额定电压更高而不产生击穿现象的临界电压。它主要受接触对间距和爬电距离的几何形状、绝缘体材料及环境温度和湿度及大气压力的影响。

2）机械参数

（1）单脚分离力和总分离力。连接器中接触压力是一个重要指标，它直接影响到接触电阻的大小和接触对的磨损量。从使用角度来看，插入力要小（从而有低插入力 LIF 和无插入力 ZIF 的结构），而分离力若太小，则会影响接触的可靠性。

（2）机械寿命。连接器寿命是指插拔寿命，通常为 500～1000 次。机械寿命实际上是一种耐久性（Durability）指标，在 GB5095 中把它称为机械操作。它是以一次插入和一次拔出为一个循环，以在规定的插拔循环后连接器能否正常完成其连接功能（如接触电阻值）作为评判依据。连接器的插拔力和机械寿命与接触件结构（正压力大小）接触部位镀层质量（滑动摩擦系数）以及接触件排列尺寸精度（对准度）有关。

（3）接触对数。首先可根据电路的需求来选择接触对数，同时要考虑连接器的体积和总分离力的人小。

（4）连接形式。连接器一般由插头和插座组成，其中，插头也称为自由端连接器，插座也称为固定端连接器。通过插头、插座的插合和分离来实现电路的连接和断开，因此就产生了插头和插座的各种连接方式。

（5）端接方式：是指连接器的接触对与电线或电缆的连接方式。合理选择端接方式和正确使用端接技术，也是使用和选择连接器的一个重要方面。

3）环境性能（包括耐温、耐湿、耐盐雾、振动和冲击等）

（1）由于连接器工作时，电流在接触点处产生热量，导致温升，因此一般认为工作温度应等于环境温度与接点温升之和。

（2）耐湿潮气的侵入会影响连接绝缘性能，并锈蚀金属零件。恒定湿热试验条件为：相对湿度为 90%～95%（依据产品规范，可达 98%），温度为 40℃～177℃，试验时间按产品规定，最少为 96 小时。交变湿热试验则更严苛。

（3）耐盐雾连接器在含有潮气和盐分的环境中工作时，其金属结构件、接触件表面处理层有可能产生电化腐蚀，影响连接器的物理和电气性能。为了评价电连接器耐受这种环境的能力，规定了盐雾试验。它是将连接器悬挂在温度受控的试验箱内，用规定浓度的氯化钠溶液用压缩空气喷出，形成盐雾大气，其暴露时间由产品规范规定，至少为 48 小时。

（4）振动和冲击。耐振动和冲击是电连接器的重要性能，在特殊的应用环境中如航空和航天、铁路和公路运输中尤为重要，它是检验电连接器机械结构的坚固性和电接触可靠性的重要指标。在有关的试验方法中都有明确的规定。冲击试验中应规定峰值加速度、持续时间和冲击脉冲波形以及电气连续性中断的时间。

（5）其他环境性能：根据使用要求，电连接器的其他环境性能还有密封性（空气泄漏、液体压力）、液体浸渍（对特定液体的耐恶习化能力）、低气压等。

2. 具体选型的基本要求

有源子阵内连接器选用的基本要求如下：

（1）空间的要求：选用超小型、微距型连接器。

（2）低损耗要求：选用低损耗连接电缆和连接器。

（3）频率范围要求：根据使用性选用适当频率范围的连接器。

（4）材料和密封性要求：根据产品使用要求，选用不锈钢钝化或黄铜镀金外导体采用。

密封要求的连接器选用玻璃烧结连接器,并和外导体进行焊接,保证其密封要求。

(5)结构需求:连接器选用在结构上一般包括插拔力(分离力和啮合力)、振动冲击和盐雾、浮动误差量、对接尺寸精度等要求。

(6)容差设计要求:在实际应用中,径向和轴向容差是使用和装配必须考虑的问题。径向容差主要是为了补偿连接器以及 PCB 设计和装配的机械公差。而角度和轴向容差则主要关系到传输信号的完整性水平,配合间隙将使阻抗变化,造成反射和驻波(VSWR)变大,可靠性降低。

3.4.2 典型互连结构设计

有源子阵内电互连主要包括射频信号连接、控制信号连接和电源连接,连接器的选用不仅要满足电讯需求,同时在结构上更是要满足结构安装、电磁屏蔽等要求。同时由于有源子阵内部高集成的需求,常常需要将连接器和结构件一体化设计,将连接器的设计融入到结构安装中。

连接器尺寸的不断变小带来机械结构设计方面的挑战主要有两个方面:一是相对于大尺寸连接器,小尺寸连接器更难配合对准;二是小尺寸连接器机械强度低,如使用不当则较易损坏。一般大尺寸连接器能够承受在配合时使用较大的机械力量不至损坏,但小型连接器在配合时则需要更准确一些。

1. 射频信号互连设计

射频转接器一般用在微波功能模块中,在子阵互连方面占据着举足轻重的位置。随着功能模块趋向集成化和小型化,同时对维修性的要求越来越高,连接方式是否方便小巧在很大程度上限制了功能模块的使用和发展。

盲插射频信号连接器,一般选用 BMA、SBMA、SMP、SBX 等具有浮动盲插性能的连接器,根据性能指标、精度要求等界定条件选用,SMP 和 BMA 都是新型的盲配射频连接器,体积小,接触可靠,对接快速、抗震性强,可用于各种微波电路的连接,得到了越来越广泛的应用。

射频连接器的电性能指标:在特定工作频率下,测得电压驻波比、插入损耗、插入损耗的一致性、损耗机械稳定性、相位一致性、相位机械稳定性、耐电压、耐功率峰值(特定占空比和工作频率)、绝缘电阻、射频泄漏等。

保证电性能的前提下,选用适当的浮动精度是结构设计的关键点。容差配合将避免两连接器硬碰造成不能连接或连接器损坏,使在非可视状态下的盲插成为可能。很多的盲插结构都采用了"碗状"设计来导入连接。盲插配合使连接器的设计从功能层面提高到了用户友好层面,设计不仅要考虑使连接器达到有效的信号传输功能,还要易于插拔使用。

1) BMA 系列连接器

BMA 连接器从结构上讲是 SMA 系列的推入式变形,接口界面采用空气界面,使用频率高,体积小,接触可靠,广泛应用于模块化产品中的互连。

因为 BMA 连接器本身带有轴向和径向的浮动特性,所以在互连结构中通常被使用在模块之间盲插互连的界面上,其轴向浮动尺寸±0.2 mm,径向浮动量在±0.2 mm。BMA 连接器的浮动特性表现在插孔一头,其外导体和内导体之间装有轴向压簧,使连接器安装后有较大的轴向和径向浮动量。BMA 插头和插孔在插合过程中，其插头与浮动插孔开始接触，在插头前端的锥度的作用下，只要连接器插头和浮动插孔之间的位置误差小于其浮动量，使得插孔上的弹簧轴向变形，就能保证连接过程中径向定位导正，达到可靠连接保证，弹簧轴向变形量最大为 1.3±0.2 mm。由于浮动性能的存在，BMA 在互连时需要在轴向尺寸方向上压缩 0.8 mm～1.2 mm，来保证可靠连接和电磁屏蔽的要求，具体连接要求如图 3.24 所示。

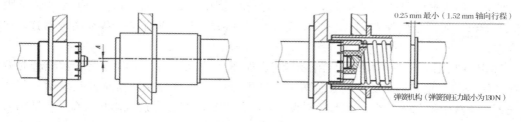

图 3.24　BMA 连接

BMA 连接器工作频率范围在 DC～18 GHz，由于其工作频率范围较窄，通常被使用在 DC - 14 GHz 的频率范围之内的设备互连中。不具有浮动特性的插头一般被使用在焊接印制板上，其本身的相对精度通过插头固定在壳体上来保证；具有浮动特性的插孔，通常被使用在电缆组件上，利用电缆的柔性来吸收其浮动带来的误差。在盲插界面上，一般将浮动的插孔安装在需要经常维修和拆装的模块上，而插头一般安装在固定模块上使用。如果盲插界面有多组连接器需要同时盲插，在互连模块上需要通过定位销先进行预定位后，再进行插合，避免多组连接引起的累积误差，保证互连的电性能。

2）SMP 系列连接器

SMP 是一种超小型推入式连接器，具有体积小、重量轻、使用方便、工作频带宽等特点，自身具有良好的电气性能，能够实现盲插、密排安装，特别适用于板间连接或有重量要求、安装空间小等场合，SMP 较常使用在有源子阵内部盲插结构中。

SMP 插座具有全擒纵、有限擒纵和制动式光孔三种不同的界面形式，给模块互连提供了灵活多样的解决方案。三种不同的界面提供不同的轴向或径向浮动量，嵌入式连接器的板间连接一般采用光孔和有限擒纵的形式，光孔配合形式啮合力较小，适用于固定的板间互连，如图 3.25 所示，能够保证连接器啮合到位；而有限擒纵配合的啮合力相对于光孔较

图 3.25　SMP 用于板间互连

大,适用于板间固定性差或薄板易变形的情况,对连接界面提供了更好的固定性。嵌入式连接器板间连接中不推荐使用全擒纵配合形式,啮合力和分离力太大,对密排对插时容易造成内导体损伤。

由于模块之间的安装误差导致 SMP 的轴向互连尺寸误差引起对接可靠性下降,特别是板件的翘曲、模块安装位置偏差造成密排连接器对插不到位的现象,在此情况下常常选用带弹性浮动的 SMP 双阴连接器,以消除安装误差。

使用 SMP 连接器的安装空间,可以满足连接器中心最小 4.3 mm,而板间最小距离为 8.0 mm。如果板间距超过 12 mm,建议使用 SMP-KK 双阴连接器来实现互连,并消除误差。

SMP 连接器有三种不用的配合容差类型(如图 3.26 所示):径向容差表示配合时两中心针针轴之间有偏差;角度容差表示两中心针配合时有角度偏差;轴向容差表示针与座未到底配合。对于射频连接器,如无特殊设计,这种未到底配合会造成阻抗失配,带来信号反射和驻波(VSWR)变大。另外一个重要的机械指标是盲插范围,它表示连接器能够容许有偏差配合的能力。盲插范围角度至少与工作容差角度相等,但一般来说都远大于工作容差角度。

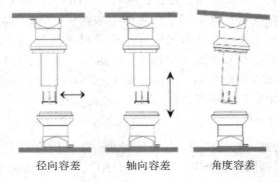

径向容差　　　　轴向容差　　　　角度容差

图 3.26　SMP 容差类型

为了获得比传统 SMP"板对板"连接器更大的容差范围,第二代"板对板"同轴连接器产品 SMP-Spring 采用了加装弹簧的转接器。弹簧设计在获得更大容差范围的同时,由于两端始终处于完全配合状态,使其在轴向有容差时的表现更加优异,拥有更低和更稳定的驻波(VSWR)性能。SMP-Spring 弹簧设计的缺点在于弹簧系统结构设计复杂,成本较高。

SMP-MAX 是近期推出的第三代、拥有更大容差范围的经济型"板对板"同轴连接器。SMP-MAX 在其一端插座上采用了"碗状"口的设计,以获得盲插效果。绝缘体支持轴向容差最高达到 2.4 mm,同时保持稳定较低的驻波(VSWR)水平。插座上特殊设计的锥形中心针使其在偏斜时产生应力较小,增加了稳定性。

相对第二代加装弹簧的设计方案,第三代产品 SMP-MAX 器件结构设计大大简化,在得到更大容差的同时获得了更低的成本。图 3.27 显示了典型的"板对板"连接器容差结构以及 SMP-MAX 所能达到的容差范围。其中,中心椭圆代表典型的对"板对板"连接器容差要求,外椭圆代表 SMP-MAX 的容差范围,两椭圆之间的距离则代表了 SMP-MAX 对于典型设计要求可提供的余量。大的余量意味着更好的鲁棒性,"板对板"连接系统更简单,连接更快速、可靠且不易损坏。

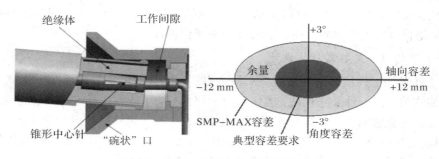

图 3.27　SMP-MAX 的容差结构和范围

SMP-MAX 连接器在获得很好机械性能的同时，也保证了优异的电气性能：在容差范围内"板对板"连接的典型驻波（VSWR）在 3 GHz 范围以内小于 1.2。SMP 系列三种连接器的比较如表 3-4 所示。SMP-MAX 的设计体现了很好的灵活性，通过降低工作频率范围获得了更大的容差范围和更高的功率。

表 3-4　SMP 系列三种连接器的比较

性　能	SMP	SMP-Spring	SMP-MAX
工作频段	DC-26.5 GHz	DC-26.5 GHz	DC-26.5 GHz
典型 VSWR(DC-3 GHz)	1.12	1.15	1.2
角度容差	±3.5°	±3.5°	±3.0°
轴向容差	0.5 mm	1.2 mm～1.5 mm	2.4 mm

3）一种 SMP/BMA 转换连接器结构设计

射频转接器一般用在功能组件的连接状况中，在微波技术领域占据着举足轻重的位置。随着功能组件趋向集中化和小型化，同时对维修性的要求越来越高，连接方式是否方便小巧在很大程度上限制了功能组件的发展和使用。

图 3.28 是一种 SMP/BMA 转换连接器，将两个不同连接器型号的界面进行互连，在保证对接精度的要求下，安装基准不变，使用手工推入和脱离安装，工作状态和维修状态为相对稳定结构，大大提高了维修性，在维修时实现快速可靠的互连。

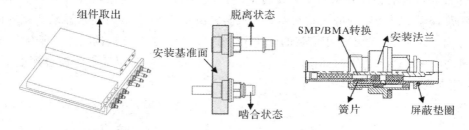

图 3.28　转接器使用示意图

射频同轴转接器主要分成四个功能部分：第一功能部分为可以实现工作/维修两种状态的簧片定位结构；第二功能部分为保持 SMP 到 BMA 电性能稳定的接口转换设计；第三功能部分为一体化的转接器安装结构，第四功能部分为转接器电磁屏蔽结构。转接器结构小巧，电性能稳定，安装方便，可以实现工作与维修两种状态的转换，为组件的维修留出空间，保证了组件良好的维修性，促进了组件的小型化设计。

4）一种滑插组合连接器结构设计

通常子阵对外电连接有两种形式：一种是盲插，连接器位于后端面，子阵推入固定后电连接同步完成；另一种是非盲插，连接器位于前面板，子阵推入固定后再接电缆。后一种方式虽然比前种连接可靠，但操作不便，影响美观。一种新颖的滑插组合连接器（如图3.29所示）可解决上述问题，该连接器安装于有源子阵的面板上，将BMA连接器的外导体和走线壳体一体化设计，组合连接器中包含两个或多个BMA同轴连接器，由滑动导轨、连接器外导体（走线外壳）、锁紧螺钉等零件组成，可实现插拔自动对位，操作方便。

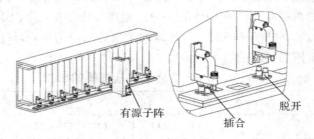

有源子阵　　插合　　脱开

图 3.29　滑插组合连接器

2. 数字信号互连设计

数字信号传输方式分为电信号传输和光信号传输。

1）电信号的连接

电信号的连接在有源子阵中一般采用微型多芯连接器，适应高密度、微型化、轻量化、高可靠性要求的各种模块间的互连。其常见的两种方式：一种是电缆互连，连接后用连接螺钉互锁；另一种是模块之间直接盲插连接。电缆连接由于连接器直接螺接固定，可靠性高，但走线占用空间大，集成度不高，操作不便。

使用较多的是J30J超微矩形连接器（如图3.30所示）和J71小型矩形连接器，采用绞线式弹性毫微插针（俗称麻花阵），间距为0.635 mm，外形尺寸非常小，适合小空间互连。因为子阵盲插对接的精度要求很高，为满足对接的可靠性，在连接点增加浮动套结构，消除对接精度误差。浮动套为嵌入式法兰，高出安装面0.2 mm，同时要求浮动压接方向为安装紧固方向，保证浮动套不由于安装的反作用力脱出。浮动套和基体的间隙保证径向X/Y方向浮动量为0～0.2 mm，轴向间隙为0.05 mm～0.1 mm。同时保证每芯插合深度2 mm～3.5 mm范围内性能无影响。

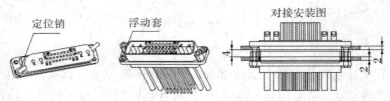

定位销　　　　浮动套　　　　　　　　对接安装图

图 3.30　J30J超微矩形连接器

J30J 超微矩形连接器的性能指标中包含额定电流、接触电阻、绝缘电阻和介质耐压以及插拔次数。此类连接器较常出现绝缘电阻偏低，耐压击穿，插合过程中出现缩针等现象。

J30J 连接器插头结构（如图 3.31 所示）在设计时有四处引导结构，保证对插过程中，插针与插孔正常接触。插头与插座插合时，先通过插座的导销引导，使插头壳体进入插座壳体，随着插合尺寸的加长，插孔先进入装针绝缘体孔内，最后是插孔与插针接触件的接触。产品正常插合时，即插头与插座应对正插合，导销、插头与插座的壳体倒角，插座绝缘体的孔口倒角，插针的圆形针头，插孔孔口的倒角均可起到相应的引导作用，即使插针或插孔有轻微的不对正仍可保证接触件的顺利插合接触。

图 3.31　J30J 连接器插头结构

J30J 插头结构或安装结构设计不合理，如导销偏短或间隙偏大，将无法起到引导作用，会造成插合中出现缩针现象，如图 3.32 所示，连接后信号不稳。

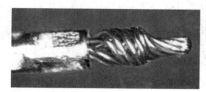 

（a）缩针后插针的外形　　　　　　　（b）正常插针的外形

图 3.32　缩针现象

除微型多芯连接器外，还可采用金手指结构连接，其具有连接紧密、插入损耗低、误码率低等优点，传输率可以达到 6.25 Gb/s，并具有扩展到 10 Gb/s 的能力。同时实现多种信号的集成传输，满足模块化结构的要求。金手指带有 ESD 接地层和触点层，可以有效防止操作期间受意外放电的影响。RT2 系列连接器的应用实例如图 3.33 所示。

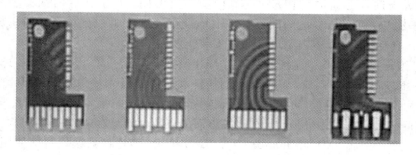

图 3.33　RT2 系列连接器的应用实例

2) 光信号互连设计

现代雷达已经发展为数字化有源阵面,为实现数字阵列的高精度定时同步和 A/D 采样数据的海量下行传输,有源子阵和阵面中安装了大量的光纤和光缆用以替代电缆完成数据和信号传输,光纤传输系统因此在数字阵有源相控阵雷达中得到了广泛应用。

有源子阵内常用的光纤连接器可以分为不同的种类,按传输媒介的不同可分为单模光纤连接器和多模光纤连接器;按结构的不同可分为 FC、SC、ST、D4、DIN、Biconic、MU、LC、MT 等各种形式;按连接器的插针端面可分为 FC、PC(UPC)和 APC;按光纤芯数分还有单芯、多芯之分;按照光纤链路的接续,在有源子阵内使用的光纤又可以分为永久性的和活动性的两种。在实际应用过程中,一般按照光纤连接器结构的不同来加以区分。在安装任何光纤系统时,都必须考虑以低损耗的方法把光纤或光缆相互连接起来,以实现光链路的接续。以下简单介绍一些目前比较常见的光纤连接器(如图 3.34 所示)。

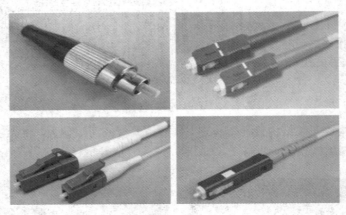

图 3.34　常见的光纤连接器

(1) FC 型光纤连接器。这种连接器最早是由日本 NTT 研制。FC 是 Ferrule Connector 的缩写,表明其外部加强方式是采用金属套,紧固方式为螺丝扣。最早,FC 型连接器采用的陶瓷插针的对接端面是平面接触方式(FC)。此类连接器结构简单,操作方便,制作容易,但光纤端面对微尘较为敏感且容易产生菲涅尔反射,提高回波损耗性能较为困难。后来,对该类型连接器做了改进,采用对接端面呈球面的插针(PC),而外部结构没有改变,使得插入损耗和回波损耗性能有了较大幅度的提高。

(2) SC 型光纤连接器。这是一种由日本 NTT 公司开发的光纤连接器。其外壳呈矩形,所采用的插针与耦合套筒的结构尺寸与 FC 型完全相同,其中插针的端面多采用 PC 或 APC 型研磨方式;紧固方式是采用插拔销闩式,不需旋转。此类连接器价格低廉,插拔操作方便,介入损耗波动小,抗压强度较高,安装密度高。

(3) LC 型连接器。LC 型连接器是著名 Bell 研究所研究开发出来的,采用操作方便的模块化插孔(RJ)闩锁机理制成。其所采用的插针和套筒的尺寸是普通 SC、FC 型等所用尺寸的一半,为 1.25 mm。这样可以提高光纤连接器的密度。目前,在单模 SFF 方面,LC 型的连接器实际已经占据了主导地位,在多模方面的应用也增长迅速。

(4) MU 型连接器。MU(Miniature Unit Cou-pling)型连接器是以目前使用最多的 SC 型连接器为基础,由 NTT 研制开发出来的世界上最小的单芯光纤连接器,该连接器采用

1.25 mm 直径的套管和自保持机构，其优势在于能实现高密度安装。利用 MU 的 1.25 mm 直径的套管，NTT 已经开发了 MU 连接器的系列。它们有用于光缆连接的插座型光连接器（MU - A 系列），具有自保持机构的底板连接器（MU - B 系列）以及用于连接 LD/PD 模块与插头的简化插座（MU - SR 系列）等。随着光纤网络向更大带宽更大容量方向的迅速发展和 DWDM（全光网络）技术的广泛应用，对 MU 型连接器的需求也将迅速增长。

光纤连接器在使用中首先要考虑的就是光学性能，此外还要考虑光纤连接器在结构上的互换性、重复性、抗拉强度、温度和插拔次数等。

（1）光学性能。对于光纤连接器的光性能方面的要求，主要是插入损耗和回波损耗这两个最基本的参数。插入损耗（Insertion Loss）即连接损耗，是指因连接器的导入而引起的链路有效光功率的损耗。插入损耗越小越好，一般要求应不大于 0.5 dB。回波损耗（Return Loss，Reflection Loss）是指连接器对链路光功率反射的抑制能力，其典型值应不小于 25 dB。实际应用的连接器，插针表面经过了专门的抛光处理，可以使回波损耗更大，一般不低于 45 dB。

（2）互换性、重复性。光纤连接器是通用的无源器件，对于同一类型的光纤连接器，一般都可以任意组合使用、并可以重复多次使用，由此而导入的附加损耗一般都在小于 0.2 dB 的范围内。

（3）抗拉强度。对于做好的光纤连接器，一般要求其抗拉强度应不低于 90 N。

（4）温度。一般要求，光纤连接器必须在 -40℃～+70℃ 的温度下能够正常使用。

（5）插拔次数。目前使用的光纤连接器一般都可以插拔 1000 次以上。

随着光通信的快速发展，将光电模组和连接器做成一体的方案越来越受到各个领域的重视。随之形成了军用模式和民用模式。军用模式是在现有各种加固型连接器的基础上，将激光器部件、探测器部件、驱动放大芯片等集成在连接器腔体内，从而实现最优的传输组合——电连接器的快速插拔互连、易于维护和光通信的高集成度、高速率和高带宽优势互补，形成军用加固式有源连接器。民用模式是在现有光模块的基础上，将光纤耦合在光模块尾部，实现一体化和并行化，实现在一个插口上实现多路高速信号的传输，形成有源光缆。

光电有源连接器（如图 3.35 所示）是内置光电转换模组的连接器，它是一种需要外部提供电源，在连接器内部实现光电转换的，由连接器壳体、光电转换模组、光接触件、电接触件及连接光缆等组成的"连接器复合体"。将光电转换器件置于内部，在设备印制板组件的情况下，达到光纤传输，方便用户使用。同时，基于连接器可更换的优点，可以快速方便提供系统的平滑升级。

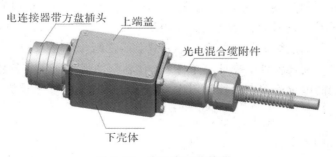

图 3.35　光电有源连接器

3）电源互连设计

有源子阵的电源连接最显著的特点是大电流低电压，电压为 30 V、28 V、8.5 V 和 5 V 等多种，而一个有源子阵的用电量约为 40 A～100 A 左右，同时，电源连接器形式的选择也要考虑有源子阵内不同位置的安装结构特点。典型的电源连接器如图 3.36 所示。

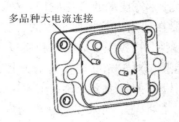

图 3.36　典型的电源连接器

有源子阵内使用的电源连接器的模块主要有 T/R 组件、子阵驱动等功能模块、二次电源模块、二次电源分配网络以及子阵和阵面互连的电源连接器。

按使用功能分，内部模块电流较小，一般使用传输小电流的多芯连接器进行电流分配和传输，电流和信号共用同品种连接器。而子阵对外的电源连接一般使用大电流电源连接器，或者使用信号传输和大电流传输的混装连接器。

按连接结构形式分，子阵内的电源连接可分为板间直接互连、电缆组件连接和汇流条电流分配网络连接。

模块内印制板之间的信号和电流互连尽量采用板间直接互连，提高集成度，节约走线空间，但由于有些功能模块的安装空间为立体三维空间，无法直接互连，往往采用超柔电缆进行互连。通常混装连接器上的信号端子占多数，电源端子则占少数，信号端子为低电流端子，电源端子为高电流端子。至于单纯的电源连接器，端子皆为高电流端子。

电源连接器的选用原则有两个主要因素：额定电流和电源品种。额定电流是指连接器在额定电压下工作、持续发热时允许温度条件下所通过的最大电流。众所周知，影响连接器的升温的因素，包括接触电阻、电流量及散热渠道。在实际应用时，公针母端子是安装在外壳内的，散热渠道不畅。再加上一般同时使用多个接触对，更不能以额定电流峰值设置为连接器的工作电流。从装配角度来探讨，电路板装配的方法有压接、表贴或焊接；电缆装配的方法则有螺钉连接、焊接、绕线、碾接及 IDC（通称为刺破连接或绝缘位移连接）。要选择合适的连接器，不仅要考虑连接器的价格，更为重要的因素是合适的装配技术。焊接连接器比表贴及压接连接器便宜，因为不需耐高温塑料外壳，也不需引脚有特别的压接区。

为了让电源连接器能够提供更高的额定电流，各连接器厂商们不停在改善电源连接器的设计，包括选用导电性能更强的新铜合金基材料、创新母端子及公针触点的设计及提升连接器的散热性能。配合各种工作环境条件，连接器厂商们也研发了各种适合高振动系统、防尘防水、带锁扣的电源连接器供特殊用途，甚至有不同颜色意味着机械上不同编码的连接器，以防操作人员误插。

3.4.3　供液互连设计

由于阵面集成度非常高和满足子阵快速插拔维护需求，有源子阵的液冷供液连接采用快速盲插连接结构。为防止快速接头插拔时液滴流至电连接器或电子设备上，损坏设备，选用盲插型快速自密封接头，其快速接头在插拔过程中液滴量非常少，而且快速接头具有较大的浮动量，达 0.5 mm。

盲插水接头在基体上的安装，需要满足一定的安装精度以保证一定浮动量下的盲插精度需求。一般进出水接头为一组，两端的水接头分别安装在进出水道的基体上。模块的水接头盲插需要在定位销的高精度导向下进行，定位销在基体上的相对精度一般保证在 ±0.03 mm，水接头的安装孔相对精度为 ±0.05 mm，除安装的相对精度外，水接头的安装孔和安装面需要保证一定的同轴度、垂直度和平面度要求。图 3.37 为自密封水接头的典型应用，其浮动量为 0.5 mm。

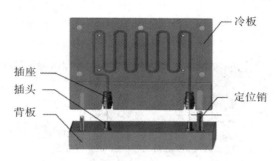

图 3.37　自密封水接头的典型应用

图 3.38 为盲插水接头的典型安装要求。盲插水接头的使用有以下严格的规范：

（1）保证整个流道洁净度，流体回路的洁净度要求微粒小于 100 μm。液冷系统中不允许含有任何铝屑等杂质，如存在加工铝屑等杂质，铝屑流经盲插接头时，可能划伤或切断密封圈。

（2）导向销的设计应尽量靠近接头，并保证误差小于浮动量。若接头定位精度不满足要求会导致接头拔插过程中偏移过量，损坏密封圈，导致水接头漏水。接头定位精度要求主要包括两部分：一是导向销、孔配合公差；二是孔位加工误差。

（3）插头安装座的 60°倒角一定要倒到位，同时在安装插头的过程中最好在密封圈表面涂一层专用润滑脂 G10 或者直接使用冷却液进行润滑，防止密封圈被切破，影响密封效果。

（4）接头安装时使用扭力扳手，防止用力过渡导致接头变形。

（5）带压连接时，插头和插座两端间的压力差不高于 1.5 bar。

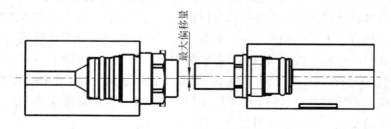

图 3.38　盲插水接头的典型安装要求

有源子阵和阵面连接的供液接头，如果出现漏液则大大影响了阵面的可靠性，因此，漏液的监测和检测必不可少。有源子阵内的数字接收板上集成漏液检测功能的电路，采集到漏液信息后将 BITE 打包后通过光纤送到后端显示处理，同时可以送出保护波门给射频前端关断射频电路。

3.4.4 多品种混合电连接设计

有源子阵在对外的高低频信号、电源、冷却水连接一般采用多品种连接端面的互连方式，在结构设计中采用混装模块连接器或者在同一结构面上安装不同品种的独立连接器两种方式。采用多品种混合电连接器（如图 3.39 所示）可以较容易地保证模块内所有品种连接器的对接精度，安装方便。但由于有源阵面的高集成，对接界面需要根据阵面的集成需求在确定接口形式，结构设计中往往将不同品种的连接器根据需求安装在同一面板上的不同位置且间距远、不规则，因而不能选用混装模块，只能采用第二种方式。这就要求保证每个独立连接器的对接精度，结构设计中常采用连接器独立浮动连接方法，降低加工安装精度要求。

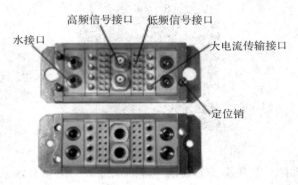

图 3.39　多品种混合电连接器

一般高频信号连接器浮动连接，主要利用连接器自身浮动性能（如 BMA 等）或者连接点浮动套结构，而低频型号因为连接芯轴自身无法实现浮动，在结构上主要采用连接点的浮动套结构。浮动连接结构主要功能是释放在 X 和 Y 方向上的连接误差，保证信号可靠传输。水接头本身也具有一定范围的浮动性。

3.5　电磁屏蔽设计

有源子阵将射频高功率、高速数字、电源大电流等多个电路集中于小空间内，存在大小信号之间、高低频信号之间、数字信号与模拟信号之间、信号与电源之间的相互干扰；另外，也会受到其他有源电路的相互干扰，因此，必须充分考虑电磁兼容问题。

对于结构设计，电磁屏蔽是关键。有源子阵中易产生干扰的源必须用屏蔽体进行屏蔽，这些干扰源可能是元件、电路、组件、模块等，对干扰敏感的元件、组件、模块等也必须进行屏蔽。单层屏蔽不能满足要求的，应采取多层屏蔽，各层屏蔽之间除单元点连接外，其余要绝缘。对较大的变频磁场，则采用复合屏蔽。

强干扰源和敏感电路部分，要远离且采取屏蔽措施。大功率电路、接收机前端、高中频电路要加屏蔽罩。对高稳定晶振电路、激励源、本振源，必须有屏蔽。

根据电磁干扰特性选择屏蔽材料，低频磁场干扰应选用高导磁率的金属材料（防止磁饱和），射频电磁干扰应选用高导电率、高导磁率的金属材料。在一定频率范围内，若几种材料的屏蔽效能相差不远，则应考虑材料的延伸率、导电率、可焊性和可电镀性等因素。

屏蔽层不能用作信号回流电路（射频同轴电缆例外），所有屏蔽层都应该以低阻抗通路接地，所有屏蔽电缆的屏蔽层都应端接在带有抑制电磁干扰/射频干扰后罩的连接器内部以形成屏蔽层外围的搭接。

要求所有连接器壳体与线缆的外屏蔽层实现完整的 360°电气连接，所有连接器的外壳表面不能有绝缘涂层，该外壳通过与之配对的连接器及设备底板实现可靠的搭接和接地。所有供测试用的插座，在未使用时，必须盖上有防辐射功能的盖帽。面板插座要通过导电衬垫用紧固件压紧在经过清理的安装面上，所有连接器的搭接直流电阻不应超过 2.5 MΩ。电源变压器用高导磁材料进行静电屏蔽（避免磁饱和）且绕组的轴线不能与底板平行。

以子阵内综合网络的电磁兼容设计为例。

1）地线的设计

综合网络中的地线主要包括电源地、射频地、信号地。设计中射频地与壳体（含射频连接器的外壳）应进行大面积良好接触，以保证良好的电性能。电源地为独立的地线，通常与电源线并排或双绞，设计中不得与其他信号连接。在综合板中大电流的电源地通常为整层设计，当电流较大时，电源与电源地均采用加厚覆铜的方式。信号地指的是数字信号地，相对于波控信号的产生，为了保证良好的信号完整性，信号地同样为独立的地线，不能与射频壳体相连，更不可与电源地相连。

2）射频网络隔离的设计

在整个天线阵面系统中，独立的网络之间的射频隔离通常为 80 dB～120 dB 范围，当采用综合网络设计时，由于综合层中集成了多套网络，通常情况下两套非相关网络之间的隔离度应大于 50 dB（含耦合电路的除外），如系统对网络隔离有特殊要求时，另当别论。

网络与外界隔离：设计时，综合网络的射频输入/输出端面必须增加金属外壳进行屏蔽（裸露的连接器表面极易受到外界信号的干扰），侧壁在不能增加外壳的情况下，必须在综合网络的四周设计足够的金属化通孔或侧壁金属化用于电磁屏蔽。隔离结构如图 3.40 所示。

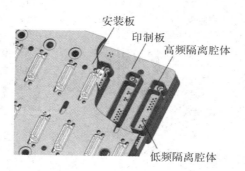

图 3.40　隔离结构

印制板表层隔离设计：综合网络的 Top 层和 Bottom 层应尽可能大面积铺地（如有表面器件时除外），且上下两层必须相接，如有条件该地层尽可能与壳体相接。

内层设计：综合网络中内部网络走线四周尽可能进行屏蔽，可以采用通孔、盲孔或埋孔形式,内部电源层与电源地层的四周不得与整个网络的四周齐平,应小于综合网络的外形(包括开孔)。

3.6 子阵骨架设计

子阵骨架设计是有源子阵结构设计的关键,子阵骨架为有源子阵提供了安装空间和支撑,也为有源子阵中大量热量提供了疏散通道。有源子阵内部模块众多,互连关系复杂,散热要求不同,均需要通过子阵骨架来安装定位并冷却。同时子阵在阵面中的安装定位也依赖子阵骨架,因此子阵骨架是高精度的复杂结构件。

常见的子阵骨架为含冷却水道立体结构,选用铝合金材料。与子阵形式对应,子阵骨架结构也有三种典型形式:砖式子阵骨架一般采用多层冷板并联成方块结构,如图3.41所示;刀片式子阵骨架采用单层冷板的板式结构,如图3.42所示;而瓦片式子阵骨架一般采用多层高效导热的叠层结构,如图3.43所示。

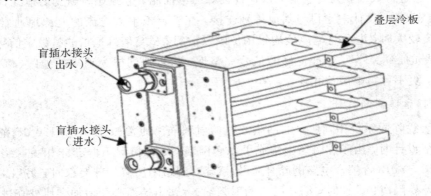

图 3.41　砖式子阵骨架结构

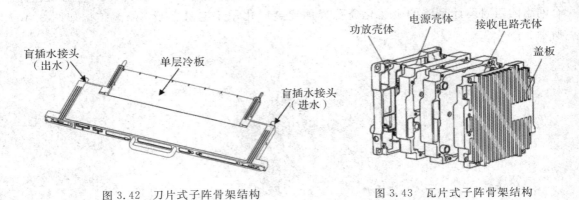

图 3.42　刀片式子阵骨架结构　　　　图 3.43　瓦片式子阵骨架结构

3.7 有源子阵的发展趋势

正如第2章所述,有源相控阵天线的发展趋势是轻薄化,尤其在机载、星载和弹载领域有强烈的需求,通过共形相控阵天线实现"智能蒙皮"是未来雷达的一个发展趋势,而满足这些需求的基础是轻薄化的片式子阵。限于技术发展水平，目前的片式子阵还不成熟，功能较少，性能不高，体积也不够小。而现代军事技术的快速发展，要求新一代雷达多功能综合一体化，进而要求有源子阵具有更多的功能，更高的性能，使得有源子阵成了一个复杂的小系统。同时，为降低费用、控制成本，必须显著的减少制造和装配工序，显著的减少所使用的元器件数量。因此，必须采用更先进的高度集成技术，向微系统方向发展。

3.7.1　微系统技术

1. 微系统的定义

国际电工技术委员会（IEC）对微系统（MST）的定义如下：MST 是以微/纳米量级内的设计和制造技术为基础，集成了微电子、光电子/光子、MEMS/NEMS 等多种器件，适合以低成本和大批量生产的微小型化系统。

微系统集传感、变换、计算和执行于一体，将物理、化学或生物信号通过传感器转换为电信号，经过模拟或数字的信号处理后，由微执行器完成相应操作。美国的国防先进研究计划局（DARPA）提出的微系统组成及其内涵如图 3.44 所示。

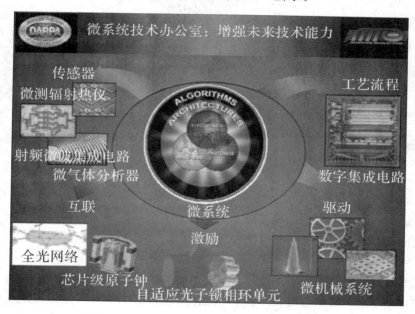

图 3.44　DARPA 提出的微系统组成及其内涵

微系统技术是以微电子器件、光电子/光子器件和 MEMS/NEMS 器件为基础的综合系统集成技术，是军事电子技术创新的引擎。目前，微系统业已形成支撑电子信息装备在传感、通信、执行、处理以及电源管理等方面能力变革的技术平台，同时也是当前电子信息技术研究最关键的核心之一。DARPA 将集成微系统列为国防科技计划的重点领域，把它作为一类重要的武器系统加速推进发展，并为此设立了专门的微系统技术办公室（MTO）来统一规划。因而，集成微系统作为现代信息技术发展的前沿核心技术，对相控阵雷达这样的复杂电子装备系统发展与更新有着重要的推进作用。

特别地，集成微系统对于数字阵列雷达有着重要意义。数字阵列雷达是收发均采用数字波束形成技术的雷达，其收发均没有波束形成网络和移相器，系统组成简单，具有很高的重构性。从未来技术发展趋势看，数字阵列最终将划分为两部分：一是数字计算机处理部分，也就是通用数字信号处理机；二是有源子阵，集成了收发组件和阵列单元的高度集成微波子系统。利用微系统技术，可以极大地提高有源子阵的集成度，从而实现天线阵面的小型化、轻型化。

2. 有源子阵微系统

有源子阵的主体通常由大量 T/R 通道组成，T/R 通道通常包括收发开关、移相、衰减、低噪声放大、驱动放大、功率放大、限幅等射频功能，同时还需要有与射频功能相对应的各种调制、波控功能、电源管理等功能，收发通道的射频信号最终还需要经过混频、滤波、数字采用、数字处理，转化成输送给雷达信号处理终端进行运算的数字信号。根据这些功能，可以规划出三维集成的 T/R 微系统的概念示意图，如图 3.45 所示。

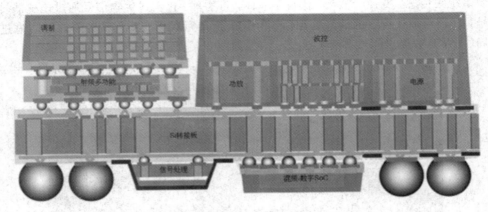

图 3.45　T/R 微系统的概念示意图

但这样的 T/R 微系统只能包括单个通道。通常雷达阵面根据其实际需求，每个通道的二维尺寸及通道与通道之间的间距是限定的。当工作频率达到 X 波段及以上时，要实现阵面的微型轻薄化不但需要各个有源模块实现微型化，还需要大幅提高射频网络、电源网络、波控网络、热管理网络等的集成密度，其加工精度也将达到微米量级，并且能与各种微型化器件进行微米级精度的集成，在二维空间上需要可扩展为集成几十甚至几百通道，成为即全面采用微纳加工与微纳集成技术，又在二维尺度上超过通常 Si 基微系统尺寸极限的有源子阵微系统。

从直观上可以认为有源子阵微系统是 T/R 微系统在二维方向上扩展成很多个 T/R 通道而成，其概念如图 3.46 所示。但由于大量功能网络的加入，实际情况要复杂得多。有源子阵微系统全面采用三维集成技术与微纳加工技术，可作为三维集成微系统概念在雷达阵面领域的拓展。

图 3.46　有源子阵微系统概念示意图

有源子阵微系统是一种高功率的射频微系统,其总的输出功率可以达到数百瓦以上,对微系统的高效散热带来极大挑战。

通常有源子阵根据其实际需求,每个通道的二维尺寸及通道与通道之间的间距是限定的。当工作频率达到 X 波段及以上时,要实现子阵的微型轻薄化不但需要各个有源分系统实现微型化,还需要射频网络、电源网络、波控网络、热管理网络等都采用微纳加工技术实现微型化,并且能与各种微型化器件进行微米级精度的集成,在二维空间上需要可扩展为集成几十甚至几百通道,成为即全面采用微纳加工与微纳集成技术,又在二维尺度上超过通常 Si 基微系统尺寸极限的有源子阵微系统。

有源子阵微系统内部需集成复杂的热管理网络、微波网络、电源网络、低频信号网络与储能网络,其结构如图 3.47 所示。在有源系统的一面需集成混频、滤波、放大、数字采样、数字信号处理等功能,并实现与雷达后端设备间的简洁接口;在有源系统的另一面需集成微波电路、调制电路、波控电路、DC - DC 电路等功能,并集成薄型天线或实现与天线间的机电热接口。

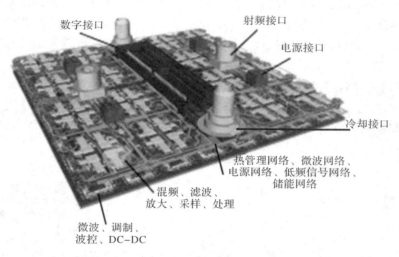

图 3.47　有源子阵微系统结构示意图

3.7.2　有源子阵微系统结构设计

结构集成与封装是实现微系统产品工程化的关键因素。如果结构集成不到位,微型化的大部分优点就难以实现。实现异类芯片三维垂直集成结构是集成微系统的技术核心,其技术内涵是要采用正确对路的工艺技术途径和先进的功能材料,直接制造出包含有不同类型的器件、电路的微系统结构,以优异的电性能和可靠性完成复杂的功能。下面介绍一种典型的有源子阵微系统结构。

图 3.48 是一种 8 通道有源子阵微系统。它由微波子系统、电源模块、光电转换模块、辐射单元构成。考虑到有源子阵的具体工程需要(如辐射单元间距、制造经济性等),将有源子阵中的电源模块(DC - DC)和光电转换模块单独封装。微波子系统和电源模块采用 MCM - V 的技术实现三维堆叠,PCB 基板中预埋汇流条并包含三个模块之间的互连走线。光模块负责光电转换和对外信号交互,实现雷达阵面的全光传输。PCB 板下方为铜基板支

撑，中间有流道对器件进行冷却；铜基板另外一面为贴片辐射单元。为了提高天线增益，在单元和铜基板之间安装低介电常数泡沫。整个有源子阵的厚度不超过 10 mm。

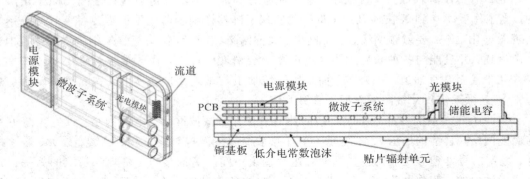

图 3.48 8 通道有源子阵微系统

图 3.49(a)是有源子阵的微波子系统结构示意图。考虑到数字处理芯片是硅基，而射频放大器一般是基于Ⅲ/Ⅴ族半导体技术，因此结构由两大部分组成：通过 TSV 集成的数字芯片和基于 AlN 基板的射频前端。两者通过 MCM－V(多芯片组垂直组装)的方式叠层互连。发射(PA)和接受放大器(LNA)分别贴在 AlN 基板的两面，实现大、小信号的隔离。功放层安装在封装底部，热量可以直接由 PCB 基板带走，如图 3.49(b)所示，其中，射频MEMS 开关用来切换通道的收发。而 TSV 集成的三维芯片则需要在芯片上开出微流道，进(出)液口和顶层的平板式热管互连，利用热管毛细力驱动将热量带走。

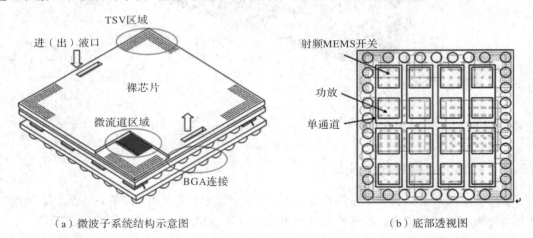

(a)微波子系统结构示意图   (b)底部透视图

图 3.49 有源子阵的微波子系统

图 3.50 是微波子系统的三维封装堆叠互连示意图。TSV 堆叠芯片包含三层：最底层是基于高阻硅技术的 IPD(集成无源器件)层，包含有滤波电容、功分器、LC 滤波器等无源器件。两片四通道的 RFIC 安装在 IPD 层的底面，与 AlN 层上的低噪声放大器并排共用一层空间。DDS、ADC、数字信号处理专用芯片(ASIC)分别叠放在 IPD 层的上方，用硅通孔互连，共同构成微系统的数字处理部分。高阻硅衬底不仅是集成无源器件层，也是三维封装与射频前端互连的硅中介层(Silicon Interposer)。

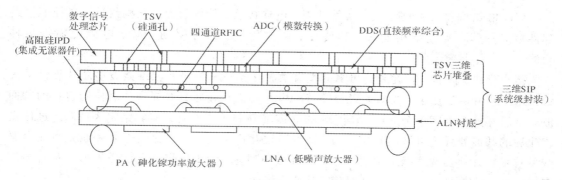

图 3.50　三维封装堆叠互连示意图

电子封装结构设计重点之一是保障芯片在各种预设的热-机械载荷下能够正常可靠工作。对于微系统而言，由于大量采用了诸如 TSV、BGA 这样的高密度垂直互连手段，互连结构中材料间热失配应力以及工艺过程累计的残余应力使得热机械可靠性成为影响系统可靠性的主要因素。以 TSV 方法为例，由于铜引线引起的热应力会引起半导体器件载流子的迁移率显著改变，进而影响器件性能。根据相关文献，100 MPa 的应力可使 MOSFET 中载流子的迁移率改变 7%；而较大的 TSV 可能会产生 1 GPa 量级的热应力。目前通常应用的解决方案是在 TSV 周围划分一定面积的保留区域（KOZ，Keep-off-zone）。在保留区域设计时，需要用有限元仿真（如图 3.51 所示），计算 TSV 周围应力和相应的载流子迁移率改变的幅度，从而在 TSV 区域附近预留一定的空间，不设计对应力敏感的器件，以此规避热应力的负面影响。

利用 KOZ 可以有效防止 TSV 对有源区的影响，但是会浪费宝贵的衬底面积，降低微系统集成度。因而有人提出一种应力释放槽的解决思路：应力释放槽是一种环绕 TSV 的槽型微结构，由于该槽的存在，从空间上隔离了 TSV 和有源区在表面热应力上的直接联系，使得应力释放槽外硅表面的热应力相对较小且变化片平缓，如图 3.52 所示。由于仅占用一个较小的环形区域，同常规 KOZ 相比，有望节省更多的空间用于器件布置。

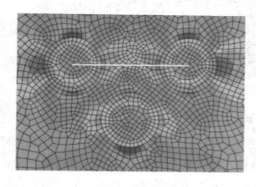

图 3.51　TSV 热应力的有限元仿真

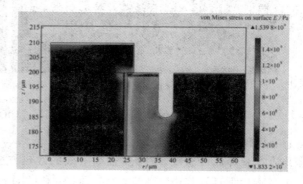

图 3.52　应力释放槽的作用

随着有源子阵微系统的发展，有源子阵的微结构设计大量采用了多功能件和超微空间的互连结构，其结构设计以微电子技术、超大规模的集成电路、高密度互连（HDI）、表面安装技术（SMT）、微波板层压技术等方面的发展。

多功能结构将各类网络、支架及外壳、电连接器、传输链路、结构封装、热控等辅助部件集成一体，实现结构安装、热传导、微波传输、信号驱动传输、电源传输等多种功能。

微小型化、低插入损耗和高可靠的垂直微波互连技术是研制三维微波多芯片组件的关键技术。采用共面波导形式的毛纽扣(Fuzz Button)无焊接垂直互连和环氧树脂包封的共面波导垂直互连实现了多个二维 MMCM 的立体堆叠和垂直互连。实验结果表明：经过仿真优化后的共面波导垂直微波互连结构、垂直微波互连工艺、气密封装工艺和激光直接电路成型技术较好地实现了三维微波多芯片组件微小型化、大工作带宽和低插入损耗垂直微波互连，在三维微波多芯片组件中具有广泛的应用前景。

3.7.3　有源子阵微系统热设计

有源子阵微系统中包含多种异质芯片，较高的集成度令单位体积的热耗远大于普通封装。同时，三维堆叠的结构形式也减小了封装的对外热交换的面积，容易带来热失效的问题。因此，微系统的散热设计是实现其工程化应用的关键技术。下面就介绍几种常见的微系统散热设计。

利用深硅刻蚀等方法可以在硅衬底上制作出大高宽比的微槽道，由于微槽道的毛细作用，刻蚀出多条槽道的整个硅衬底即可作为平板式热管使用，如图 3.53(a)所示。这种平板式热管可以快速地将集热区域的热量带走，防止形成区域热斑。如果硅衬底面积太小而封装发热量太大，则可以将微槽道与外部的平板型换热器相连，通过多一级的流体交换来提高冷却效率，如图 3.53(b)所示。

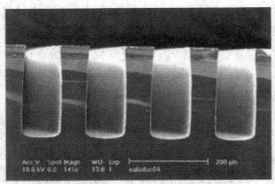 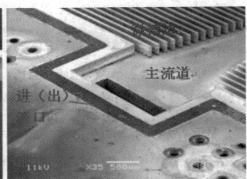

（a）深离子刻蚀的硅基微槽道　　　　（b）外接散热器的集成硅热管

图 3.53　微槽道散热

微槽道形成的平板热管原则上只能在一到二个平面内形成，因为流道的垂直互连会提升成本和降低可靠性。因此，需要有效的散热方法将三维封装夹心层（中间层）的热量带走。在多芯片垂直互连中，微凸点（或 BGA）和硅通孔是最常使用的技术，如图 3.54 所示。因此，可以在互连通孔中划出专门的区域作为散热通孔使用，从而将中间层芯片的热量带走。用互连线或地层对器件进行散热在传统的 PCB 中已有应用，利用有限元仿真方法可以设计出合理的散热路径和布局。

(a) 利用TSV技术制作的铜凸点

(b) 与铜凸点互连的焊盘

图 3.54　微凸点散热

此外，利用微加工方法将温差电材料和芯片集成，形成温差电微制冷器阵列，也是微系统冷却的一种方法。热电材料利用 P 型半导体和 N 型半导体之间的温差电动势进行制冷，如图 3.55(a)所示。在芯片衬底上沉积热电材料薄膜，即可形成热电回路对芯片进行冷却，如图 3.55(b)所示。

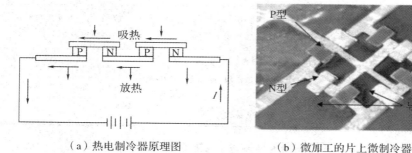

（a）热电制冷器原理图　　　　　（b）微加工的片上微制冷器

图 3.55　热电微制冷器

3.7.4　有源子阵微系统集成工艺

有源子阵微系统集成工艺技术开发包括微纳基板加工工艺、系统级三维微纳集成工艺、微尺度高效热管理结构制作工艺等三个方面，这里做简单介绍，关于微机械加工和 3D 封装技术详细介绍见第 10 章。

1. 微纳基板加工工艺

有源子阵微系统中需要集成微波网络、电源网络、低频信号网络与储能网络等无源功分网络，这些网络的集成极其复杂，尤其是同时还要与高热管理网络进行综合一体化三维集成。这就需要内部集成各种网络并且作为与有源电路间三维集成基础的无源基板的加工精度达到微纳尺度，也就是实现微纳基板工艺。

在已知的民品技术中，最典型的微纳基板是 Si 基无源转接板，这是一种综合 Si 芯片工艺、MEMS 工艺与微组装工艺发展而来的新型工艺技术，目前国内主要的封装厂商和部分半导体代工厂都在进行 Si 基无源转接板技术的研发。典型的 Si 基 3D 集成技术与 Si 基无源转接板如图 3.56 所示。

	3D圆片级密封式	3D硅通孔叠层式	3D内置架式
			 基层上安装硅/玻璃
LED	用于恶劣环境的小型和高可靠模块		通过高的热传导模块来提高性能
CIS	薄封装,无缺陷 & 低成本腔体。可以到达背面的电接触点	数字信号处理器和内存封装在传感元件的背面	
MEMS	RF-MEMS, MOEMS:低成本下实现小腔体封装。可以叠层特定用途集成电路		通过 MEMS+ASIC 实现低成本和小封装
RF-SiP	PA 模块:小体积封装和高射频性能		备用服务器+接收机+MEMS+天线+…各种模块的合成
Memories		DRAM:较短的连接链路(宽带)+高集成度	应用 SSD 插拔技术实现内存条的叠层封装
Logic 3D SOC/SiP		3D-SoCs:实现低成本隔离模拟模块/操作系统/内存 Muti-core CPU:具备处理大数据的能力	"同伴"芯片来搭接 CMOS 至 PCB 间的模块热管理模块

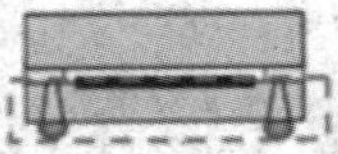

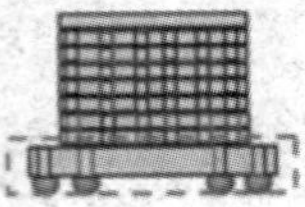

图 3.56　Si 基 3D 集成技术与 Si 基无源转接板(虚线框中所示)

除 Si 基无源转接板外,一些从传统微组装相关的有机基板技术及陶瓷基板技术发展而来的新型基板材料技术与新型基板工艺技术也使得基板加工工艺精度达到微米量级,在线条宽度、图形精度等关键指标上已经与 Si 基无源转接板相当。而这些新型基板在机械强度方面与传统基板材料相当,远强于 Si 基无源转接板。因此,对于在与阵面孔径平行的二维方向上有可扩展要求的有源子阵微系统,这些新型微纳基板技术有着很强的吸引力。

实际上,考虑到未来市场的多元化,民品封装厂商也是在同时进行 Si 基无源转接板技术和新型微纳基板技术的开发。这与有源阵面微系统发展需求的方向是一致的,但在具体的工艺实现上存在差异。

2. 系统级三维微纳集成工艺

系统级三维微纳集成技术是对已知的三维集成技术的全面扩展,也是实现有源阵面微系统的基本需求。

综合应用的 3D 圆片级密封、3D 通孔芯片堆叠、3D 内置架互连以及基于新型微纳基板的埋入式封装和微纳尺度微组装等工艺技术,通过全面的技术整合,开发出完善的系统级三维微纳集成工艺技术。具体的工艺,需要按照不同的系统架构分别进行技术攻关。

除功分网络及有源电路外，在有源阵面微系统中还有大量的连接接口，不同的接口有不同的工艺，而将这些接口工艺整合在一起也是很有挑战的。有源阵面微系统内部的接口一般是微纳尺度的，属于微纳集成技术的一部分。而由于有源阵面微系统在与阵面孔径平行的二维尺度上已经超出了晶圆尺度，对于外部接口而言，典型的三维集成接口已不实用，需要集成微型化的其他接口方式，如盲插阵列接口、毛纽扣阵列接口等。

3. 微尺度高效热管理结构制作工艺

发射功率是有源阵面的关键指标，而高效热管理网络则是保障有源阵面微系统高发射功率的关键。需要对高效热管理网络的制作工艺与在系统中的集成工艺进行研究。主要分为高导热材料应用和微通道加工互连工艺两个方面，图 3.57 为高导热材料与芯片复合示意图。

高导热材料
热过孔

微通道

图 3.57　高导热材料与芯片复合示意图

1) 有源子阵微系统高导热材料应用

3D 封装微系统组装密度高，发热密度远高于现有系统，目前产品中采用的导热材料已经不能满足散热需求，需开展新型高导热材料应用研究，解决高导热材料工程应用问题，才能实现 3D 微系统热控，具体工艺需求是：炭基高导热材料封装工艺；高导热材料（金刚石/铜、碳基材料等）与芯片基板复合工艺，解决热膨胀匹配、强度、接触热阻等问题。

2) 微通道加工、互连工艺

在热流密度较高的 3D 封装组件中，仅靠高效热传导不能实现热控，需在 3D 封装结构骨架、LTCC 板或芯片基板内加工微通道（如图 3.58 所示），采用液冷、微射流或相变冷却实现组件热控，具体工艺需求是：50 mm～200 mm 微通道加工工艺、MEMS 工艺、微通道互连工艺和微型相变传热元件制作工艺。

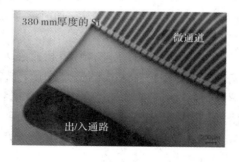

380 mm厚度的Si

微通道

出/入通路

图 3.58　芯片基板内加工微通道示意图

第4章 造型设计

在有源相控阵天线的发展过程中，技术层面不断突破，在规模、集成度、精确性方面都有了极大的提高。同时，相控阵天线也从初期的性能为主，逐渐发展到越来越重视造型设计，将功能结构与形式美感、人机工程、人性化设计结合起来，从而不断提升相控阵天线产品的品质和形象。但是在相控阵天线的造型设计与实施过程中，逐渐浮现出下述一些问题。

（1）产品缺乏美感。产品的结构设计直接基于雷达功能和结构的要求，仅仅满足了产品功能上的使用、检测和维修，缺乏设计美感，工程感强烈，较为琐碎凌乱。

（2）造型缺乏整体感。在产品设计中，各个组成部分的独立设计，造成风格上的不统一，导致产品的各部件形态之间缺少统一；产品开发周期较长，后期增加的结构部分与前期设计无法相互融合，导致结构部件风格不一致，较为零散，缺少整体感。

（3）产品间缺乏系列感。产品形象没有顶层规划，产品形态由主要由结构形式及设计师喜好所定，较为随意，缺乏相同的设计要素，产品风格难以统一。

（4）欠缺细节精致度。远距离时，影响整机形象的主要因素是整体的造型风格。近距离时，产品的设计细节及工艺质量，如未经处理的焊缝、凹凸不平的油漆表面、铭牌上形式不同、凌乱的电缆走线等都直接影响到产品形象。

针对以上问题，并不能单纯依靠以往结构设计方法来解决，而需要一个作为外观与造型设计指导方向的理念与具体应该遵循的方法。由此，产生了有源相控阵天线形象设计的概念。

4.1 天线阵面造型概念

工业设计是指综合社会、人文、经济、技术、艺术、生理以及心理等各种因素，纳入工业化批量生产的轨道，对产品进行规划的技术。或者说设计是为某种目的、功能，汇集各部分要素，并做整体效果考虑的一种创造性行为。在解决实际问题时，设计会在感性与理性、具象与抽象、艺术与技术、形式与功能之间寻求平衡，使科学与艺术有机地结合起来，创造设计文化与价值。

天线阵面造型设计属于工业设计领域的范畴。所谓相控阵天线造型，是指相控阵天线的实体形态，是其外在的表现形式。相控阵天线的造型设计，必须在保证能够实现功能要求的前提下，应用设计美学原则，并结合人机工学的理论、数据和宜人性等要求，合理和恰当地美化。使得天线在使用过程中，创造出满足整体知觉的产品。同时，相控阵天线造型设计可以增强企业产品的市场竞争力，提升产品的品牌形象，满足人们的知觉愉悦性，也是体现产品的精神功能的重要因素。

相控阵天线集成度高、设备量大，阵列单元排列规则、有序。造型设计首先通过分析相控阵天线分类与特点,对相控阵天线造型提出总体思路与关键点。在详细设计阶段,从造型到结构设计迭代调整、到局部更改与细节设计,通过相控阵天线造型设计方法的运用,不断完善相控阵天线造型。

4.1.1 天线阵面造型特点

天线阵面的结构特点通常表现为稳定、中心对称、形态为面或者较薄体块的特征。从阵面造型的角度看,因其安装平台不同而展现出不同的造型特点,基本可以分为固定式地面、机动式地面、舰载、机载和星载等几类,不同平台的相控阵天线有不同的造型设计方向。

固定式地面相控阵雷达是指将平台布局在地面的雷达系统,固定式地面相控阵天线服役期间不需要运输,不受空间限制,在外观上往往高达几十米甚至上百米,根据不同的阵元形式呈现出不同的造型特点。相似之处在于,因其尺寸较大,通常以体块作为元素进行造型设计,以块的分割、重复与组合为常见造型手法,在感觉或视觉上给人以厚实、坚实的心理感受。

图 4.1 为 AN FPS-108(Cobra Dane,丹麦眼镜蛇)相控阵天线。它是以体块的积聚作为设计依据的,主体为截面梯形的厚重楼形主体,辅以水平方向低水平线的墙体,形成大与小、垂直与水平的形态对比,创造了均衡且庄重的心理感受。

图 4.2 为可旋转远程预警雷达天线。该天线体积庞大,形态规则,厚实与充实感是基本的心理感受。楼层、单元的水平垂直均匀分割形成重心稳定、庄重均衡的视觉感受,均衡的浅色外观营造平滑、轻快的感觉,天线阵面规则圆形面型的布局与天线转台圆柱形的体块组合增加了体块的动势,产生明朗、悦目的形态视觉效果。

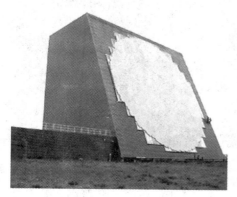

图 4.1 AN FPS-108 相控阵天线

图 4.2 可旋转远程预警雷达天线

机动式地面相控阵天线通常以车辆或者坦克作为平台载体,天线阵面大小受车辆运输条件限制,宽度方向需要通过折叠展开实现,厚度方向远远小于宽度与高度,形成面型的立体形态,阵元又往往构成点或线的形态元素,给人以轻盈、有韵律感的心理感受。图 4.3为洛克希德马丁公司设计的 TPS-77 雷达天线。它是典型的平面型的综合立体形态,通过折叠、切割、插接、支撑、围合等方式形成较为复杂的立体形态,营造了轻盈、均衡、有序的韵律美。

机动式相控阵天线阵面还常以体块构成的形式出现。根据各组成部分的不同功能,表现为不同形态的体块的积聚与组合。图 4.4 是雷神公司设计的 AN/TPY-2 雷达天线。它是典型的由体块构成的机动式雷达天线。通过带弧面的长方体与两侧三角形体块的对称组合，构架了一个中心对称、重心稳定的几何形体，给人带来坚固稳定、力量感与品质感和谐共存的心理感受。

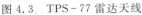

图 4.3　TPS-77 雷达天线　　　　　　图 4.4　AN/TPY-2 雷达天线

机载相控阵天线对天线阵面的重量要求非常严格，通常以面型作为造型的元素，具体体现在造型上的特点是轻、小、巧，即重量要轻，减轻飞机负载；体积要小，在天线口径固定的前提下，尽可能地减小厚度，缩小占用空间；设计要巧，通过集成一体化设计、合理的走线等方式实现功能与外观的协调。图 4.5 为 AN/APG-81 雷达天线。

图 4.5　AN/APG-81 雷达天线

舰载相控阵天线通常安装在航母、驱逐舰等大型船体上，如图 4.6 所示。由于不同频段的军事需求，往往在一个舰船上同时装有多种天线且相控阵天线常成组呈四面安装，以接收不同方向的信号。因此，舰载相控阵天线体现在造型上的特点是规整、厚度薄、集成度高，各种不同功能的天线之间有相似的造型语言。

星载相控阵天线（如图 4.7 所示）存在收拢和展开两种状态，最大的挑战是体积与重量。在其收拢时，要求能以最小的体积状态存在；当其进入太空，转为工作状态时，天线要以最大的面积展开，接收信号。常规设计都无法满足太空设备对体积和重量的要求。因此，星载相控阵天线的首要任务是研发新材料、新结构，以最薄、最轻的体积和重量，通过巧妙的折叠、包裹等方式，收纳最大面积的单元结构。其造型体现的是薄、轻以及特殊的材质感。

图 4.6　舰载相控阵天线

图 4.7　星载相控阵天线

4.1.2　天线阵面形象设计

产品形象是指产品在人们心目中印象的总和。产品形象在消费者心目中有着特殊的地位，能使消费者从产品功能和情感上获得对产品的认可。产品形象是为了实现企业的总体形象目标的细化，是以产品设计为核心而开展的系统形象设计。把产品作为载体，对产品的功能、结构、形态、色彩、材质、人机界面以及依附在产品上的标志、图形、文字等进行设计，使其能客观、准确地传达企业精神与企业理念。对产品的设计、开发、原理、功能、结构、构造、技术、材料、造型、加工工艺、生产设备、包装、运输、展示、营销手段、推广宣传、广告策略等进行一系列统一的策划、设计，形成统一的感官形象，也是产品内在的品质形象与产品外在的视觉形象和社会形象的形成统一性的结果。

1. 何为企业形象

企业形象包括视觉形象、理念形象和产品形象，通过三种形象的统一，传达企业的文化和价值观，对企业产生积极的评价。

产品形象是企业形象的重要组成部分，广义的产品形象指产品所展现的状态以及精神价值，包括视觉的、听觉的、接触的或使用以后产生的心理感受和印象等，狭义的产品形象指产品的外观形态，即视觉形象要素。

2. 产品视觉形象定位

天线阵面产品视觉形象举例如图 4.8 所示，其分为以下三个方面：

（1）时代感。采用规则的几何形态和细腻的细节设计，展示有源相控阵天线尖端和高科技的时代特点，体现出产品精益求精的品质感。

（2）整体感。将零散琐碎的结构单元进行整合设计，通过结构单元及形态要素的规律性组合，保证整体形象的简洁和统一。

（3）坚固感。通过硬朗的直线设计和具有视觉体量感的外观形态，展示硬朗稳健的风格形象，体现军事产品的稳定性和力量感。

图4.8　产品视觉形象举例

3. 产品族设计基因

根据视觉形象定位，通过将锐利、棱角分明的形态特征和具有一定"视觉体量感"、"厚重"的形态特征进行融合，衍生为带切角的直线形态作为产品族设计基因，如图4.9所示。将这一设计理念以不同的表现方式，贯穿应用到产品系列设计中，以形成产品族的系列化。

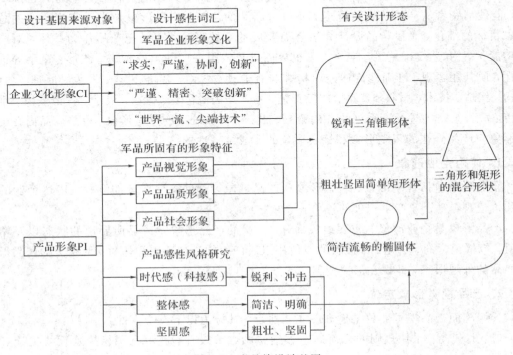

图4.9　产品族设计基因

4. 产品视觉层次

根据视觉形象定位，对产品整体外观进行规划，将产品划分为三个视觉层次：整体布局与形态层、线面体造型层和细节层。针对各层次设计的内容和特点进行设计，以体现出自有的产品形象特征。

（1）第一层次视觉印象——整体布局与形态。第一层次视觉印象是指观察者在较远距离对产品的初步视觉印象，如图 4.10 所示。产品整体布局与形态是产生这一初步视觉印象的基础。第一视觉印象主要展现产品整体的外观轮廓和设计风格。

图 4.10　第一层次视觉印象

图 4.11　第二层次视觉印象

（2）第二层次视觉印象——线、面、体。第二层次视觉印象是指观察者在较近处观察产品后产生的视觉印象，如图 4.11 所示。这一层次的外观设计是雷达设计的重点，可通过对各个结构单元的线、面、体的造型处理，完成对设计风格的详细诠释，充分体现产品的识别特点。

（3）第三层次视觉印象——点（细节）。第三层次视觉印象是指观察者对产品做仔细观察时产生的进一步深刻认识，如图 4.12 所示。通过对门锁、把手、铰链、铭牌、表面处理、走线等各细节要素的统一设计和工艺制作水平的展示，在提高设计整体性的同时，可充分体现产品精益求精的军品品质。

图 4.12　第三层次视觉印象

4.2　造　型　基　础

产品造型设计为实现企业产品形象识别设计的具体表现。通过造型、色彩、表面装饰和材料的运用而赋予产品新的形态和新的品质。从形态构成要素的角度来理解设计并遵循一定的造型原则，有助于我们设计出合理的符合审美的天线阵面造型。

4.2.1　形态构成要素

1. 点构成

点表示位置，它既无长度也无宽度，是最小的单位。在平面构成中，点只是一个相对的概念，它在对比中存在，通过比较而呈现。几何学中的点只有位置而无面积和外形，平面构成元素中的点既有位置也具有面的属性和外形的轮廓。

现实中的点是各种各样的。要将一个点表示出来就一定会有形状大小等外形特征，有圆点、椭圆点、方点、长方点、三角点、锯齿点、梯形点等。点还有集中视线，引起注意的功能，在造型活动中，常被用来作为强调和表现节奏。点是设计中最活跃的元素，也是最小最基本的单位，常常用在各类产品中。点在画面中的空间位置变化也会给人不同的心理感受。

（1）处于画面中心的点具有稳定与平和感，容易被注目，起强调作用，如图4.13所示。

图4.13　中心点

（2）点处于画面中间的偏下方，有下落感，如图4.14所示。

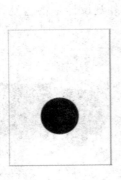

图4.14　中心偏下方的点

（3）若点处于画面的底边，则有上升之感，如图4.15所示。

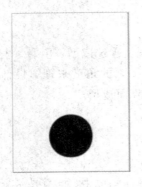

图4.15　底边点

（4）处于画面边缘的点有逃逸的倾向，容易被忽略，如图4.16所示。

图 4.16　边缘的点

（5）多个点容易分散视线，使画面效果不集中，如图 4.17 所示。

图 4.17　多个点

（6）由大到小排列的点能产生由强到弱的运动感，同时也会产生空间的深远感，能加强空间变化，如图 4.18 所示。

（7）多个点的近距离设置也会有线的感觉，如图 4.19 所示。

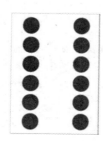

图 4.18　由大到小排列的点　　　　　　　图 4.19　多个近距离点

（8）多点的不同安置会相应地使人产生三角形、四边形、五边形等的感觉，如图 4.20 所示。

图 4.20　多个点的汇集

2. 线构成

线是点移动的轨迹。在数学概念中，线只有形态和位置，没有面积，但从平面构成来讲，线必须能够看得见，它既有长度，还有一定的宽度和厚度。线在空间里是具有长度和位置的细长物体，在设计中是不可缺少的元素。线的造型如图 4.21 所示。

根据线的不同形状可以把线分为直线和曲线两大类：直线包括水平线，垂直线、折线、交叉线、发射线和斜线；曲线包括弧线、抛物线、旋涡线、波浪线及自由曲线。各种线的形态不同，具有各自的特征。在造型活动中，线是最具活力和个性的要素，被广泛地用于表现形体结构以及各种字体设计中。

图 4.21　线的造型

3. 面构成

面是线的连续移动至终结而形成的。面有长度、宽度，没有厚度。平面构成中的面总是以形的特征出现，因此，人们总是把具体的面称为形。通常把这样的形分为四类：

（1）几何形：也可称为无机形，是可以重复构成的形，由直线、曲线或直曲线两者相结合形成的面。如正方形、三角形、梯形、菱形、圆形、五角形等，具有数理性的简洁、明快、冷静和秩序感，被广泛地运用在建筑、实用器物等造型设计中。图 4.22 是天线辐射单元阵列。其几何形态表现的是规则、平稳、较为理性的视觉效果。

（2）有机形：是一种不可用数学方法求得的有机体形态，富有自然法则，亦具有秩序感和规律性，具

图 4.22　天线辐射单元阵列

有生命的韵律和纯朴的视觉特征。例如，自然界的鹅卵石、枫树叶、生物细胞、瓜果以及人的眼睛等都是有机形。

图 4.23 为米波雷达天线。其基于低频段大间距、天线单元巨大的特点，阵元使用了曲线造型，接近蝴蝶翅膀形态的有机形，有机形的面有柔和、自然、抽象的形态。对雷达的轻体量感有更直观的感受，同时因接近翅膀的形态具有良好的受力平衡的特点，与之匹配的支架采用简约设计风格，大量使用拉杆结构，提升了阵面的自然感和现代感。

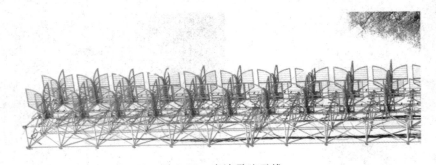

图 4.23　米波雷达天线

（3）偶然形：是指自然或人为偶然形成的形态，其结果无法被控制。如随意泼洒、滴落的墨迹或水迹，树叶上的虫眼等，具有一种不可重复的意外性和生动感。

（4）不规则形：是指人为创造的自由构成形，可随意地运用各种自由的、徒手的线性构成形态，具有很强的造型特征和鲜明的个性。不规则形的面如图 4.24 所示。

图 4.24　不规则形的面

4. 体块构成

体块可分为体和块两部分：体是指物体的体积（实体）；块是指由体形成的容积、大小、数量、重量等物理量。由于体占有三个纬度的空间，因而在视觉上的感受最为强烈。不同形状的体和不同程度的量给人的视觉感受是截然不同的，如下所述：

（1）棱角尖锐的体块给人坚硬、冷漠、难以接近的心理感受。通常在机载雷达上使用和载机形状相协调的天线罩外形，例如，歼 20 隐身战斗机前端的天线罩采用棱角尖锐的体块外形，既是和机身一体化隐身设计，同时也表现出战斗特性，如图 4.25 所示。

（2）造型方正的体块、其棱线刚硬，有凝重的视觉效果，如图 4.26 所示。

（3）有孔或洞的物体造型给人以轻快感，如图 4.27 所示。

图 4.25　尖锐的体块　　　　图 4.26　方正的体块　　　　图 4.27　有孔或洞的物体造型

4.2.2　造型基本原则

在设计学中，我们通过形来感受事物，用形来表达思想，用形来表现情感。每一个成功的产品都体现了设计对形态与造型的探索和均衡，同样的，通过发现和创造基于相控阵天线功能的形式美感，从而总结出相控阵天线造型的基本原则。

1. 比例与分割之美

在自然界中可以发现很多物体都有自己的比例。比例美是人们视线的感觉，不同的比例分割会产生不同的感受,如端庄、朴素、大方等。一般情况下,比例关系越小,画面越有稳定感,比例关系越大,画面的变化越强烈,不容易形成统一。在平面构成中,比例是指图形或画面整体与局部以及局部之间的面积长度等的数量关系,同时彼此之间包含着匀称性、一定的对比,是和谐的一种表现,是图形相互比较的尺度表现。比例与分割在电子产品中的应用如图 4.28 所示。

图 4.28 比例与分割在电子产品中的应用

在比例与分割中,有一种特殊的分割比例,称为黄金分割(又称为黄金律),是指事物各部分间一定的数学比例关系,即将整体一分为二,较大部分与较小部分之比等于整体与较大部分之比,其比值为 1:0.618 或 1.618:1,即长段为全段的 0.618。0.618 被公认为最具有审美意义的比例数字,上述比例又是最能引起人的美感的比例,因此被称为黄金分割。

图 4.29 黄金分割是根据黄金比例,将一条线分割成两段。总长度 $A+B$ 与长度较长的 A 之比等于 A 与长度较短的 B 之比。

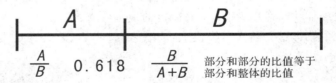

$\frac{A}{B}$ 0.618 $\frac{B}{A+B}$ 部分和部分的比值等于
                                          部分和整体的比值

图 4.29 黄金比例

黄金比例在产品设计、建筑设计中大量存在,图 4.30 所示的泰姬陵的多处布局都能看出黄金分割。埃及的金字塔及希腊雅典的巴特农神庙,这些伟大杰作都有黄金分割的影子。

相控阵天线阵面造型的黄金分割设计,充分体现在功能要求基础上,让阵面外形结构稳定、坚固,具有先进武器的特性。

图 4.30 建筑上的黄金分割

图 4.31 所示的天线系统由天线阵面、天线座、基础安装台组成。天线座安装在基础安装台上，主要由方位转台、俯仰支撑臂组成。方位转台通过滚轮支撑在轨道上，通过驱动装置的驱动实现天线方位旋转；俯仰支撑安装在方位转台上部两侧，用于支撑天线阵面，通过安装在方位转台上部的驱动装置，实现天线阵面俯仰转动。

阵面俯仰轴线、转台和支臂以及固定基础平台处于黄金分割比例关系，将较大部分的阵面与较小部分的转台高度尺之比等于天线阵面整体高度（AD）和阵面高度（AI），其比值为 1.618：1，其黄金律显出阵面的端庄、坚固、大方，显示出比例均匀、视觉稳定性好的天线阵面外形，同时又符合力学条件的要求。

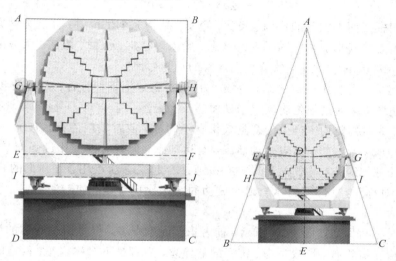

图 4.31 运用黄金分割设计的阵面造型

2. 变化与统一之美

"多样统一"（或称为"变化统一"）是对立统一规律在造型艺术中的运用，也是形式美的基本法则。多样体现了各种客观事物千差万别的个性，统一则体现了其共性或整体联系。有变化不统一就会凌乱，统一而无变化就会单调。对称、均衡、节奏、韵律等法则，都体现了多样统一的精神。

图 4.32 所示的天线车由相控阵天线、转台、方舱等不同组成部分构成。其设计内容具有多样性，通过统一的设计语言，均衡的整体形态设计与富有韵律感的元素排列，都体现了变化与统一的设计之美。

图 4.32 变化与统一

3. 对称与均衡之美

对称与均衡是不同类型的稳定形式，以保持物体外观量感均衡，达到视觉上的稳定。对称和均衡（如图 4.33 所示）的定义如下：

图 4.33　对称与均衡

对称是指轴线两侧图形的比例、尺寸、色彩、结构完全呈镜射，体现力学原则，以同量但不同形的组合方式形成稳定而平衡的状态，给人以稳定、沉静、端庄、大方的感觉，产生秩序、理性、高贵、静穆之美，符合人们通常的视觉习惯。

均衡结构是一种自由稳定的结构形式，它是指物体上下、前后、左右间各构成要素具有相同的体量关系，通过视觉表现出来秩序感及平衡感。

在画面上，对称与均衡产生的视觉效果是不同的，前者端庄静穆，有统一感、格律感，但如过分均等就易显呆板；后者生动活泼，有运动感，但有时因变化过强而易失衡。因此，在设计中要注意把对称、均衡两种形式有机地结合起来灵活运用。在我们的日常生活用品中因巧用了"对称"与"均衡"美学法则而成功的案例比比皆是，如陶瓷器皿、豆浆机、玻璃器皿等。

天线的对称与均衡如图 4.34 所示，前者虽然元素众多，但是通过对称的设计原则，将所有功能结构左右均布，形成严谨、统一的韵律感；后者虽不对称，但是两边的门的设计体现出统一的均衡感，将不同规格的元素有机地结合起来，同样具有美感。

图 4.34　天线的对称与均衡

4. 稳定与轻巧之美

稳定是指物质形态在物理范畴中的稳定性和视觉心理上的稳定感。稳定给人庄重、严肃、肯定、牢固的静态感。稳定的负面则给人笨重、呆板、沉重的压抑感。稳定包含两个方面：① 实际稳定：实际物体的重心符合稳定条件，这是任何一件工业产品必须具备的基本特性，如图 4.35 所示；② 视觉稳定：物体造型外观的量感重心满足视觉上的稳定感，如图 4.36 所示。

图 4.35　实际稳定

图 4.36　视觉稳定

　　轻巧给人灵动、轻盈、活泼、欢快的感觉。轻巧过度则让人感觉晃动和不安定。重心高显得轻巧，重心低则显得稳定。轻巧是在实际稳定的前提下，用艺术创造的方法，使造型物给人以轻盈、灵巧的美感。图 4.37 所示的轻巧的天线造型给人以通透、轻巧、灵动之感。

图 4.37　轻巧的天线造型

　　稳定和轻巧都是指造型物上下之间的轻重关系，影响稳定与轻巧的要素之一是底部接触面积，面积大，则具有较大的稳定感，随着面积的逐渐减少，稳定感削弱，轻巧感却逐步加大。除此之外，材料构造、色彩、表面肌理等也都是影响稳定与轻巧的因素。

5. 节奏与韵律之美

　　节奏是指构成要素有规律、周期性变化的表现形式，常通过点或线条的流动、色彩深浅变化、形体大小、光线明暗等表达。韵律是指在节奏的基础上更深层次的内容和形式有规律的变化统一。节奏强调的是变化的规律性，而韵律显示的是变化。图 4.38 所示的节奏变化的天线造型具有一定的美感。

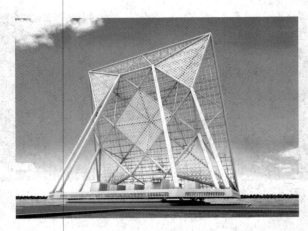

图 4.38　节奏变化的天线造型

现代工业设计要求标准化、系列化及通用化，设计中将符合基本模数的单元重复使用，从而产生节奏和韵律感。产品形态设计中的节奏，表现为一切元素的有规律呈现，通过点、线、面、体的连续或间断的重复出现形成一种视觉移动顺序，从而产生出美感。韵律感在产品形态中虽没有如音乐那般强烈，但是随着视线的移动，也能产生良好的效果，给人留下深刻的印象。就我们平时常用的一些生活用品中，有很多都很灵活地采用了节奏与韵律的美学法则，如电脑键盘、手机按键、电梯控制面板的按键、钢琴键等。

图 4.39 所示的天线阵面规模较大，阵面口径约为 40 m×40 m，阵面倾角为 20°。安装方式为固定式。整个天线阵面为框架结构，阵列单元采用镂空形式，整体视觉效果通透、轻巧。均匀阵列的支撑杆系，形成独特的视觉效果，具有较好的节奏感；中间支撑杆的底座增强了其力量感，平衡视觉重心。视觉元素的反复形成了视觉韵律。

图 4.39　具有韵律之美的天线设计

4.3　阵面造型设计实例

随着产品个性化要求的提高，个性鲜明且符合企业形象的设计将成为相控阵天线造型设计的总领思路，基于相控阵天线系列元素的产品族基因设计为设计内容，系统视觉层次设计为设计方法，以点、线、面、体的构成设计为基础，运用比例与分割、变化与统一、对称与均衡、稳定与轻巧、节奏与韵律等基本设计原则，遵循相控阵天线的基本造型方法，展示天线阵面尖端科技产品的特点和坚固可靠的军事产品形象。

对于天线阵面造型设计来说，功能是主导造型的重要因素。在产品概念阶段，整体造型设计将根据市场调研的整理总结，明确规模、平台、形式等输入，确定如轻薄、科技感、坚固、力量感等设计方向，在经过几轮手绘草图之后，确定两、三个方向，运用 CAD 三维模型技术进行建模，并通过渲染技术将其效果呈现出来，以供方案评审。评审后根据功能设计的反馈进行方案改进，几轮迭代后最终确定概念造型方案。

在雷达天线阵面造型设计阶段，概念方案将进行新一轮依托可实现性与可靠性的迭代改进。在这个过程中，比例、尺寸、布局调整、分块增加、设备增加、局部细节丢失等问题会大量浮现，在解决这些问题的过程中，阵面比例会发生偏移，可实现性与造型会发生冲突，阵面造型的主要工作内容便是将阵面结构与造型要求相整合，使阵面美观与可实施性和谐并存。相控阵天线阵面造型设计流程如图 4.40 所示。

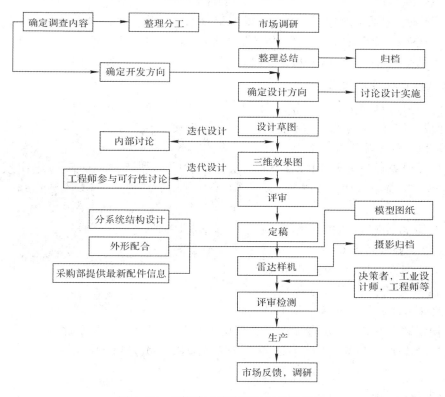

图 4.40　相控阵天线阵面造型设计流程

4.3.1　外部造型设计

天线阵面外部造型设计包括整体造型和局部造型，下面以四个比较典型的案例说明外部造型设计的方法和流程。

1. 设计案例一

图 4.41 为某地面相控阵雷达。该雷达的天线主阵面采用体块造型，整体视觉坚固、稳定，阵面背架采用桁架结构，以圆弧导轨收势，由实体过渡到线构成、由方正八边形过渡到顺滑圆弧，在坚固的基础上轻盈，在稳定的基础上均衡，比例和谐，主体分明，此为阵面造型主基调。

图 4.41　某地面相控阵雷达

阵面整体呈"C"型，形如一轮弯月，酷似甲骨文"龙"字，翘首昂天、生机勃勃的龙首，取自中国古代观测天象的"浑天仪"，寓意着巨龙腾飞。整体造型"天"、"龙"合一，象征天龙雷达横空出世。造型过程有以下几个方面。

1）天线阵面功能结构要求

天线阵面由阵列单元、高频箱、阵面背架组成。阵面的有效口径达到Φ16 m，属于大型有源相控阵雷达。阵面有效电口径外观近似圆形，其结构口径呈八边形。阵面结构组成如图 4.42所示。

大型有源相控阵雷达的工作范围方位为±180°、俯仰角为 0°～90°，方位转动通过天线座方位传动，天线阵面通过高频舱两侧的俯仰轴安装在天线座上，作为俯仰运动的转动中心。俯仰传

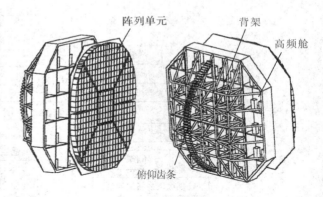

图 4.42　阵面结构组成

功齿条直接安装在背架上，由齿轮驱动天线阵面做俯仰运动。根据阵面功能结构布局，整个阵面高频舱需要分割为 32 个小设备舱。阵面维修方式采用后向维修，人员可进入设备舱。

2）初步基础造型

以往常规阵面背架采用圆管桁架结构，外观杂乱复杂，整体视觉没有稳定坚固之感，而且和阵面高频舱内的设备小舱之间不能形成协调的维修空间。在此基础上考虑背架的简洁造型，初步拟定采用四层四列的方形梁简化桁架结构，将俯仰传动齿条与背架中心桁架采用一体化设计，并在齿条顶端以龙头装饰，齿条则化为龙身。但阵面接近正八边形时，四个角上倒角较大，导致每个倒角的两个小舱的可用空间受到限制，无法满足设备安装空间

要求。同时，背架龙的造型元素位置偏低，导致导轨圆弧长度过小，不满足阵面俯仰角度工作范围的要求，而且，原造型轨道底端未与阵面背架直接连接，会造成轨道转台与阵面的干涉。

图 4.43　空间比例调整

就初步基础造型出现的问题，进行第二步的比例调整，将四个倒角变小，集中到一个小舱内，基本不影响其他小舱的使用空间；将龙头延伸抬起，既丰满了龙元素的造型，又延长了轨道长度；轨道底端直接延伸至阵面。经过第一轮比例调整，阵面基本保持了原造型风格，满足造型要求。空间比例调整如图 4.43 所示。

3）结构布局更改

在进行实施方案详细设计之前，结构布局上的问题逐渐凸显出来。在原方案中，背架分为四层，只有三行桁架结构，而阵面高频舱分为五层，背架结构与高频舱承载结构错位，从力的传导以及舱内维修来说都是不利的。另外，维修空间的问题也暴露出来，原方案未充分考虑维修空间，设备空间仅为 1500 mm，其中，阵面小舱之间还有加强斜杆，维修人员无法自由地行动与操作。

在此条件下，首先将背架与高频舱承载结构一一对应起来，分成五层，每层背架均支撑到高频舱结构节点上，并局部添加斜杆加强轨道强度，使背架与高频舱的力传递调整到最佳。结构布局更改如图 4.44 所示。在结构布局更改的情况下，微调阵面外形，使其更接近原造型方案，使造型更具张力。同时满足对高频舱空间影响最小的要求，细化百叶窗等细节，增强阵面的科技感与品质感。为增加高频舱内维修空间，将其加厚，阵面侧面的视觉厚度由 1.5 m 增加到 2.5 m，阵面加厚的比较如图 4.45 所示。可以看到阵面加厚之后，背架形式更加简洁，整体感加强，是对原造型的改进，符合造型要求。

图 4.44　结构布局更改　　　　　　　图 4.45　阵面加厚前后对比

4）细节调整

在造型方案确定之后，就是造型与结构详细设计迭代调整改进的过程。阵面为规则体块，一旦外形尺寸确定，其内部构架、布局有序进展，对整体天线造型不再有明显影响。而背架为桁架形式，背架的结构对整体造型影响较大。

在背架结构设计过程中，逐渐浮现出了几个问题：阵面重量大，精度高，背架仅设置水平与垂直方向的筋，经过仿真计算，力学性能尚不满足阵面的高精度要求，存在一定的形变；而增加斜杆对整体阵面外观带来的影响，不得而知；龙的造型的导轨在原方案中顶端未连接到高频舱，作为整个阵面来说，减弱了背架的强度，而导轨处恰恰是阵面与天线座的结合处，受力明显。因此，首先在桁架关键受力处增加斜杆（如图 4.46 所示），斜杆分布整齐、规律，与纵横梁一起形成一种秩序感与韵律感，并不打破造型的原有风格，在可以接受的范围内；将龙头造型的轨道延伸至高频舱背部，增加其强度。更改前后对比如图 4.46 所示。

图 4.46　更改前后对比

轨道延伸后，原龙头造型已不符合新的结构形式，在此基础上，对原龙头造型进行了多轮变形与可行性设计，对其成型方法、安装方式和材料选择进行了研究，探讨了如图 4.47 所示的两个龙头造型方案。

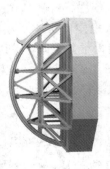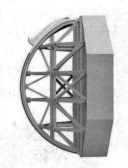

图 4.47　两个龙头造型方案

方案一：龙头设计参考的龙原型的特征是：龙头比例狭长、动感，有流动感与力量感；龙嘴、龙角简洁、抽象，比例较长，拉长视觉感受；整体天线造型具有动感与力量感，体现雷达的品质感；造型简洁，比例轻巧，体现雷达的科技感。

方案二：龙头设计参考的龙原型的特征是：龙头比例浑厚、有力量感；龙嘴比例相对较短，增强视觉体量感；整体天线造型饱满浑厚，具有坚固感与体量感，体现雷达的品质感。

从整体的造型效果、风格、质量控制等方面考虑，最后选择方案一作为背架造型。

2. 设计案例二

某车载机动式天线阵面，采用风冷方式且厚度仅有 200 mm。最大的挑战是在非常有限的厚度内完成合理布局与造型设计。

1）造型要求

车载雷达造型外观设计，在保证产品性能的前提下，通过使用车型的外部形态轮廓线、内部形态辅助线的应用，对整车布局进行设计，从而实现第一外观视觉层整体形态的规整以及第二外观视觉层结构单元线、面、体等外观要素的秩序性组合，最终体现整机外观设计的时代感和整体感。天线、天线座、后端设备方舱、户外柜等安装在车载平台上，它们的外形轮廓线组合形成整车外部形态轮廓线。

天线阵面作为车载雷达的主要结构单元，与产品本身属性或功能有较大的关联，同时也是外部形态轮廓的主要外观表现，它要求天线阵面无论在工作状态还是运输状态，都有符合车载的特征要求。

由于此雷达系统的整车已经进行了产品基因家族化、符合企业形象设计的造型过程，因此要根据雷达整车造型提取阵面设计语言，要求该车载雷达的天线阵面形式规则，厚度轻薄，采用薄型体块为设计形态，要求阵面在收藏运输状态时，与前端的方舱形态整合设计。基于车载运输高度和宽度尺寸限制，天线阵面的尺寸受到了严格的控制。一般阵面宽度方向不超过 2.5 m，整车高度限制 3.55 m（火车运输）、4 m（公路运输）之内，因此阵面厚度尺寸以整车的高度尺寸和方舱之间的尺寸协调为基础，采用轻量化的阵面，以适应车载雷达的整车造型并保证运输状态的可行。

雷达整车通过方舱、户外柜、平台维修门的整合设计，将天线阵面、户外柜维修门统一形态，使之成为一个有机整体，塑造出简洁统一的形象。统一的斜切面、凹陷台阶元素如图4.48 所示。

图 4.48　统一的斜切面、凹陷台阶元素

运用具有一定视觉体量感的几何形态门板，采用斜角风格，呈现出厚重、刚硬的风格形象，反映了军事装备的坚固感。

2）功能结构简介

车载天线阵面包括阵列单元、高频箱体、风冷系统以及用于俯仰传动和支撑的连接支耳。天线阵列单元安装于高频箱前面，其余所有功能件，如收发组件和功分网络等都安装在高频箱体内，并根据维修方式在高频箱后端设置了维修门。风冷系统的风道和高频箱骨架采用一体化设计，天线上端设置四个风机，底端有五个风机，保证阵面风冷系统的均温性要求。

天线阵面结构布局如图 4.49 所示，可以发现三个外形突出：① 阵面上方所选用的四个风机靠顶端,无法留出斜角空间;② 阵面下方风机由于风冷空间要求,必须探出底端,且数量多达五个;③ 所有风机的厚度均大于 200 mm,高出阵面,形成凸起,严重影响阵面外观,或将导致阵面整体变厚。阵面的比例与空间都与造型要求发生了冲突,需要调整。

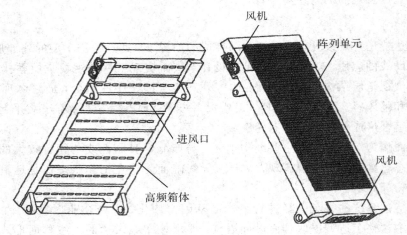

图 4.49 天线阵面布局

3) 造型方案设计

阵面局部异型结构的设计往往为造型设计的难点,一是异型结构通常对整体外观影响较大,且因为功能需求而尺寸不可妥协;二是异型结构的形态不受控制,运用整车造型语言或元素难度较大。图 4.50 是为了满足风机安装需求而设计的四个局部造型方案。

图 4.50 四个局部造型方案

方案一:上下出风口采用了与风机浑然一体的圆锥形造型且过渡自然圆滑,符合风冷的需求;圆锥造型有序排列,形成秩序感与韵律感,结构功能在造型上的反映简洁明确。但是此方案缺点是与整车的造型语言不符。

方案二:上下出风口采用直线与斜面设计,与整车外观呼应;上下出风口利用大斜面营造渐消效果,使阵面更显轻薄;规律重复的几何特征增加产品的严谨和品质感;进风口、铰链、锁采用一体化设计,使阵面呈现统一、简洁的设计感。

　　方案三：细节采用直线与倒角造型，与整车设计风格相统一；出风口增加倒角和台阶设计，与整车外观设计呼应；冷却单元进风口增加遮盖罩，可起到防尘遮雨作用；缺点是出风口到阵面没有渐变过度，不符合风机抽风要求，影响风效；遮盖罩凸起，影响整体造型的统一性与简洁性；上端出风口视觉效果单薄，进风口风阻较大。

　　方案四：出风口利用大斜面与倒角，形成简练大气的细节造型，打破军工产品造型的沉闷，增加产品科技感和品质感；出风口设计与阵面、整车造型相呼应，使阵面呈现统一、简洁的设计感。

　　结合整车造型语言和天线阵面的设计要求，最终确定使用方案四。

　　4）细节设计

　　整体外观确定之后，就需要对具体细节进行细化与优化，阵面上所有特征，包括出风口斜面上的凹槽、铰链、进出风口格栅等都属于造型细节优化范围。进出风口格栅统一的直线条镂空设计，既满足透风、防沙需求，又使阵面外观富于变化，具有轻量感。细节设计举例如图 4.51 所示。

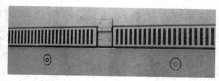

图 4.51　细节设计举例

3. 设计案例三

　　相控阵天线是由许多辐射单元排阵所构成的定向天线，其正面造型特点就是单元经过有规律的重复编排后，产生的节奏美。天线阵面辐射口径形状，常用的有矩形和圆（椭圆）形两种。考虑多通道 T/R 组件及子阵技术的运用，圆（椭圆）形口径天线的单元布局往往呈近似圆（椭圆）形，呈多级台阶状。未经过布局调整的辐射口径通常边缘不规则，锯齿排布没有规律，影响美观与整齐性，因此，一般需要在阵面上增加若干假单元，使阵面口径外轮廓规整、简洁。有效单元布局如图 4.52 所示。

图 4.52　有效单元布局　　　　　　图 4.53　四种轮廓修正方案

某天线辐射口径的四种外轮廓修正方案（如图4.53所示）：第一种是最接近圆形的，视觉感饱满、丰富；第二种是对阵面进行了视觉上的切角处理，简洁齐整，但是切角的斜率与阵面骨架切角需要密切配合；第三种是呈相同的台阶状，也是常用的处理方法；第四种是以子阵面为单位对单元进行补齐，视觉上简洁齐整，同时也方便了内部设备的布局，也是很常用的处理方法。

4. 设计案例四

相控阵天线往往会带有辅助天线，如敌我识别天线、副瓣匿影天线等。图4.54所示天线阵面的顶部安装有敌我识别天线和辅助测高天线，可以看到，主天线布局规律，整齐美观。但是不同种类的辅助天线为了满足不同功能需要，有不同的工作角度，而且结构风格与主天线差异大，导致阵面布局凌乱不规整。针对此类局部问题，需要运用整体统一的设计手段，提炼相似的造型语言与基因，将凌乱的结构元素整合为规整、韵律，能融入整体产品的造型。

图4.55为此雷达阵面造型后的效果。其突出主天线的部分运用体块形态的设计进行规整，辅助天线高频箱背面的采用大的斜角设计，使其在视觉上成为主天线高频箱的延伸造型，整体形态更加统一。在辅助高频箱与主天线边块之间增加了斜率过渡，使整体形态饱满、完整。细节设计运用了水平与垂直方向的重复分割，使整体造型更具韵律感。

图 4.54 天线阵面顶部的辅助天线

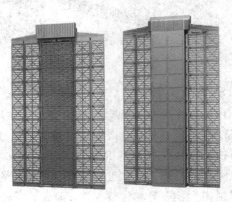

图 4.55 造型后的效果

4.3.2 内部造型设计

阵面内部安装有T/R组件、电源、馈电网络等设备，造型设计包括内部布局设计和子阵组合、模块造型。

1. 阵列式布局

呈阵列形式的高频箱，其内部格舱的布局基本相同，因此可以对每个格舱设备做统一布局，如图4.56所示。高频箱内的T/R组件、电源组件等都规划为统一的规格、一致的接口与相似的控制面板，进行叠加与重复，走线整齐、界面整洁。整个阵面形成强烈的节奏感与秩序感。

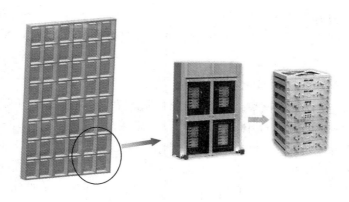

图 4.56 阵列形式高频箱

2. 非阵列式布局

非阵列形式高频箱（如图 4.57 所示）每个格舱内的设备不同，为避免凌乱，采用了统一规整的设计手法，将各个细节元素用同样的设计语言表示，如规整的设备尺寸，一致的表面处理，同品种的把手，同一形状的通风孔设计，整齐的螺钉布局，重复的灯、标识与走线，这些都将各种不同的设备合理地整合到了一起，并形成了统一的风格，使整体造型显得规整和简洁。

图 4.57 非阵列形式高频箱

3. 有源子阵

有源子阵是集 T/R 组件、电源、综合网络、冷板等为一体的高度机电一体化的单元模块，其体积小，结构复杂，设计难度大。有源子阵根据其布局与造型设计特点，基本可以分为一体式子阵造型和组合式子阵造型。

1）一体式子阵

一体式子阵是指子阵内各个功能模块集成为一体，整个子阵就是一个 LRU，对外有统一的接口（如水接口、电源接口、高频信号接口、控制信号接口等）。各个功能模块形状、大小不一，在结构上以一体化的冷却骨架为依托组装而成。一般用于高频段天线，体积小，精度高。子阵造型以适应阵面安装要求的外形设计为主导,力求整体布局紧凑、有序,形象精致,能够鲜明地突显军工产品严谨、精密、可靠性高的特点。两种一体式子阵造型如图4.58所示。

2) 组合式子阵

组合式子阵中各功能的模块,如收发组件模块、电源模块、控制模块等均是独立的LRU,一般用于低频段天线。其体积大、重量大,常用子阵机柜造型如图4.59所示。整个机柜包含 T/R 组件模块四个、发射电源模块两个、组合控制模块一个,共三个品种。三个品种模块面板上由进出两个快接水接头、把手安装点、安装螺钉、功能指示灯、各个模块的文字标识组成,其中发射电源和组合控制模块的面板上还需要开关按钮。基于机柜各个模块面板上的结构要素,首先将不同功能的模块外形规整,统一面板尺寸,包括安装螺钉的外形和位置、面板色彩等,然后将每个模块的共同的结构要素位置和外形统一,如水接头、把手安装点、模块标识文字、开关位置和型号等。经过统一形态的造型,模块规格一致,界面整齐,接口统一,秩序井然。

图 4.58 两种一体式子阵造型

图 4.59 常用子阵机柜造型

第 5 章　冷 却 设 计

有源相控阵天线是电子系统的集大成者，它由大量的有源组件和设备组成，这些有源组件和设备中均使用了功率元件（如微波功率管、大规模集成电路芯片、专用集成电路和超高速集成电路等），而功率元件在使用中是会发热的。随着微电子技术的高速发展，有源组件的小型化和集成度不断提升，其功率元件组装密度、功耗及热负荷迅速增大，研究表明有源组件内芯片级的热流密度高达 200 W/cm²。任何设计精良的有源组件在长期过热及不均匀热应力的情况下都会发生故障或是失效。相关分析报告指出，有源组件的失效 55% 是由温度引起的；著名的"10℃法则"也指出"半导体器件的温度每升高 10℃，其可靠性就会降低 50%"。这些数据都说明了有效的热控制设计在相控阵雷达中的重要性。因此，有源阵面冷却已成为制约相控阵雷达使用和发展的关键性技术之一。

5.1　冷却技术简介

冷却技术是应用传热学理论，控制设备温度，在给定的环境温度范围内，保证电子设备正常工作。它涉及材料学、流体力学、计算数学、光学、电子学、计算机科学及试验测量技术等学科，其中热控制基本原理和方法主要依赖于热学。

天线阵面冷却的主要功能是：尽快带走天线阵面中的设备（如 T/R 组件、二次电源、波控单元等）工作时产生的热量，为阵面单机或组件等提供良好的工作温度环境。

5.1.1　冷却设计理论基础

传热学是冷却设计的理论基础，它是研究热量传递过程规律的一门科学，是现代科技的主要技术基础学科。传热是温差引起的温度不平衡的结果，它无处不在，传热的基本方式包括热传导、热对流和热辐射。一般的传热过程都是由这三种基本形式组合而成。

1. 热传导

热传导是依靠分子、原子及自由电子等微观粒子热运动而进行的热量传递现象。纯粹的热传导一般只在固体中发生。传导遵循傅立叶定律，即

$$q=\frac{Q}{A}=-\lambda\frac{\partial t}{\partial x}$$ (5-1)

式中，λ 为导热系数，用于表征材料导热能力的大小，是材料的基本物性之一，其值一般由实验测定。其物理意义为：单位厚度的物体在单位温差作用下，在单位时间内每单位面积上的导热量。其单位为 W/m·℃。

导热系数是材料的一个重要指标，它主要与材料的组成结构、密度、含水率、温度、压力等因素有关，非晶结构密度越小导热系数越小，温度越低含水率越低导热系数越小。天

线的常用材料在常温下的导热系数如表 5-1 所示。一般来说，金属材料的导热系数最高，良导电体也是良导热体，液体次之，气体最小。

表 5-1　天线的常用材料在常温下的导热系数

材　料	导热系数 W/(mK)	材　料	导热系数 W/(m·K)
多层板 5880	0.56	铁镍合金	16.3
GaAs	59	Sn Pb 钎料	51
铝板 6063	209	Ag	418.7
LTCC	3	无氧铜	394
硅	150	黄铜	120
BeO	240	Au	297
氧化铝	21	Kovar	16.5
TA2 钛	16.3	导电胶	2
不锈钢 304	15	纸	0.011

2. 热对流

对流是指依靠流体的运动而把热量从一处传到另一处的物理现象，是宏观热对流与微观热传导的综合传热过程。对流传递的能量是流体分子随机运动和流体自身成团运动所形成能量传输的叠加，对流传热的模式是靠分子随机运动和边界层内流体的成团运动来维持的。

对流换热是导热与热对流同时存在的复杂热传递过程，它具有两个特点，一是必须有直接接触（流体与壁面）和宏观运动，二是必须有温差。对流换热的分类如图 5.1 所示。

对流换热基本计算公式为

$$q = hA\Delta T \tag{5-2}$$

式中，h 为表面传热系数，单位为 W/(m² · K)；A 为换热面积，单位为 m²。

对流传热与流动状态、固体壁尺寸形状粗糙度等有关。图 5.2 是一种典型的管内流动传热温度分布情况示意图，形成这种分布的最主要因素是黏性流体流动边界层的影响。

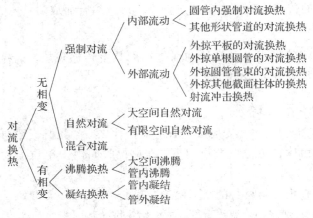

图 5.1　对流换热类型

图 5.2　管内流动传热示意图

3. 热辐射

依靠物体表面对外发射的电磁波传递能量的方式称为热辐射。只要温度大于 0 K（0K 指的是热力学温度，对应于摄氏温标为 −273.15℃，两种温标的计算关系为 $T[K]=273.15+t[℃]$），就会向外辐射传热，热辐射是物质的属性之一，其能量的传播不需要有媒介。

一种理想的热辐射表面，同等条件下具有最大的辐射力，其辐射力用下述 Stefan-Boltzmann 定律计算，有

$$E_b = \sigma \left(\frac{T}{100}\right)^4 \tag{5-3}$$

式中，T 为辐射体的热力学温度，单位为 K；σ 为黑体辐射常数，其值为 5.67×10^{-8} W/(m²K⁴)；A 为辐射体表面积，单位为 m²。

5.1.2　常见冷却方式比较

从冷却原理上讲，有自然冷却、强迫对流冷却（风冷和液冷）、相变换热、半导体制冷等。在实际工程应用中，有源相控阵天线的冷却方法取决于天线的热损耗功率及其集中程度，通常按热流密度来确定（热流密度是指单位散热面积散发的热量，单位为 W/cm²），一般情况下小功率密度天线采用自然冷却、风冷等方式，大功率密度天线采用液冷甚至蒸发冷却。图 5.3 是温升为 40℃时的冷却方式的比较。

我国军标 GJB/Z 27—92《电子设备可靠性热设计手册》中给出了根据热流密度及温升选择冷却的方法。自然冷却是一种最简单、经济可靠的冷却方法，在热流密度不大、温升要求不高的场合采用。当热流密度较大、温升要求较高时，自然冷却已经不能满足要求，这时多采用强迫风冷。由于风冷流体介质空气的热容较小，对流换热系数较小，因此当热流密度继续增大时，可以考虑用热容较大的水、乙二醇等液体作为换热介质的液冷方式。常见冷却方式的热流密度与温升如图 5.4 所示。

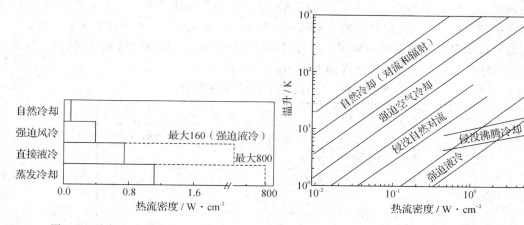

图 5.3　冷却方式的比较（温升 40℃）　　　　图 5.4　常见冷却方式的热流密度与温升

当电子设备的热流密度继续增大时，虽然可以通过提高液体流速而增强换热，但流速提高到一定程度对强化换热效果并不明显，并且这种方法有时是不实际的，这时就需要考虑相变冷却方式。发生相变时可以传递较大的相变热，具有非常高的换热系数，是最为高

效的冷却方式。目前相变传热成熟的技术有热管、空调的两器(蒸发器和冷凝器)、相变储热、相变蓄冷等。图5.5所示为电子设备常用的几种冷却方法散热能力的比较。由于相变传热具有非常高的换热系数，因此它将成为解决大功率高热流密度天线冷却问题的有效途径。

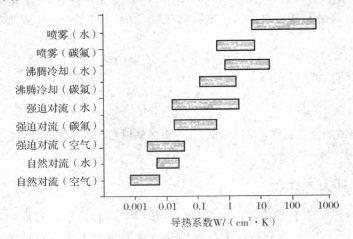

图5.5 几种冷却方式散热能力的比较

5.1.3 温度降额

热环境因素对天线阵面设备的典型影响表现在：可引起元器件失效损坏、焊点脱离、结构强度减弱、电性能变差、接触热阻增大、表面电阻变大、结构失效、磨损恶化、丧失润滑特性、电容器损坏和石英晶体不振荡等。每个电子元器件都有额定使用温度，为保证电子设备长期可靠工作，工程设计中一般对元器件进行温度降额使用。降额分为三级：Ⅰ级降额是最大的降额，对元器件使用可靠性的改善最大，超过它的更大降额，通常对元器件可靠性的提高有限且可能使设备设计难以实现；Ⅱ级降额是中等降额，对元器件使用可靠性有明显改善，在设计上较Ⅰ级降额易于实现；Ⅲ级降额是最小的降额，对元器件使用可靠性改善的相对效益最大，但改善的绝对效果不如Ⅰ级和Ⅱ级降额，在设计上最易实现。

天线阵面的温度降额根据应用平台的种类选择不同的等级，推荐的降额等级如表5-2所示。天线阵面常用元器件的温度降额准则如表5-3所示。

表5-2 不同应用平台的降额等级

应用平台	降额等级	
	最高	最低
航天器与运载火箭	Ⅰ	Ⅰ
战略导弹	Ⅰ	Ⅲ
战术导弹系统	Ⅰ	Ⅲ
飞机与舰船系统	Ⅰ	Ⅲ
通信电子系统	Ⅰ	Ⅲ
武器与车辆系统	Ⅰ	Ⅲ
地面设备	Ⅱ	Ⅲ

表 5－3　天线常用元器件降额要求

元器件种类			降额参数	降额等级		
				I	II	III
集成电路	模拟电路	放大器	最高结温	80	95	105
		比较器	最高结温	80	95	105
		电压调整器	最高结温	80	95	105
		模拟开关	最高结温	80	95	105
	数字电路	双极型电路	最高结温	85	100	115
		MOS 型电路	最高结温	85	100	115
	混合集成电路		最高结温	85	100	115
	大规模集成电路		最高结温	改进散热方式以降低结温		
分立半导体器件	晶体管		最高结温 $(T_{jm}℃)$	200		
				115	140	160
				175		
				100	125	145
				≤150		
				$T_{jm}-65$	$T_{jm}-40$	$T_{jm}-20$
	可控硅		最高结温 $(T_{jm}℃)$	200		
				115	140	160
				175		
				100	125	145
				≤150		
				$T_{jm}-60$	$T_{jm}-40$	$T_{jm}-20$
	半导体光电器件		最高结温 $(T_{jm}℃)$	200		
				115	140	160
				175		
				100	125	145
				≤150		
				$T_{jm}-60$	$T_{jm}-40$	$T_{jm}-20$
固定电阻器	合成型电阻器		环境温度（℃）	按元件负载特性曲线降额		
	薄膜型电阻器		环境温度（℃）	按元件负载特性曲线降额		
	电阻网络		环境温度（℃）	按元件负载特性曲线降额		
	线绕电阻		环境温度（℃）	按元件负载特性曲线降额		
电位器	非线绕电位器		环境温度（℃）	按元件负载特性曲线降额		
	线绕电位器		环境温度（℃）	按元件负载特性曲线降额		
热敏电阻器			最高额定环境温度 $T_{am}℃$	$T_{am}-15$	$T_{am}-15$	$T_{am}-15$
电感元件			热点温度 $(T_{hs})℃$	$T_{hs}-(40\sim25)$	$T_{hs}-(25\sim10)$	$T_{hs}-(15\sim0)$
继电器			最高额定环境温度 $T_{am}℃$	$T_{am}-20$	$T_{am}-20$	$T_{am}-20$

5.2　常用冷却方式

　　在实际工程中，有源相控阵天线的热控形式根据功耗及热流密度大小可分为自然冷却、强迫风冷（开式和闭式）、液冷（常规和制冷型）等，如图 5.6 所示。其中自然冷却方法又可分为自然对流和热辐射；强迫风冷又可分为开式风冷和闭式风冷；而液冷又分为常规型和制冷型。

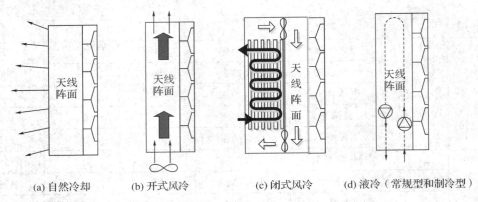

(a) 自然冷却　　(b) 开式风冷　　(c) 闭式风冷　　(d) 液冷（常规型和制冷型）

图 5.6　有源相控阵天线的热控形式

强迫风冷是就是利用风扇来提高流经散热片处的冷却空气的流速，从而达到高效冷却目的。空气由风扇加速后，风压、风量均达到一定值，经过静压腔均压后分配到热耗组件进行高效散热。开式风冷是通过阵面内外的空气对流交换来散热，外界环境空气直接与天线设备接触，散热效率较高，空气一般存在沙尘、潮气等，需要在进风口进行严格过滤，并做好天线设备的三防。而闭式风冷通过阵面与二次冷却装置之间的空气循环来散热，作为冷却介质的空气是封闭的，与外界环境空气无交换。热量传二次冷却装置上，再由外部空气热交换带走。

液冷阵面通过液冷管路把乙二醇等冷却液输运到阵面设备内，工质通过设备的内部流道、安装冷板等带走元器件产生的热量，冷却液最终经过二次冷却装置，把热量释放到大气、地表水、地下水、海洋水等热沉。根据供液温度，分为常规水和制冷水两大类，具体根据天线热控要求选用。

随着相控阵天线设备密度及功率热密度的进一步提高，未来将采用更为高效的相变冷却方式，主要包括热管、相变储能技术、喷雾冷却等。

5.2.1　自然冷却天线

自然冷却方法依靠天线表面进行热辐射、热对流，用于天线功率热耗小、热流密度低或者工作时间很短的场合。

自然辐射冷却方法广泛用于星载有源相控阵天线的热控。考虑到复杂性和可靠性，当天线散热量及热流密度较低时，天线热控系统一般不用液冷或两相流系统，这时传导和辐射是最主要的热控方式。

传统的热控系统分为不具有自动调节能力的被动热控技术和能根据温度的要求主动改变换热特性参数的主动热控技术两种基本类型。对于轨道和姿态相对稳定的 SAR 天线来说，所处的热环境及工作模式都比较固定，也不用考虑来自人为干扰的不利因素。但大多数航天器都采用被动为主、主动为辅的热控模式，而其针对周期性外热流的变化也可依靠涂层、多层隔热材料等简单的被动热控技术实现。一种典型的星载 SAR 天线热控实现方案如图 5.7 所示，其发热单机包括 T/R 组件、电源模块、波控单机等，天线通过表面辐射向深空辐射进行散热。

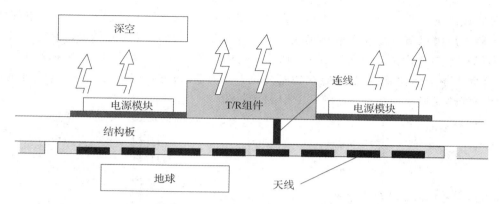

图 5.7　星载 SAR 天线热控实现方案

近年来，随着 SAR 天线技术的发展及实际需求，特别是天线威力及分辨率的提高使得其产生的阵面功耗及热流密度快速增大，已有热控技术已越来越不能满足使用要求。"自主热控技术"的设计理念成为了国内外的研究热点之一。自主热控汲取了航天器自主运行的思想，意味着热控系统不依赖外界的信息注入或者尽可能少地依赖外界干预，结合自身状态，合理进行智能控制行动，从而完成热控任务。

图 5.8 是一种典型的星载天线温度波动图，可以看出在天线的主要设备中，收/发组件、电源所占热量比例最大，其达到了 90% 以上，因此在热控上应重点考虑。其设计指导思想和原则是：以被动热控为主，辅以主动热控；热分析计算技术与地面试验技术相结合；足够的设计余量，无单点失效，高可靠性，高安全性；热控器件、材料对空间、地面环境条件尽量不敏感；尽量采用经飞行试验验证的成熟产品；生产和总装的方便性、经济性。

星载有源相控阵天线热控原理如图 5.9 所示。其选取对地面为仪器设备的散热面；在天线外表面包覆多层隔热组件，将天线阵面上的组件、波控、网络等与背部空间环境热隔离；利用热管对 T/R 组件、延时放大组件、电源等高热耗单机进行热控，单机与安装面之间填充导热填料或涂抹导热硅脂，增加接触面的导热性能，尽快带走工作时产生的热量，同时保证各单机温度均匀性；天线不工作时，采用主动热控补偿电加热器精确控温。控制阈值温度可以通过遥控注数进行修改，从而提高控制灵活性。

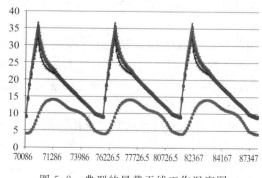

图 5.8　典型的星载天线工作温度图

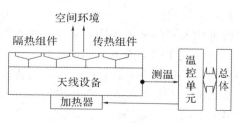

图 5.9　星载有源相控阵天线热控原理

5.2.2　开式风冷天线

开式风冷天线又分为隔离式和非隔离式。对于非隔离式风冷天线，外界环境空气经风机吸入阵面后由风道分配到各散热模块，以一定速度流过模块上的散热器，带走热量，再通过出风口排出阵面外，如图 5.10(a)所示。隔离式风冷天线，散热器安装在阵面骨架上（通常阵面骨架一体化）而不是安装在功能模块上，热量通过热传导传递到散热器面上，再由外部空气热交换带走热量，如图 5.10(b)所示。

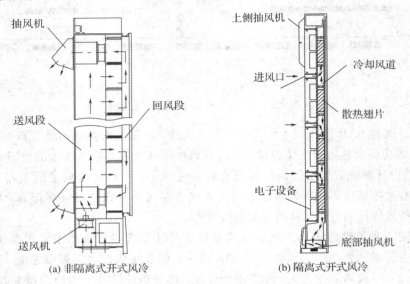

(a) 非隔离式开式风冷　　　　　　　(b) 隔离式开式风冷

图 5.10　开式风冷原理

非隔离式开式风冷天线结构简单，一般用于环境好的地方，目前已很少采用。为防沙尘、潮气等，可在进风口加过滤装置，如安装戈尔膜过滤器，能够有效地防止盐雾与水汽直接进入阵面风道，戈尔膜过滤器的外侧安装百叶窗，以起到保护戈尔膜以及防雨的作用。

戈尔膜为一种厚度在 0.22 mm～0.26 mm，孔数密谋能达到每平方厘米有 14×10^8 个，过滤阻力极低，可以将水汽中绝大多数的悬浮物阻于膜之外，阻止杂物进入风道。戈尔膜的材质为膨胀聚四氟乙烯，具有耐酸碱、耐高温、本身的摩擦系数低、易冲洗的特点。

隔离式开式风冷天线的风虽然流过阵面内部，但并不流过功能模块，阵面内冷却风道与设备安装舱是隔离的，阵面内电子设备与外界环境隔离，具有很好的耐恶劣环境性能，是比较好的冷却方式。

图 5.11 为非隔离式开式风冷天线。它采用静压腔孔板散热通风，其阵面箱体后舱作为静压腔，而在天线阵面的中隔板上开一系列孔使之成为孔板。冷空气由四台轴流风机从天线阵底部吹入到阵面后舱中，穿越各种电器设备，充满后舱腔体，产生一定的静压，然后具有压力的空气穿越中隔板上的网孔，吹过 T/R 组件上的散热器，把热量带入到天线罩内的密封空间（回风腔）中，然后由装在阵面背面四个角落处的风机将热空气排出阵面。

美国 EQ-36 天线阵面冷却采用开式风冷方式，其阵面的功率密度较低，总热耗不超过 15 kW，如图 5.12 所示。其采取下进后出的模式，具备防雨能力，进风口和阵面内有过滤装置，但是对盐雾、潮气等不具备防御能力，这些防御可能在组件设计时做了一定的考虑。

<table>
<tr><td>图 5.11 非隔离式开式风冷天线</td><td>图 5.12 美国 EQ-36 雷达</td></tr>
</table>

图 5.13 为开式隔离风冷天线。其天线冷却采用独立隔离的风冷板设计,将天线反射面板做成夹层空腔结构,内装散热翅片,形成一个封闭的风冷板,风从风冷板内部流动并将热量带走,T/R 组件贴在风冷板表面进行传导散热,阵面内部设备与冷却风、外界隔离,为阵面内部所有设备提供了良好的环境,大大提高了阵面的可靠性和环境适应性,同时降低了对冷却风洁净度的要求。

图 5.13 开式隔离风冷天线

5.2.3 闭式风冷天线

闭式风冷天线分为常规和制冷(空调)两种冷却方式。常规闭式风冷是采用自然热沉(如大气)方式进行热交换,而制冷(空调)闭式风冷采用压缩机制冷机组作为热交换器,实现风源的冷却。

闭式风冷天线的阵面结构分为供液和供风两种形式。供液形式是将热交换器安装在阵面内,使用外来冷却液控制热交换器的温度,阵面内的空气吹过热交换器降温后再给组件冷却,流过组件后的热空气通过风道回到热交换器,如此循环。此结构形式为风冷和液冷的混合应用,具有较高的冷却效率,缺点是热交换器占用阵面内空间,对体积有限制的阵面无法采用。供风形式是有阵面之外的冷却源直接提供冷风,通过风管送入阵面,经过阵面后的热风通过风管再回冷却源,如此循环。此结构形式基于完全风冷的天线结构特点,具有阵面结构形式简单、成本低、易于实现,但冷却效率较低,通常用于体积受限的阵面。

图 5.14(a)是一种典型的供液式阵面。阵面左右两侧和顶部的箱形梁构成风道，两个风机一正一反地安装在箱形梁中的筋板上，气流方向为绕阵面中心逆时针走向。热交换器做成插件形式，安装在阵面骨架左右两侧的小舱中，由载车液冷源提供冷却液供热交换器冷却。T/R 组件安装在阵面中间，组件上的散热翅片和左右两侧的风冷静压腔形成风道，这样的结构设计可确保风能够均匀的流经各个 T/R 组件，通过 T/R 组件的翅片散热器，进行热交换，从而达到冷却的目的。图 5.14(b)是一种典型的供风式阵面。风道结构与供液式阵面基本相同，只是去除了热交换器和安装热交换器的小舱。

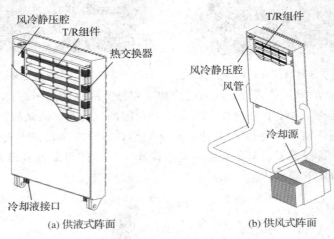

(a) 供液式阵面   (b) 供风式阵面

图 5.14　闭式风冷天线

5.2.4　液冷型天线

液冷方式具有换热能力强、换热效率高、结构紧凑等优点，其可用以解决大功率热耗、高热流密度、高集成天线的热控问题。国内外广泛应用于大型高功率高密度有源相控阵天线，如大型地基相控阵天线、机载有源相控阵天线、舰载有源相控阵天线、车载有源相控阵天线等。

液冷型天线根据环境条件，采用不同的方式对冷却液温度进行控制，可分为常规型、制冷型和混合型冷却工作模式。

常规型冷却工作模式一般直接采用周围环境热沉(如大气、海水、地表水、地下水等)将冷却液的温度降温，这种冷却方式冷却液温度高于环境温度，系统简单、操作方便，但冷却效率不高，无法满足大型相控阵天线大热流密度、高集成度以及发热单元高可靠性带来的对温度变化严格要求的环境条件。为满足高效率的冷却效果，一般相控阵天线在使用环境条件允许的情况下采用制冷型液冷。

制冷型冷却工作模式(也称为液冷型)依靠压缩机制冷机组实现。压缩机制冷机组主要由压缩机、蒸发器、冷凝器、节流阀和风机等制冷装置和水泵、水箱等冷却液循环装置组成。压缩机制冷机组中的制冷剂在蒸发器中吸收乙二醇冷却液的热量，乙二醇冷却液的温度降低，变为乙二醇低温冷却液。制冷型冷却工作模式由于冷却液温度低于环境温度，带来冷凝水问题，需要有除湿装置对阵面内的湿度进行控制。

混合型冷却工作模式采用常规型冷却和制冷型复合式设计，在一般工况下采用常规液体冷却，在高温工况下采用制冷水冷却方式，两个冷却系统既可以独立运行也可以根据环境条件自动切换，极大提高了整个冷却系统的可靠性和效率。

液冷型天线阵面冷却设备包括阵面液冷管路、集分水静压腔、组件冷板和俯仰或方位水铰链等组成，阵面之外还有末端冷却机组。

·液冷管网：液冷管网是指包括管路、调节装置及检测装置等设备的管网系统，担负着将冷却液输送并分配到阵面发热电子设备，再从各个发热电子设备将冷却液收集并输送到末端冷却机组的功能。

·冷板：冷板是由铝等导热系数高的金属材料焊接而成的热交换器，其作用是和发热电子器件进行热交换，把电子器件产生的热量带走。冷板内部设计冷却液体流通的流道，在冷板表面安装发热电子器件，电子器件产生的热量通过热传导传递到冷板，再由冷板内的冷却液带走。

·末端冷却机组：末端冷却机组的主要功能是能按要求提供指定流量、压力、温度冷却液的一套装置。末端冷却机组主要由水泵、风机、水箱、热交换器、压缩机及相应的控制保护系统组成。

1. 大型地基有源相控阵液冷天线

大型地基有源相控阵液冷天线（如图 5.15 所示）总热量大，冷却管网庞大而复杂，液冷系统设计应按照当地环境条件，在不同地点的产品所采用的液冷方式不同，有的用水池蓄水冷却，也有直接常规冷却。换热机组及制冷机组均布置在天线楼外部，不受楼内房间面积的限制，进出风均通畅无阻碍；冷却系统冗余设计备份多，可靠性高。

图 5.15　大型地面有源相控阵液冷天线

2. 机载有源相控阵液冷天线

由于机载平台的供电及尺寸等条件限制很大，并且为了提高天线性能，在机载有源相控阵天线中多采用液冷方式，如国外的 F-18、F-22、苏 27、苏 30、苏 37 等战斗机，A-50、E-2C、E-3C 等预警机。

机载相控阵天线在地面工作时，飞机配接液冷车，直接将天线产生的热量带走；飞机空中飞行时，冲压空气将传递到气液换热器上的热量带走。机载有源相控阵液冷天线冷却系统如图 5.16 所示。

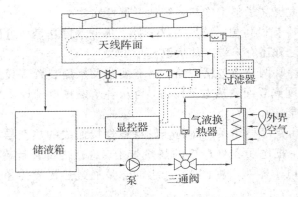

图 5.16　机载有源相控阵液冷天线冷却系统

飞机液冷系统为闭式循环系统，主要性能参数有温度、压力和流量，天线工作的性能取决于所用冷却液的流量和温度。国外应用的冷却介质品种较多，例如，F-22 选用 PAO 冷却液，A-50 使用"列娜 65"冷却液，苏 27 选用 65 号冷却液。美国最为先进的 F-22 火控雷达有源相控阵天线，热耗为 20 kW，供液温度为 20℃。

3. 舰载有源相控阵液冷天线

与机载平台不同，舰载平台对尺寸的限制较小，舰载有源相控阵天线功率较大，脉宽大，散热采用液冷方式。舰载有源相控阵天线液冷系统如图 5.17 所示，其采用乙二醇冷却液作为一次冷却介质，以海水、消防水等作为二次冷却介质。它的一个显著特点是海水温度较为稳定，但缺点是海水及海域环境腐蚀很严重，液冷系统均需要采取严格三防措施。

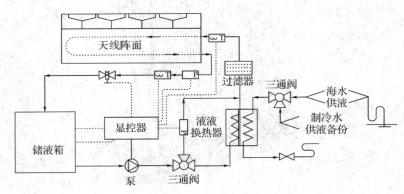

图 5.17　舰载有源相控阵液冷天线冷却系统

4. 车载有源相控阵液冷天线

车载有源相控阵液冷天线由于要转动及倒竖、折叠，管路系统中多了水铰链，其冷却系统如图 5.18 所示。小型车载液冷天线的末端机组放在天线车上，小型车载液冷天线的末端机组则由专门的运输车。美国 MASTER M 雷达的阵面散热量达到了 300 kW，其末端机组为 6 m 方舱(50 kW)。MASTER M 制冷机组(如图 5.19 所示)的制冷性能系数(COP)为 0.67，供液温度为 45℃，共设有 16 个独立的换热单元。冷却设备冗余设计，做到 1 备 1，方舱留有工作走廊，维修性较高。

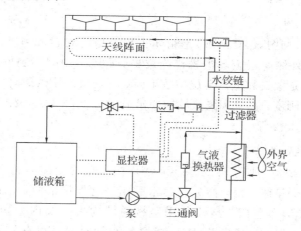

图 5.18 车载有源相控阵液冷天线的冷却系统

图 5.19 MASTER M 制冷机组

5.3 高频箱密封隔热

有源相控阵天线高频箱内安装了阵面的许多重要设备，包括 T/R 组件、数字单元、发射电源、DBF 等，为减小外界环境温度、湿度等因素对内部设备的影响，高频箱的热控要求一般做隔热密封设计。

5.3.1 隔热设计

高频箱体材料的隔热性能严重影响了箱内空气的温湿度，没有采取隔热措施的箱体，箱内外的传热系数明显增大，导致箱内气温在夏季很高，可能达到 60° 以上，严重影响了内部设备的散热；而在冬季温度很低，内壁很容易凝露，因此有散热要求的高频箱必须采取隔热措施。隔热设计主要包括隔热结构、隔热材料和隔热涂料三个方面内容。

1. 隔热结构

高频箱隔热设计包含箱体与门的隔热设计。箱体隔热设计通常采用夹芯板箱体结构和箱体贴保温材料两种结构。

1）夹芯板箱体结构

夹芯板箱体结构（如图 5.20 所示）是箱体由预成型的夹芯板铆接而成。夹芯板通常是三层夹芯胶结结构，外侧两层金属板材作为蒙皮（面板），中间芯层可用泡沫塑料或蜂窝。夹层结构最大的特点是蒙皮和泡沫夹层粘接牢固，质量轻，刚度大，保温、隔热性能好。夹芯板箱体结构适用于刚度、重量和隔热性能要求高的天线高频箱，对室外使用的夹芯结构高频箱的铆接密封要求较高。

2）箱体贴保温材料结构

箱体贴保温材料结构（如图 5.21 所示）就是在成型的箱体内再贴保温材料，使箱体具备隔热功能。为确保箱体密封，高频箱通常采用型材焊接结构，在骨架成型后，填充胶保温材料并用环氧玻璃布包封。箱体贴保温材料结构由外及内分别是箱体外蒙皮金属板、保温材料、箱体骨架、内蒙皮玻璃布。箱体贴保温材料后可有效降低箱体壁的热传导系数实现隔热，从而提高天线阵面内部环控系统的工作效率，是天线结构设计中最常用的隔热措施。

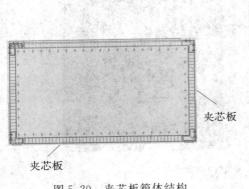

图 5.20　夹芯板箱体结构

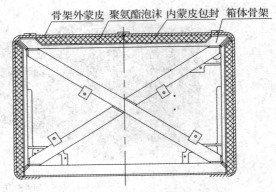

图 5.21　箱体贴保温材料结构

3）门的隔热结构

高频箱门的隔热设计通常采用泡沫夹层结构，外围为自密闭铝边框，中间填充聚氨酯泡沫，泡沫外侧再胶铆蒙皮。典型高频箱门的隔热结构如图 5.22 所示，外侧自密闭铝边框内为空气隔热，内部采用聚氨酯泡沫隔热。

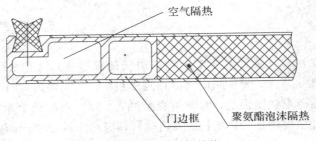

图 5.22　门的隔热结构

2. 隔热保温材料

通常把导热系数小的材料称为保温材料(又称为隔热材料或绝热材料),我国的国家标准规定不大于 120 mW/(m·K)的材料为保温材料,如岩棉、聚氨酯泡沫等多孔泡沫结构的材料。常温下常用保温材料的导热系数如表 5-4 所示。

表 5-4 常温下常用保温材料的导热系数

材　　料	导热系数/(mW/m·K)	密度/(kg/m³)
岩棉制品	38	100
聚氨酯硬泡沫 55#	44	33
玻璃纤维毡	46	16
三聚氰胺树脂泡沫	35	40
聚乙烯泡沫塑料	31	22
离心玻璃棉	31	48
泡沫玻璃板	58	145

表中,聚氨酯硬泡沫(PU)在制冷行业及建筑围护结构中广泛采用,也在天线结构中作为保温材料使用。与其他单功能保温或防水材料相比,聚氨酯硬泡具有明显的优势:

(1) 聚氨酯硬泡具有一材多用的功能,同时具备保温、防水、隔音、吸振等诸多功能。

(2) 聚氨酯硬泡体连续致密的表皮和近于 100% 的高强度互连壁闭孔,具有理想的不透水性,采用喷涂法施工达到防水保温层连续无接缝,防水抗渗性能优异。

(3) 超强的自黏性能(无需任何中间粘接材料),与钢板、铝材等板材黏结牢靠;整体喷涂施工,完全消除"热节"和"冷桥";机械化作业、自动配料、质量均匀、施工快、周期短。

(4) 化学性质稳定,使用寿命长,对周围环境不构成污染;离明火自熄,且燃烧时只炭化不滴淌,防火安全性能好。

目前,市场上还出现了一种具有更低导热系数的超级保温材料,称为真空隔热板(VIP),导热系数仅有 4 mW/(m·K)~8 mW/(m·K),大大优于以往的保温材料。以纳米二氧化硅气凝胶为主体材料,内部有凝气剂,外包装采用铝膜密封,采用真空技术复合封装而成,具有无毒、无腐蚀、阻燃等特点。要求较高的高频箱可以考虑使用 VIP 复合夹层结构,由外及内分别是外蒙皮、黏合层、VIP 板、黏合层、骨架、内蒙皮胶铆,其保温性能可以提高 20%。

3. 隔热涂料

除了在箱体结构中使用高保温性能的材料外,还可以在高频箱体的外表面进行涂复隔热涂料。隔热涂料分为三类:隔绝传导型隔热涂料、反射型隔热涂料和辐射型隔热涂料。

1) 隔绝传导型隔热涂料

隔绝传导型隔热涂料是通过涂料自身的高热阻来实现隔热的一种涂料。是属于厚膜涂料。涂料施工时涂装成一定厚度,一般为 5 mm~20 mm。对于新型隔热材料,我国有上百家研究单位和企业在进行这类涂料的研究工作，如"复合硅酸镁铝隔热涂料"、"稀土保温涂料"均属硅酸盐系涂料。

2）反射型隔热涂料

反射型隔热涂料是在涂料中添加中空玻璃或陶瓷玻珠，或添加铝基反光隔热涂料通过选择合适的树脂、金属，制得高反射涂层，反射太阳光来达到隔热目的。

3）辐射型隔热涂料

辐射型隔热涂料是一种辐射热量并隔热的涂料，辐射降温隔热涂料能够以 $8~\mu m \sim 13.5~\mu m$ 波长形式发射所涂刷在物体上的热量，形成有效的隔热屏障，从而达到降温隔热的效果。

除了上述常规隔热涂料外，新的隔热保温涂料也不断出现，如美国研发的采用真空陶瓷微粒、树脂乳液和纳米材料复合而成，已运用于 NASA 航天器隔热。国内某公司开发的热红外反射涂料 SL－15，采用远红外陶瓷粉作为辐射体，常温下辐射率大于 85%，光热转换效率高，可吸收环境热量后以远红外能量形式输出；此外以空心隔热微珠作为隔热填料，再增加特定颜料及树脂制成，耐酸碱、耐腐蚀、抗紫外的性能优异，使用寿命长达 25 年，是一种理想的表面涂料。

5.3.2　密封设计

除了隔热外，高频箱密封性也至关重要，以防止外界的热空气和潮气进入。高频箱密封性设计包括高频箱门、电缆转接板、穿墙过线/管孔等。

1. 门密封

高频箱门作为重要的维修维护通道，需要经常开关，其密封性最难保证，需要根据不同的使用场合设计相应的密封门。典型天线高频箱门的结构如图 5.23 所示，一般为夹芯结构，在周边安装密封条。该种形式的门密封圈暴露于阳光下，容易老化，需要定期更换密封圈以保证使用可靠性。该种形式的门使用较为广泛，其密封设计主要在于密封型材的使用上。常用的几种密封型材及密封结构如图 5.24 所示。每种型材的安装及使用方法略有不同，设计时可以根据需要灵活选择使用。

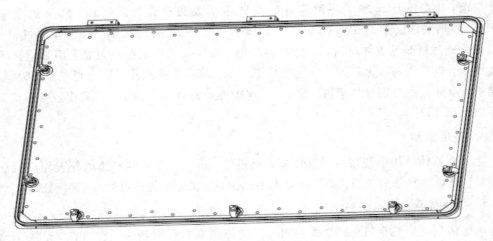

图 5.23　典型天线高频箱门

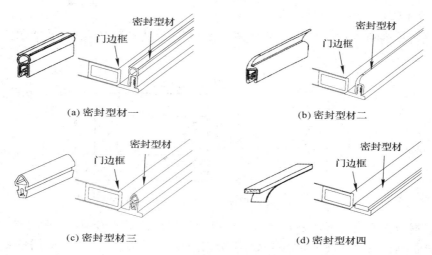

(a) 密封型材一　　　　　　　　　　　　(b) 密封型材二

(c) 密封型材三　　　　　　　　　　　　(d) 密封型材四

图 5.24　常用的几种密封型材及密封结构

2. 电缆转接板密封

根据情况不同，转接板可以采用三种密封方法：一是只在密封面间涂覆密封胶密封；二是在密封面间铺上平垫密封；三是在密封面处开凹槽，放置密封圈密封。使用时，可根据场合及密封要求的不同适当选用合适的密封方式。涂胶密封结构形式较为简单，密封效果的好坏在于涂胶的均匀性，在此不做详细描述，本节针对在设计中经常使用的后两种密封形式进行详细介绍。

1）使用密封垫片的典型密封结构

图 5.25 为典型的使用密封垫片的转接板，其周边安装面上粘贴有密封垫片。转接板的长度为 L、宽度为 W、厚度为 T_M，安装螺钉中心距外侧的距离为 B、螺钉间距为 S，密封垫片的宽度为 A、厚度为 T_N。设计遵循以下原则：

（1）长度和宽度一般根据连接器的排布确定，转接板的厚度 T_M 一般为 4 mm。

（2）密封垫片宽度 A 一般为所选用螺钉直径的 3 倍，即 $A=3D$，D 为所选用的连接螺钉的直径；距离 B 为 $A/3$。

（3）密封垫片的厚度 T_N 根据转接板长度和宽度的大小，并根据橡胶板的规格确定，一般选为 2 或 3 mm。

（4）螺钉间距 S 一般不能超过 100 mm。

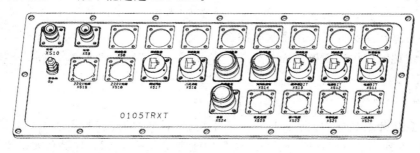

图 5.25　使用密封垫片的转接

2）使用橡胶绳的典型密封结构

使用橡胶绳的典型密封结构尺寸如图 5.26 所示，其参数如表 5-5 所示。设计要点如下：

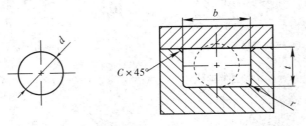

图 5.26　使用橡胶绳的典型密封结构尺寸

（1）根据转接板或盖板的外形尺寸，确定所需橡胶绳的直径 d，一般可选 d 为 $\phi 5$ 或 $\phi 6$ mm；再根据密封手册确定开槽的尺寸，分别为深度 t、宽度 b、沟槽棱倒角 C 和沟槽底圆角 r，可参见表 5-5。

表 5-5　使用橡胶绳的典型密封结构参数

密封条直径/mm	密封结构参数/mm			
d	t	b	C	r
$\phi 5$	$3.8^{+0.2}_{0}$	$7.7^{+0.2}_{0}$	0.6	0.6
$\phi 6$	$4.8^{+0.2}_{0}$	$7.7^{+0.2}_{0}$	0.6	0.6

（2）橡胶绳的长度根据密封区域的范围确定。放置橡胶绳的槽在拐角处的形状推荐按如图 5.27 所示的形状进行设计，可以开 45°倒角，也可以开一个较大的圆角过渡。

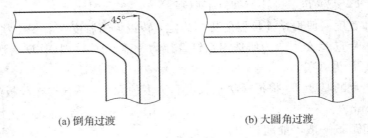

(a) 倒角过渡　　　　　　　　　　(b) 大圆角过渡

图 5.27　拐角处密封槽

（3）橡胶绳在接头处需采用密封胶粘接。

（4）安装螺钉应放置于橡胶绳的外侧，螺钉直径根据板的外形大小确定，螺钉间距的要求与使用密封垫片时一样。

3）密封材料选型

（1）密封垫片材料选型。密封垫片一般采用合适厚度的橡胶板剪切而成，推荐橡胶板类型如表 5-6 所示。对于一般情况，建议采用航空橡胶板 1142；对于有镀银零件的情况，建议采用无硫橡胶板 3840。

表 5-6　推荐橡胶板类型

名称	牌号	特　　性
航空橡胶板	1142	1142 航空橡胶板是由相应牌号的混炼胶压延硫化而成。供制作密封零件、垫圈及其他冲切零件。温度范围为－50℃～＋80℃，为一般零件使用
无硫橡胶板	3840	3840 无硫橡胶板是由相应牌号的混炼胶压延而成。具有对银不腐蚀的特性，供制造不使镀银零件发暗的密封零件、垫圈等。工作介质为水和空气，工作温度为－65℃～＋80℃。缺点是强度低，不耐油

（2）橡胶绳材料选型。最常使用的橡胶绳为航空橡胶绳 1157，它是由混炼胶压出硫化而成，耐酸碱、耐热、耐寒，其工作温度在空气为－45℃～＋90℃，在水蒸气中可达 140℃。目前的规格主要是直径为 3 mm、4 mm、5 mm、6 mm、8 mm 和 10 mm。

3. 穿墙过线/管孔密封

高频箱设计中，经常会遇到穿墙电缆或水管，传统设计方法中，主要采用涂胶方式解决。但涂胶密封存在诸多问题，密封胶易发生封堵不到位而漏水，此外当电缆/水管发生振动时，容易使密封胶脱落。随着技术的发展，目前已经有较好的密封方式。典型的电缆/水管密封原理如图 5.28 所示，该种密封属于圆柱面密封。在以上密封原理的基础上衍生出多种不同的密封结构，有哈夫夹密封（如图 5.29 所示）、螺母锁紧密封（如图 5.30 所示）及洛克赛克密封（如图 5.31 所示）。哈夫夹密封、螺母锁紧密封适用于单根电缆或水管的密封，洛克赛克系列密封件适用于多根电缆或水管的密封。根据使用场合的不同，在天线设计时，几种密封形式都有使用。

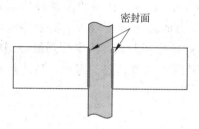

图 5.28　电缆/水管密封原理

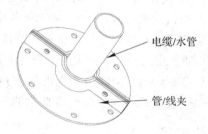

图 5.29　哈夫夹密封

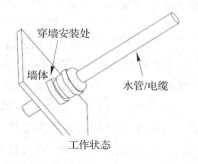

图 5.30　螺母锁紧密封

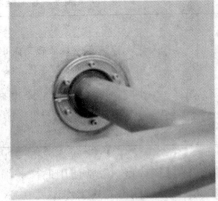

（a）电缆穿墙密封　　　　　　　　　　　　　（b）水管穿墙密封

图 5.31　洛克赛克密封

5.4　T/R 组件热设计

　　T/R 组件是有源相控阵天线的重要组成部分，也是天线阵面的主要热源。其热量主要来自于组件中的固态放大电路。随着微电子工艺技术的不断进步，固态放大电路也在不断发展。大功率微波放大器正逐渐从硅双极管、砷化镓（GaAs）场效应晶体管向能够输出更高功率的氮化镓（GaN）芯片技术过渡。目前，国外已经研制出 S 波段 400 W 的氮化镓功率管；国内的 100 W 氮化镓功放技术也日趋成熟，逐渐进入工程应用领域。随着发射功率增加，功率管的发热密度也正在从 100 W/cm² 向 1000 W/cm² 迈进。有源功率器件的面积往往比冷板（或热扩展板）小很多，使得冷板与热源接触面上的温度梯度较大，临近热源区出现更高的局部温度，由此产生扩展热阻。同时，考虑实际的电子封装，功率管到最外围的冷板往往存在多层基板（壳体），继而产生的界面热阻也阻碍了热流传递。因此，高效热扩展技术及低界面热阻技术成为高热流密度散热的关键。

5.4.1　热扩展设计

　　T/R 组件中主要的发热器件为高功率放大器，表现为热耗大，热流密度高，芯片平均总热耗大。从沟道到热管冷板的传热路径为：沟道→焊层→基板→焊层→组件壳体→冷板。典型的组件功放芯片温度云图如图 5.32 所示。

　　热扩展设计是指通过选择合适的封装材料，并进行相应的结构设计（如选择合适的厚宽比）来实现总热阻最小化，达到将热量尽快扩散传递出去的目的。在选择封装材料时，不仅要考虑材料的导热性能，还要考虑不同材料之间的热失配。一般来说，对于直接接触芯片或 LTCC 陶瓷板的基板，要尽量选择热胀系数（CTE）较低的材料，如铝硅、钼铜等金属基复合材料；对于处在散热最外围的冷板、外壳，可以酌情选用铝、铜等高导热金属材料。低 CTE 的高导热热扩展材料主要分为：铝基复合材料、铜基复合材料、碳/碳复合材料和碳/碳化硅复合材料。其热扩展能力如图 5.33 所示。高导热金属复合材料的应用如图 5.34 所示。

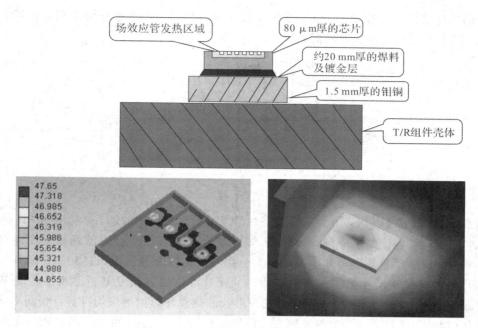

图 5.32 典型的组件功放芯片温度云图

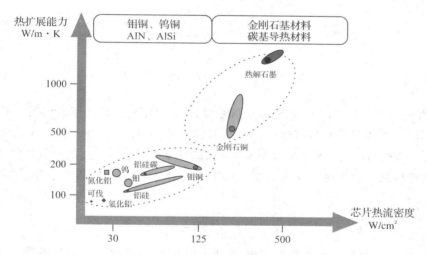

图 5.33 高导热热扩展材料的热扩展能力

图 5.34 高导热金属基复合材料的应用

选择了合适的材料体系后，可以通过结构优化来进一步降低系统的扩展热阻。一般来说，可以认为基板热阻由扩展热阻和一维传导热阻构成，热量在向下传导的过程中形成一定角度的热传播区，如图 5.35 所示。因此，在结构设计时需要考虑基板面积要适当大于热源面积，以更好地利用基板的热扩展能力。

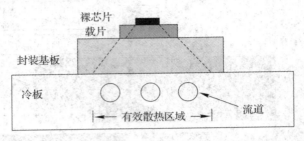

图 5.35　热扩展示意图

从图 5.35 很容易看出，增加基板或载片的厚度可以相应的增加有效散热面积，减小扩展热阻，但是同时也增加了一维传导热阻。因此，必然存在一个合适的基板厚度使得总传导热阻最小。而这个总热阻和其本身的材料、几何结构以及热边界条件相关。尤其在微波功率组件尺寸和封装尺寸无法改变的工程约束下，可以通过改变基板厚度来优化基板热阻。根据 Song 等人的推导和分析，任意几何形状的热源和热扩展层均可等价为圆形热源和热扩展层（误差不超过 10%），等价原则为保持面积不变。因此，可以给出基板热阻的函数表达式为

$$R_{ta} = \frac{T_{ha} - \bar{T}_f}{Q} = f_1(a,b,t,k,h) \qquad (5-4)$$

$$R_{tm} = \frac{T_{hm} - \bar{T}_f}{Q} = f_2(a,b,t,k,h) \qquad (5-5)$$

式中，T_{ha} 为热源平均温度；T_{hm} 为热源最高温度；$\bar{T}_f$ 为冷板上表面平均温度。根据热源温度取值的不同，R_{ta} 为平均总传导热阻；R_{tm} 为最大总传导热阻。a、b、t、k、h 分别代表热源的等效半径、基板的等效半径、基板厚度、基板热导率以及基板表面的对流传热系数。上述圆形热源和冷板散热的控制方程为二维、无内热源、柱坐标形式的热传导方程（拉普拉斯方程），即

$$\frac{1}{r}\frac{\partial}{\partial r}\left(r \cdot k \frac{\partial T}{\partial r}\right) + k \frac{\partial^2 T}{\partial z^2} = 0 \qquad (5-6)$$

利用上述方程和相应边界条件得到的是无穷级数形式的解析解，不便于工程应用。Song 等人给出了封闭形式的简化解，据此可以对各参数对总热阻的影响展开分析，有

$$R_{ta}^* = \frac{\tau}{\varepsilon^2\sqrt{\pi}} + \frac{1}{2} \cdot (1-\varepsilon^{-1})^{\frac{3}{2}} \cdot \Phi_c \qquad (5-7)$$

$$R_{tm}^* = \frac{\tau}{\varepsilon^2\sqrt{\pi}} + \frac{1}{\pi} \cdot (1-\varepsilon^{-1}) \cdot \Phi_c \qquad (5-8)$$

$$\Phi_c = \frac{\tanh\left(\lambda_c \times \frac{\tau}{\varepsilon}\right) + \frac{\lambda_c}{Bi \times \varepsilon}}{1 + \frac{\lambda_c}{Bi \times \varepsilon} \times \tanh\left(\lambda_c \times \frac{\tau}{\varepsilon}\right)}, \qquad \lambda_c = \pi + \frac{\varepsilon}{\sqrt{\pi}}$$

式中，ε 为无量纲热源半径，$\varepsilon = b/a$；τ 为无量纲冷板厚度，$\tau = t/a$；Bi 为毕奥数，即无量纲

的对流换热系数，$Bi=h \cdot a/k$。考虑图 5.35 中的基板热量仍由热传导方式输出，则此时 Bi 数等价于温差比，可参考经验数据得到。

图 5.36 为计算的某种微波功率模块中基板厚度与芯片最高温度的对应关系（芯片载片为 3 mm×4 mm，基板为 12 mm×13 mm）。从图中可以看出，不同的发热功率情况下对应的最优基板厚度为 2 mm～3 mm。然而，在实际工程应用中，受限于微波电路结构、设备重量以及成本等因素，并不可能设计如此厚的基板。从图中可以看出，在基板厚度从 0 变到 1 mm 时芯片温度下降最剧烈，超过 1 mm 后热扩张效果不再明显。

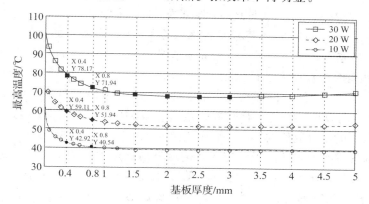

图 5.36　芯片温度与基板厚度关系曲线

当优化的对象是图 5.35 中的冷板厚度时，就必须考虑冷板中流道的对流换热系数对优化结果的影响。图 5.37 是无量纲总传导热阻 R_{tm}^* 与无量纲厚度 τ 的关系（改变 ε 和 Bi）。根据 R_{tm}^* 是否受 Bi 数影响，可以将总传导热阻随厚度的变化曲线 $R_{tm}^*-\tau$ 分为三个区域：

（1）Ⅰ区，未完全扩展区。在该区域，冷板厚宽比 τ/ε 较小，自身未达到完全扩展状态，

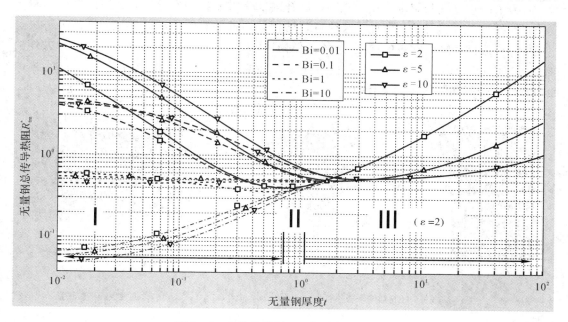

图 5.37　总传导热阻 R_{tm}^* 与厚度 τ 的关系

总传导热阻 R_{tm}^* 受 Bi(与对流换热系数正相关)影响明显。一维传导热阻 R_{1d}^* 很小可忽略,而扩展热阻 R_s^* 在总传导热阻中占主导地位。当 Bi 数一定时,随着 τ 增大 R_{tm}^* 变化较复杂。Bi 数较小(Bi<1)时,冷板处于"未完全扩展"状态,厚度增加有利于增强扩展性,扩展热阻明显减小,总传导热阻变小;而 Bi 数较大(Bi>1)时,扩展热阻本身较小,厚度越大反而增大热阻。

(2) Ⅱ区,过渡区。在该区域,冷板扩展状态处于过渡区,总传导热阻 R_{tm}^* 受 Bi 影响较小。一维传导热阻仍很小可忽略,基本达到稳定值。

(3) Ⅲ区,完全扩展区。在该区域,冷板已达到完全扩展状态,总传导热阻 R_{tm}^* 完全不受 Bi 影响。而一维传导热阻开始占主导地位,厚度增大,一维传导热阻增大,总传导热阻增大。

一般情况下,出于重量、成本以及结构集成的考虑,冷板并不能得到很大的厚宽比,工程中感兴趣的区域基本在Ⅰ区。因此,在实际情况中要针对具体的冷板进行分析,并确定经验的 Bi 数,从而对冷板厚度进行优化。

值得注意的是,以上的分析都基于一个前提,即基板或冷板材料是各项同性的均匀材料。如果基板为各向异性——特别是基板的横向等效热导率远大于垂直方向时,则可基本不考虑基板的几何优化对散热的影响,平板式热管就是这种典型结构之一。平板式热管能够利用埋置在基板或冷板内部的吸液芯或微槽道将局域热源的热量迅速传走,其等效热导率往往在 1000 W/(m·K)~10000 W/(m·K) 之间,因此十分适合用于高热流密度下的散热。然而,在平板式热管的工程应用中有几个需要注意的地方:其一,是平板式热管与低 CTE 材料的兼容。一般的平板式热管都是纯金属制件,无法直接和裸芯片接触进行冷却。因此,需要将搭载裸芯片的低 CTE 材料和平板式热管集成设计。图 5.38(a)是雷声公司设计的用于 GaN 芯片冷却的平板式热管,其中间填充碳纳米管吸液芯,下部为纯金属载体,上部则为低 CTE 材料用于搭载芯片,不同部件之间通过焊接连接。其二,是平板式热管的结构设计。在实际应用中,出于散热、减重、方便结构集成等考虑,平板式热管往往需要很薄。而为了防止空气和制冷工质的反应,热管内部又需要抽真空处理,导致热管外壁将承受接近 1 个大气压的压力。因此,这种封装结构存在被外界大气破坏的风险。为了解决这一问题,在选择高刚度材料的同时,还需要对具体结构进行有限元力学分析,设计另外的加强点。图 5.38(b)是一种典型的平板热管封装壳体,壳体内部埋置烧结铜粉,壳体上面凸起的圆柱就是起加强作用的支撑点。

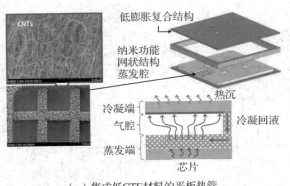

(a) 集成低CTE材料的平板热管

(b) 含加强点的平板热管

图 5.38　平板热管

5.4.2　低界面热阻技术

T/R 组件的热量从功放芯片到冷板，经历了多个界面，形成较大的界面热阻，会极大地阻碍热扩散。降低界面热阻的方法有两种：一种是减少界面数量；另一种是填充高导热界面材料。

在不降低适装性、可靠性的前提下，尽可能减少发热芯片与冷板之间的封装层数，从而减少总的界面热阻。图 5.39 是两种 T/R 组件局部结构的对比。图 5.39(a)中单独封装的功率管安装在功放模块壳体内，再和冷板贴合，从芯片到冷板共有三层界面热阻，对散热影响很大；而在图 5.39(b)中，裸芯片直接集成到微组装功放模块壳体中，从管芯到冷板只有两层界面热阻，热设计得到了很大的改善。

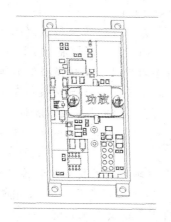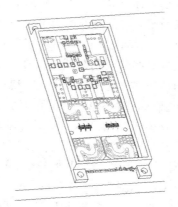

（a）分立器件功放模块　　　　　　　　（b）微组装功放模块

图 5.39　两种 T/R 组件局部结构的对比

虽然减小封装层级可以减少界面热阻，但是不可能彻底消除。对于必然存在的界面，可以填充界面材料来降低界面热阻。界面材料一般是高导热、柔软（或可流动）的材料，可以很好地填充元件和散热体之间的空气隙，加强热传导。目前，被广泛研究的高导热界面材料可分为以下几种：

（1）焊料。焊料是电子机械领域使用最悠久的高导热界面材料。它利用高温时焊料液化的流淌性来有效填充缝隙，焊料固化后不流淌且其热导率接近金属热导率。但是焊接也有缺点，例如，成本较高且不可卸装，大面积焊接时的焊透率会下降。对于需要定期维修的 T/R 组件来说，焊接并不是最经济的做法，一般仅用于裸芯片和载片或基板之间的连接。

（2）导热硅脂。导热硅脂一般填充有氮化铝、硼化氮或银颗粒，以增加热导率。它的优点是价格较低、热导率很高、不会分层和不需要固化，其缺点是填充物和硅脂容易产生相分离，长时间使用会发干失效，而且容易溢出导致污染。这种污染对于高密度互连的电子设备来说往往是致命的隐患。

（3）凝胶和黏性剂。这类材料一般由可固化的硅化物或银颗粒填充的环氧树脂做成，其优点是热导率较高，并且在固化前可与平面充分接触，固化后无溢出污染且不会形成空洞。它的缺点是固化后有可能分层，且无法实现可装卸。

（4）相变材料。这类材料一般包括聚烯烃、环氧树脂或丙烯清漆等。它能够在发热体温度上升时发生相变，从而吸收大量热量。它的优点是不会分层，不需要固化，并且不会产生空洞。其缺点是需要的紧固压力较大，热导率低于硅脂，并且会有局部的热接触不良。

（5）相变金属。相变金属在商业领域又称为液态金属，是一种低熔点的合金，利用熔化的金属填充模块间隙。一般的相变金属包含 In、Sn、Bi 等低熔点金属，并掺杂 Ag、Cu 等金属以提高热导率。这类材料的优点是有着极高的热导率且可重复利用。其缺点是长时间使用后接触界面有可能合金化、存在被氧化的危险，并且造价较高。

（6）柔性导热垫。这类材料一般是填充高导热颗粒（如氮化硼、氧化铝陶瓷、碳纤维）的硅橡胶。它的优点是不会滑溢或产生空洞，成本较低，操作简单。其缺点是热导率低、界面热阻高、需要较高的压力紧固。然而，近些年随着技术进步，此类材料的填充率得到极大提高，热导率逐渐上升到可与导热硅脂相媲美。目前，绝大部分可拆装的电子设备都选择这种材料作为导热界面材料。此外，如铟箔、锡箔等软金属箔也可算作此类材料。

值得注意的是，与普通的电力电子应用不同，高功率微波模块对于导热衬垫的选用有着特殊的要求。一般而言，微波模块间的互连方式有两种。对于同轴-微带线过渡的方式，两个互连的设备之间仅有信号线连接在一起，因而必须有另外接触良好的共地回路才能实现微波信号的传播。在这种情况下，共地回路中界面填充物除了导热良好外，还必须具有高导电率以提供良好的接地，如铟箔、液态金属等。而对于通过同轴连接器互连的模块，由于连接器的外导体相互接触形成良好的接地回路，另外的接地回路并不是必需的，则可采用一些绝缘的高导热柔性衬垫。

（7）碳基材料。石墨、碳纤维、碳纳米管等碳基材料均有着优异的热传导特性。碳纳米管的轴向热导率能达到 5000 W/(m·K)，远远高于任何一种金属。图 5.40 是佐治亚理工学院为雷声公司研发的一款基于碳纳米管的界面材料。其碳纳米管通过 CVD（金属气相沉积）方法垂直生长在铜箔上。使用时，垂直生长、彼此分离的碳纳米管可以自适应贴合凸凹不平的热源表面，形成类似柔性衬垫的填充效果。同时，其极高的轴向热导率又可发挥类似焊接金属的高导热作用。但是这种界面材料价格高昂，尚未进入大规模使用的阶段。

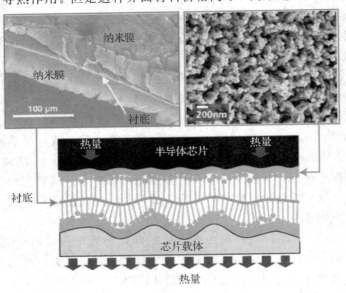

图 5.40 基于碳纳米管的界面材料

　　综上所述，高导热界面材料的选择不仅仅取决于其热导率，同时与安装方式、材料的可压缩性、材料的使用环境等息息相关。在工程设计中，选择导热界面材料要注意两点：一是要根据电子组件的装配间隙来选择材料的厚度，过薄的材料虽然热阻较低，但很可能因为无法有效填隙而导致散热不好；二是不用过分追求材料的热导率，而应该更注重材料的柔软性（关系到缝隙的填充率）、可拆装性以及长时间使用的可靠性，必要的时候要以实验结果为依据。

5.4.3　冷板设计

　　利用热扩展技术和低热阻技术可以将 T/R 组件内发热元件的热量有效地扩散到冷板上。冷板的形式有液冷、风冷或者半导体冷却等，其中，液冷是效率最高的，适合高集成度的电子装备使用。当冷板上的发热密度超过 5 W/cm² 时就应该选择液冷的冷却方式。按照是否与电子元件接触，液冷分为直接冷却和间接冷却；而按照传热流体的不同，可分为水冷、油冷、其他有机液体冷却等。其中，水的比热容很大，没有特殊要求时多采用水冷方式，为防止对管道的腐蚀、结垢，可加入缓蚀剂和使用磁化水、去离子水等。在军用装备中，考虑到低温等极端环境，要使用乙二醇等防冻液作为冷却工质。

　　液冷方式有常规流道冷却、微通道冷却，还可以采用液体喷淋冷却和冲击射流冷却，流体直接冲击被冷却或发热表面，冷却流程短且被冲击表面上的流动边界层较薄，传热热阻小，从而使受冲击区域产生很好的换热效果，是一种极其有效的强化传热方法。

　　冷板起着机械支撑和对流换热的双重作用，是液冷 T/R 组件的重要部件，要求其结构简单紧凑，表面传热系数高，温度梯度小，均温性较好，能有效降低集中热负载的热点温度，可靠性较高。

　　液冷冷板的基本设计要求如下：

　　(1) 冷板的换热性能满足散热需求，流道结构和换热面积的设计根据冷板的最大换热能力、器件的布置、器件的发热功率等因素综合考虑。

　　(2) 焊接方式的选用应该综合考虑焊接变形、焊缝强度、焊缝的可靠性和焊接成本等因素，一般为高温铝钎焊、摩擦搅拌焊或者电子束焊。

　　(3) 冷板流道结构应具有良好的可加工性。

　　(4) 地面雷达冷板的最大静态耐压一般要求为其实际额定工作压力的 2～3 倍，无特殊情况，冷板的静态耐压要求为 1.5 MPa，也可根据实际系统的最高工作压力确定。

　　(5) 冷板的阻力特性（流量-压损关系）要与整个冷却系统进行匹配设计。

　　(6) 冷板的水接头一般要求能够实现快速插拔，并具有自密封的能力。

　　(7) 应综合考虑冷板的热特性和结构特点对冷板进行减重设计。

　　冷板内流道的设计决定冷却效率。实际工程中，为达到提高局部热交换能力，常常使得流动多次改变方向，或局部增加接触面积以提高换热效果。同时，选择冷板的结构也要考虑成本、批生产性和耐腐蚀性等，在散热能力和工程可靠性之间取得平衡。

　　图 5.41 是三种典型的液冷冷板。微通道冷板是在流道内部增加了部分微肋形成微通道，一方面可以增加冷板散热面积；另一方面增强流体的湍流换热。直管冷板是在发热区域打出几个贯通的深孔，在冷板两端设计堵头将流道串联，最后用电子束焊的方法将堵头焊死。这样做的好处在于焊缝较短，且暴露在组件外，大大降低流道渗漏的风险；但是由于

流道集中，需要对发热器件进行集中布局以有效利用有限的冷板面积。

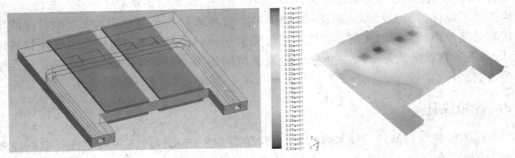

(a) 蛇形管冷板及温度分布

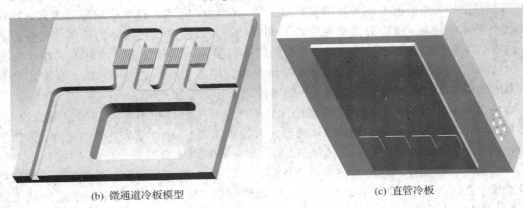

(b) 微通道冷板模型　　　　　　　　　(c) 直管冷板

图 5.41　典型的液冷冷板

上述三种流道的设计方法从热设计和加工难易程度等方面各有优缺点：

(1) 从热性能方面对比，微通道技术冷却效果最好，而普通蛇形流道较深孔钻流道冷却稍好，相差不大。

(2) 从能量损失的角度分析，相同流量时，微通道增大了流动阻力，能量损失最大，深孔直流道能量损失最小，普通蛇形管的能量损失介于两者之间。

(3) 从加工的难易程度考虑，微通道最难加工，不仅是机加工要求高而且需要对流道焊接密封，成本最高，蛇形流道同样存在焊接密封的要求，相比之下，深孔钻加工直流道冷板成本最低。

5.5　相变冷却技术

相变是一种随温度改变而自身发生物理性质变化，从而释放或吸收潜热的过程。相变冷却是利用液体在低温下的蒸发过程及固体在低温下的熔化或升华过程，吸收被冷却物体的热量。因此，相变冷却分为液体气化冷却与固体熔化与升华冷却。由于液体自身具有流动性，液体气化冷却被广泛应用。

5.5.1　相变热管热控技术

热管是一种利用工质的蒸发、凝结相变和循环流动而工作的换热装置。由于液体蒸发和凝结时的热阻很小，因此利用热管可以实现在小温差下传递大热量。自 1964 年首次提出热管概念以来，热管技术得到充分发展，其具有传热量大、结构紧凑、无运动部件和不消耗能源的突出特点，并能应用于航天、电子、石油、化工、能源、冶金、机械及医疗等领域。图 5.42 为一种有源天线用热管产品。

图 5.42　有源天线用热管产品

1. 热管的工作原理及分类

热管的基本结构和工作原理可以用一个典型的管式热管来说明，如图 5.43 所示。热管由管壳、毛细吸液芯和工质组成。其制作方式是，将管内抽真空后充注适量的工作液体，再使紧贴管内壁的吸液芯毛细多孔材料中充满液体后，加以密封制成。管的一端为蒸发段（加热段），另一端为冷凝段（冷却段），根据需要可在二者间布置绝热段。当热管的一端受热时，吸液芯中的液体蒸发汽化，蒸汽在微小压差作用下流向另一端，释放热量并凝结成为液体，此后，液体再沿吸液芯依靠毛细力的作用返回蒸发段。如此循环不已，即将热量由热管的一端输运至另一端。

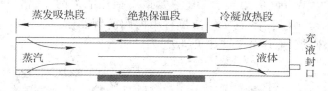

图 5.43　典型的热管结构

根据不同吸液芯结构特点，热管可分为无芯热管、简单芯热管、复合芯热管。无芯热管工质回流主要靠热管外力（如重力、离心力、磁力等）辅助完成，其本身并没有吸液芯结构。无芯热管分为重力热管（也称为两相闭式热虹吸管）、脉动热管（也称为振荡热管）、离心力热管、磁力热管等。简单吸液芯热管由单一吸液芯材料、单一吸液芯结构组成，分为沟槽式吸液芯热管（简称沟槽热管）、烧结金属粉末式吸液芯热管（简称烧结热管）、丝网式吸液芯热管（简称丝网热管）和纤维式吸液芯热管（简称纤维热管）。复合吸液芯热管是指由两种或者两种以上吸液芯结构或者吸液芯材料组成的热管，主要以平衡或者提高吸液芯的毛细力与渗透率来提高热管的极限传热能力为目标，解决烧结热管渗透率低、沟槽热管毛细力小及丝网纤维热管热阻大等问题。根据吸液芯的不同热管主要分为分层烧结热管、分层丝网复合热管、沟槽上烧结热管、丝网覆盖沟槽热管、多孔槽道热管、烧结覆盖沟槽热管、分段烧结热管、沟槽烧结分段热管，如图 5.44 所示。

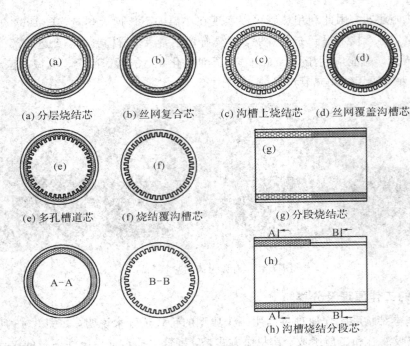

(a) 分层烧结芯　　(b) 丝网复合芯　　(c) 沟槽上烧结芯　　(d) 丝网覆盖沟槽芯

(e) 多孔槽道芯　　(f) 烧结覆沟槽芯　　(g) 分段烧结芯

(h) 沟槽烧结分段芯

图 5.44　不同芯结构热管

在无芯热管中，脉动热管是一种比较特殊的热管，其结构如图 5.45 所示。它为弯曲蛇形毛细流通管路结构，内部充灌传热工质，形成随机分布的汽柱-液塞，一端置于加热环境（蒸发段），另一端置于冷却环境（冷凝段），内部随机分布的汽柱-液塞会形成振荡流动，将热量由蒸发段传递至冷凝段。据相关研究报道，内径为 0.5 mm，以 R142b 为工质的脉动热管，散热密度达 1000 W/cm²，相当于常规热管最高传热能力的 20 倍。脉动热管的形式分为开路型和回路型，其中，回路型又包括带有单向阀的管路形式。回路型的管路中由于能够实现工质的定向流动，传热效果优于开路型。

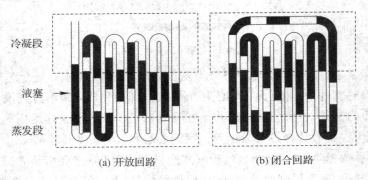

(a) 开放回路　　　　　　　　(b) 闭合回路

图 5.45　脉动热管结构

环路热管是一种新型热管，如图 5.46 所示，它的吸液芯只设置在蒸发器内，储液器和蒸发器是一体的，内部通过副芯与蒸发器相连接，蒸汽管路和液体管路分开（消除了两相流剪切力影响），并可采用柔性的管路，因而蒸发器和冷凝器的位置和布局可以比较灵活地进行安排。其与传统普通热管相比，具有传热能力大、传输距离远、安装和布局方便、反重力能力强、既有被动控温能力也能实现主动控温等诸多优点，这是很多其他热控设备无法比拟的。因此，环路热管也在航空航天热控制和高热流密度电子散热等方面得到了越来越广泛的关注和应用。

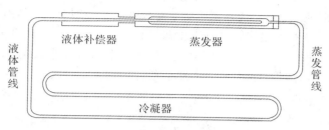

图 5.46　环路热管

2. 热管设计和选用

热管具有低热阻高热导的特点，但是热管在应用时还受到自身和应用环境的诸多限制。下面简要介绍在选用和设计热管时应主要考虑的因素：使用条件、工质的选择、管壳的选择、吸液芯的选择。

（1）热管使用条件。使用条件包括以下几个方面：

① 工作温度范围：指热管工作时所需要承受的最高工作温度和最低工作温度所确定的温度区间，必须在工质的临界点和凝固点之间，保证工质不得凝固和处于超临界状态，一般在一个大气压的非典附近。

② 传热量和热流密度：指热管传递的总热流量和蒸发段单位面积上的热负荷，决定了热管尺寸、吸液芯类别以及所用热管的数量。

③ 热管的总温降：指蒸发段外壁面与凝结段外壁面之间的温差，这就决定了热管蒸发段和凝结段的吸液芯设计以及热管的最小尺寸。

④ 尺寸、重量和几何形状：主要由应用场合的条件来决定，其尺寸、走向和外形要和应用对象匹配。

⑤ 可靠性与寿命：主要由工质材料和管体材料、吸液芯材料之间的相容性以及工质的泄漏量决定。

⑥ 工作环境：对热管的性能产生重要影响，如重力、离心力、振动、热源、热沉、所处的温度环境等。

（2）热管工质的选择。工质的选择主要考虑工作温度、传热能力、蒸发段最大热流密度、相容性和稳定性等。首先，在工作温度变化范围内，工质不得凝固和超过临界点。其次，从工质物性来说，表面张力大、汽化潜热大。黏性小的工质，具有较强的毛细力。例如，低温区（200 K 以下）的常用工质有甲烷、氮、氖、氢等；中温区（200 K～700 K）有氨、丙酮、氟利昂、甲醇和水等；高温区（700 K 以上）有钠、钾、锂和银等。最后，工质与管壳、吸液芯之间应相容，不发生化学反应和腐蚀。

（3）管壳的选择。管壳的选择主要考虑高温工况时管壳的耐压强度、焊接气密性等因素。另外，要易于成形，以便于热源、热沉构件良好接触，减小接触热阻。

（4）吸液芯的选择。吸液芯的选择主要考虑要有大的毛细抽吸力、小的流动阻力、自身径向热阻小且工作可靠度高。吸液芯的结构主要有沟槽吸液芯、烧结吸液芯、纤维吸液芯、丝网吸液芯、复合吸液芯等。沟槽吸液芯毛细力小，但是其回流阻力小、径向热阻小，且易于成批制造；烧结吸液芯毛细力大，但回流阻力大，加工制造困难；纤维吸液芯回流阻力小，但毛细力小，等温性能较差；丝网吸液芯流动热阻和孔隙率可以通过丝网扎紧力度来控制，比较灵活，但毛细力小，流动阻力大；复合吸液芯毛细力大，热阻较小，但是制作工艺一般比较复杂，成本相对较高，很难大批量生产。总体说来，相对于烧结热管与沟槽热管，纤维热管和丝网热管综合传热性能较差，而复合芯热管成本较高，因而在实际应用的主要是烧结热管与沟槽热管，但是复合芯热管的应用前景比较大。

3. 热管的研究进展

目前对各种类型的热管的研究主要有理论研究、可视化实验研究、启动特性研究、传热性能研究(几何尺寸、工质、吸液芯、纳米流体、倾角及充液率等对传热性能的影响)等。以下将针对脉动热管、微热管、相变热管这几类热管的发展进行简单介绍。

(1) 脉动热管。它存在一个临界管径，具有略大于或小于临界管径的回路结构能够维持工质正常的两相脉动流动。重力因素是影响其启动运行的关键因素，较多的 U 型弯数能够减小重力的影响，一般情况下重力对脉动热管运行具有很大影响，$70°\sim90°$的倾角才具备良好的运行性能。工质热物理性质影响到脉动热管的最佳传热能力，例如，在较高的热负荷下水作为工质具有上佳的传热效果，而较低的热负荷下乙醇、R123 等工质具有较好的传热效果。脉动热管存在最佳充液率，但是受到工质及运行条件的影响而有所不同，大多研究结果得出的最佳充液率在 $40\%\sim60\%$，也有些研究表明较低的充液率(30% 或 35%)下脉动热管传热较好。

(2) 微热管。随微电子技术、电子装置小型化发展而兴起的技术，微热管的应用不仅可以控制表面的最高温度，还能达到微小温差传热。笔记本电脑的 CPU 广泛采用了微热管散热方案，其直径一般为 3 mm，比热沉风扇冷却方式效果更好。Cotter 在 1984 年提出微热管概念以来，其结构形式从重力型毛细芯热管发展到具有多行平行独立微槽道平板热管，目前针对电子设备冷却的特定要求，已经出现了平板型电子冷却热管、重力辅助热管、柔性回路热管和微型空气-空气换热管等多种微热管，甚至可以将微热管替代高导热的金刚石用于集成电路芯片硅衬底中。将若干个热管嵌入到基板(通常为铝板)表面是 CPU 通用的冷却形式，由于存在接触热阻，后来发展了一种用铝板胀接挤压而成的无接触热阻的圆棒热管，在电子设备冷却方面有很大的应用前景。平板型热管可以把热量从集中发热区域传递到大面积区域，热流密度通过冷凝面积和蒸发面积的比值降低，比普通热管具有更大的冷却面积而且重量轻、导热性能好，其广泛用于航天器热控系统、大功率电子元件冷却。

(3) 相变热管。新型相变储能热管(即相变热管，如图 5.47 所示)技术根据天线瞬时工作特点，利用相变材料的相变储能特性、高效相变储能技术可在相变材料的相变温度点吸收发热天线工作时产生的大功率热量并储存起来，从而抑制天线的温度波动。由于相变材料的相变温度点是恒定的，在理想条件下，高效相变储能技术的应用，可将天线的温度始终控制在很窄的范围内，从而实现对天线温度均匀性的控制。因此高效相变储能技术特别适用于间歇工作的星载天线的热控。新型相变储能热管技术的研究内容包括以下两个方面：

① 提高相变工质的效率，通过研究传热强化技术以及优化相变储能设备构型，在原有相变热管的基础上进一步提高相变设备的效率和控温效果。

② 高性能毛细槽道结构热管的优化设计研究。轴向毛细槽道高性能空间热管由于优越的导热性能以及结构简单、质量轻、体积小、无运动部件、能在微重力条件下稳定工作的特点，被广泛地应用于航天器热控系统以及微电子器件散热等领域，通过对毛细槽道、气管、管壳结构等优化设计可研制出新型的紧凑型高性能热管。

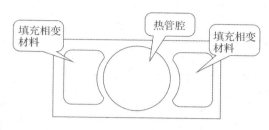

图 5.47　新型相变储能热管

5.5.2　喷雾冷却技术

喷雾冷却是指利用机械喷淋雾化，把微小液滴冲击高热流密度电子元器件表面，并形成一层冷却液薄膜，吸热蒸发后带走热量，如图 5.48 所示。喷雾冷却介质带走的热量在冷凝器中把热量释放到环境中，并使冷却介质冷凝成液体，通过循环泵重新回到喷雾冷却器中。对喷雾冷却介质的要求是汽化潜热大，并且其沸点(工作温度)在电子元器件热控温度附近。

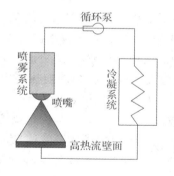

图 5.48　喷雾冷却

喷雾冷却在机械加工、能源、化工等方面具有广泛应用。近年来，电子技术飞速发展，电子器件的功率越来越大，因此，对其温度及散热的要求也越来越高。喷雾冷却由于其高效的散热能力，因此引起人们的极大兴趣，试验结果表明，与风冷比喷雾冷却使计算机的片结温度降低 33 K，耗功反而降低 35%。

1. 喷雾冷却机理

图 5.49 为一典型的喷雾冷却曲线。当壁面温度较低时，热流随壁面温度的升高线性增加，这表明，在加热壁面上，单相对流占主导地位，此时的喷雾冷却是单相的；当温度升高到一定程度后，曲线的斜率明显增大，这是加热壁面出现相变，喷雾冷却进入两相区域；随着壁面温度的继续增加，加热表面的气泡逐渐增多，到加热表面被气泡覆盖时，再提高壁面温度，壁面将从核态沸腾进入膜态沸腾，传热能力反而下降，此时的换热密度称为临界

热流密度。Chen 等人利用高速摄像机对喷雾冷却成核机理进行了研究，认为其换热机理与表面成核的核态沸腾、两次成核、对流换热以及液膜表面直接蒸发等因素有关。

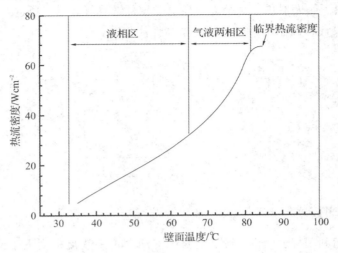

图 5.49　典型的喷雾冷却曲线

目前，关于临界热流的触发机理还不是很清楚，而沸腾换热临界热流理论模型主要有四个：边界层分离、气泡喷涌、底层耗尽、界面抬升。

2. 表面强化传热方法

对于加热表面进行适当的表面处理，如表面磨砂、钝化、微肋等，可以大大强化喷雾冷却效果。在铜表面上用粗砂打磨以增加表面的粗糙度，可以使热流密度提高 40%。

Silk 和 Kim 等对如图 5.50 所示的铜热流表面的三种强化方式（立方肋、金字塔肋以及直肋）进行了研究。采用处理后的强化表面，相同温度下喷雾冷却的换热能力显然大大增强，其中直肋的换热能力增加最大；采用强化表面，喷雾冷却曲线在更低的温度下就从单相区进入多相区，其中金字塔肋表面进入两相区的温度降低最多，其次是立方肋表面，出现这种情况的原因可能是因为强化表面上潜在的成核位置增加或者是液体在加热表面上的驻留时间变长所致；对于无处理的平表面、立方肋、金字塔肋和直肋表面，临界热流密度（W/cm^2）分别为 80、114、105 和 126。

图 5.50　表面局部强化结构

喷雾冷却方式利用潜热冷却，具有很高的散热能力，因此，其在未来的电子器件冷却和其他高热流密度的传热场合的应用前景正逐步、广泛地引起人们的兴趣。

5.6 热设计仿真技术

天线热设计仿真技术就是利用计算机技术将天线的热物理模型进行求解，得到天线系统或部件设备中的温度、流速、压力、热流密度、热梯度、传热量等各种热物理参数值，用于天线冷却效果的预估和指导设计。天线热设计仿真具有以下优点：

（1）快速研发提高效率。天线系统设计是一个反复迭代以达到最优的过程，同样天线热设计需要进行多轮优化和验证，在方案阶段采用仿真技术就可以进行预估。例如，根据阵面功率和热耗进行组件级热仿真，就可以预计采用风冷、液冷类型，进而快速得到天线冷却系统的设备量及成本，提供决策依据。

（2）减少试验降低成本。天线热试验是进行天线研发必要环节，但它需要耗费大量的人力、物力和时间，而且天线工作模式多样，外部环境因素的影响更是时刻发生着变化，试验不能得到全面的数据，因此采用计算机仿真技术对天线进行仿真以验证或优化热控系统的设计，是一种经济、高效、必要的设计手段。有资料表明目前国外卫星平台系列基本上已经能够做到用热分析来代替热控星热平衡试验，计算值与试验值相差基本在 $\pm 5\,℃$ 范围内。

5.6.1 热仿真基础

由于温度、压力、速度等参数均与计算流体力学（CFD）有密切的联系，因此热仿真主要采用 CFD 方法进行建模和计算，也就是求解数学模型（代数方程、微分方程、积分方程、连续方程、离散方程等）。涉及流动与传热的 CFD 数学描述为下列三维非稳态纳维-斯托克斯（Navier-Stokes，简称 NS 方程）形式：

质量守恒方程，即

$$\frac{\partial \rho}{\partial t} + \frac{\partial(\rho u)}{\partial x} + \frac{\partial(\rho v)}{\partial x} + \frac{\partial(\rho w)}{\partial x} = 0 \tag{5-9}$$

动量守恒方程（u 为动量），即

$$\frac{\partial(\rho u)}{\partial t} + \frac{\partial(\rho uu)}{\partial x} + \frac{\partial(\rho uv)}{\partial x} + \frac{\partial(\rho uw)}{\partial x} = -\frac{\partial p}{\partial x} + \frac{\partial}{\partial x}\left(\lambda \mathrm{div}U + 2\eta\frac{\partial u}{\partial x}\right)$$
$$+ \frac{\partial}{\partial y}\left(\eta\frac{\partial v}{\partial x} + \eta\frac{\partial u}{\partial y}\right) + \frac{\partial}{\partial z}\left(\eta\frac{\partial u}{\partial x} + \eta\frac{\partial w}{\partial y}\right) + \rho F_x \tag{5-10}$$

能量守恒方程，即

$$\frac{\partial(\rho T)}{\partial t} + \mathrm{div}(\rho Tu) = -\mathrm{div}\left(\frac{\lambda}{C_p}\mathrm{grad}T\right) + S_T \tag{5-11}$$

上述方程均可转化为通用的控制方程，即

$$\frac{\partial(\rho\phi)}{\partial t} + \mathrm{div}(\rho\phi u) = \mathrm{div}(\Gamma_\phi^* \mathrm{grad}\phi) + S_\phi^* \tag{5-12}$$

式中，Φ 为求解量，可以是温度 T、速度 V；第一项为瞬态项，代表求解量随时间的变化关系；第二项为对流项；第三项为扩散项，第四项为内热源项。纯导热问题比较简单，仅求解能量方程即可；纯辐射传热问题，可利用积分方程来描述；工程中大多是两种或三种均存在，可简化到边界条件中进行计算。

热仿真 CFD 中的数值方法非常丰富，如有限差分、有限体积、有限元、谱方法等，目前工程中广泛采用了精度较高的有限元法和热网络法，基于这些方法产生了很多成熟的商业热分析软件包，主要有 FLUENT、STAR‑CD、CFX、PHOENICS、ANSYS、FLOTHERM、ICEPAK、SINDA/G、I‑DEAS 等。FLUENT 软件功能非常丰富，核心部分是 Navier-Stokes 方程组的求解模块，离散格式有一阶、二阶、指数形式、Quick 格式等，其数值耗散较低精度高且构造简单，解决稳态、非稳态、可压缩、不可压缩等传热问题。

热仿真数值求解的基本思想是：把在空间、时间坐标中连续物理量的场（如速度场、温度场、压力场等），采用有限个离散点（称为节点）来代替；通过一定的规则建立起这些节点上变量值之间关系的代数方程（称为离散方程）；求解所建立起来的离散方程，获得所求解变量的近似值。

5.6.2 热仿真流程

热仿真的基本流程如图 5.51 所示。其中，模型简化与网格划分是最为重要环节。常用的简化有以下几种：

（1）对称简化：计算的物理场关于面对称、轴对称的，应该计算最基本"单元"，通过后处理的镜像关系得到全场的计算结果。

（2）装配简化：对于装配体，可以去掉对仿真结果影响不大、但非常影响计算效率的零部件，如波珠、导线、紧固件等传热非关联件。

（3）特征简化：对于单个零件，去掉对仿真结果影响不大、但非常影响计算效率的结构特征，如圆角、倒角、支耳、小孔、凸台、薄壁隔墙等，可以简化去掉。

网格划分按以下原则：纯导热问题网格划分时，三维网格优选四面体网格，二维网格优先选三角形网格；涉及流体换热时，三维网格优先按六面体划分网格，二维网格优先按四边形划分网格。

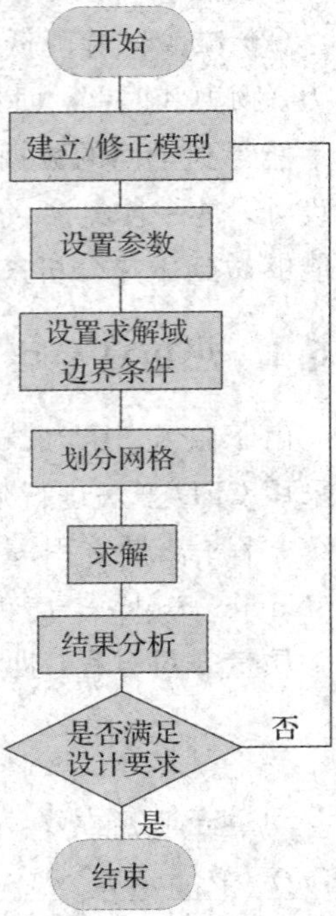

图 5.52 是微波组件 CAD 模型，内部有 8 个热源，根据上述简化规则，传热模型基本对称，可以按对称简化，连接器对于传热可以忽略，去掉不影响传热的局部圆角，得到了计算模型，如图 5.53 所示。

图 5.51 热仿真的基本流程

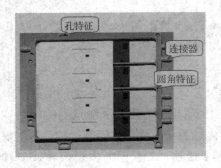

图 5.52 微波组件 CAD 模型

图 5.53 微波组件计算模型

图 5.54 是一个天线子阵简化模型，包括 1 个冷板和 12 个 T/R 组件，正反面对称安装，主要发热源为组件的功放模块，采用液冷方式。

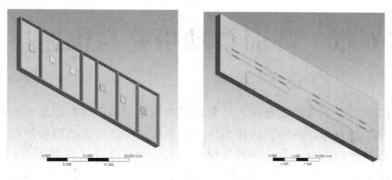

图 5.54　天线子阵简化模型

传热的物理模型是基本对称的，为减少计算量进行对称简化，设置冷板流道厚度方向中心面为对称边界条件。在 Pro/E 中建立三维实体模型导入 FLUENT 专用的网格划分软件 GAMBIT 中，得到非结构的四面体计算网格，采用了三维、双精度、非耦合的稳态求解器，子阵计算模型如图 5.55 所示，其热仿真温度云图如图 5.56 所示。

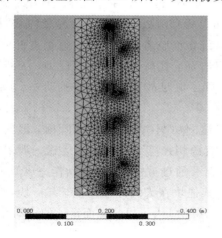

图 5.55　子阵计算模型

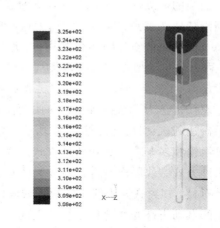

图 5.56　子阵热仿真温度云图

在天线热仿真过程中，应遵循精度与效率的综合评估，获得与实际情况一致相符的计算结果。由于边界条件、初始条件、模型简化及计算累计误差等影响，热仿真不可能获得与真实情况相同的结果，对热仿真精度要求较高的场合，必定是一个"仿真—设计—测试—再仿真"的循环，不断修正热仿真模型，从而达到加快热仿真速度和提高热仿真精度的目的。

第6章　阵面自动折叠与快速拼装

冷战时期，由于美国和前苏联两大军事集团的长期对峙，西方国家十分重视高机动雷达的发展和研制，并且将高机动雷达部署在战略要地，以提高雷达网的弹性和整个防空系统的稳定性。独联体国家的七万余部防空雷达中大部分是车载式机动雷达，且有相当数量为高机动雷达；英国和法国的雷达站，几乎不采用固定式，而采用可运输单元，以便在较短时间内转移到新的阵地展开工作；日本的机动雷达与固定雷达之比，近年来由原来的1：14升到1：2.5，其机动雷达阵面大都可以折叠运输，具有较好的运输性、高精度性和自动化功能。军事实力强大的美国，也极其重视雷达的机动性，以实现全球范围内的机动部署，其雷达情报网抗摧毁能力达到了完善的程度。

信息技术的飞速发展，使现代战争具有了全新的特点：一是战争发生时间的不确定性；二是战线的模糊性；三是跨越时空的超远程打击。从海湾战争和波黑战争等军事冲突中，人们清楚地认识到，以地面雷达为核心的防空系统正面临着电子干扰、隐身飞机、反辐射导弹及低空超低空突防的严重威胁。地面雷达装备为了提高自身的生存能力，天线阵面快速、可靠的自动架设和撤收是其基本要求之一，除了满足战场需求快速机动外，同时还需要满足海、陆、空装载以及运输规范要求。

现代雷达为了获得较远的探测距离，增大雷达的功率，加大了天线阵面，但同时也影响了雷达的机动性。根据第2章所述，大型车载有源相控阵天线阵面的运输一般采用单车多块运输和多车多块运输两种方式：第一种方式需要通过折叠、翻转等动作完成架设撤收；第二种方式主块随转台等设备在天线车上运输，其他块在天线运输车上运输，块与块之间通过对接、锁紧在主天线上完成天线阵面的架设、撤收。为了提高地面雷达的机动性，天线阵面的自动折叠和快速拼装至关重要。

6.1　阵　面　折　叠

天线阵面折叠的优点在于折叠后体积小，可以满足公路、铁路、飞机等多种运输方式，实现大尺寸平面阵列天线雷达的海陆空多种运输方式的兼容，特别是铁路运输时直接驶上平板车，不需要借助外力使车上安装设备和运输载车分离。天线阵面的自动折叠技术实现了雷达天线工作状态与运输状态的快速转换，使整个雷达有较高的机动性、快速反应能力和战场生存能力。

折叠机构的设计与天线阵面的结构形式密切相关，在天线结构允许的条件下，将天线及其背架分成若干块，块与块之间可以相对运动，如翻转运动、直线运动等，通过这些折叠动作，将天线阵面压缩到某个指定空间内。为了避免复杂动作可能导致的雷达可靠性下降，天线阵面的折叠动作应尽可能简单，即折叠动作要尽量少且机构动作要简单。

6.1.1　折叠机构的理论基础

常用的折叠机构主要为平面连杆机构，平面连杆机构是一种应用十分广泛的机构，其传动特点如下：

（1）平面连杆机构中的运动副一般是低副，低副两元素为面接触，故在传递同样载荷的条件下，两元素之间的压强较小，可以承受较大的载荷。同时，低副两元素间便于润滑，因此两元素不易产生大的磨损。另外，低副两元素的几何形状比较简单，便于制造，易获得较高的精度。

（2）当原动件以同样的规律运动时，如果改变各构件的相对关系，便可使从动件得到不同的运动规律，利用这种特性可实现折叠中多种工作要求。

（3）平面连杆机构可以很方便地用来达到增力、扩大行程和实现较远距离的传送等目的。

平面连杆机构大致可分为曲柄摇杆机构、曲柄滑块机构、摇块机构以及导杆机构等。折叠机构中的往复油缸机构是一种特殊的连杆机构，往复油缸机构有缸体轴线固定式和缸体绕定点摆动式两种。缸体轴线固定式机构相当于曲柄滑块机构，缸体绕定点摆动式机构相当于摇块机构。

1. 曲柄滑块的动力学特性

曲柄滑块机构是铰链四杆机构的演化形式，由若干刚性构件用低副（回转副、移动副）连接而成，是由曲柄（或曲轴、偏心轮）、连杆、滑块通过移动副和转动副组成的机构。图 6.1 为曲柄滑块机构的受力分析示意图。

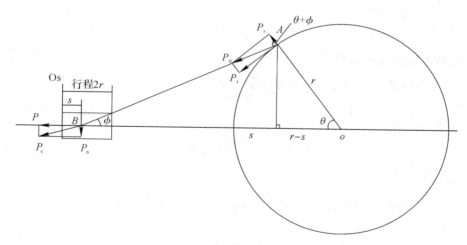

图 6.1　曲柄滑块机构的受力分析示意图

从曲柄 r 传到连杆上的力 p_c 与滑块发出的压力 p 之间，存在如下关系式，即

$$p_c \cos\phi = p \tag{6-1}$$

曲柄颈 A 处，沿半径方向的力 p_r 和 p_c 的关系为

$$p_r = p_c \cos(\theta + \phi) \tag{6-2}$$

将以上两式联立，可得

$$p_r = \frac{p\cos(\theta + \phi)}{\cos\phi} \tag{6-3}$$

曲柄颈沿半径方向承受与 p_r 力大小相等的压力。曲柄颈沿圆周方向所受切线力 p_T 与半径 r 的乘积，就是转矩 T，即

$$T = p_T \cdot r \tag{6-4}$$

根据图 6.1 可知

$$p_T = p_c \sin(\phi + \theta) \tag{6-5}$$

将式(6-1)、式(6-4)代入式(6-5)，则

$$T = \frac{p\sin(\theta + \varphi)}{\cos\phi \cdot r} \tag{6-6}$$

从式(6-6)可求出 p，即

$$p = \frac{T\cos\phi}{\dfrac{\sin(\theta + \phi) \cdot 1}{r}} \tag{6-7}$$

一般曲柄连杆机构的 $l > 4r$，因此，可将 l 看成比 r 大很多，即 $l \gg r$，这时，ϕ 角趋近于零。则式(6-7)可以写成

$$p = \frac{T}{r\sin\theta} \tag{6-8}$$

根据平面几何圆部分的勾股定理，可以导出

$$\sin\theta = \frac{1}{r}\sqrt{r^2 - (r-s)^2} = \frac{1}{r}\sqrt{2rs - s^2}$$

将式(6-8)代入，则得

$$p = \frac{T}{s\sqrt{2r/s - 1}} \tag{6-9}$$

2. 曲柄滑块的运动学特性

图 6.2 为曲柄滑块机构的运动学分析示意图。

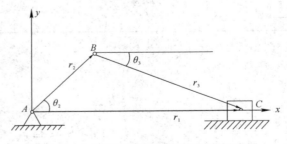

图 6.2　曲柄滑块机构的运动学分析示意图

取 A 点为坐标原点，x 轴水平向右。在任意瞬时 t，机构的位置如图 6.2 所示。

可以假设 C 点的矢径为

$$\vec{r} = \overrightarrow{AC} = \overrightarrow{AB} + \overrightarrow{BC} \tag{6-10}$$

C 点的坐标为其矢径在坐标轴上的投影，即

$$x = r_2 \cos\theta_2 + r_3 \cos\theta_3 \tag{6-11}$$

$$y = r_2 \sin\theta_2 - r_3 \sin\theta_3 \tag{6-12}$$

根据图形可知

$$\sin\theta_3 = \frac{r_2}{r_3} \cdot \sin\theta_2 = \lambda \sin\theta_2 \tag{6-13}$$

所以

$$\cos\theta_3 = \sqrt{1 - \sin^2\theta_2} = \sqrt{1 - \lambda^2 \sin^2\theta_2} \tag{6-14}$$

式中，$\lambda = r_2 / r_3$ 是曲柄长与连杆长之比。将式(6-14)代入 x 的表达式中，并考虑到 $\theta_2 = \omega t$，就得到了滑块的运动方程，即

$$x = r_2 \cos(\omega t) + r_3 \sqrt{1 - \lambda^2 \sin^2 \omega t} \tag{6-15}$$

若将此式对时间求导数，其运算较繁琐。在工程实际中，λ 值通常不大 $\left(\lambda = \dfrac{1}{4} - \dfrac{1}{6}\right)$，故可在式(6-15)中将根式展开成 λ^2 的幂级数并略去 λ^4 起的各项而做近似计算，即

$$
\begin{aligned}
x &= r_2 \cos(\omega t) + r_3 \left[1 - 0.5\lambda^2 \sin^2(\omega t) - 0.125\lambda^4 \sin^4(\omega t) + \cdots\right] \\
&\approx r_2 \cos(\omega t) + r_3 - 0.5 r_3 \lambda^2 \sin^2(\omega t) \\
&= r_2 \cos(\omega t) + r_3 - 0.25\lambda^2 \left[1 - \cos(2\omega t)\right]
\end{aligned}
\tag{6-16}
$$

$$x \approx r_3(1 - 0.25\lambda^2) + r_2\left[\cos(\omega t) + 0.25\lambda \cos(2\omega t)\right] \tag{6-17}$$

再对时间取导数，便可以得到速度和加速度的表达式，即

$$v = \dot{x} = -r_2\omega\left[\sin(\omega t) + 0.5\lambda \sin(2\omega t)\right] \tag{6-18}$$

$$a = \dot{v} = -r_2\omega^2\left[\cos(\omega t) + \lambda \cos(2\omega t)\right] \tag{6-19}$$

式中，x、v、a 都是 $\theta_2 = \omega t$ 的周期函数。

在天线阵面折叠机构中，在已知阵面端的输入轴颈、材质、转矩，通过上述原理设计出合理的曲柄滑块机构，得出驱动液压缸运动的滑块的位移、速度、加速度、压力，得到的结果用于液压缸的传动设计。

3. 摇块机构的特点与最优设计

摇块机构是平面四杆机构的演化形式。摇块机构可以通过移动副取代转动副、变更杆件长度、变更机架和扩大转动副等途径发展演化而成。摇块机构具有以下特点：

在摇杆机构中，连杆上各点的轨迹是各种不同形状的曲线，其形状随着各构件相对长度的改变而改变，从而可以得到形式众多的连杆曲线，可以利用这些曲线来满足不同轨迹的设计要求。

在机构运动过程中，连杆及滑块的质心都在做变速运动，所产生的惯性力难于用一般平衡方法加以消除，因而会增加机构的动载荷，所以不宜用于高速运动。

摇块机构在工程中有十分普遍的应用，如自卸车、物料的举升机构、橡胶压延送料机构等。摇块机构的设计方法很多，传统的设计方法主要有图解法和解析法。图解法简单易懂，但设计繁琐，设计周期长，精度差，结果多，无法找到最优的设计结果。而解析法需要大量公式的推导，复杂而且一个特定问题只有一个解，难以保证获得的解是最优解。最优化技术是将数学规划理论、计算机技术和机械设计理论三者融合在一起的，它既不同于传统的机械设计理论，也不同于机械优化设计，它是将机械设计问题通过数学模型的建立，

转变为数学函数格式化，然后采用数学规划理论，由计算机优化迭代确定设计问题的极值，其结果的唯一性充分体现了公认的设计最优性。

下面就摇块机构按已知 H_0、H、φ、α 时，对 L、φ 的精确计算进行探讨。其运动示意图如图 6.3 所示。

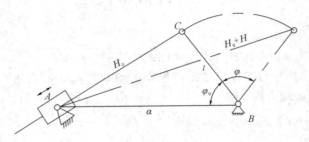

图 6.3 摇块机构运动示意图

参照图 6.3，当已知油（汽）缸初始长度 H_0、行程 H、摆杆工作摆角 φ 以及机架 α 时，机构摆杆长 L 和摆杆初始位置角 φ_0 的关系为

$$H_0^2 = a^2 + l^2 - 2al\cos\varphi_0$$

所以

$$\varphi_0 = \arccos \frac{a^2 + l^2 - H_0^2}{2al} \tag{6-20}$$

因为

$$(H_0 + H)^2 = a^2 + l^2 - 2al\cos(\varphi_0 + \varphi)$$

则有

$$\varphi_0 + \varphi = \arccos \frac{a^2 + l^2 - (H_0 + H)^2}{2al} \tag{6-21}$$

用式(6-21)减去式(6-20)，有

$$\varphi = \arccos \frac{a^2 + l^2 - (H_0 + H)^2}{2al} - \arccos \frac{a^2 + l^2 - H_0^2}{2al} \tag{6-22}$$

当已知 H_0、H、φ、a 时，针对式(6-22)可采用一维搜索最优化技术快速确定未知量 l。

设 $x = l$，则

$$\min f(x) = \left| \varphi + \arccos \frac{a^2 + x^2 - H_0^2}{2ax} - \arccos \frac{a^2 + x^2 - (H_0 + H)^2}{2ax} \right| \tag{6-23}$$

式中，$x = x^{\mathrm{T}}$，通过 Mathematica 推导，有

$$l^\varphi = x^\varphi$$

6.1.2 折叠方式

对国内外雷达天线的折叠方式进行分析，其特点是：① 小口径天线阵面仅需通过一个倒竖动作即可满足工作和运输之间的状态转换，这种天线的架设时间通常在几分钟内；② 较大口径天线阵面不仅需通过天线倒竖还需对天线进行旋转、折叠等多个动作才可满足工作和运输之间的状态转换，这种天线的架设时间通常在二十分钟以内。

1．摇块折叠机构

摇块折叠机构广泛应用于高机动车载雷达的折叠机构中，下面两个案例是其常用形式：

（1）一型机动雷达阵面天线沿宽度方向分成三部分，即中块和两个边块，运输时两边块下折 90°，阵面成"Ⅱ"形。图 6.4 为摇块机构阵面一次折叠示意图。其中块与边块，液压油缸，铰支 A、B、C 构成两套折叠机构，实现阵面的折叠与展开。中块与边块在阵面厚度方向靠下位置设置铰支座 B 相连，液压油缸两端缸筒和活塞杆分别通过铰支 C、铰支 A 与中块与边块连接，铰支 C 布置在中块下表面靠近两侧位置，铰支 A 布置在边块下表面靠近中心位置。

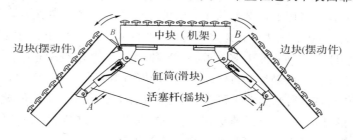

图 6.4　摇块机构阵面一次折叠示意图

阵面在折叠过程中，中块（机架）固定，液压油缸活塞杆（摇块）为原动件沿缸筒（滑块）收缩并随缸筒（滑块）绕铰支 C 转动，带动边块（摆动件）绕铰支 B 向下摆动，最终实现边块的折叠。天线折叠后满足运输尺寸要求；反之，在满足精度和刚强度要求的前提下，折叠的天线可以展开至工作状态。

（2）另一型机动雷达天线阵面宽度方向尺寸较大，单次折叠无法满足运输要求，因此天线沿宽度方向分成五部分：中块、左中块、右中块、左边块和右边块，边块两次折叠后，叠加在中块上方。

图 6.5 为摇块机构阵面两次折叠示意图。其中块，左中块，右中块，左边块和右边块，液压油缸，铰支 A、B、C 构成四套折叠机构，实现阵面的折叠与展开。左（右）中块与左（右）边块在阵面厚度方向靠下位置设置铰支 B 相连；液压油缸缸筒端通过铰支 C 与左（右）中块连接，活塞杆分别通过两根连杆与铰支 A、左（右）中块连接，其中，连杆 2 起辅助支撑作用；铰支 C 布置在左（右）中块下表面靠近中间位置，铰支 A 布置在边块下表面靠近端部位置。

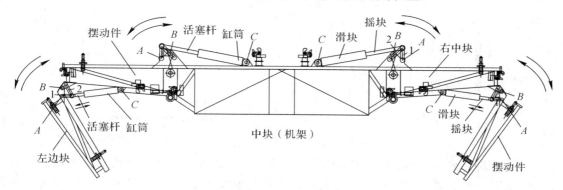

图 6.5　摇块机构阵面两次折叠示意图

阵面折叠时，左（右）中块（机架）固定，液压油缸活塞杆（摇块）为原动件沿缸筒（滑块）收缩并随缸筒（滑块）绕铰支 C 转动，带动边块（摆动件）绕铰支 B 向下摆动，直至边块上表面与左（右）中块上表面平行，最终实现边块的折叠，即一次折叠。一次折叠完毕后，在液压油缸的驱动下，通过同样的方式，左（右）中块与已经实现折叠并固定的左（右）边块向上摆动，直至左（右）中块上表面与中块上表面平行，最终实现整个天线阵面的折叠，即二次折叠。天线折叠后满足运输尺寸要求；反之，在满足精度和刚强度要求的前提下，折叠的天线可以展开至工作状态。

2. 前翻四连杆机构折叠

四连杆机构折叠原理图如图 6.6 所示。该折叠机构由 4 个构件组成，构件 1 定义为原动件，构件 2（连架杆）和 3（连杆）定义为从动件，构件 4 定义为机架。初始位置原动件 1 处于水平 0°位置，连杆 3 与原动件 1 部分重叠。当原动件 1 绕 O 点做逆时针旋转时，由于连架杆 2 的作用使连杆 3 在跟随原动件 1 绕 C 点转动的同时还围绕着连架杆 2 的 D 点转动，从而使连杆 3 完成自转。当原动件 1 转动 90°时，连杆 3 旋转 180°，此时原动件 1 与机架 4 部分重叠，即可得到前翻四连杆折叠机构。该机构适用于天线阵面尺寸较小，通过小部分阵面的折叠即可满足运输要求的高机动车载天线的折叠。

图 6.7 为前翻四连杆机构阵面折叠示意图。天线阵面尺寸（宽×高）为 6.4 m×4 m，单车运输，满足公路、铁路、水路运输要求，展开/折叠时间为 6 min～8 min。天线分成 2.5 m 高的下阵面与 1.5 m 高的上阵面，运输时上阵面通过前翻四连杆机构向前翻转贴到下阵面上。下天线阵面，摆杆，上背架，连架杆，铰支 O、B、C、D 构成两套折叠机构，实现阵面的折叠与展开。摆杆和连架杆与天线下阵面及上背架都是采用铰链连接。

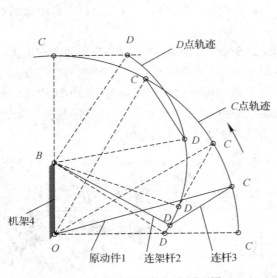

图 6.6　四连杆机构折叠原理图

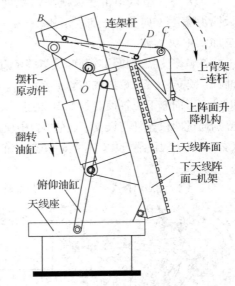

图 6.7　前翻四连杆机构阵面折叠示意图

当天线仰起到工作角度时，上天线阵面在液压油缸的驱动下通过四连杆折叠机构来实现 180°翻转。此折叠机构是一个连杆机构，下天线阵面为机架，上背架和连架杆都为随动杆，摆杆为主动杆，主动杆的摆动动力来自于翻转油缸。左右各一套翻转油缸伸出时，天线上阵面收拢；当翻转油缸伸出行程走完时，天线上阵面折叠到位。当翻转缸收回时，天线上阵面展开；当翻转油缸收回行程走完时，天线上阵面展开到位。

3. 组合机构折叠

组合机构即由一组摇块机构与一组摆动导杆结构组合而成的折叠机构，两机构通过 BCO 构件连接，其原理如图 6.8 所示。摇块机构 ABO 运动原理如上所述。曲柄滑块机构中，取构件 1 为机架，构件 2 为摆动件，若 $L_2 < L_1$，导杆 4 做往复摆动，即可得到如图 6.8 所示的 CDO 摆动导杆机构。摆动件在摇块机构 ABO 作用下绕 O 点逆时针旋转角度 Θ，同时在摆动导杆机构 CDO 作用下绕 O 点逆时针旋转角度 Φ，则摆动件的摆动角度为 $\Theta+\Phi$。

组合折叠示意图如图 6.9 所示，其天线阵面分为上下两块，运输时上块阵面向后翻转折叠，最终阵面成"八"字形。工作时上天线阵面翻转 160° 与下天线阵面拼成完整的阵面。

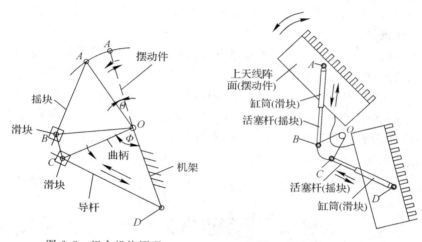

图 6.8　组合机构原理　　　　图 6.9　组合折叠示意图

机构一由上折叠油缸，上天线阵面，连杆以及铰支 A、B、O 构成。液压油缸两端缸筒和活塞杆分别通过铰支 A、铰支 B 与上天线阵面和连杆连接，构成摇块机构。机构二由连杆，下折叠油缸，下天线阵面以及铰支 C、D、O 构成。液压油缸两端缸筒和活塞杆分别通过铰支 C、铰支 D 与下天线阵面和连杆连接，构成摆动导杆机构。其中，连杆在机构一中是作为机架杆存在的，在导杆机构二中是作为曲柄存在的。

阵面在折叠过程中，下天线阵面固定，上液压油缸活塞杆（摇块）为原动件沿缸筒（滑块）收缩并随缸筒（滑块）绕铰支 A 转动，带动上天线阵面（摆动件）绕铰支 O 逆时针摆动；同时在机构二中下液压油缸活塞杆（摇块）为原动件沿缸筒（滑块）收缩并随缸筒（滑块）绕铰支 D 摆动，下液压油缸收缩时驱动连杆（曲柄）绕铰支 O 旋转，带动机构二整体逆时针旋转，上阵面在机构一和机构二的组合运动下最终实现折叠。双导杆机构的特点是：结构新颖、能承受比较大的载荷；油缸较多、动作同步控制比较复杂。

6.1.3　驱动机构

实现天线的各种折叠/展开、倒竖、锁紧等动作需要驱动机构，其按动力源分通常由液压驱动与电机驱动（又称为丝杆驱动）两种。

电机驱动折叠机构的控制及传动结构较为复杂，单位驱动载荷的重量较大，当驱动载荷较大时尤其如此，因此电机驱动通常用在雷达机构动作不多的场合。与电机驱动相比，液压驱动在输出同样功率的条件下，体积和质量可以减小很多，承载能力大，可以完成较大重量雷达天线的展收、锁定。虽然比电机驱动多了供油系统，但油缸的尺寸通常比电机减速机的尺寸紧凑，重量轻，可以显著简化机械结构，减少机械零部件数量，便于实现自动控制。因此，对于大重量天线阵面、折叠和锁定方式复杂的机构，液压驱动是最佳选择。

1. 液压驱动

液压驱动系统由液压泵、液压控制阀、液压执行元件液压缸和液压辅件(如管道和储能器等)几部分组成。液压泵把机械能转换成液体的压力能，液压控制阀和液压辅件控制液压介质的压力、流量和流动方向，将液压泵输出的压力能传给执行元件，执行元件将液体压力能转换为机械能，以完成要求的动作。

根据常用液压缸的结构形式，可将其分为活塞式、柱塞式和摆动式。其中，柱塞式为一种单作用式液压缸，靠液压力只能实现一个方向的运动，柱塞回程要靠其他外力或柱塞的自重；摆动式是输出扭矩并实现往复运动的执行元件，也称为摆动式液压马达，结构复杂，占用空间较大。根据高机动雷达的特点，雷达阵面的俯仰或折叠运动常采用活塞式液压缸。

图 6.10 所示的是单活塞液压缸。其原理如图 6.11 所示。其两端进出口油口 A 和 B 都可通压力油或回油，以实现双向运动，故称为双作用缸。

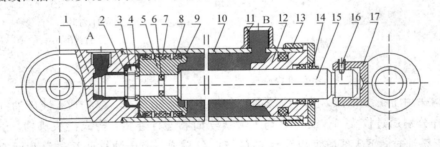

1—缸底；2—弹簧挡圈；3—环套；4—卡环；5—活塞；6—O 形密封圈；7—支撑环；
8—挡圈；9—Yx 密形封圈；10—缸筒；11—管接头；12—导向套；13—缸盖；
14—防尘圈；15—活塞；16—定位螺钉；17—耳环

图 6.10 单活塞液压缸

参照图 6.11，当供给液压缸的流量 Q 一定时，活塞两个方向的运动速度为

$$v_1 = \frac{Q}{A_1} = \frac{4Q}{\pi D^2} (\text{向左}), \qquad v_2 = \frac{Q}{A_2} = \frac{4Q}{\pi (D^2 - d^2)} (\text{向右})$$

当供油压力 P 一定，回油压力为零时作用力，即

$$F_1 = PA_1 = \frac{P\pi D^2}{4} (\text{向右}), \qquad F_2 = PA_2 = \frac{P\pi (D^2 - d^2)}{4} (\text{向左})$$

单活塞杆液压缸可以是缸筒固定，活塞运动；也可以是活塞杆固定缸筒运动。无论采用其中哪一种形式，液压缸运动所占空间长度都是两倍行程。单活塞杆液压缸运动所占空间如图 6.12 所示。

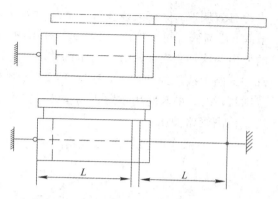

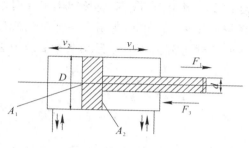

图 6.11　单活塞液压缸原理

图 6.12　单活塞杆液压缸运动所占空间

多级伸缩式液压缸是可以得到较长工作行程的具有多级套筒形活塞杆的液压缸，伸缩式液压缸又称为多级液压缸，如图 6.13 所示。多级伸缩式液压缸是由两个或多个活塞式液压缸套装而成的，前一级活塞缸的活塞杆是后一级活塞缸的缸筒。当压力油从无杆腔进入时，活塞有效面积最大的缸筒开始伸出，当行至终点时，活塞有效面积次之的缸筒开始伸出。伸缩式液压缸伸出的顺序是由大到小依次伸出，可获得很长的工作行程，外伸缸筒有效面积越小，伸出速度越快。因此，伸出速度有慢变快，相应的液压推力由大变小；这种推力、速度的变化规律，正适合高机动雷达阵面俯仰对推力和速度的要求。而缩回的顺序一般是由小到大依次缩回，缩回时的轴向长度较短，占用空间较小，结构紧凑。此种液压缸常用于行程较长，尺寸较大的雷达阵面俯仰结构中。

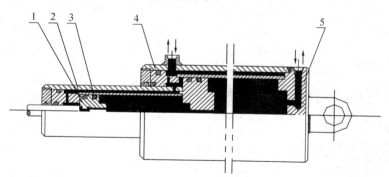

1—活塞；2—套筒；3—O 形密封圈；4—缸筒；5—缸盖

图 6.13　多级液压缸

在设计液压缸时，需要考虑几何尺寸和结构强度两个方面。其中，几何尺寸包括缸筒内径、活塞杆直径和缸筒长度；结构强度包括缸体和活塞杆两部分。此外，液压缸还需要采用适当的密封措施。必要时，还需要设计缓冲装置。

液压驱动系统具有的特点是：液压控制驱动力矩大，承载能力强；执行机构体积小，质量轻，结构紧凑；传动平稳，负载平衡能力好；速度可以无级调整；容易实现手动应急操作及过载保护。

典型天线折叠机构的液压驱动系统控制原理如图 6.14 所示。为保证系统功能的实现，采用伺服电机驱动液压泵作液压系统的动力源。伺服电机可以根据天线展开或收拢时需要进行有效调速,保证天线在整个动作过程中无冲击。在液压系统中采用了换向阀、流量调节阀、溢流阀、同步马达、液压锁、平衡阀、压力表等器件。换向阀用于控制液压缸输出轴的伸出与收回;流量调节阀用于调整油缸运动速度;液压锁用于防止系统长期不工作时油缸和管路中液压油的回流;溢流阀用于控制整个系统的压力;同步马达用于保证驱动液压缸同步运行;平衡阀用于防止当系统管路突然失效时天线上阵面不发生跌落失效;压力表用于检测管路油压。

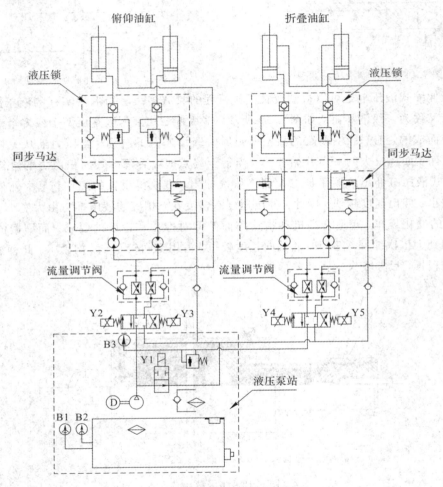

图 6.14 波压驱动系统控制原理

2. 丝杠驱动

丝杠驱动系统由驱动电机、丝杠螺母机构等构成,伺服电机与丝杠采用同步带或齿轮连接。其中,驱动电机为动力源,丝杠螺母机构是将旋转运动转化为直线运动,并同时进行能量和力传递的传动装置。其特点是精度高且具有高性能动态能量控制,调速方便,但推力较小,大推力时成本高。

常用的驱动电机有伺服电机与步进电机。两者相比,伺服电机控制精度远大于步进电机,低频状态下,比步进电机平稳。步进电机输出力矩随转速的升高而下降,高速时会急剧下降，伺服电机在额定转速内为恒力矩输出，在额定转速上为恒功率输出。步进电机不具备过载能力，伺服电机有较强的过载能力；步进电机为开环控制，启动频率过高或负载过大可能失步或堵转，伺服电机为闭环控制，一般不会出现失步或过冲现象，控制性能更可靠。伺服电机的响应速度远快于步进电机。综上所述，在电机驱动系统中，伺服电机为首选。伺服电机控制原理如图 6.15 所示。

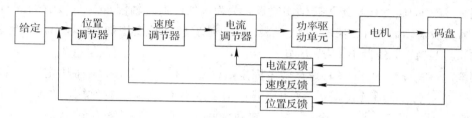

图 6.15　伺服电机控制原理

　　滚珠丝杠副由滚珠丝杠、滚珠螺母、滚珠组成，如图 6.16 所示。在丝杠与螺母间安装滚珠，将旋转运动转变为直线运动或者将直线运动转变为旋转运动，因此它既是传动原件，也是直线运动与旋转运动相互转化元件。滚珠丝杠副是目前传动机械中精度最高也是最常用的传动装置。当滚珠丝杠作为主动体时，螺母就会随丝杆的转动角度按照对应规格的导程转化成直线运动，被动工件可以通过螺母座和螺母连接，从而实现对应的直线运动。

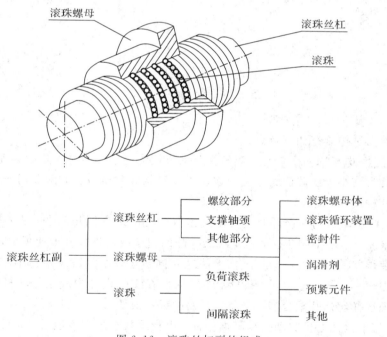

图 6.16　滚珠丝杠副的组成

　　滚珠丝杠副是利用滚珠运动，所以启动力矩极小，不会出现滑动运动那样的爬行现象，能保证实现精确的微进给。此外，滚珠丝杠副可以加预压，由于预压力可使轴向间隙达到负值，进而得到较高的刚性(滚珠丝杠内通过给滚珠加予压力，在实际用于机械装置等时，由于滚珠的斥力可使丝母部的刚性增强)，不足之处是不能实现自锁。

基于以上特点，以伺服电机为驱动源的丝杠驱动机构在机动雷达阵面的俯仰中也得到了应用。其工作原理是：由电机驱动，通过减速器减速，将动力传送到丝杠螺母，螺母同步转动，带动丝杠同步运动，从而带动天线阵面升起或倒下。常用的有单丝杠驱动机构（如图 6.17 所示）和双丝杠驱动机构（如图 6.18 所示）两种，前者布置于阵面背部中央，后者布置于阵面两侧。

图 6.17 中，B_1 为丝杠螺母转轴固定点，A_1 为天线阵面转轴固定点，C_1 为丝杠与负载支点，将随负载运动而变化；线段 B_1C_1 代表丝杠，随着丝杠长度增加，线段 A_1C_1（代表天线中心线）绕 A_1 转动，线段 B_1C_1 绕 B_1 转动。

图 6.18 中，B_1、B_2 为丝杠螺母转轴固定点，A_1、A_2 为天线阵面转轴固定点，C_1、C_2 为丝杠与负载支点，将随负载运动而变化；线段 B_1C_1，B_2C_2 代表左右丝杠，随着丝杠长度增加，线段 A_1C_1，A_2C_2（代表天线）绕 A_1A_2 转动，线段 B_1C_1，B_2C_2 绕 B_1B_2 转动。

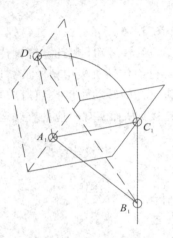

图 6.17 单丝杠驱动机构

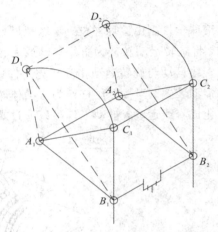

图 6.18 双丝杠驱动机构

双丝杠驱动机构具有如下特点：

（1）在雷达、电子对抗等领域，双丝杠驱动机构常用于大型天线阵的架设与收装。双丝杠驱动机构具有减小天线阵面集中受力以及方便结构布局的优点，因此对于较大规模阵面无法用单丝杠替代。

（2）双丝杠驱动机构在设计时主要难点是双丝杠的运动同步问题，当双丝杠由于加工误差及安装误差，运动不同步时，将出现天线阵的扭摆或出现丝杠卡死现象。

由于安装误差的绝对存在，双丝杠无法绝对同步运动。但是误差越小，引起系统变形产生的附加力较小，丝杠运动同步性能就好。因此在实际设计中应根据丝杠驱动力及系统刚性条件合理选择丝杠装配公差，避免不必要的成本浪费。

图 6.19 为单丝杠电机驱动天线阵面俯仰。由行军状态进入阵地后，天线的俯仰机构将天线迅速升起。单丝杠电机驱动机构结构紧凑，成本较低，适用于阵面宽度较小的相控阵雷达，不足之处是阵面后侧维修门打开受影响，不便于阵面维修。

图 6.20 为双丝杠电机驱动天线阵面俯仰。其由一个电机驱动，通过减速器减速，再通过分动机构将动力分送到左右两根丝杠螺母，螺母同步转动，带动两根丝杠同步运动，从而带动天线阵面倒竖。

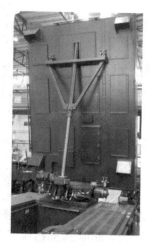

图 6.19 单丝杠电机驱动天线阵面俯仰

图 6.20 双丝杠电机驱动天线阵面俯仰

6.1.4 锁紧机构

锁紧机构是指机动天线阵面架设/撤收动作的执行机构的运动部件自动完成锁固(或解锁)且提供状态检测信号的机构。当阵面展开时,仅靠折叠机构实现其工作状态不变,保证定位精度困难。主要原因有两个:一是液压泄漏会导致阵面边块位置变化;二是无锁紧装置时阵面边块相当于很长的悬臂结构,折叠转轴处微小的角度变化反映到阵面边块刚性变形量就很大。为此须在两块阵面之间加锁定机构。当阵面处于运输状态时,为防止运输过程的颠簸引起折叠阵面的晃动,也用锁紧机构把阵面和车体锁定,限制其摆动。常用的自动锁紧机构有液压锁紧销和液压动力锁钩。

1. 液压锁紧销

液压锁紧销主要包括液压销、单支耳(带销孔)和双支耳(带销孔),如图 6.21 所示。液压销与双支耳固定连接构成一体。

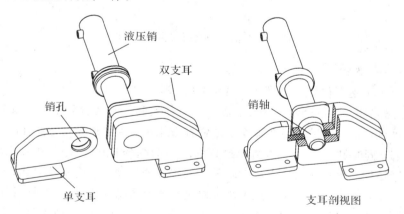

图 6.21 液压锁紧销

液压销(如图 6.22 所示)包括油缸、销轴、支座,其中,油缸为动力源,由油缸套和油缸杆组成。销轴与油缸杆一端连接,通过油缸杆带动沿支座实现伸出与缩回。

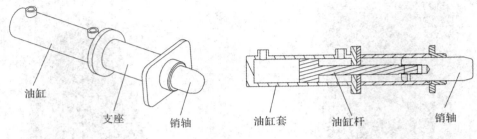

图 6.22　液压销

液压锁紧销的工作原理是：当单支耳孔与双支耳孔重合时，液压缸驱动销轴伸出穿过支耳孔，实现锁紧；反之，完成解锁。

当天线阵面需要折叠时，展开锁紧油缸首先把阵面 1 和阵面 2 之间的连接解锁，然后折叠机构驱动阵面 1 翻转，直至阵面 1 与阵面 2 处于同一平面，此时到位感应开关发出信号，折叠机构停止驱动，撤收锁紧油缸伸出插销锁紧阵面 1。当天线需要展开时，撤收锁紧油缸拔出插销解锁阵面 1，折叠机构驱动阵面 1 逆时针翻转，到位后有感应开关发出信号，展开锁紧油缸伸出插销，锁紧阵面 1 与阵面 2。

液压锁紧机构小，便于安装，且其收缩压力是伸出压力的 n 倍(插销拔出的力约为插销插进力的 3 倍左右)，有力地保障了锁紧系统的可靠性工作。液压锁紧销的应用示意图如图 6.23 所示。

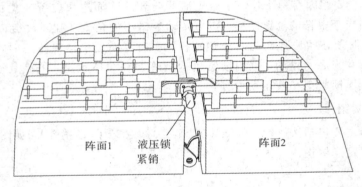

图 6.23　液压锁紧销的应用示意图

2. 液压动力锁钩

液压动力锁钩主要包括三个模块：锁钩机构、基座和锁杆。

(1) 锁钩机构主要由锁钩、卡钩、油缸基体、扭簧和检测装置等组成，如图 6.24 所示。天线阵面运动到位时，通过安装在阵面上的锁杆或锁块，压迫锁钩，克服扭簧力矩，解除机构的解锁状态；同时卸荷后的单作用油缸有杆腔内的受压迫弹簧的恢复力使油缸杆缩回，拉动卡钩锁紧锁钩，此时锁钩锁紧运动阵面上的锁杆或锁块，从而实现对运动阵面的锁固。运动的阵面需要解锁时，由外部液压力经油缸的无杆腔推动油缸杆，克服内部受压弹簧恢复力而伸出，使卡钩解除对锁钩的锁固，此时运动阵面上的锁杆或锁块可以脱离锁钩，实现解锁。锁钩在扭簧恢复力矩的作用下转动至行程终端，受到安装扭簧的销轴限位而始终保持张开状态，为下一次锁紧动做准备。

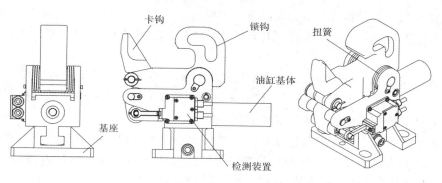

图 6.24　锁钩机构

　　液压动力锁钩一般应用在有顺序动作的液压回路中，且其解锁动作多发生在下一步机构动作之前，而锁固状态要求可靠保持。典型锁钩的液压回路如图 6.25 所示，顺序阀用于设定压力门限值，要求大于液压动力锁钩的完全解锁能力，保证液压动力锁钩在执行机构动作之前解锁。使液压动力锁钩解锁的唯一途径是基体油缸的解锁压力，为防止锁固状态下液压动力锁钩意外解锁，要求动力锁钩支路中的最大背压不能超过其初始解锁压力。

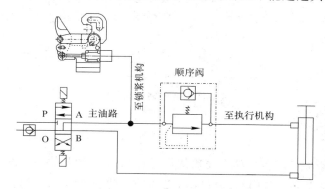

图 6.25　锁钩液压回路

　　(2) 基座为连接锁紧机构和固定基体的过渡安装件。与锁紧机构连接的"T"形槽结构便于总装调节；与固定基体连接的长腰孔结构同样便于从其他方向调节。

　　(3) 锁杆主要由基座、并紧螺母、调整螺母、螺杆、套筒和销轴等组成。利用螺钉固定安装在阵面运动部件上，同时可通过压迫锁紧机构的锁钩，使锁紧机构完成对其锁固。通过旋转螺母可以使螺杆相对基座进行无级长度调整而保证两者相对角度不变。当锁杆长度调整合适后，可以利用并紧螺母锁固。锁杆装置如图 6.26 所示。

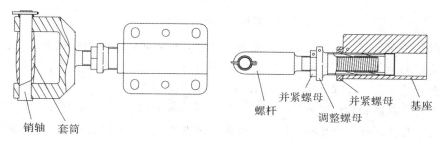

图 6.26　锁杆装置

根据液压锁钩的结构和特点，保证锁固实现的可靠性，其安装使用有如下原则：

（1）被锁固的运动部件要求具有足够刚度，以满足锁紧定位精度，从而保证锁钩能够重复锁固到位。

（2）液压锁钩为单向锁固装置，在将运动部件单向锁固后，相反方向需要具有限位功能。液压锁钩的应用如图 6.27 所示。其展开状态中的单向限位面或保证运动部件锁固后仅受单向力作用；折叠状态中的运动部件受重力悬挂。

（3）液压动力锁钩的安装要保证其位于以运动部件转到轴心与锁固到位后的被锁紧体销轴心连成的回转半径的弧顶且相切位置，以保证液压锁钩仅受正向拉力而无切向分力，如图 6.27 中半径为 AB 的弧顶处安装的动力锁钩均只受到正向拉力作用。

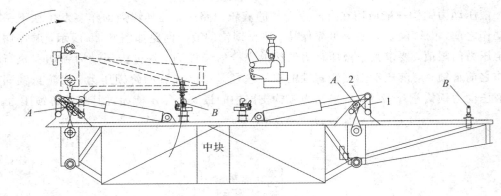

图 6.27　液压锁钩的应用

6.1.5　线缆折叠

机动雷达通过折叠、翻转等动作完成架设/撤收时，两两分块阵面之间的线缆需随阵面结构同步完成折叠、翻转。常用的分块阵面之间的线缆折叠辅助结构为拖链。其在折叠阵面中的应用如图 6.28 所示。

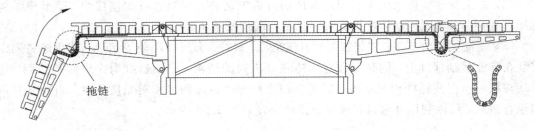

图 6.28　拖链在折叠阵面中的应用

拖链外形美观，重量轻，长度可任意自行调整，非常适合于使用在往复运动的结构中。拖链每节都能打开，便于安装和维修。运动时噪音低、耐磨、耐化学腐蚀、可高速运动。适用于分块阵面之间作为电缆、液、气软管的防护装置，能随着分体阵面运动部分协调地运行，可发挥安全保护和导向的能力，还可延长被保护的电缆、液、气软管的使用寿命，降低消耗，并大大改善了阵面间电缆、液、气软管分布零乱的状况，使之整齐、规则地排列在一起，能增强雷达设备的整体艺术造型效果。工程拖链如图 6.29 所示。

图 6.29　工程拖链

拖链的基本构成包括横梁、侧板以及接头。拖链本体根据内高和节距的不同而分成不同的系列，每个系列的拖链的内高和节距是固定的。节距是指相邻两链节中心点之间的距离。根据其不同的内宽、弯曲半径和盖板打开方式，又可将相同系列拖链分成不同的规格。根据内宽和弯曲半径的不同，而组合成不同规格的型号。

天线分块阵面之间拖链选型需确定的细节有：应用的设备类型、安装方式、使用环境、移动速度、移动加速度、单位负载（即内部线缆，油管或气管等直径和单位重量）、移动行程、使用频率等。拖链选型有五个重要的设计步骤。

1. 定内部尺寸

电缆和气管、液压管的数量、类型、直径决定了拖链内腔的尺寸和如何分配。首先要保证负载在拖链内部合理均匀分布：重量均匀分布，空间合理分布，液压管、气管、油管和电缆最好用竖隔片分隔成单独的空间；同种负载数量比较多，直径差异比较大的话也最好用竖隔片隔开；若有多层排布的话，也可采用横隔片在高度方向进行分隔；其次保证负载能够在拖链内部自由移动，防止排布时产生负载之间有缠绕现象；然后根据负载的排布（如图6.30 所示）计算出内高和内宽：通常情况下内高和内宽为负载排布的最大高度和最大宽度乘以 1.15；例如，直径为 20、30、15、20、15 的电缆负载，若排成一排，其所需拖链内高和内宽分别为 34.5 mm 及 115 mm；最后看所用拖链是否需用全封闭（在有大的灰尘颗粒的情况下，为了更好地保护负载，可选用全封闭拖链）。

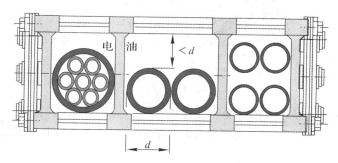

图 6.30　负载的排布示意图

2. 计算弯曲半径

弯曲半径计算取决于两个因素：① 通常情况下，最大的直径或厚度（扁平负载）及最硬的电缆决定最大允许的最小弯曲半径；② 可获取的安装空间决定了允许的弯曲半径（在拖链安装空间有限的情况下。在大多数必须选择比实际电缆允许的弯曲半径小的情况下，建议使用高柔性的拖链专用电缆，有利提高电缆的使用寿命。

弯曲半径的计算方法：① 电缆：国产电缆弯曲半径是其最大外径乘 8～10 倍左右，进口电缆弯曲半径是其最大外径乘 6 倍左右；② 油管弯曲半径是其最大外径乘 12 倍左右；③ 水管、气管弯曲半径是其最大外径乘 10～12 倍左右。

3. 拖链类型的选取

根据以上计算出拖链内高、内宽和弯曲半径，然后进行选型：

（1）计算拖链长度和安装高度，如图 6.31 所示。所需拖链长度的计算公式：$L=S/2+3.14KR+nt$，其中，塑料拖链：$n=2$；钢链：$n=4$。安装高度的计算公式为 $H=2KR+m$，其中，塑料拖链：$m=hG$；钢链：$m=1.5hG$。

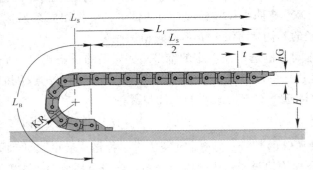

图 6.31 拖链长度和安装高度

（2）根据每种拖链的无支撑力－负载图，如图 6.32 所示，核对所选拖链是否在其适用范围。

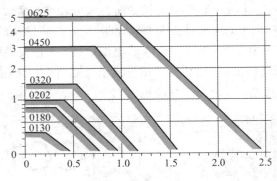

图 6.32 拖链无支撑力－负载图

以上拖链的基本选型，是在速度和加速度不大，行程不长的情况下进行的。也可作为超过实际悬空长度的长行程拖链选型参考，只是需要在计算拖链长度时把踏腰长度计算进去，同时配备导向槽。

6.1.6 冷却管路折叠

机动雷达通过折叠、翻转等动作完成架设/撤收时，分块阵面之间除了线缆外，冷却管路也需随阵面结构同步完成折叠、翻转。管路系统设计需满足结构、空间布局上与雷达阵面协调、美观。常用的冷却管道折叠通过旋转水铰链和软管拖链折叠实现。旋转水铰链在阵面上的典型应用如图 6.33 所示，水铰链安装在阵面旋转轴上。

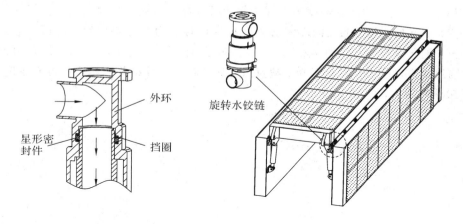

星形密封件

外环

挡圈

旋转水铰链

图 6.33   旋转水铰链在阵面上的典型应用

单通道水铰链的内外环上各有一个水管接口，一进一出。水铰链分为内、外可相对运动的两部分，即外环为动环，则内换为固定环，反之也可以。采用管式柔性密封体制，具有结构简单和高可靠特性。柔性密封采用星形密封件作为主要的动密封元件，旋转密封采用有挡圈的柔性密封件可以承受较大的工作压力，能够满足工作水压要求。天线旋转速度较慢，而密封件旋转运动速度，短时可达 2 m/s，因此能够满足使用要求。

6.2 阵 面 拼 装

当天线口径较大，靠单车运输已经不能满足要求，需要 2、3 辆进行运输，天线状态转换时需要借助人工或机械进行对接安装，架设时间通常在几个小时内。

天线阵面拼装主要包含结构对接和电、液对接，两者可分步实施，也可同步实施。同步实施即同时实现结构连接与电液互连，大大降低拼装时间，但实现难度大。

目前分体雷达的天线阵面快速拼接按照阵面拼接动作可以分为以下两类：

（1）阵面垂直拼接。即 A 块阵面保持水平固定，B 块阵面从略高于 A 块阵面处垂直落下通过拼装机构实现对接。

（2）阵面水平拼接。即 A 块阵面保持水平固定，在同一水平面上，B 块阵面从 A 块阵面一侧平动，最终通过拼装机构实现对接。阵面水平对接，往往需要设计捕捉机构辅助拼装。

6.2.1 快速连接机构

1. 阵面垂直对接

1）挂钩连接机构

挂钩连接机构主要由挂钩、固定块、支撑块和法兰构成，如图 6.34 所示。挂钩连接机构原理：阵面拼接时处于平躺状态，拼接后再竖起到工作状态。阵面高度方向分为若干层，厚度方向为 2 层。在阵面厚度方向，上部通过挂钩连接，轴向（阵面竖直方向）靠 1～2 个高精度挂钩配合保证精度，配合间隙为 2 mm（单边为 1 mm），其余配合间隙为 5 mm；高精度挂钩的消隙通过固定块上的凸轮轴旋转实现。下部通过螺栓连接两个法兰。拼接时一侧阵面倾斜 2°～3°，上部挂钩先连接，倾斜阵面再以挂钩接触点为圆心旋转到两阵面上表面共面后，下部法兰通过螺栓连接。挂钩和支座采用高强度不锈钢，耐磨不生锈且满足每次顺利挂接。挂钩连接机构优点是结构简单；缺点是挂钩连接难以保证阵面精度且拆卸难度大，下部法兰连接耗时费力。

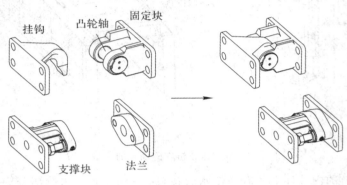

图 6.34　挂钩连接机构

挂钩拼装示意图如图 6.35 所示，安装要求如下：

（1）拼装时，先调平右侧骨架上表面平面，以这个平面为水平面参照基准，在阵面的长度和高度方向以右侧骨架上表面取 4 处作为两个方向的基准。

（2）将左侧骨架和右侧骨架挂接配装。

（3）调整时，应保证骨架上挂钩能够顺利导进相应的固定块，而每个挂钩和相应的固定块都能够通过转动固定块的轴进行消隙，消隙后支撑块和法兰能够完全固定且在所有骨架拼接固定后，骨架上表面凸台的平面度为 3 mm，同时各个骨架的中心在阵面宽度方向上的距离应满足 ±0.6 mm 和 ±1 mm 的公差，骨架高度方向的中心在阵面高度方向的对称度为 1 mm。

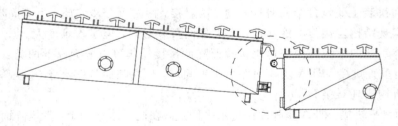

图 6.35　挂钩拼装示意图

2）楔形块拼装机构

楔形块拼装机构由楔形孔卡块、下楔形孔卡块和楔形凸台组成，如图 6.36 所示。楔形凸台组由上楔形凸台、下楔形凸台、带挡块的螺纹轴Ⅰ、带挡块的螺纹轴Ⅱ、套筒、键和和螺母构成。上楔形凸台和下楔形凸台带法兰面，中心设有轴向的螺纹孔，轴Ⅰ、轴Ⅱ分别通过楔形凸台中心的螺纹孔与上楔形凸台、下楔形凸台连接，两个部件再通过套筒和键连接轴Ⅰ、轴Ⅱ构成楔形凸台组；固定上、下楔形孔卡块并保持合适的间距，带螺纹的轴通过楔形孔卡块的开口处进入楔形孔并向下运动以使得凸台和孔配合定位，楔形凸台顶面与底面均高于楔形孔顶面与底面，转动螺纹轴上移，两轴上的挡块分别压紧上、下楔形孔卡块以实现锁紧。反向操作即可实现快速拆卸。

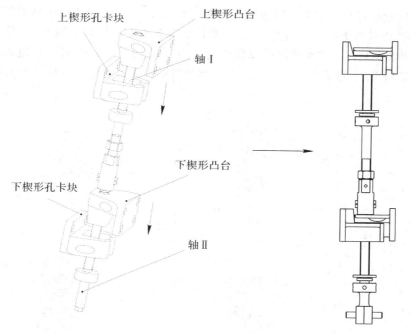

图 6.36　楔形块拼装结构

　　楔形块拼装机构的优点在于上、下楔形凸台与上、下楔形孔配合定位并通过两轴上的挡块对连接机构实现锁紧，使得阵面之间的连接更稳固牢靠，阵面精度要求得到保证，而且拼装与拆卸非常快速方便，拼装效率提高 52%。由于拼装和更换零部件简单、方便，因此不会损伤连接机构，延长连接机构的使用寿命。

　　楔形块拼装示意图如图 6.37 所示。在拼装过程中，一块雷达阵面固定，厚度方向一上一下通过法兰面连接上楔形孔卡块、下楔形孔卡块。楔形凸台组的安装与调整：在另一块雷达阵面厚度方向通过法兰面固定上、下楔形凸台，分别旋转轴Ⅰ、轴Ⅱ，使轴上的挡块分别压紧上、下楔形凸台；套筒与轴Ⅱ通过螺纹连接，旋转套筒使轴Ⅰ顶端长圆孔与套筒长圆孔对齐，插入键，旋下螺母锁紧套筒。反向旋下轴上挡块至适当位置，带螺纹的轴通过楔形孔卡块的开口处进入楔形孔并向下运动使得凸台和孔配合定位，配合后，上凸台和下凸

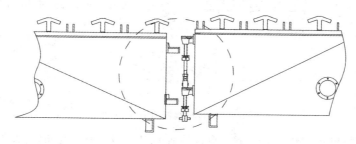

图 6.37　楔形块拼装示意图

台的上下表面均高于上卡块、下卡块的上下表面，转动螺纹轴上移，两轴上的挡块分别压紧上、下楔形孔卡块以实现锁紧。

2. 阵面水平对接

外置式涡轮蜗杆拼装机构主要由法兰、螺母套、蜗杆 1、蜗杆 2 和连轴器等构成，如图 6.38 示。外置式涡轮蜗杆拼装机构通过裸露于外的蜗杆带动蜗轮旋转 90°，形成"十字"锁扣，以达到拼装的目的。内置式涡轮蜗杆拼装机构（如图 6.39 所示）通过被包含在内部的蜗杆带动蜗轮旋转 90°，形成"十字"锁扣，以达到拼装的目的。涡轮蜗杆拼装示意图如图 6.40 所示。

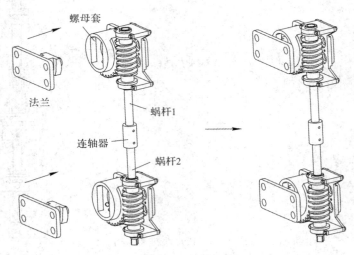

图 6.38　外置式涡轮蜗杆拼装机构

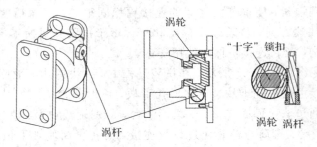

图 6.39　内置式涡轮蜗杆拼装机构

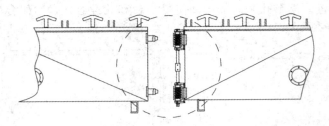

图 6.40　涡轮蜗杆拼装示意图

涡轮蜗杆拼装机构的优点是拼接、拆卸方便快捷，但是有一定的不足之处，蜗轮、蜗杆加工较困难，成本较高，整个拼接机构对容差要求小，对阵面刚度和安装精度要求较高。

6.2.2　快速捕捉机构

大型分体阵面水平对接时，由于阵面规模大、质量重，拼装过程控制困难。为了实现精准对接需要设计一种机构，当两阵面靠近到一定距离时，能够辅助导向、捕捉、初步锁定，以限制两阵面处于拼装机构允许的对接容差范围内，为最终阵面拼装创造条件。因此，阵面快速捕捉机构需具备适当的捕捉距离，其允许位置容差大、定位精度、锁紧与打开快速。

球头杆-滑动圈捕捉机构主要由螺杆、滑动筒、球头杆、接纳腔和滑动圈部件等组成，如图 6.41 所示。其捕捉原理为：螺杆与球头杆通过矩形螺纹连接，球头杆上带止动缺口，螺杆与球头杆均安装在滑动筒上；接纳腔与滑动圈部件组成独立的装配体。旋转螺杆，带动球头杆沿轴向伸出，在一定范围内，球头杆逐渐与接纳腔锥形接触，并沿锥形导向面进入接纳腔底部，此时转动滑动圈，挡片在扭簧的作用下弹出，卡入球头杆右侧的缺口中，完成导向与捕捉功能。继续反方向旋转螺杆，球头杆缩回，带动捕捉结构两部分逐渐靠近，最终滑动筒锥形面与接纳腔锥形面啮合，实现初步锁定，为拼装机构完成阵面对接创造条件。其中锁紧与打开有两种方式：扭簧推动挡片锁紧和滑动圈锁紧。

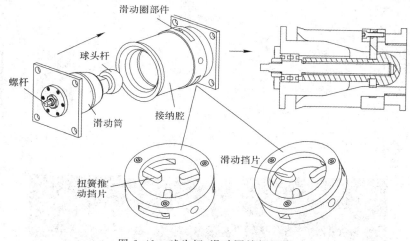

图 6.41　球头杆-滑动圈捕捉机构

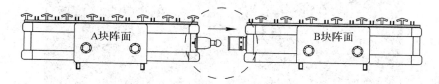

图 6.42　阵面快速捕捉示意图

阵面快速捕捉示意图如图 6.42 所示。在拼装过程中，球头杆一侧固定在 A 块阵面上，滑动圈部分固定在 B 块阵面上；B 块阵面固定，当 A 块阵面靠近 B 块阵面时，球头杆伸出，在导向面的作用下进入接纳腔，在滑动圈挡片的作用下实现阵面捕捉，反向旋转螺杆拉动 A 块阵面靠近 B 块阵面，初步锁定。

6.2.3 冷却管路快速连接

冷却管路快速连接分为同步连接和异步连接两种，同步连接就是在同一拼接动作、同一拼接进程中同时实现结构拼装与管路互连。异步连接就是结构拼装完成后再管路连接。同步连接一般用自密封盲插快速连接，异步连接一般用自密封快速锁紧接头连接。

盲插自密封冷却接头如图 6.43 所示。插头端通过导向销与插座端定位，当两法兰面逐步接近，卡锥进入液压锁紧装置，实现冷却管道的快速盲插自密封。

非盲插快速连接方式主要是指通过手动对接快速锁紧接头，如图 6.44 所示。当两块阵面之间冷却管路采用大口径非盲插接头时，由于接头重量大，相应金属软管弯曲半径大，操作困难。往往将一根管路分为几路管路，使用小直径软管、多路小口径的接头分别连接。供液管路分路连接如图 6.45 所示。

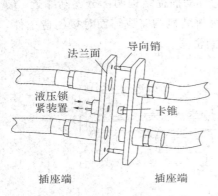

图 6.43 盲插自密封冷却接头

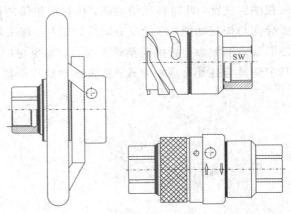

图 6.44 非盲插快速锁紧接头

图 6.45 供液管路分路连接

6.2.4　快速电连接

快速电连接有自动连接和手动两种形式。自动连接结构效率高，但往往需要配备电机或液压伺服系统提供动力源，体积较大，成本较高，不易推广使用。手动连接主要通过单根电缆的快速接头或组合连接器的快速连接机构两种形式实现。由于其结构简单可靠，目前在阵面设计中使用较多。

单根电缆的快速接头（如图 6.46 所示）主要有卡口结构和推拉式结构。卡口结构是卡口螺纹利用渐开线原理，快速实现插合方向的连接。推拉式结构一般有钢珠锁紧结构和弹片自锁结构。钢珠锁紧结构通过弹簧使钢珠弹起，插合阶段钢珠被压缩，插合到位后钢珠落到相应的卡槽中，通过配合尺寸保证拖拉电缆时钢珠不被压缩，起到固定锁紧作用。弹片自锁结构采用一个四周带有向外凸起的弹性爪，在插合后弹性爪落到对插壳体的内环槽中，拉出时弹性爪张起保证被锁部分不会退出。

卡口快速接头　　　　推拉式钢珠快速接头　　　　推拉式弹片快速接头

图 6.46　单根电缆的快速接头

快速连接机构在满足多种/多个连接器电性能的前提下，需实现快速、自锁、防松、盲插等功能并满足室外恶劣环境（防雨等）下的使用要求。同时要求组合使用的电连接器插拔行程相似（完全相同或差别不大）。

扭杆-拨叉快速连接机构主要由插头组和插座组构成，如图 6.47 所示。插座组为固定箱体，插头组则由活动插头架、基座箱体、拨叉机构组成，基座箱体中有四根导轨，插头架套在导轨上，在拨叉的带动下前后滑动，实现插头和插座的啮合与分离。

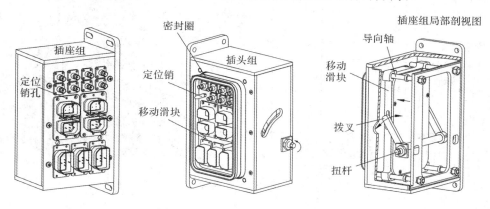

图 6.47　扭杆-拨叉快速连接机构

插座组面板上设置定位销孔，插头架设置定位销，以现实盲插定位。插头架上装有密封圈，在啮合状态下实现插头和插座连接处的密封。

扭杆-拨叉机构主要由两个拨叉、拨叉上的凸轮、一根扭杆、插头架及其侧面的两组凸轮滑动槽构成，拨叉与扭杆固定连接在一起，如图 6.48 所示。其原理为：平行四边形机构和凸轮机构的结合,利用两拨叉等长且平行,当扭杆旋转带动拨叉上的凸轮沿凸轮滑动槽运动,并推动插头架沿导向轴平动,当拨叉上的凸轮移动到"死点"位置,机构实现自锁。

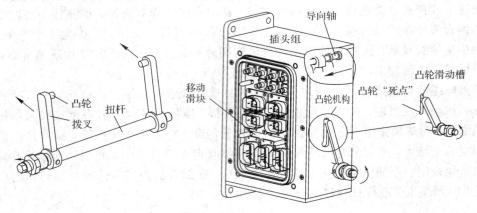

图 6.48 扭杆-拨叉机构

插拔对接时,插头组固定不动。通过摇柄等工具逆时针旋转,在拨叉上凸轮的作用下,推动活动插头架沿导向轴前进(电连接器啮合)。当拨叉达到"死点位置"时,实现自锁,同时活动插头架上的密封圈与插座组面板压缩接触完成快速电连接;反之,顺时针旋转扭杆-拨叉,活动插头架沿导向轴后退(电连接器分离),插头组与插座分离。

采用多体动力学分析软件对机构进行动力学建模,可对插拔过程中各构件载荷受力情况进行仿真分析,如图 6.49 所示。

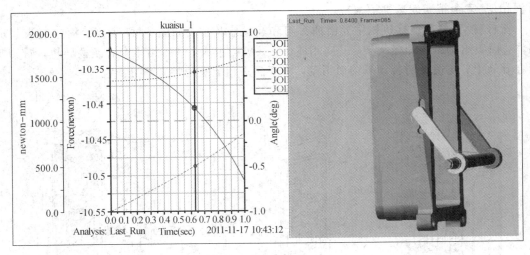

图 6.49 插拔载荷分析

6.2.5 组合式机电同步连接

分体阵面的快速互连,包括结构互连、电气互连以及水路互连。机械互连为快速互连的基础,而当电气、水路互连后,阵面才可能工作。三种连接可以分别进行、依次连接,但对接速度慢,效率低。为了便于分体阵面架设撤收并提高雷达机动性,机电液组合同步快速互连将是未来的发展方向。

1. 小型机电组合同步连接

小型机电组合同步连接为一种特殊的液压机构，其主要由缸体、活塞、榫头、位于榫头中心的插头组合和位于缸体中心的插座组合等组成，如图 6.50 所示。该机构的工作原理是：当液压油由油口进入时，活塞向右移动，柔性结构的活塞端头口部张开，榫头脱离活塞端部的柔性结构，同时插头组合脱离插座组合，完成结构、电气的同步分离。当液压油由油口流出时，油缸活塞向左移动，位于榫头端部的凸台由于柔性结构活塞端头口部的闭合、拉动与左移，使缸体与榫头连接并拉紧，同时插头组合与插座组合完成对接，从而实现了结构与电气的同步连接。该连接机构的特点是将电气对接与结构对接合并为一体，可以满足小型机电一体化对接的要求。

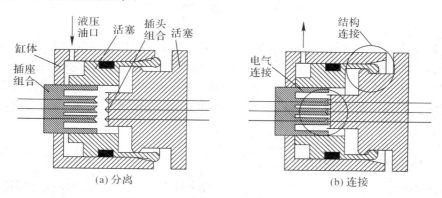

图 6.50　小型机电组合同步连接结构

2. 大型一体化机电组合同步连接

大型一体化机电组合同步连接结构如图 6.51 所示。在用于大型的连接时，使用多个小的机械连接装置相并联、控制液压油路并联，并将其固定在被连接的两个阵面上，而其中部为电气连接部分和水路连接部分。

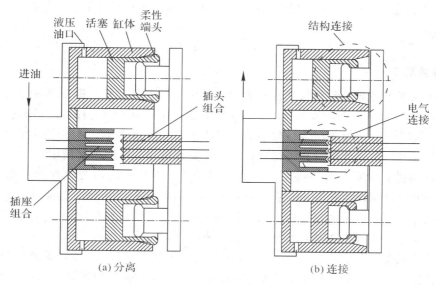

图 6.51　大型一体化机电组合同步连接结构

其工作原理是：当液压油进入各个油缸时，各个油缸的活塞向右移动，柔性结构的活塞端头口部张开，组合插头可以脱离组合插座，位于中部的电气连接也被脱开。而液压油流出各个油缸时，各个油缸活塞向左移动，在柔性结构活塞端头口部的闭合与拉动作用下，组合插头被拉动，并向左移动。从而使插头插座连接，并拉紧，实现两个阵面的连接，同时完成电气连接。

对于较大型的连接，由于有较大的空间可以利用，可以将结构连接与电气连接适当分开。解决了连接中的结构与电气连接的导向问题，也为同时进行的水路连接提供了可能。以上的两种连接中，均采用了柔性铰链这一较新的技术。

6.3 误差分析

相控阵雷达天线的性能与反射面的平面度及天线单元的位置精度密切相关。由前两节分析与描述可知，天线阵面通过分块后折叠、拼装满足了运输要求，提高了地面雷达的机动性，然而与单块雷达阵面相比，也增加了折叠、拼装环节带来的误差。对影响阵面折叠、拼装的误差进行分析和综合，以优化折叠、拼装机构的设计，提高折叠、拼装过程的精度控制具有显著意义。

6.3.1 折叠、拼装误差分析

机构能否有效运转以及动起来之后是否准确，通常对机构的误差分析进行评定。由于尺寸误差、装配误差、间隙、摩擦系数、载荷、速度、变形等因素的不确定，机构运动学和动力学输出必然存在不确定性，影响了机构的运动精度。

运动精度主要研究机构能否在规定误差范围内精确地运动。其主要包括位移精度、角度精度等。以位移精度为例，评价指标为

$$(\varepsilon_- < \Delta\varepsilon < \varepsilon_+)|_\theta$$

式中，$\Delta\varepsilon$ 为位置 θ 处的位移实际输出误差；ε_- 和 ε_+ 为给定的尺寸误差。当 $\delta = \varepsilon_- = \varepsilon_+$ 时，上式可写成

$$(\delta_- < \Delta\varepsilon < \delta_+)|_\theta$$

1. 误差环节分析

天线阵面折叠主要依靠以液压油缸为驱动件的平面四杆机构。折叠过程包含油缸活塞沿缸体的移动，平面四杆机构带动阵面折叠的角度变化。平面四连杆机构的各个铰支座连接多以转动副为主，当运动副数目较多时，间隙误差的传递积累，给整个系统的精度带来很大的负面影响。因此评价折叠机构运动精度主要指位移精度和角度精度。

天线阵面拼装主要以水平拼装和垂直拼装为主。拼装机构主要以面面接触定位并锁紧，拼装精度由拼装机构定位、锁紧面的间隙误差引起的面面相对位置移动决定。阵面锁紧与拼装类似，主要依靠锁紧机构面面间隙决定的相对位置移动精度决定。因此评价拼装、锁紧机构的运动精度主要是指位移精度。各个影响因素如下：

（1）尺寸误差、装配误差、间隙对机构的运动精度影响显著。在不考虑机构变形的前提下，摩擦、速度、载荷对机构运动精度的影响是由于摩擦、速度和载荷等因素的不确定性，导致机构力流传递的变化，进而影响间隙接触碰撞点的变化，从而影响机构的运动学输出，

最终影响机构运动精度。由此可知，影响阵面折叠、拼装精度的因素主要为尺寸误差、装配误差、间隙。

(2) 各个影响因素对角度精度的影响比位移精度的影响大。此结论也证明了，相同条件下，以位移精度为评价指标的拼装精度比以位移精度和角度精度为双重指标的折叠精度更易控制。

2. 误差类型

1) 装配误差

(1) 产生原因。装配误差一般是零件的尺寸误差和几何形状误差所致的装配工艺误差。具有尺寸误差的装配如图 6.52 所示。圆柱体和凹槽，标准尺寸 R，A 和 θ 有了微小误差 Δ 后，圆柱的接触位置就会随之改变，最终会致使装配尺寸 U 也有一个变化 ΔU。

制造误差可以造成几何误差，是指零部件的实际几何形状与理论形状的误差。具有几何误差的装配如图 6.53 所示。圆度、角度和平面度误差，也会造成装配误差 ΔU。由此可知，尺寸误差和几何误差在机构装配中的传递与积累必然影响机械装备的理论性能，特别是几何误差对装配性能影响巨大，所以在机构精度分析、设计中必须考虑该类误差。

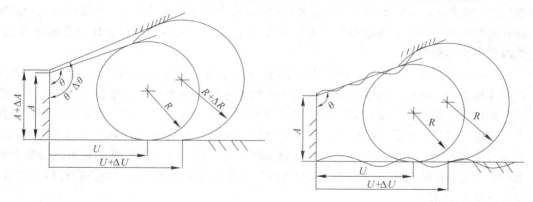

图 6.52　具有尺寸误差的装配　　　图 6.53　具有几何误差的装配

(2) 拼装误差项分析。拼装误差项主要有轴系回转精度、轴系之间的垂直度和相交度。轴系间垂直度和相交度误差与单轴轴系的回转误差联系紧密。轴系回转误差通常采用主轴回转轴线(即瞬时回转轴线)的位置变动量来表征。通常认为，在任一瞬时，轴系主轴一方面绕自身的回转轴线旋转；另一方面此回转轴线同轴系主轴一起相对于转轴平均轴线做轴向的、径向的和倾角的运动。两轴系之间的垂直度通常定义为两转轴平均轴线之间角度与 90°的偏差，其相交度则取两空间转轴平均轴线公垂线段的长度。当机构装配完成后，可以认定各轴系转轴的平均轴线已经形成，轴系之间的转轴平均轴线即构成了轴系间的垂直度和相交度误差。在考虑这些误差项目共同对稳定、跟踪或指向精度的影响时，在各轴系的回转精度远远小于其他两项误差的前提下，可只考虑轴系间垂直度和相交度误差。

(3) 分析方法。极值分析、统计分析和蒙特卡罗模拟是装配误差分析的常用方法。极值分析假定所有零件均以极值尺寸装配，通过极值装配得出极限位置，最终绘制出装配误差变化范围，较适用于装配层级少，装配零部件不多的场合；统计分析是根据零件误差分布、利用二阶矩确定装配误差的总体分布方法，它可以有效地分析一维装配误差和二维刚体装配问题中的简单案例。然而，如果零件个数很多，装配过程中的任何定位、夹紧等工艺都可能使零件发生尺寸变化，各个装配层次的误差累积形成制造误差。蒙特卡罗法通过对零件进行简单随机抽样、装配、测量得到装配后零件的变形，然后求出该变形零件某些统计量的无偏估计值，根据公差要求进行零件的公差分析。蒙特卡罗法分析装配误差的过程如图 6.54 所示。在公差分析的过程中，用有限元模拟代替实际的零件装配过程能够很好地缩短开发周期并降低开发成本。

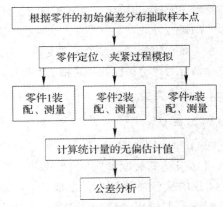

图 6.54　蒙特卡罗法分析装配误差的过程

2）运动副间隙误差

（1）产生原因。相邻两构件间的运动副中总是存在着间隙的，间隙改变了构件的结构参数，从而影响机构的输出特性。至于间隙误差矢量在间隙空间内的大小和方向的不确定性则取决于许多随机因素，如运动副中所传递的力的大小和方向、载荷冲击、润滑性质、间隙大小及制造精度等。通常认为运动副中销轴在间隙空间内浮动，间隙误差矢量的顶点位于间隙空间内或边界上任一点的概率相等，即服从于均匀分布。

（2）分析方法。对于运动副间隙矢量的处理，目前主要有两种方法：一是将运动副间隙作为无质量杆，在每一构件上引入两个坐标架来考虑运动副间隙。此法对机构在某一特定位置的误差分析无疑是准确有效的，但由于它增加了一倍 4×4 矩阵，需要通过解拉格朗日方程求解，因此对于机构在整个运动周期内进行误差分析就显得计算工作量非常庞大，尤其是对于多杆空间机构。二是应用矢量分解原理将间隙误差矢量折算成有关结构参数的附加量，引入有效结构参数的概念，从而可以只考虑有效结构参数的误差进行机构误差分析，此法简便且实用。

（3）计算模型。设平面四杆机构转动副间隙随机变量 (X, Y)，它们在间隙圆区域内 $D(X^2 + Y^2 \leqslant r_c^2)$ 内均匀分布，则区域 D 内的概率密度函数为

$$f(X, Y) = \frac{1}{\pi r^2} \qquad (6-24)$$

再设二维随机变量 (R, α)，其中，$R = \sqrt{X^2 + Y^2}$，$\alpha = \tan \dfrac{Y}{X}$，在此 R 与 α 为相互独立随机变量。

记 R 的分布函数为 $F_R(r)$，则有

$$F_R(r) = P(R \leqslant r) = P(\sqrt{X^2 + Y^2} \leqslant r) = \iint\limits_{\sqrt{X^2+Y^2} \leqslant r} f(x, y) d_x d_y = \frac{r^2}{r_c^2} \qquad (6-25)$$

式中，$P(\bullet)$ 表示概率。

则 R 得均值和方差分别为

$$\begin{cases} E(R) = \int_0^{r_c} - r f_R(r) d_r = \dfrac{2r_c}{3} \\ D(R) = \int_0^{r_c} - [r - E(R)]^2 f_R(r) d_r = \dfrac{r_c^2}{18} \end{cases} \qquad (6-26)$$

关于随机变量 α，很明显它是 $[0,2\pi]$ 之间的一个均匀分布的随机变量，其概率密度函数为

$$f(\alpha) = \frac{1}{2\pi} \tag{6-27}$$

由随机变量函数的均值和方差定义，可求 $\cos\alpha$ 的均值和方差

$$\begin{cases} E(\cos\alpha) = \displaystyle\int_{-\pi}^{\pi} \cos\alpha f(\alpha)\mathrm{d}\alpha = 0 \\ D(\cos\alpha) = \displaystyle\int_{-\pi}^{\pi} (\cos\alpha)^2 f(\alpha)\mathrm{d}\alpha = \frac{1}{2} \end{cases} \tag{6-28}$$

两个独立随机变量乘积的均值和方差公式为

$$\begin{cases} E(XY) = E(X) = E(Y) \\ D(XY) = D(X)D(Y) + D(X)E^2(Y) + E^2(X)D(Y) \end{cases} \tag{6-29}$$

可得

$$E(R\cos\alpha) = 0 \tag{6-30}$$

$$D(R\cos\alpha) = \frac{r_c^2}{4} \tag{6-31}$$

同理，可得

$$\begin{cases} E(\cos(\alpha + \beta)) = \displaystyle\int_{-\pi}^{\pi} \cos(\alpha + \beta) f(\alpha)\mathrm{d}\alpha = 0 \\ D(\cos(\alpha + \theta)) = \frac{1}{2} \end{cases} \tag{6-32}$$

故对 β 为任意常数有

$$\begin{cases} E(R\cos(\alpha + \beta)) = E(R)E(\cos(\alpha + \beta)) = 0 \\ D(R\cos(\alpha + \beta)) = \frac{r_c^2}{4} \end{cases} \tag{6-33}$$

可求得转动副间隙误差的均值和均方差为

$$\begin{cases} \mu_{r_{a\cdot j}} = E(r_j\cos(\alpha_j + \theta_2)) = 0 \\ \sigma_{r_{a\cdot j}} = \sqrt{D(r_j\cos(\alpha + \beta))} = \frac{r_c}{2} \end{cases} \tag{6-34}$$

将间隙随机变量 $r_{a\cdot j}$，表示为标准正态分布随机变量 $U \sim N(0,1)$ 的函数，即

$$r_{a\cdot j} = \mu_{r_{a\cdot j}} + \sigma_{r_{a\cdot j}} U = \sigma_{r_{a\cdot j}} U \tag{6-35}$$

综合尺寸公差和间隙误差可构造原始误差随机向量以及原始误差均方差随机向量，即

$$\begin{cases} \vec{x_r} = (\Delta l_0,\ \Delta l_1,\ \Delta l_2,\ \Delta l_3, r_{a0}, r_{a1}, r_{a2}, r_{a3}) \\ \vec{\sigma_r} = (\sigma_0, \sigma_1, \sigma_2, \sigma_3, \sigma_{r_{a0}}, \sigma_{r_{a1}}, \sigma_{r_{a2}}, \sigma_{r_{a3}}) \end{cases} \tag{6-36}$$

6.3.2　折叠、拼装误差计算

以前文图 6.7 所示的前翻四连杆折叠机构为例，介绍误差计算过程。

1. 误差简化

在前翻四连杆折叠机构中，所有杆件之间以及杆件与天线阵面之间均通过铰支座连接，连接均是在杆件和阵面结构件上预留销接孔，再用销轴连接，如图 6.55 所示。在理论计算中，销轴的直径尺寸与预留销接孔直径是一致的，但在实际设计加工过程中，销轴的

直径尺寸与销接孔有所差别,把这个误差设为 δ,即销接孔的半径与销轴的半径之差。

在图 6.55 中,R 表示销接孔半径,r 表示销轴半径,从图中可以看出 δ 是销接孔半径和销轴半径之差,将其称为孔隙误差,如果没有孔隙误差,铰支孔中心点在展开之后会在一个准确的位置,但是由于孔隙误差的存在,使得杆件可以在此间隙范围内运动,此间隙范围导致了折叠机构位置的变化,同时也会引起天线阵面位置的变化。如果没有空隙而把销轴和销接孔之间的半径差 δ 作为杆件的一端能伸缩的范围,可以把各处连接位置的变化简化为各个杆之间的长度变化,而变化量即为 $\pm\delta$,由于要计算天线阵面位置的变化,可以将问题先简化为由于杆长的变化而引起的天线阵面位置变化。

图 6.56 为一根杆件的端点绕着原来的位置以 δ 为半径变化的示意图,即杆件端部运动示意图。由图 6.6 可知,由于平面四连杆折叠机构由四根杆件组成,除机架外,通过原动件 1 与连架杆 2 杆长的变化可以计算出折叠终点连杆 3 上两点的位置,由这两个点的位置可以确定线阵天线的位置。

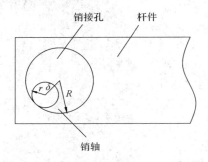

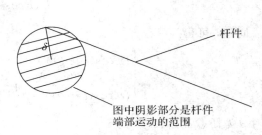

图中阴影部分是杆件端部运动的范围

图 6.55　前翻四连杆折叠机构的销接孔及销轴　　　　图 6.56　杆件端部运动示意图

2. 折叠机构的误差推导

折叠机构的误差推导如图 6.57 所示。当原动件 1 转动 90° 时,连杆 3 旋转 180°,此时原动件 1 与机架 4 部分重叠,即完成折叠动作。在图 6.59 中,由杆长 L_1 和 L_2 的变化可以得到相邻杆 CD 两个端点的坐标值。两点确定一直线,由 C 点和 D 点就可以确定天线阵面所在位置及角度。

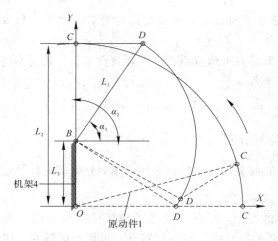

图 6.57　折叠机构的误差推导

由图示可知 C 点、D 点的坐标可以用杆长 L_1、L_2、L_3 以及两杆与固定机架之间的夹角 α_1、α_2 来确定，$C(L_2' \cdot \cos(\alpha_2'), L_2' \cdot \sin(\alpha_1'))$ 和 $D(L_1' \cdot \cos(\alpha_1'), L_1' \cdot \sin(\alpha_1') + L_3)$（以图中所示 O 点为原点，x 轴和 y 轴建立坐标系）。由正切定理可以得到 CD 与 X 轴夹角 β 有如下关系

$$\tan\beta = \frac{|L_1' \cdot \sin(\alpha_1') + L_3 - L_2' * \sin(\alpha_2')|}{|L_1' \cdot \cos(\alpha_1') - L_2' \cdot \cos(\alpha_2')|} \tag{6-37}$$

式中，α_1' 和 α_2' 分别表示考虑误差之后变化中的 α_1 和 α_2。L_1'、L_2' 是考虑误差时的杆长。

CD 杆上两销接孔中心绕原中心位置以制造误差 δ 为半径做圆周运动的轨迹公式为

$$(x_C' - x_C)^2 + (y_C' - y_C)^2 = \delta^2 \tag{6-38}$$
$$(x_D' - x_D)^2 + (y_D' - y_D)^2 = \delta^2 \tag{6-39}$$

杆长表达式为

$$x_C'^2 + y_C'^2 = L_2'^2 \tag{6-40}$$
$$x_D'^2 + (y_D - L_3)'^2 = L_1'^2 \tag{6-41}$$

联立以上公式，即可得到 C 点、D 点坐标误差及 CD 杆的角度误差。

3. 极值法误差计算

在折叠机构的极值法误差计算（如图 6.58 所示）中，将误差 δ 取为 0.13 mm，其中，0.03 mm是孔的制造误差，0.1 mm 是考虑磨损之后的误差。

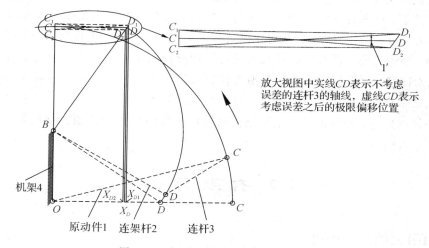

图 6.58　折叠机构的极值法误差计算

由于 $L_1 = 500$ mm 与 $L_2 = 361.64$ mm 的长度是已知的，当误差取 0.13 mm 时，其长度在 500.13 mm～499.87 mm、361.77 mm～361.51 mm 之间变化。

按照上述的方法用两点确定线阵天线的位置。在 CAD 软件累计误差之后，得到 C 点、D 点的两个极限位置 C_1、C_2、D_1、D_2。由图可知，当误差 δ 取为 0.13 mm 时，折叠后的阵面角度将随 CD 杆有 $\pm1'$ 的偏差，位移偏差约为 ±0.1 mm。

综上所述，在此折叠机构中，销接误差的存在对于天线阵面位置的偏离有一定的影响，尤其是在考虑各种误差累计之后，偏离位置将较大，需根据阵面精度要求来判断在这种误差之下能否正常使用，至于误差的降低，可以通过提高制造精度，减小铰连接间隙，提高材料性能，减小长期使用之后的磨损等途径加以控制。

第7章 力学仿真

相控阵天线电性能与阵元位置精度、反射面精度密切相关，而在服役期间精度主要决定于天线结构刚度，并且天线在极限载荷下不损坏，必须有足够的强度。因此，刚强度设计是天线结构设计的关键基础。由于现代有源相控阵天线结构和功能的日趋复杂，多个制约条件限制其整体结构试验的进行，如高额的成本、较长的时间周期等，而利用以有限元理论为基础的力学仿真技术来模拟理论模型和大型试验模型已经成为主流的科研手段。在天线结构设计过程中，为满足天线的环境适应性，并保证天线精度，天线力学仿真是必不可少的重要环节。

目前在工程实际应用中，有限单元法是被广泛应用的一种有效的数值计算方法。有限元法理论上能解决所有结构分析问题，事实上结构分析的诸多领域中已开发的有限元软件包括线弹性分析、弹塑性非线性分析、弹塑性接触非线性分析、大挠度非线性及结构稳定性分析、动力学分析等。但是，为获得正确可靠的结构分析结果，单有功能完好的计算机软件是不够的。经验表明，在采用有限元法进行结构分析时应十分注重模型化技术、元素类型选择、元素连接、边界条件模拟等各项工作以及试验验证修正技术，这就要求把工程概念和有限元技术很好地结合起来。本章重点介绍天线阵面结构分析中的建模技术、元素选取和边界条件的处理，如何通过有限元分析结果对天线做出正确的刚强度评判，如何通过试验结果修正等内容。

7.1 有限元法

7.1.1 有限元的基本理论

对于许多力学问题，由于求解方程的某些特征的非线性或求解区域的几何形状比较复杂，使得大多数问题无法得到精确的解析解。为了克服这个困难，数学家和工程师们尝试采用各种方法将原问题离散化，从而通过数值求解得到原问题的近似解。早期数学家和工程师们从不同的角度提出了离散化的方法。数学家们提出的是一类应用在微分方程上的较为通用的方法，如差分法、各类加权残值法及确定合适的变分问题的驻值的近似方法。而工程师们则更加直觉地通过实际离散的物体进行类比。例如，20世纪40年代，在固体力学方面，Mchenry、Hrenikoff及Newmark通过将小段的连续体用一系列简单的弹性杆来代替可以得到连续弹性力学问题高精度的解。此后Argyris和Turner等人发现通过一种更简单更直接的方式考虑小分段或"单元"与连续体之间的关系可以有更高的效率。"有限元"一词正是来自于工程师们这种直观的类比。Clough很可能是第一个采用这个词汇的人，他用有限元来指代一种离散系统的标准方法的直接应用。有限元经典的计算方法有加权残值法和里兹法等，这些方法都可以通过变分原理进行统一。

有限元法的基本思想是将连续的求解区域离散为一组有限个且按一定方式相互连接在一起的单元的组合体。由于单元能按不同的连接方式进行组合，且单元本身又可以有不同的形状，因此可以模型化几何形状复杂的求解域。有限单元法作为数值分析方法的另一个重要特点，是利用在每一个单元内假设的近似函数来分片地表示全求解域上待求的未知场函数。单元内的近似函数通常由未知场函数或其导数在单元的各个结点的数值和其插值函数来表达。因此，一个问题的有限元分析中，未知场函数或其导数在各个结点上的数值就成为新的未知量（即自由度），从而使一个连续的无限自由度问题变成离散的有限自由度问题。一经求解出这些未知量，就可以通过插值函数计算出各个单元内场函数的近似值，从而得到整个求解域上的近似解。显然随着单元数目的增加以及单元尺寸的缩小，或者随着单元自由度的增加及插值函数精度的提高，解的近似程度将不断改进。如果单元是满足收敛要求的，近似解最后将收敛于精确解。

7.1.2　常用有限元软件介绍

1. ANSYS 软件简介

ANSYS 软件是一个功能强大而灵活的大型通用有限元软件。能够进行包括结构力学、热力学、液体力学、声学、电磁学等多学科的研究，广泛应用于核工业、铁道、航空航天、石油化工、机械制造等工业和科学研究领域，是世界上拥有用户最多、最成功的有限元软件之一。其特点如下：

（1）不但可以进行对结构、热、流体、电磁场等物理现象的单独研究，还可以进行这些物理现象的相互影响研究。例如，热-结构耦合、流体-结构耦合、电-磁-热耦合等。

（2）前后处理、求解及多场分析均采用统一的数据库。

（3）具有强大的非线性分析功能。

（4）良好的用户界面，使用方便。

（5）强大的二次开发功能，应用宏、参数设计语言、用户可编程特性、用户自定义语言、外部命令功能，可以开发出适合用户自己特点的应用程序，对 ANSYS 软件的功能进行扩展。

（6）提供多种自动网格划分工具。

（7）提供了常用 CAD 软件的数据接口，可精确地将在 CAD 系统下创建的模型转入到 ANSYS 软件中，并对其进行操作。

ANSYS 软件的使用步骤如下：

1）预处理

在分析过程中，与其他步骤相比，建立有限元模型需要花费更多的时间。在预处理过程中，先指定任务名和分析标题，然后在预处理器 PREP7 中定义单元类型、单元实常数、材料特性和有限元模型等。

（1）指定任务名和分析标题。该步骤虽然不是必须的，但 ANSYS 推荐使用任务名和分析标题。

（2）定义单位制。ANSYS 对单位没有专门的要求，除了磁场分析以外，只要保证输入的数据都使用统一的单位制即可。这时，输出的数据与输入数据的单位制完全一致。

（3）定义单元类型。从 ANSYS 提供的单元库内根据需要选择单元类型。

（4）定义单元实常数。在选择单元类型以后，有的单元类型需要输入用于单元进行补充说明的实常数。是否需要实常数及实常数的类型，由所选单元类型决定。

（5）定义材料特性。在大多数情况下，分析时都要指定材料特性，ANSYS 可以选择的材料特性有线性的和非线性的，各向同性的、正交异性的和非弹性的，不随温度变化的和随温度变化的。

（6）创建有限元模型。创建有限元的方法有两种：实体建模法和直接生成法。前者先创建实体模型，然后划分网格形成有限元模型；后者直接创建节点、单元，生成有限元模型。创建实体模型的方法有自下而上和自上而下两种。自下而上建模，就是首先建立关键点，由这些点建立线，进而建立面、体。自上而下建模，就是首先输入 ANSYS 预先定义好的图元，然后对其进行布尔运算、拷贝、对称等操作，以得到需要的模型。

2）求解有限元

建立有限元模型后，需要在 SOLUTION 求解器下选择分析类型，指定分析选项，然后施加载荷和约束，指定载荷步长并对有限元求解进行初始化，最后求解。

（1）选择分析类型和指定分析选项。在 ANSYS 中，可以选择的分析类型有：静态分析、模态分析、谐响应分析、瞬态分析、谱分析、屈曲分析、子结构分析等。不同的分析类型有不同的分析选项。

（2）施加载荷和约束。在 ANSYS 中，约束被处理为自由度载荷。ANSYS 的载荷共分为六类：DOF（自由度）载荷、集中力和力矩、表面分布载荷、体积载荷、惯性载荷和耦合场载荷。如果按载荷施加的实体类型划分的话，ANSYS 的载荷又可以分为直接施加在几何实体上的载荷和施加在有限元模型即节点、单元上的载荷。

（3）指定载荷步选项。这一步主要是对载荷步进行修改和控制，例如，指定子载荷步数、时间步长，对输出数据进行控制等。

（4）求解初始化。这一步主要工作是从 ANSYS 数据库中获得模型和载荷信息，进行计算求解，并将结果写入到结果文件和数据库中。结果文件和数据库文件的不同点是，数据库文件每次只能驻留一组结果，而结果文件保存所有结果数据。

3）后处理

求解结束以后，就可以根据需要使用 POST1 普通后处理器或 POST26 时间历程后处理器对结果进行查看了。POST1 普通后处理器用于显示在指定时间点上选定模型的计算结果，POST26 时间历程后处理器用于显示模型上指定点在整个时间历程上的结果。

2. MSC. PATRAN 简介

MSC. PATRAN 是一个集成的并行框架式有限元前后处理及分析仿真系统。MSC. PATRAN 最早由美国宇航局（NASA）倡导开发，是工业领域最著名的并行框架式有限元前后处理及分析系统，其开放式、多功能的体系结构可将工程设计、工程分析、结果评估、用户化设计和交互图形界面集于一身，构成一个完整的 CAE 集成环境。使用 MSC. PATRAN，可以帮助产品开发用户实现从设计到制造全过程的产品性能仿真。MSC. PATRAN 拥有良好的用户界面，既容易使用又方便记忆。即使用户以前没有使用过 MSC. PATRAN，只要他拥有一定的 CAE 软件使用经验，那么他就很快可以成为该软件的熟练使用者，这可以使使用者将更多的精力用于自己的工作。MSC. PATRAN 作为一个优秀的前后处理器，具有高度的集成能力和良好的适用性，主要表现为：模型处理智能化，自动有限元建模，高度的集成能力，用户可自主开发新的功能，分析结果的可视化处理。

MSC. PATRAN 的主要特点如下：

（1）开放式几何访问及模型构造。

（2）各种分析功能的有效集成。

（3）结果交互式可视化后处理。

（4）高级用户化工具——PATRAN 的 PCL 命令语言。

7.2 仿 真 计 算

天线力学仿真计算主要包括结构模型化、边界条件的模拟、载荷的施加、计算结果的处理、模型的修正与优化等各方面。在对各类天线建模分析的基础上对仿真计算的各个部分进行归纳总结，天线力学仿真应遵循的一般准则如下：

（1）构件的取舍不应改变传力路线。

（2）单元的选取能代表结构中相应部位的真实应力状态。

（3）网格的剖分应适应应力梯度的变化，以保证数值解的收敛。

（4）元素的连接应反映节点位移的真实（连续或不连续）情况。

（5）元素的参数应保证刚度等效。

（6）边界约束的处理应符合结构真实支持状态。

（7）质量的堆聚应满足质量、质心、惯性矩及惯性积的等效要求。

（8）当量阻尼计算应符合能量等价要求。

（9）载荷的简化不应跨越主要受力构件。

7.2.1 结构模型化要点

复杂的实际结构离散化为有限元分析的数学模型是一项十分繁杂而又十分重要的技术，正确而合理的有限元模型，是取得正确而可靠的结构分析结果的基础。通常在建模工作中应遵循力学等效和质量等效原则，同时要兼顾计算精度、计算速度和经济性。

1. 构件的取舍

构件的取舍一般应遵循传力路线不变的原则，建模前应正确分析其传力路线，在此基础上保留主要受力构件，舍去或简化不影响传力的次受力构件，即要求在建模过程中，遵循细化主受力构件，简化次受力构件的原则。

在天线阵面建模中，对非主承力部件，如辐射单元、安装支架、高频箱门、高频箱内电子设备等进行简略建模；而高频箱主骨架为主承力结构，需进行详细建模。以车载天线为例，一般高频箱骨架的高应力区域有三块，分别为天线与撑杆连接区域，天线与倒竖机构连接区域，天线与天线支座连接区域，如图 7.1 所示。在简化过程中必须将支耳的连接区域进行详细建模，如图 7.2 所示，连接支耳均采用体单元进行细化。

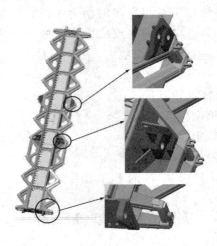

图 7.1　天线高应力区域

（a）撑杆支耳区域　　　　　　（b）倒竖支耳区域　　　　　　（c）支座支耳区域

图 7.2　高应力区域建模

　　而高频箱内部的组件安装机架是非主承力结构，可以简单建模。如图 7.3 所示，主要用梁元和质量单元进行模拟，以实现传力、配载的功能，单个支架仅需 371 个单元。

图 7.3　组件安装机架模型

2. 单元的选取和组合

单元具有相对容易表达和分析的外形，三个基本的有限单元是梁、板和实体单元，如图 7.4 所示。

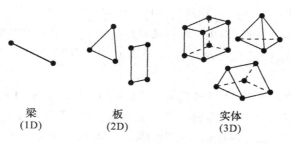

梁　　　　　　板　　　　　　实体
(1D)　　　　　 (2D)　　　　　 (3D)

图 7.4　基本单元

一维梁单元(1D)用于对细长的结构进行建模，如桁架式天线骨架；二维板单元(2D)用于对比较薄的结构进行建模，如板式天线骨架和反射面板；三维实体单元(3D)用于对比较厚的构件进行建模，如天线骨架支耳等。

一个结构件宜选取单一元素，元素的力学特性应能反映实际结构的力学特性。一个计算模型中选用多种元素组合时，元素的选取要代表结构中相应部位的真实应力状态，应注意相邻边界上的元素形状函数的协调，否则将影响解的收敛性。元素的组合必须遵循参加组合的所有元素在节点处具有相同类型和相同数量的自由度。工程实践中大量成功的经验表明一些常见的元素组合是可行的，如轴力杆元和受剪板元、轴力杆元和平面应力板元、梁元与受弯板元、梁元与壳元。

以机载天线为例，天线背板为蜂窝夹芯结构。在进行静力学计算时，铝蜂窝芯可简化成为一层板元，使用 Laminate 进行铺层属性定义。而在动力学计算时，需要对天线隔板、背板粘接强度进行分析。此时使用单层板元简化铝蜂窝时就不能准确得出动载荷下的各层单元应力值，因此天线背板、隔板铝蜂窝采用铝蒙皮(PSHELL)＋蜂窝(HEX)＋铝蒙皮(PSHELL)单元进行简化，这样可以清楚地得到各个层下动载荷应力的分布。蜂窝夹层结构天线有限元模型如图 7.5 所示。

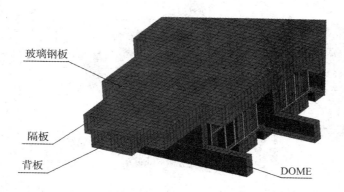

玻璃钢板

隔板

背板

DOME

图 7.5　蜂窝夹层结构天线有限元模型

3. 网格的剖分

网格的剖分应适应应力梯度的变化,以保证数值解的收敛。在静力分析中,应力场分析一般要求受集中力或结构刚度突变导致应力变化梯度大的部位网格要取密一些,应力变化平坦的区域网格可以稀一些。对称结构的网格剖分应注意网格的对称性。网格的长宽比不宜过大,一般应控制在 3～5 以内。而在动力分析中,计算模型的网格划分一般比静力分析粗一些,但应注意保留足够的自由度以便真实地反映结构在所要求的频率下的模态形状。

对于关键部件的网格细化与过渡,常用的 2D 单元网格过渡方法是使用三角形单元或者梯形四边形单元进行过渡,壳单元的过渡示意图如图 7.6 所示。而对于部件之间可采用连接 RBE2、RBE3、RSPLINE/CINTC、RSSCON、GLUED 单元进行过渡。

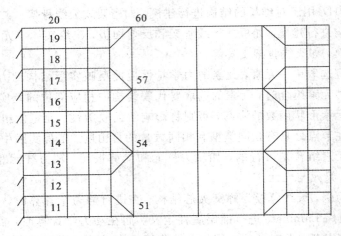

图 7.6 壳单元的过渡示意图

以某产品馈线组件为例,整个馈线的模型计算主要在于软波导处,因此在网格剖分时,对软波导及其周边的波导连接进行了细化,而安装支架、电源等模型进行了粗化处理,如图 7.7 所示。

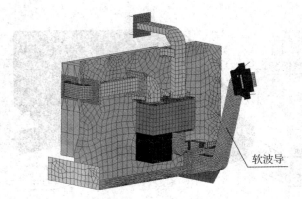

图 7.7 某馈线组件网格剖分

4. 节点位置的确定

模型节点位置需要真实反映实际结构的节点位置，可以通过 CAD 软件与 CAE 软件相结合的方式进行建模。

以机载火控天线为例，天线阵面组成包括辐射单元、围框、底板、冷板、综合层、T/R组件、综合模块安装板、综合模块。各个部件之间连接关系交错复杂，具体关系如表 7－1 所示。

表 7－1　天线部件连接关系

天线部件	辐射单元	围框	底板	冷板	综合层	T/R组件	综合模块安装板	综合模块
辐射单元				√				
围框			√	√				
底板		√		√	√		√	√
冷板	√	√	√			√		
综合层			√					
T/R组件				√				
综合模块安装板			√					√
综合模块			√				√	

天线各部件的排布在平面排布上交错分布，从力学角度可以认为整体受载，各层之间通过连接点的 MPC 单元处理，保证模型的整体性，阵面简化模型如图 7.8 所示。建模过程中需要借助于 CAD 软件进行节点确立，并设置大量的硬点、硬线，保证节点的匹配性。建模完成后进行验证，确保各层之间的变形的协调性。

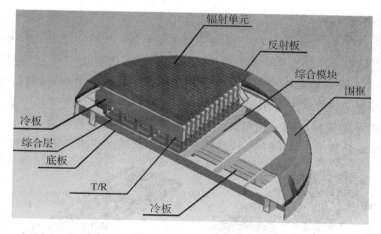

图 7.8　阵面简化模型

5. 元素的连接

有限元模型中有时会遇到不同类型元素的连接，如梁和薄壁结构、体元和薄壁结构以及体元和壳体结构等的连接，这时在连接处必须采用过渡元素或释放某些自由度。例如，铆接结构可以考虑共面处理，螺接结构根据实际螺钉的数量简化成 MPC 单元或者弹簧单元。

6. 元素的刚度等效

元素的几何参数，有时可以按等刚度原则来确定，这样既可以大大简化计算模型，满足计算精度要求，同时又缩短了计算周期。

1）刚度等效实例一

某天线阵面由 60 个刀片式有源子阵组成，结构复杂。每个有源子阵包括子阵骨架、T/R 组件、延迟驱动模块、列馈网络、数字模块以及综合层。采用壳单元对子阵骨架以及筋条进行简化，单个子阵模型规模达到了 11 933 个单元，如果 60 个子阵，那么光子阵的单元规模就达到了 70 万个，计算规模太大。因此在阵面模型中在中心处采用 2 个子阵真实模型，如图 7.9 所示，其余部位采用刚度等效的板元简化处理，大大简化模型，计算精度也能满足要求。

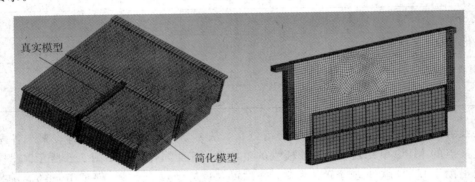

图 7.9　有源子阵的刚度等效

2）刚度等效实例二

天线阵面包含了 48 个模块，单个模块又包含了电源、波控单元、T/R 组件、馈线网络以及波导。按照最初的简化原则，单个模块的单元数量高达 9309 个，这样整个阵面单元规模将达到 41 万个，计算效率十分低下。在此基础上对模块内的电源等部件用刚度矩阵等效的方式简化为质量单元，对波导用截面等效的方式简化为梁元，使得单个模块的单元数量降低到 1441。简化的同时对两种模型的计算精度进行了对比，相差在 2% 以内，如图 7.10 所示，整个天线的计算量缩小 85%。这样既满足了计算精度要求，又大大缩短了计算周期。

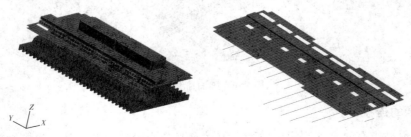

图 7.10　模块简化模型

7.2.2　边界条件模拟

有限元分析中的边界条件主要指位移边界条件，它们取决于结构边界的支持刚度。在施加位移边界条件时应考虑以下几点。

1. 消除结构的全部刚体位移

有限元在进行 SPC 约束时，直接令其自由度恒等于 0，并通过划行划列把该自由度从计算矩阵中去除，此方法称之为"刚性约束"。根据平衡要求至少应施加 6 个独立约束，当计算结果正确时，上述约束点的支反力之和应等于零。对约束不足的结构进行静力学计算，会出现报错；对约束不足的结构进行模态分析，会出现刚体模态结果，而过度约束会引起结构过高的应力。

2. 消除瞬时可变自由度

对于线形问题，结构中的瞬时可变自由度实际上都出现在结构的零刚度上，它们的存在会导致结构刚度矩阵的奇异。这种情况的处理方法有以下三种：

（1）在结构零刚度方向直接施加约束，这种约束方法可以给出正确的应力分析结果且输入数据工作量最小，但缺点是被约束点的位移失真（强迫为零）导致结构变形图严重扭曲。

（2）主从自由度处理方案，这种方法能给出合理的变形图，但缺点是增加了主从节点信息量。

（3）弱杆斜支撑法，即增加虚杆单元平衡自由度。这种方法能给出正确的应力和位移分别，但缺点是增加了多余弱杆的元素信息和几何信息与物理信息的填写工作量。

3. 指定位移边界

在总体应力分析基础上对结构的某一局部区域欲进行二次细节应力分析时，往往要根据总体应力分析给出的位移，作为它的指定位移的边界条件。

4. 对称边界

当利用结构的对称性时，必须根据载荷特点施加相应的对称面边界条件，即对称结构在对称（或反对称）载荷作用下，其内力和节点位移均具有对称（或反对称）性质，因此相应的边界条件是：

（1）对称载荷下，对称面上所有节点的反对称位移为零。

（2）反对称载荷下，对称面上所有节点的对称位移为零。

（3）结构对称、载荷非对称时，可将载荷分解为对称载荷和反对称载荷的组合，分别利用对称（或反对称）性质计算后，按线性叠加原理给出所需结果。

5. 位移约束的具体处理

（1）单点约束处理。计算模型中已知位移自由度（给出限制值包括零位移），可以用单点约束处理，主要用于单个节点上某个自由度的限制以及消除零刚度、自由度等。

（2）多点约束处理。计算模型中某些节点或自由度间存在着特定的依赖关系（线性相关），则可按多点约束处理。如滑块、滑轮在滑轨内的运动。

（3）弹性约束处理。当节点的某一位移分量与该节点的支反力大小成正比时，需用弹簧元模拟其弹性约束状态。

7.2.3　载荷处理

目前天线计算主要分为两大类：针对静载荷的静力学分析和针对动载荷的动力学分析。

1. 静载荷

静载荷分为风载荷、结构和非结构质量引起的惯性载荷、温度引起的热载荷。

1）风载荷

当给定风速为平稳风速时，风压计算公式为（g 为重力加速度）

$$q = K_R (K_g K_h)^2 \frac{g}{16} V^2 \qquad (7-1)$$

式中，K_R 为风阻系数，主要决定于物体的形状与风向；K_g 为阵风因子；K_h 为高度因子，如表 7-2 所示。

表 7-2　高 度 因 子

高度/m	1	2	4	6	8	10	12	14	16
系数	0.75	0.82	0.89	0.94	0.97	1	1.02	1.04	1.06
高度/m	18	20	25	30	40	50	60	80	100
系数	1.08	1.09	1.12	1.15	1.19	1.22	1.25	1.30	1.33

风载荷可以根据模型简化的方式采用分布载荷或者气压载荷进行加载。例如，某天线的两种方案就采用两种加载方式，当高频箱之间的连接支架为 E 型梁时就按照气动载荷等效成气压，以压强的形式加载在面单元上；当高频箱支架采用桁架式骨架的模型时，气动载荷则分配成各个节点上的力，进行加载，如图 7.11 所示。

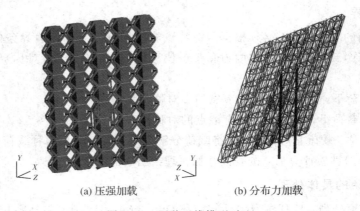

(a) 压强加载　　　　　　　　(b) 分布力加载

图 7.11　两种天线模型对比

2）惯性载荷

结构的惯性载荷则通过结构材料的密度赋值，用加速度场进行定义；非结构质量的惯性载荷则考虑其与结构件的连接方式，具体问题采用不同的处理方法。

3）温度场载荷

温度引起的载荷称为热载荷。通过施加温度场以及对材料定义温度伸长率来处理热载荷。

2. 动载荷

动力学分析在两个方面明显区别于静力学分析：① 动力载荷是随时间变化的；② 随时间变化的载荷引起的响应，如位移、速度、加速度、反力、应力、应变等，也是随时间变化的。这些随时间变化的特性使得动力学分析比静力分析更复杂。典型冲击载荷曲线与功率谱曲线如图 7.12 所示。

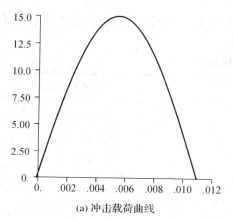
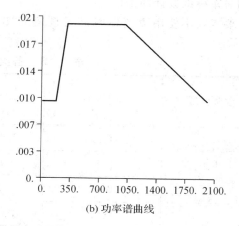

(a) 冲击载荷曲线　　　　　　　　(b) 功率谱曲线

图 7.12　动载荷曲线示意图

目前雷达天线的动力学分析主要为天线的冲击计算、正弦振动、随机振动计算。在这种计算中，在整体天线质量、刚度正确的前提下，施加随时间变化的冲击加速度场或者随频率变化的功率谱密度曲线来进行分析。

车载、机载以及星载雷达典型振源主要包括：由推进系统、辅助动力源、螺旋桨、喷气流传给雷达天线结构的力和力矩；飞机、火箭的尾流等气流扰动传给雷达天线结构的力和力矩；机炮发射或其他武器发射时产生的力和力矩。

7.2.4　动力学分析

动力学分析主要包括下述性能分析：

（1）实特征值分析。采用实特征值分析计算结构的基本动力特性。特征值分析的结果是结构的固有频率和振型。虽然特征值分析的结果不基于某一特定载荷，但这些结果揭示了各种不同动力载荷对结构的影响。

（2）线性频率响应分析。频率响应分析是计算正弦激励下稳态响应的有效方法。在线性频率响应分析中，外载荷为正弦波，需要指定频率、振幅和相位角。

（3）线性瞬态响应分析。瞬态响应分析是计算随时间变化的载荷作用下的结构响应，分析中的载荷可以是任意形式，但在每一时刻的载荷都必须明确定义。

（4）响应谱分析。响应谱分析是计算简单结构在瞬态激励下的峰值响应的近似方法，也称为振动谱分析。响应谱分析包含产生频谱和利用频谱进行动力响应分析两部分。

（5）随机振动分析。随机振动是一种在统计意义下描述的振动，其分析需要输入线性频率响应分析的结果，以功率和谱密度形式提供的载荷情况，输出结果包括响应的功率谱密度、自相关函数、响应的 RMS 等。

（6）DDAM 计算。DDAM 是美国海军于 20 世纪 30 年代后期开始就舰船抗冲击的研究而发展起来的一种基于冲击谱的响应分析方法。DDAM 是基于结构振动模态叠加的设计分析方法。将系统简化为多个弹簧质量系统，在计算出模态振型和模态质量后，根据设计冲击谱得出各阶模态的模态位移和应力，然后通过对各阶模态解的合成就可以得出设备的位移和应力。在响应谱分析中，用瞬态响应计算得到设计冲击谱，而在 DDAM 计算中，直接使用海军标准设计冲击谱。

要求在不使用隔离器时满足规定的冲击环境对应的冲击加速度和速度设计值列于表7-3。

表 7-3　各类安装区域 A_0、V_0

安装区域	冲击方向	弹性设计		弹塑性设计	
		A_0	V_0	A_0	V_0
Ⅰ类	垂向	$1.0A_a$	$1.0V_a$	$1.0A_a$	$0.5V_a$
	横向	$0.4A_a$	$0.4V_a$	$0.4A_a$	$0.2V_a$
	纵向	$0.2A_a$	$0.2V_a$	$0.2A_a$	$0.2V_a$
Ⅱ类和Ⅲ类	垂向	$1.0A_a$	$0.5V_a$	$1.0A_a$	$0.25V_a$
	横向	$0.4A_a$	$0.2V_a$	$0.4A_a$	$0.1V_a$
	纵向	$0.2A_a$	$0.2V_a$	$0.2A_a$	$0.1V_a$

表 7-3 中的弹性设计和弹塑性设计根据设备是否允许出现塑性变形来确定，表中 A_0、V_0 为设备不同模态质量所对应的各类安装区域的冲击谱加速度和谱速度。

表 7-3 中，Ⅰ类安装部位指舰船外板及/或外板扶强材，双层底顶板，主甲板以下隔壁；Ⅱ类安装部位指下甲板与主甲板，主甲板以下隔壁，主甲板以上隔舱壁；Ⅲ类安装部位指主甲板以上甲板，主甲板以上侧隔壁及中间隔壁。

对于Ⅰ类安装区域，有

$$\begin{cases} A_a = 196.2 \dfrac{(17.01 + m_a)(5.44 + m_a)}{(2.72 + m_a)^2} \\ V_a = 1.52 \dfrac{5.44 + m_a}{2.72 + m_a} \end{cases} \tag{7-2}$$

对于Ⅱ类和Ⅲ类安装区域，有

$$\begin{cases} A_a = 98.1 \dfrac{19.05 + m_a}{2.72 + m_a} \\ V_a = 1.52 \dfrac{5.44 + m_a}{2.72 + m_a} \end{cases} \tag{7-3}$$

式中，m_a 为设备的模态质量（单位为 t）；A_a 为标称加速度谱（单位为 m/s²）；V_a 为标称速度谱（单位为 m/s）。

设备具体的设计谱依据 A_a 和 V_a 采用表 7 - 3 的系数计算。

7.2.5　计算结果以及诊断

1. 计算结果的诊断

用有限元法进行结构分析时，不论总体应力分析还是细节分析往往规模都很大，计算所需的原始数据包括各种信息成千上万，出错是难免的。近年来计算机软件在不断完善，使用有限元分析软件的前置和后置功能可以大大减少出错概率。使用前置程序的计算模型进行图形显示，可以较易发现原始数据包括节点坐标、元素信息等的错误。使用后置程序把计算结果以曲线、等高线、云图等形式显示在屏幕上，可以帮助诊断计算结果的合理性或推断某些原始数据的可能错误。总之，对计算结果必须通过分析做出正确判断，平衡校验是常用的诊断方法。

2. 计算结果的整理

有限元分析输出应完善其后置功能，逐步向图表化、曲线化和文件化的方向迈进，其分述如下：

（1）曲线化：进行纵、横向典型构件的位移曲线以及指定部位（区域）应力或应变等高线的绘制。有时根据需要还可以输出变形曲面图。

（2）图表化：以表格形式列出指定应力水平以上的元素信息或某些高应力元素在各种载荷情况下的应力值，并给出剩余强度。

（3）文件化：计算机根据有限元计算结果完成强度计算文件的整理工作。

3. 计算结果与强度结论

总体应力分析，严格地讲只能给出宏观的强度评价，因此，一般不应根据总体应力分析给出的应力，直接做出强度结论。因为元素的应力一般指其形心处的应力（即元素的平均应力），所以应以总体应力分析给出的内力对真实剖面进行强度校核后才能最后做出强度结论。当然，应力水平较低时除外，这里主要是指应力水平已接近允许应力时的情况。另外，对开口部位包括腹板开洞等情况，还要计算其附加应力，然后与总体应力叠加，才能做出强度结论。接头及连接部位（含铆缝），更有必要依据总体应力分析给出的内力，进行详尽的强度校核，才能给出强度结论。以下给出一些典型校核示例。

1）支耳强度校核

耳孔承受由螺栓传来的载荷，为了防止因孔变形导致配合精度下降、冲击、振动或不能正常工作，因此需要计算耳孔的挤压强度，即

$$\begin{cases} \sigma_{br} = \dfrac{P_{ult}}{dt} \\ \eta = \dfrac{K_{br}\sigma_b}{\sigma_{br}} \geqslant 1 \end{cases} \qquad (7-4)$$

式中，P_{ult} 为支耳承受的设计载荷；K_{br} 为挤压系数。

2）支耳连接螺栓强度校核

支耳连接中的螺栓承受剪切、弯曲、挤压和预紧力。因为多数表现为挤压和剪切破坏，所以一般只校核螺栓的剪切强度和挤压强度。这里假设载荷在支耳中沿螺栓长度均匀分

布，力臂由下式确定，有

$$b = \frac{t_1}{2} + \frac{t_2}{4} + g \tag{7-5}$$

式中，t_1、t_2 为内外支耳的厚度；g 为内外支耳的间隙。

螺栓中最大弯矩为

$$M = \frac{P_{ult}}{2} b \tag{7-6}$$

螺栓的弯曲应力为

$$\sigma = -\frac{M}{J_x} y \tag{7-7}$$

式中，σ 为弯曲时的正应力；J_x 为对形心轴的惯性矩。

3）对接螺栓强度校核

设螺栓等直径为 D，螺栓材料的强度极限为 σ_b，螺栓受到的拉压载荷为 P，剪切载荷为 Q，那么有

$$\begin{cases} \eta = \dfrac{\sigma_b}{\sigma_H} \\ \sigma_H = \sqrt{\left(\dfrac{4P}{\pi D^2}\right)^2 + 3\left(\dfrac{4Q}{\pi D^2}\right)^2} \end{cases} \tag{7-8}$$

4）焊接强度校核

焊接判断依据为

$$\begin{cases} \sigma \leqslant s_b, \ s_b = K_1 \sigma_b \\ \tau \leqslant \tau_{p0}, \ \tau_{p0} = K_2 s_b = K_1 K_2 \sigma_b \end{cases} \tag{7-9}$$

式中，σ 为焊缝的工作应力；σ_b 为焊件基本材料的抗拉强度；s_b 为焊缝的破坏正应力；K_1 为焊缝的强度削弱系数；τ 为剪切的破坏剪应力；K_2 为焊缝的拉剪系数。

5）螺栓孔强度校核

螺纹部分受挤压、弯曲和剪切，其中，螺纹剪切为

$$\tau_s = \frac{P}{\beta \pi d_1 n t m} \leqslant \tau_b \tag{7-10}$$

螺纹弯曲为

$$\sigma_M = \frac{3P(d_0 - d_1)}{2\pi (\beta t)^2 d_1 nm} \leqslant \sigma_b \tag{7-11}$$

螺纹挤压为

$$\sigma_{br} = \frac{4P}{\pi (d_0^2 - d_1^2) nm} \leqslant \sigma_b \tag{7-12}$$

式中，β 为螺纹充满系数，公制螺纹 β 为 0.875，矩形螺纹 β 为 0.5，梯形螺纹 β 为 0.65；d_1 为螺纹内径；d_2 为螺纹外径；t 为螺距；n 为螺纹计算圈数，实际圈数大于 9 圈，受力类型为螺栓受拉，螺母受拉型；m 为载荷分布的不均匀系数，对于拉-压型与压-拉型螺纹连接，在 $d_0/t < 16$ 时取为 $m = 5t/d_0$。

7.3 有限元模型修正技术

有限元建模中要对实际结构系统进行离散化，也就要对结构的几何、边界等做力学上的简化，这种简化带来的误差对复杂结构来说是难以预计的。特别是受力情况复杂或结构形状复杂的部位，往往会出现简化的非唯一性，这就给计算带来较大的误差。因此，对有限元模型进行修正的工作就显得十分必要。

有限元模型修正是以实际结构试验或工作的响应为目标，以有限元模型的各种力学特征为对象，以合理的修正理论及算法为基础和手段，以一定的收敛准则为判别标准的系统工程。

有限元模型分析是实际工程或试验的理论验证，其精确性直接影响着后续工程或试验的开展。特别是某些昂贵的力学试验，在试验次数有限的情况下，试验中应当尽可能关心所有有意义的结构响应以做出合理的分析和设计，忽略次要的、影响小的响应。这就要求有限元模型应当在试验前提供合理的试验目标，具有极高的精度。有限元模型修正则是反其道而行，通过已有的试验响应，反算有限元模型参数，使其计算结果尽可能接近试验结果。这样做的意义一是复核模型等效的准确性或试验条件的模拟方法；二是为后来的试验提供参考，反向地为有限元设计提供帮助。

有限元模型的物理和力学特征包括材料参数、连接方式、加载方式、边界条件和阻尼模式等。这些参数的模拟方法有的已经比较成熟，有的还在研究阶段。对于实际工程的仿真，其力学效果存在较大不确定性。甚至是已知的材料参数，由于其离散性，也可能使得仿真结果出现偏差，需要针对具体情况进行校正。另外，仿真作为一种分析手段，最终的目标是为结构设计服务。因此，修正后的模型即使参数与最初估计偏差较大，只要能够准确反映试验结果，也是可以采用的。

有限元模型修正往往是反复调用和迭代的过程。参数值的收敛情况决定了修正的花费和精度。根据算法的不同，参数的收敛结果既可以根据修正范围的搜索情况决定，也可以根据最后结果的数字精度决定。两种结果各有优势。采用全局算法，修正结果的数字精度较高但花费较大，适合复杂模型；采用传统方法，数字精度不高但收敛较快，适合普通模型。合理地选择修正算法及收敛准则，是修正工作完成标准优劣的前提。

工程结构模型的修正研究已经有一百多年的历史。早期的工程师采用古典微分法和变分法等经典优化方法对结构进行手算修正。20 世纪 60 年代，计算机技术发展后大量结构修正、优化算法得以实现，结构的修正理论也随之发展。

Stentson 于 1976 年提出矩阵摄动法，Chen 和 Garba 根据矩阵摄动理论导出了质量矩阵和刚度矩阵的修正公式。Baruch 和 Bar 假设质量矩阵不变，以正交性条件为约束，用拉氏乘子法导出了刚度矩阵的修正公式。Berman 利用正交性条件对质量矩阵进行修正，并采用 Baruch 的方法修正了结构的刚度矩阵。Kabe 提出了元素型修改方法，把运动方程作为约束函数，通过矩阵元素变化量取极小值，得到了刚度矩阵的修正公式。从物理意义上说，Kabe 的方法是一个较大的进步，修正后的刚度矩阵仍然保持带状特性。Natke 提出了子矩阵修正方法，从有限元建模特性出发，引入有限元子矩阵的修正因子，以运动方程和正交性条件作为约束方程，通过对子矩阵修正因子求极小值，得到修正因子的计算公式。Heylen 提出了一种组合法，先利用正交性条件修正系统矩阵，然后用灵敏度分析方法修正矩阵元素，反复迭代，直到修正频率与测试频率相一致。

同济大学的郑惠强教授为避免结构的有限元模型与真实情况差异，建立精确的有限元模型，利用有限元分析软件 ANSYS 的优化功能，对桥吊进行模型修正，为结构瞬态动力学分析提供了切合实际的数学模型。裴晓强等采用 iSIGHT 为优化平台，利用协同优化方法建立卫星总体优化设计的优化模型。研究结果表明，基于 iSIGHT 优化平台的协同优化方法能够有效地解决对地观测卫星总体优化设计，学科间耦合设计变量以及耦合状态变量的一致性误差均接近 0.01。东南大学的宗周红教授假定随机变量服从正态分布，采用蒙特卡罗有限元分析方法进行不确定性分析和量化，评价了下白石连续钢构桥基于响应面法的模型修正的预测精度，实现了连续钢构桥的有限元模型确认，确认后的下白石大桥有限元模型能够很好地反映下白石大桥的真实状况。

基于这些理论，各种修正方法层出不穷，按修正对象分类，主要可以分为以结构的整体矩阵为修正对象的矩阵型修正方法和以结构参数为修正对象的参数型修正方法两大类。前者需借助质量和刚度矩阵，由于修正结果失去了明确的物理意义而难以应用于实际结构。后者直接对设计参数修正，即对结构的材料、截面形状和几何尺寸等参数进行修正，该方法物理意义明确，是目前最适合工程应用的一种模型修正法。根据目标函数的构成不同，模型修正可以分为基于模态参数(频率和振型)、频响函数和静力试验数据(如应力、应变和位移等)三大类。同时，由于直接基于有限元软件优化模块的模型修正难以与各种优化算法融合且修正过程需多次重复调用有限元计算，修正效率低下，不适合大型结构的修正，因此基于响应面方法的模型修正技术应运而生。响应面方法以显式函数模拟实际结构复杂的输入、输出关系，能够获得工程上可接受精度的计算结果，是一种新兴的模型修正。在修正算法方面，传统的方法是直接搜索法和梯度优化法。基于不同的修正对象，这两种方法各有优劣。目前，基于仿生学优化算法的模型修正技术逐渐成为算法领域研究的热点。

7.3.1 基本修正理论及方法

有限元模型修正的基本流程如图 7.13 所示。修正理论包括有限元误差理论、修正变量及其敏感度分析理论，以及目标函数构建方法。其中，误差是修正前提，修正变量和目标函数决定了修正方法。

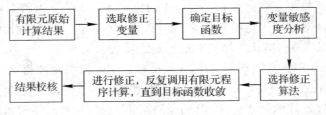

图 7.13　有限元模型修正的基本流程

1. 有限元误差

有限元建模与实际模型之间必然存在着误差。这些误差大体可分为结构误差、参数误差及阶次误差三类。

1）结构误差

结构误差是由建模采用的数学理论与实际情况之间的差异产生的。例如，采用壳单元模拟比较薄的板件会忽略一些自由度的影响；再如，为方便计算，对真实结构的孔洞、圆角等部位的处理也会导致质量和刚度与实际有差异。分析中对于实际情况的简化自然地会导致响应与试验不同。

2）参数误差

大部分有限元建模采用的物理参数都是常量或者线性变化的量。实际中，不论是材料还是边界条件，都存在非线性的变化，这些差异将会引起参数的误差，进而使得有限元计算结果不精确。

3）阶次误差

有限元与实际结构最大的不同在于，有限元是离散单元组成的，而实际结构往往是连续的。随着有限元阶次的提高，误差可以尽可能缩小。但是，阶次提高过多将引起计算成本成倍增加。因此，有限条件下阶次的误差也是不可忽略的。

2. 修正变量及敏感度分析

根据修正变量选取的不同，有限元修正的方法可以分为直接法和间接法。直接法修正采用的修正变量是有限元模型的矩阵元素。这种方法是最早出现的模型修正方法。通常选择有限元模型的质量矩阵或刚度矩阵。通过直接修正矩阵元素来实现计算响应与实际响应相吻合。故这种方法也称为直接修正方法。但修正后的矩阵改变了与原模型的连接信息，缺乏明确的物理意义，导致了模型的失真，所以这种方法不适用于大型结构。

间接法选取结构的设计参数为修正变量，如密度、弹性模量、截面积、惯性矩和厚度等物理特征。间接法一般要计算各个参数的灵敏度，即对修正参数进行一阶求导，求解过程较繁琐。与矩阵修正法相比，该方法有以下优点：初始模型的参数信息使得其物理意义更加明确，且修正后多能保证原模型的连接信息。针对参数的间接法修正，实质上是对模型的优化，只不过优化的目标是真实模型。因而，采用该方法，在目标函数与修正算法的选择上可以完全移植优化算法。鉴于间接法的优势，本节主要采用设计参数作为修正变量。

大型模型的修正分析往往会引入较多修正变量，导致分析所需花费巨大。考虑到不同修正变量对结构响应的影响程度不同，可以在修正工作前进行修正变量的敏感性分析，判断修正变量对结构响应的影响能力，依据分析结果缩减修正变量个数，从而减少修正分析的花费。敏感度分析理论叙述如下：

已知结构有 n 个设计参数，其中有 m 个初始修正变量，设计参数可表达为

$$p = [p_1, p_2, \cdots, p_m, \cdots p_n] \tag{7-13}$$

结构的响应输出可以用设计参数 p 来表达，即

$$f = f_p(p) \tag{7-14}$$

式中，f 可以是任意的响应输出向量，对于动力学修正，f 可以是加速度向量、频率向量、振型向量等。f_p 为 f 的有限元计算值。通常情况下，$f_p(p)$ 是非线性函数，如频响函数等。为将非线性问题转化为线性问题，在变量的初始设计点将 $f_p(p)$ 展开成待修正变量的一阶

泰勒表达式，有

$$f_p(p) = f_p(p_o) + S\Delta p \tag{7-15}$$

式中，p_o 为修正变量的初始设计点向量。

$$S = \frac{\partial f_p}{\partial f_p} \mid p = p_0 \tag{7-16}$$

式中，S 为设计参数的灵敏度矩阵。通过计算该矩阵，可以获得不同参数针对不同响应的敏感程度。目前，有限元模型参数的灵敏度计算通常采用电算的办法，大部分通用有限元软件自带有计算模块。

3. 目标函数

目标函数，即为描述有限元模型的静动特性与实验模型相应特性的相关程度而建立的表达式或方程组（包括约束条件），通过修正变量，使该表达式趋于最小，实现有限元模型和试验模型的响应吻合。根据试验模型的试验加载方式和响应信息类型的不同，待修正的结构可分为静力学模型和动力学模型。前者的目标函数是基于静力信息（如位移、应变、曲率等）的，后者的目标函数是基于动力信息（频率和振型等）的。在基于前述间接法的基础上，以下将分别介绍利用这两种模型的修正方法。

1）基于静力学模型的修正方法

间接法采用元素型修正变量。因此，静力学模型的修正变量一般选择设计参数，包括抗弯刚度、构件面积和惯性矩等。

通过静力学试验得到的位移和应变，可以构造目标函数。通常有以下两种形式：

$$f(X) = \sum_{i=1}^{m} \{ u_i(X) - \bar{u}_i \}^2 \tag{7-17}$$

$$f(X) = \sum_{i=1}^{m} w_i \left\{ \frac{u_i(X) - \bar{u}_i}{\bar{u}_i} \right\}^2 \tag{7-18}$$

式中，m 为测点数；$\bar{u}_i$ 为有限元的计算响应值，即输出量；$\bar{u}_1$ 为试验实测值；w_i 为各测点的权重系数。$u_i(X)$ 为构成目标函数的主要静力学参数，相较于输出参数修正变量 X，$u_i(X)$ 相当于输出变量。静力学修正中，通常选择应变和位移作为 $u_i(X)$，也有选择应力、梁转角和曲率的情况。根据实际结构的需要，除了构建目标函数 $\min(f(x))$ 外，还需构建约束函数 $g(X)$ 来限制修正变量的范围。

2）基于动力学模型的修正方法

间接法动力学修正以一些具有明确物理意义的动力学参数为修正变量，包括频率、振型、加速度等，也可以选取动力过程中的应变、应力响应。选择这种变量，可以保持结构矩阵稀疏性和对称性。

动力修正常用的目标函数有基于模态参数的目标函数、基于频响函数的目标函数和基于动力学响应的目标函数，现分别介绍如下：

（1）基于模态参数的目标函数。基于模态参数的修正流程如图 7.14 所示。此处，模态参数是指构建目标函数的响应量（输出量），而非所选取的模型修正参数（作为输入量）。模态参数主要包括固有频率、模态振型、模态阻尼等。然而由于模态阻尼受测量条件及环境的影响较大，目前主要采用固有频率及模态振型来构建目标函数。

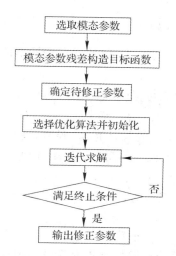

图 7.14　基于模态参数的修正流程

以固有频率的误差为目标函数。固有频率是结构的固有特性，其测量较为容易且精度较高。因而，常用有限元计算和试验得到的固有频率的误差来组成模型修正的目标函数，即

$$J_{\text{fre}}(p) = \sum_{i=1}^{n} w_{\text{fre},i} \left[\frac{f_{a,i}(p) - f_{m,i}}{f_{m,i}} \right]^2 \tag{7-19}$$

式中，p 表示设计变量；f_i 表示第 i 阶固有频率；下标 a 和 m 分别表示有限元计算值及实验值；$w_{\text{fre},i}$ 表示第 i 阶固有频率的权值，也就是第 i 阶固有频率对目标函数的影响大小。w_{fre} 是与方差有关的系数，可取 1。

以模态振型构建目标函数。由于固有频率包含的结构信息相对较少，这样就出现了以模态振型为目标函数的模型修正方法。该方法的目标函数有两种形式：

一是以各阶振型误差为目标函数，即

$$J_{\text{shap}}(p) = \sum_{i=1}^{n} \sum_{j=1}^{m} w_{\text{shap},ij} \left[\frac{\varphi_{a,ij}(p) - \varphi_{m,ij}}{\varphi_{m,ij}} \right]^2 \tag{7-20}$$

式中，φ_{ij} 表示第 j 阶模态振型的第 i 个分量；$w_{\text{shap},ij}$ 为相应的权值。亦可将式（7-17）与（7-18）联合作为目标函数。

二是以 MAC 置信矩阵为目标函数，即

$$J_{\text{mac}}(p) = \sum_{i=1}^{n} w_{\text{mac},i} \left[1 - \text{MAC}_i(p) \right]^2 \tag{7-21}$$

式中，$\text{MAC}_i(p)$ 表示理论模型与实验模型的第 i 阶模态振型的 MAC 值；$w_{\text{mac},i}$ 为相应的权值。

综合利用固有频率和模态振型构建目标函数。上述利用模态振型的方法皆为直接代用模态振型。此外，也可以利用模态振型和固有频率来计算某些动力学参数，进而利用这些参数来构造目标函数：

一是以应变能误差建立目标函数，即

$$J_{\text{energy}}(p) = \sum_{i=1}^{n} w_{\text{enery},i} \left[\frac{\varphi_{a,i}^{\text{T}}(p) K \varphi_{a,i}(p) - \varphi_{m,i}^{\text{T}} K \varphi_{m,i}}{\varphi_{m,i}^{\text{T}} K \varphi_{m,i}} \right]^2 \tag{7-22}$$

式中，K 表示结构的刚度矩阵；$w_{\text{enery},i}$ 为第 i 阶模态应变能的权值。

二是以反共振频率误差建立目标函数，即

$$J_{\text{anti}}(p) = \sum_{i=1}^{n} w_{\text{anti},i}\left[\frac{f_{a,i}(p) - f_{m,i}}{f_{m,i}}\right]^2 \tag{7-23}$$

式中，f 表示结构反共振频率；$w_{\text{anti},i}$ 为第 i 阶反共振频率的权值。反共振频率中包含着模态的振型和频率等信息。

三是以柔度矩阵的范数建立目标函数，即

$$f_{\text{flex}}(p) = \| G_a(p) - G_m \| \tag{7-24}$$

式中，$\| \cdot \|$ 表示矩阵的范数，一般取 F 范数。通常试验只能测得部分模态振型，且只有少数自由度可以测量，因此有限元模型的模态柔度矩阵使用了与实验模态矩阵相应的模态振型及频率来计算。

四是以弹性力和质量力的误差为目标函数，即

$$f_{\text{force}}(p) = \sum_{i=1}^{n} w_{\text{force},i} \| (K(P) - \omega_{m,i}^2 M)\varphi_i \|_F \tag{7-25}$$

式中，φ_i 为有限元模态缩聚后或试验模态扩充后的振型；$w_{\text{force},i}$ 为第 i 阶模态对应的权值，使用不同的权值，可以得到不同的具体算法。

需要说明的是，试验中，模态振型的测试精度往往远小于固有频率的测试精度。因此，在目标函数中引入模态振型这一信息量，不但需要进行有限元模型的缩聚或者试验模型的扩充，而且未必能提高修正精度。特别是对于低阶振型，模态的振型矩阵对各种动力学参数的作用属于全局累加量，对反映结构的局部特性意义不大。因此，建议在采用基于模态振型的有限元修正中采用较高阶的振型，这也意味着需要更高级的试验设备。

（2）基于频响函数的目标函数。模态参数只表示了结构在共振频率附近的动力学特性，而频响函数则表示了结构在一个较宽的频带范围内的动力学特性。因而直接使用频响函数进行模型修正可以利用更为丰富的结构信息。并且，与模态参数相比，直接使用频响函数还避免了模态参数识别过程中的误差。此类目标函数是由频响函数的残差构成的，通常有两种形式，即

$$J(p,\omega) = \frac{[y_a(p,\omega) - y_m(\omega)]^H [y_a(p,\omega) - y_m(\omega)]}{y_m^H(p,\omega)y_m(\omega)} \tag{7-26a}$$

$$J(p,\omega) = 1 - \frac{y_a^H(p,\omega)y_a(p,\omega)}{y_m^H(p,\omega)y_m(\omega)} \tag{7-26b}$$

式中，ω 为修正所使用频带内的频率，一般为离散的频率值；y 表示频响函数，可以是加速度函数，也可以是位移函数等；上标 H 表示矩阵的共轭转置。

（3）基于动力学响应的目标函数。虽然频响函数在模型修正中有着如此多的优越性，但是在有些场合，却很难测定输入的激励信号，因而很难获得这些情况下的频响函数。这样，就出现了一些直接或间接使用动力学响应的目标函数，如下所述：

· 利用加速度响应建立目标函数，有

$$J_d(p) = \frac{1}{2}\sum_{i=1}^{t_f}\sum_{j=1}^{N_m}[\ddot{d}_m^u(t_i) - \ddot{d}_a^j(p,t_i)]^2 \tag{7-27}$$

该目标函数采用了时域上的加速度响应，式中，$\ddot{d}_m^j(t_i)$ 表示第 i 时刻 j 测点的加速度响应。N_m 为测点数，t_f 为每个测点所采用的加速度离散值的个数。

· 利用 ODS 的误差建立目标函数：时域响应的测量受外界影响较大，通常模拟试验中，

更多地采用频域响应值。定频单位力激励下结构的频域响应的幅值可以组成结构的工作变形模态（Operating Deflection Sshapes，ODS），ODS 可以描述结构的动力特征。因此，可以建立如下形式的目标函数，即

$$J_{\mathrm{ODS}}(p) = \sum_{i=1}^{n} \| e_k - Z(p,\omega_i)h_{m,i} \|^2 \tag{7-28}$$

式中，$h_{m,i}$ 表示在频率为 ω_i 时测试得到的 ODS；$Z(p,\omega_i)$ 表示在频率为 ω_i 时有限元模型的动刚度矩阵；e_k 表示单位激励力向量。

7.3.2　模型修正实例

天线子阵面尺寸为 700 mm×400 mm×60 mm，主要由辐射单元层、复合材料框架层和有源模块层组成，其结构如图 7.15 所示。其中间框架层为天线主受力构件，也是天线的安装基础，辐射单元与有源模块分别安装于框架两侧，并通过互联实现天线性能。天线子阵面的安装边界条件为左右对称共 10 个约束点，其中，1 个全约束点和 9 个游离点（释放部分自由度）。

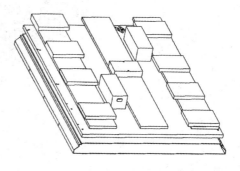

图 7.15　天线子阵面的结构

由于天线要求超低副瓣，对结构性能提出了很高的要求。为保证天线电性能实现，要求严格控制天线在动态载荷下的结构刚强度。因此，为提升天线结构仿真计算的准确度，需要借助试验测试对有限元仿真模型进行修正，提高计算模型与实物模型的吻合度，得到更精确的有限元修正模型用于再仿真。

1. 有限元建模及初算结果

1）天线结构模型化

有限元模型采用有限元软件 Hypermesh 建立，如图 7.16 所示。复合材料蜂窝夹芯板的蒙皮采用壳单元建立，芯层采用体单元和壳单元共同建立。蜂窝板和天线单元间有电路板，采用体单元建立。安装于蜂窝板上的有源模块采用壳单元建立。

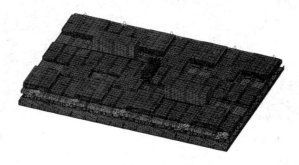

图 7.16　有限元模型

2）模型边界约束模拟方法

真实模型的边界约束为：蜂窝夹芯板通过长边两侧共 10 个螺栓固定在碳纤维框架上。部分螺栓依据设计要求释放了某个方向的自由度。有限元中，释放特定方向自由度的要求

通过在结构中建立局部坐标来满足。螺栓的模拟则采用 RBE2 单元建立刚性伞域，再通过弹簧单元连接伞域与支座节点的方法建立连接。边界游离约束模拟如图 7.17 所示。在约束范围内，蜂窝板的上、中、下单元节点分别建立了刚性伞域，三个子伞域联合为一个主伞域，主伞域的节点与支座节点通过弹簧单元连接。结构通过建立局部坐标模拟部分游离件的约束情况。

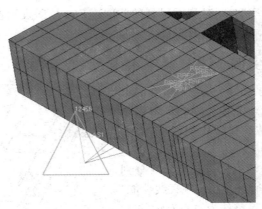

图 7.17　边界游离约束模拟

3）内部连接模拟方法

（1）采用弹簧单元模拟螺栓。辐射单元与主承力构件铝蜂窝夹芯板螺栓连接。为更好地模拟实际结构的受力情况，采用弹簧单元进行模拟。具体做法同上边界螺栓模拟方法，如图 7.18 所示。

（2）采用 RBE2 刚性单元模拟螺栓。为减少计算和建模花费，有源模块与蜂窝板通过 RBE2 单元在相关部位建立连接。其主动点选择蜂窝板上的节点，从动点选择被连接有源模块的节点，如图 7.19 所示。

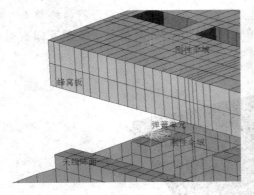

图 7.18　蜂窝板与辐射单元的连接　　　　图 7.19　蜂窝板与有源模块的连接

4）有限元初算结果

利用 PATRAN 和 NASTRAN 软件对结构进行 z 方向的频响分析，测点为试验测点在有限元模型上的投影，编号为节点 1～8。加速度荷载通过支座节点输入。计算结果为节点 1～8 在频域内各点的加速度响应。选择频率为 10、20、30、…、100 共 10 个时刻节点的加速度响应值列于表 7-4。

表 7 - 4 点频响分析加速度响应值

节点 1 频率	加速度	节点 2 频率	加速度	节点 3 频率	加速度	节点 4 频率	加速度
10	41 181.66	10	41 221.61	10	41 232.46	10	41 133.07
20	62 170.69	20	62 415.55	20	62 478.86	20	61 871.32
30	167 326.2	30	168 846.5	30	169 206.4	30	165 451.5
40	187 209.8	40	190 341.2	40	190 988.5	40	183 298.7
50	220 555.8	50	226 584.6	50	227 601.8	50	212 888.1
60	281 107.9	60	292 793.5	60	294 223.2	60	265 858.3
70	413 869.5	70	438 807	70	440 452.2	70	380 068.4
80	867 267.3	80	939 683	80	939 473.7	80	763 268.9
90	−1 050 688	90	−1 182 731	90	−1 161 095	90	−823 358
100	−1 080 890	100	−1 190 222	100	−1 090 332	100	−898 332
节点 5 频率	加速度	节点 6 频率	加速度	节点 7 频率	加速度	节点 8 频率	加速度
10	41 157.34	10	41 244.08	10	41 173.51	10	41 081.2
20	62 021.4	20	62 550.37	20	62 123.06	20	61 560.22
30	166 397.1	30	169 653.9	30	167 053.5	30	163 588.4
40	185 289.6	40	191 922.7	40	186 710.1	40	179 650
50	216 841.8	50	229 440.7	50	219 732.3	50	206 304.4
60	273 864.1	60	297 919.6	60	279 794.3	60	254 070.6
70	398 275.7	70	448 833.6	70	411 623.8	70	357 166.8
80	821 389.1	80	966 370.2	80	861 808.1	80	703 366.6
90	−963 028	90	1 228 097	90	−1 037 370	90	−730 923
100	−1 000 231	100	−1 123 234	100	−1 231 234	100	−982 321

2. 验证试验

根据该模型的有限元初算结果，认为模型经受 z 方向的正弦振动时响应最为强烈。因此，进行正弦扫频试验来验证其动力学性质。试验采用子阵面实物模型，外围为碳纤维框架，天线子阵面和碳纤维框架之间通过 1 个固定点和 9 个游离件相连，如图 7.20 所示。

试验设备采用液压提升垂直冲击试验台，测量及数据采集设备包括加速度传感器、动态信号采集系统（采样速率为 10 MHz，通道个数为 32），此外还包括夹具。

试验测得了在给定频域内，8 个测点在不同频域点上的加速度响应。为方便观察，选择频率为 10、20、30、…、100 共 10 个时刻测点的加速度测验值，如表 7 - 5 所示。

图 7.20 子阵面实物模型

表 7-5 测点正弦振动试验的加速度测验值

测点1频率	加速度	测点2频率	加速度	测点3频率	加速度	测点4频率	加速度
10	41 227.28	10	41 277.17	10	41 278.9	10	41 167.89
20	62 455.71	20	62 762.05	20	62 769.53	20	62 088.83
30	169 161.2	30	171 069.6	30	171 084.1	30	166 851.6
40	191 229.8	40	195 186.6	40	195 123.3	40	186 367.7
50	229 135	50	236 848.9	50	236 489.4	50	219 452.5
60	300 961.4	60	316 295	60	314 989.1	60	281 134.3
70	472 897.2	70	507 615.6	70	502 958.9	70	426 023.8
80	1 174 143	80	1 291 142	80	1 268 471	80	1 006 246
90	809 341	90	927 203	90	885 265	90	602 309
100	202 315	100	234 150	A3F10	207 923	100	106 761
测点5频率	加速度	测点6频率	加速度	测点7频率	加速度	测点8频率	加速度
10	41 194.73	10	41 289.63	10	41 219.79	10	41 109.33
20	62 255.36	20	62 835.93	20	62 411.62	20	61 736.66
30	167 908.2	30	171 503.8	30	168 904.9	30	164 732.1
40	188 618.2	40	196 013.7	40	190 748.2	40	182 182
50	224 008.4	50	238 287.5	50	228 307	50	211 791.5
60	290 680.1	60	318 762.3	60	299 537.8	60	267 049.5
70	449 342.9	70	512 264.6	70	470 077.6	70	396 973.7
80	1 093 514	80	1 304 027	80	1 165 017	80	917 633.9
90	723 326	90	938 261	90	794 084	90	526 468
100	173 263	100	240 094	100	187 039	100	87 555.9

3. 修正变量的选取

将有限元分析结果表 7 - 4 与试验结果表 7 - 5 对比可知,在频域内两者的加速度响应存在差异。这是由于有限元模型的模拟和计算误差引起的误差。蜂窝夹芯板是主承力构件,而蜂窝芯层的材料参数是根据以往工程经验给出的,具有较大浮动性,且该参数对于结构的刚度和强度有重要影响。因此,将该正交各向异性材料的弹性模量和剪切模量作为修正变量之一。该材料的主要刚度共有三个:G_{23},G_{13} 和 E_{33}。此类修正变量个数为 3。

子阵面与支撑框架通过螺栓连接,仿真中利用弹簧单元模拟螺栓并按照假定来计算其刚度显然是不精确的。由于输入结构的动力荷载是通过螺栓传递,螺栓的刚度对结构的受力有直接影响。因此,判断起边界约束作用的弹簧单元的刚度也应当作为修正变量。结构通过 10 个螺栓与碳纤维框架固定,每个螺栓有 6 个刚度,因此修正变量的个数为 60。另一个主要构件是辐射单元,与蜂窝夹芯板的螺栓连接也是通过弹簧单元来模拟的。由于辐射单元的质量和刚度在整个结构中所占比例较大,该类弹簧单元的刚度对结构的动力学响应也有一定影响,故将其作为修正变量之一。根据螺栓位置的不同,弹簧单元分为三种,每种螺栓有 6 个待修正刚度,修正变量共有 18 个。这样做的好处是,即考虑了不同位置的弹簧对动力学响应的不同影响,又缩减了修正变量。螺栓刚度类修正变量共有 78 个。

综上所述,初选修正变量共分两类(蜂窝材料类和螺栓刚度类)81 个。

4. 目标函数及其初值

目标函数是为了校正有限元计算结果与试验结果的误差而建立的。本例中,目标函数可以定为两者在各个频率点处加速度的均方差。根据以往的经验,低频处加速度更具可信度,故而权重系数取频率的倒数。各节点的权重拟取相等。考虑到修正花费,仅考虑当 $f_i = 10i(i = 1,2,3,\cdots,15)$ 时的节点加速度响应。由试验条件可知,当频率 f 为 100 时,输入的加速度荷载发生变化,此时试验结果因客观因素而与模拟结果有较大差异,因此在修正分析中当忽略 $i = 10$ 即 $f = 100$ 时节点的加速度响应。试验加速度值为标量,计算加速度值为矢量,因此计算结果均取绝对值。为方便比较,将目标函数归一化处理。建立修正分析的目标函数,即

$$Y = \frac{1}{8}\sum_{i=1}^{8}\sqrt{\frac{\frac{1}{j}\sum_{j=1,j\neq10}^{15}\left(\frac{|a_{ei,j}| - |a_{pi,j}|}{a_{ei,j}}\right)^2}{\sum_{j=1,j\neq10}^{15}\frac{1}{j}}} \tag{7-29}$$

式中,i 表示测点或节点编号;j 表示频率点编号;$a_{ei,j}$ 表示第 i 个测点在频率点 j 处的试验加速度值;$a_{pi,j}$ 表示第 i 个节点在频率点 j 处的计算加速度值。

修正结束的标志是 Y 取得在修正变量范围内的最小值,即表示有限元计算结果与试验结果无限接近。利用 Matlab 计算程序,根据表 7 - 5 及表 7 - 4 提供的试验数据和初始分析数据,可以计算出有限元模型的初始目标函数值为 0.214。

5. 敏感度分析

结构的初设修正变量共有 81 个。根据上节提出的理论,修正目标或者结构的动力学响应对这些参数的敏感度各不相同。为了减少修正分析的迭代次数,提高修正效率,在修正工作开始前先进行修正变量的敏感度分析。目的是考察修正变量对于动力学响应的影响程

度，从而缩减修正变量个数。敏感度分析采用有限元分析软件 NASTRAN 进行。

1）创建敏感度分析的变量

初选的修正变量中，蜂窝板材料类修正变量只有三个，因此不对该类参数进行敏感度分析。仅选择螺栓刚度类修正变量作为敏感性分析的对象。考虑到螺栓的作用位置和分析成本，仅选择固定点处的 6 个刚度及辐射单元第二种螺栓的 6 个刚度作为敏感度分析变量。通过考察这 12 个刚度变量，确定哪类刚度对结构响应的影响大，进而对修正变量的选择做出修改。

2）灵敏度分析结果

将修改过的有限元模型文件（BDF 文件）提交 NASTRAN 进行计算。计算完成后，在结果文件中可以读取灵敏度矩阵。本例的灵敏度矩阵在归一化并用百分数表示后如表 7-6 所示。

表 7-6 灵敏度矩阵百分数表

	a_1	a_2	a_3	a_4	a_5	a_6	a_7	a_8
v_1	1.5	1.2	1.5	1.2	0.9	1.4	1.4	1.4
v_2	1.5	1.2	1.3	1.5	1.5	1.4	1.4	1.4
v_3	14.7	18.6	16.1	18.0	16.8	14.9	15.3	16.8
v_4	2.9	4.6	2.9	1.5	1.5	1.4	1.5	0.8
v_5	22.1	26.3	26.3	22.5	18.3	16.2	16.8	19.6
v_6	4.4	1.5	1.5	1.5	1.5	2.7	1.2	1.0
v_7	2.9	1.5	1.5	1.5	1.5	2.7	1.2	1.4
v_8	2.9	1.5	0.7	1.5	1.5	2.7	6.1	2.8
v_9	11.8	9.3	10.2	10.5	12.2	12.2	13.8	15.4
v_{10}	10.3	10.8	11.7	10.5	12.2	12.2	12.2	11.2
v_{11}	14.7	13.9	16.1	16.5	18.3	17.6	15.3	16.8
v_{12}	10.3	9.3	10.2	13.5	13.7	14.9	13.8	11.2

根据上述结果，观察可知，螺栓的侧向抗压刚度（v_1、v_2、v_7、v_8）对加速度响应影响都较小，支座螺栓绕 y 轴的抗弯刚度和剪切刚度对加速度的影响也较小。

根据敏感度分析结果，缩减修正变量的个数，包括所有螺栓的侧向抗压刚度和支座螺栓的 y 轴抗弯刚度和剪切刚度。最终的修正变量个数为 35 个，缩减了一半以上。

6. 基于 ISIGHT 平台的修正过程及结果

1）平台介绍

iSIGHT 优化平台是美国 Engineous 软件公司开发的一款优化—修正软件，能够提供的优化技术包括数值型优化算法、启发式优化算法、探索型优化算法、实验设计方法和响应面法。iSIGHT 平台具有较强的数据管理功能以及并行计算能力。该平台的修正流程如图 7.21 所示。

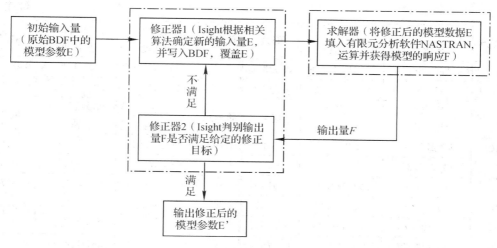

图 7.21　修正流程

2）修正模型、修正变量、目标函数的设置

修正模型过程分别由优化器（Optimization）、求解器（Simcode）和目标函数（Excel）组成。其流程是参数按照选定的算法在优化器中计算出输入量，然后进入求解器；求解器将输入量（修正变量）写入有限元模型文件（BDF 文件）并提交给分析软件 NASTRAN；NASTRAN 计算后得到计算结果，求解器从该文件中得到输出量（加速度）并提交给目标函数（已经在 Excel 中建立好）；目标函数计算得到均方差，将之返回优化器。优化器根据目标函数的计算要求（算例为求最小值）分析之前提交的修正变量是否是合适的，并提交出新的修正变量。当每次返还优化器的目标函数值按照算法要求收敛于某一值或达到某个范围时，修正结束。该目标函数值即是最优目标函数值，对应的修正变量即为最优修正变量。

3）修正结果

将设定好的修正模型提交运算，在第 1206 步时，当前步长小于最终收敛步长，优化认为达到最优解，最优解在第 1141 步，值为 0.001 92，将该值返回于 1207 步。修正结果同时满足了以上两条收敛标准，修正模型与实际模型吻合度较好，偏差很小。表 7-7 列出了在最优解处各节点加速度计算值以及相应的试验值。图 7.22 是 Result（结果）的修正变化曲线。

表 7-7　最优解处加速度计算值与试验值对比结果

频率点	节点 1 加速度	测点 1 加速度	偏差	频率点	节点 2 加速度	测点 2 加速度	偏差
10	41 227.65	41 227.28	0.001%	10	41 277.93	41 277.17	0.002%
20	624 57.95	624 55.71	0.004%	20	627 66.54	627 62.05	0.007%
30	169 174.40	169 161.17	0.008%	30	171 095.70	171 069.63	0.015%
40	191 255.10	191 229.77	0.013%	40	195 235.10	195 186.61	0.025%
50	229 178.30	229 134.98	0.019%	50	236 929.00	236 848.88	0.034%
60	301 028.20	300 961.44	0.022%	60	316 415.00	316 294.97	0.038%
70	472 963.80	472 897.19	0.014%	70	507 747.90	507 615.59	0.026%

频率点	节点 1 加速度	测点 1 加速度	偏差	频率点	节点 2 加速度	测点 2 加速度	偏差
80	1 173 886.00	1 174 143.38	0.022%	80	1 290 895.00	1 291 142.13	0.019%
90	−811 254.90	809 340.63	0.237%	90	−929 100.00	927 203.25	0.205%
频率点	节点 3 加速度	测点 3 加速度	偏差	频率点	节点 4 加速度	测点 4 加速度	偏差
10	41 278.40	41 278.90	0.001%	10	41 167.61	41 167.89	0.001%
20	62 766.32	62 769.53	0.005%	20	62 087.05	62 088.83	0.003%
30	171 062.60	171 084.08	0.013%	30	166 840.00	166 851.56	0.007%
40	195 074.40	195 123.27	0.025%	40	186 341.90	186 367.72	0.014%
50	236 382.70	236 489.44	0.045%	50	219 396.80	219 452.55	0.025%
60	314 744.70	314 989.13	0.078%	60	281 006.10	281 134.31	0.046%
70	502 282.80	502 958.91	0.134%	70	425 655.50	426 023.78	0.086%
80	1 265 552.00	1 268 470.88	0.230%	80	1 004 559.00	1 006 246.31	0.168%
90	−884 371.80	885 264.75	0.101%	90	−602 168.70	602 308.94	0.023%
频率点	节点 5 加速度	测点 5 加速度	偏差	频率点	节点 6 加速度	测点 6 加速度	偏差
10	41 194.85	41 194.73	0.000%	10	41 289.93	41 289.63	0.001%
20	62 256.07	62 255.36	0.001%	20	62 837.64	62 835.93	0.003%
30	167 911.90	167 908.20	0.002%	30	171 512.70	171 503.80	0.005%
40	188 623.50	188 618.22	0.003%	40	196 026.80	196 013.66	0.007%
50	224 012.40	224 008.41	0.002%	50	238 299.60	238 287.47	0.005%
60	290 668.70	290 680.09	0.004%	60	318 749.60	318 762.28	0.004%
70	449 235.70	449 342.91	0.024%	70	512 102.70	512 264.56	0.032%
80	1 092 698.00	1 093 513.88	0.075%	80	1 302 809.00	1 304 026.63	0.093%
90	−724 450.60	723 326.13	0.155%	90	−939 228.80	938 261.31	0.103%
频率点	节点 7 加速度	测点 7 加速度	偏差	频率点	节点 8 加速度	测点 8 加速度	偏差
10	41 220.93	41 219.79	0.003%	10	41 109.00	41 109.33	0.001%
20	62 418.38	62 411.62	0.011%	20	61 734.64	61 736.66	0.003%
30	168 944.80	168 904.91	0.024%	30	164 719.40	164 732.08	0.008%
40	190 824.60	190 748.22	0.040%	40	182 155.20	182 182.05	0.015%
50	228 439.50	228 307.05	0.058%	50	211 737.20	211 791.52	0.026%
60	299 758.50	299 537.78	0.074%	60	266 932.20	267 049.47	0.044%
70	470 434.70	470 077.63	0.076%	70	396 654.90	396 973.72	0.080%
80	1 165 547.00	1 165 016.63	0.046%	80	916 216.70	917 633.94	0.154%
90	−796 450.20	794 083.88	0.298%	90	−526 543.10	526 468.38	0.014%

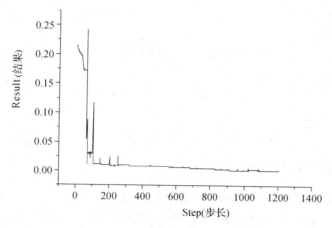

图 7.22 Result(结果)的修正变化曲线

7.4 结构优化设计

传统的结构优化设计流程大致是设计—分析—校核—再设计的过程，实际上指的是结构分析。设计的目的是选择一个合理的方案且主要是凭设计师的经验做几次重复以通过"校核"为满足。而真正的结构优化指的是结构综合，是一种寻找确定结构最优设计方案的技术。最优设计方案是指方案在满足所有设计要求的条件下所需要的支出（如重量、应力、变形、成本等）最小。

将雷达天线结构设计得尽可能地符合理想，如重量轻、强度和刚度满足要求、成本低、可靠性好等，一直都是结构设计师的愿望。长期以来，由于结构分析的困难和缺乏系统的方法指导，结构优化是依靠人们积累的设计经验以继承、改进的方式实现的。但是有限元法和数学规划理论的发展，使得人们不仅有了强大的结构分析工具，而且有了一整套系统的方法来改进设计、优化设计。结构优化设计的目的在于为工程师提供高效、可靠、系统的最优结构优化设计策略，改变传统的产品设计流程，寻求既安全又经济的结构形式，大大缩短了产品的设计周期，显著提高了产品质量和可靠性。

7.4.1 结构优化的数学模型

结构设计问题是优化理论应用最多的工程设计问题。从数学角度看，结构优化设计是根据一定的设计条件建立数学优化模型，并且根据优化设计的理论和方法进行优化模型的求解，最终确定详细的结构形状或尺寸方案。

最为基本的优化问题就是在计算机上实现自动分析修改模型参数以达到预期目标，满足设计的要求。基本优化问题的数学描述如下：

（1）设计变量，有

$$\text{Find}\{X\} = (X_1, X_2, \cdots, X_n) \tag{7-30}$$

（2）目标函数，有

$$\text{Minimize} F\{X\} \tag{7-31}$$

（3）满足条件：

不等式约束的条件为

$$G_j(X) \leqslant 0 \qquad j = 1, 2, \cdots, L \tag{7-32}$$

等式约束的条件为

$$H_k(X) = 0 \qquad k = 1, 2, \cdots, K \tag{7-33}$$

边界约束的条件为

$$X_i^L \leqslant X_i \leqslant X_i^U \qquad i = 1, 2, \cdots, N \tag{7-34}$$

7.4.2 结构优化的基本类型

从设计对象和设计变量的特点来看，结构优化设计可以分为三个不同的层次，分别为尺寸优化、形状优化和拓扑优化，其中尺寸与形状优化在目前天线结构优化中研究较多，而拓扑优化相对较少。

1. 尺寸优化

尺寸优化是在确定的形状下对结构构件的截面、性质等进行优化，其设计变量可以是截面尺寸、截面面积、惯性矩等。由于尺寸优化的结构形状确定，因此设计过程中有限元分析模型的定义域基本不变。

尺寸优化经过几十年的发展，其方法的研究已经比较成熟，特别是对于连续变量的优化问题，直接利用敏度分析和合适的数学规划方法就能获得较为理想的尺寸优化结果。尺寸优化设计的方法很多，目前研究的重点在优化算法和敏度分析上。

2. 形状优化

形状优化主要是确定结构的边界或内部的几何形状，以改善结构特性，从而达到改善结构的受力状况和应力分布、降低局部区域应力集中等目的。形状优化主要包括桁架、钢架类的离散变量和块体、板、壳类的连续变量。

与尺寸优化相比，形状优化发展较慢。其主要原因是：① 自编结构优化程序网格自适应划分存在一定难度；② 形状优化的敏度分析计算量大，程序收敛性差。综合解决上述问题需要数学、力学、计算机以及工程人员的共同努力。

3. 拓扑优化

拓扑优化是指寻求结构刚度在设计空间最佳的分布形式或结构最佳的传力形式，其主要用于求解工程结构受力、位移等的最合理形式，有助于发掘目前还未知的最优结构拓扑。

与尺寸优化和形状优化相比，拓扑优化的实现难度最大。拓扑优化能够在工程结构设计的初始阶段搜索出结构的最优布局方案，进而产生可观的经济效益。拓扑优化变量包括离散型和连续型，其中，离散结构拓扑优化预先假定拓扑中的结构类型，如桁架或梁结构类型；而连续体结构拓扑优化是从满布材料的连续体开始，优化完成后才能确定结构的类型，因而可视为材料分布问题。

7.4.3 结构优化方法

结构优化方法一般可分为三类：准则法、数学规划法以及新智能优化算法。

1. 准则法

准则法是指根据工程经验、力学概念以及数学规划的最优性条件，预先建立某种准则，通过相应的迭代方法，获得满足这一准则的设计方案作为问题的最优解或近似最优解。在早期的结构优化中，大多按工程经验与直觉来提出准则，如等强度设计准则、同步失效准则和满应力准则等。在准则法中，目标函数并不突出，只是强调寻求一个满足某种准则的设计即为最优设计。准则法在迭代初始点远离可行域时往往不稳定，但当其能够收敛时收敛速度较快，因此提高稳定性是采用准则法时需要解决的一个主要问题。结构优化的准则法有满应力准则法、满应变能准则法、演化结构优化算法等。

2. 数学规划法

结构优化问题本质上是数学优化问题，可针对具体的优化问题类型采用相应的数学规划法寻找最优解或近似最优解，主要包括无约束优化方法、线性规划法和非线性规划法。工程中最常用的是非线性规划法。

工程中的大多数优化问题属于带有约束条件的非线性规划问题。约束非线性规划问题比无约束优化问题复杂，求解也更为困难。虽然目前已有很多求解非线性规划问题的方法，但依然没有一种通用的成熟方法。

非线性规划问题的常用求解方法可大致分为三类：第一类是可行方向法，其特点是在迭代过程中沿可行方向搜索并保持新迭代点为可行点；第二类是罚函数法，也称为序列无约束极小化方法，其特点是根据问题的约束函数和目标函数，构造一个具有惩罚效果的目标函数序列，从而利用构造的无约束优化问题序列逼近约束优化问题，相应无约束优化问题的最优解序列逼近约束优化问题的最优解。根据所采用的罚函数类型的不同，形成了不同类型的罚函数法，主要包括外点罚函数法、内点罚函数法、混合罚函数法、乘子法等；第三类是基于近似思想的约束优化方法，其共同特点是采用序列近似的思想将原目标函数的求解转换为对系列近似子问题的优化求解，连续二次规划法、信赖域方法等均属于该类优化方法。

针对非线性规划问题的三类常用求解方法，对其中的可行方向法、外点罚函数法和连续二次规划法进行简单介绍。

1）可行方向法（CONMIN）

可行方向法是一种用来解决约束优化问题的直接数值优化技术。该方法可以直接处理非线性的搜索空间。该方法每次迭代都找到一个搜索方向并沿着这个方向进行一维搜索。它可看成是无约束下降算法的自然推广，其典型策略是从可行点出发，沿着下降的可行方向进行搜索，求出使目标函数值下降的新可行点。算法的关键步骤是选择搜索方向和确定沿着该方向移动的步长。其数学表达式为

$$\text{Design}_i = \text{Design}_{i-1} + A * \text{SearchDirection}_i$$

式中，i 表示迭代次数；A 是一维搜索过程中所确定的常量。

该方法在降低目标函数数值的同时维持了解的可行性，而且效率较高。可行方向法目前不能处理等式约束的问题。这种技术有如下一些特点：

（1）能快速地得到优化设计。

（2）能处理不等式约束。

（3）在优化中能十分准确地满足约束。

2）外点罚函数法（Exterior Penalty）

外点罚函数法广泛应用于含有约束条件的优化问题。在处理含有约束条件的优化问题时，借助惩罚函数把约束问题转化为无约束的问题，进而用无约束的最优化方法求解。实现这一目标的途径是由目标函数和约束函数组成辅助函数来完成的。如果该问题存在最优解，其优化结果通常是可信的，并且相对来说更容易找到真正的最优解。当惩罚因子趋向 $\infty(\gamma_p \rightarrow \infty)$ 时，无约束优化问题的最优解趋向一个极限点，这个极限点就是原问题的最优解。外点罚函数法主要有如下特性：

（1）广泛地用于约束优化问题。

（2）容易编程，使用无约束化来解决问题。

（3）可信赖，如果相对最小值存在，相对容易找到真正的最优值。

（4）能从不可行区域内逼近最优值，在从罚函数参数 γ_p 到 ∞ 的极限下是可行的。

外点罚函数法的表达式为

$$p(x) = \gamma_p \sum_{j=1}^{M} \{\max(g_j(\underline{x}), 0)\}^2 + \gamma_p \sum_{k=1}^{L} \{h_k(\underline{x})\}^2 \qquad (7-35)$$

3）连续二次规划法（NLPQL）

NLPQL 用来解决带有约束的非线性数学规划问题，并假设目标函数和约束条件是连续可微的。二次连续规划法（SQP）是 NLPQL 的核心算法。将目标函数以二阶泰勒级数展开，并把约束条件线性化，原非线性问题就转化为一个二次规划问题，通过解二次规划得到下一个设计点。然后根据两个可供选择的优化函数执行一次线性搜索，其中，Hessian 矩阵由 BFGS 公式更新，该算法比较稳定。

NLPQL 优化技术的数学公式表达如下：

· 寻找 $\underline{x} = (x_1, x_2, \cdots, x_N)$ （设计变量）

· 使得 $F(\underline{x})$ 最小   （确定目标函数）

· 满足条件

$$\begin{cases} g_j(\underline{x}) = 0; \ j = 1, \cdots, m_e & （不等约束）\\ g_j(\underline{x}) \geqslant 0; \ j = m_e + 1, \cdots, m & （相等约束）\\ \underline{x}_l \leqslant \underline{x} \leqslant \underline{x}_u & （边界约束）\end{cases} \qquad (7-36)$$

搜索方向子问题用以下公式解决：

最小化 $Q(\underline{S}) = \nabla F(\underline{xk})^T \cdot S + \dfrac{1}{2} \underline{S}^T \boldsymbol{B}_k \underline{S}$，满足

$$\begin{cases} \nabla h_k(\underline{xk}) T \times \underline{S} + h_k(\underline{xk}) = 0 & k = 1, 2, \cdots L \\ \nabla g_{AK}(\underline{xk}) T \times \underline{S} + g_A k(\underline{xk}) = 0 \end{cases} \qquad (7-37)$$

SQP 方法的数学收敛性和数值表现属性现在非常容易理解，根据已有的研究表明，SQP 方法的理论收敛性在以上的假定下优于其他的数学规划算法。

SQP 的关键问题是如何逼近二阶信息来获得一个快速的最后收敛速度。因而我们通过

一个所谓的类牛顿矩阵 $\boldsymbol{B}_k$ 定义了一个拉格朗日函数 $L(x,u)$ 的二阶逼近和一个 $L(x_k,u_k)$ 的 Hessian 形式矩阵的逼近。然后,可以获得二次规划的子问题:

最小化 $\dfrac{1}{2}d^{\mathrm{T}}B_k d + \nabla f(x_k)^{\mathrm{T}}d, d \in R^n$,满足

$$
\begin{cases}
\nabla g_j(x_k)^{\mathrm{T}}d + g_j(x_k) = 0; \ j = 1, \cdots, m_e \\
\nabla g_j(x_k)^{\mathrm{T}}d + g_j(x_k) \geqslant 0; \ j = 1, \cdots, m_e \\
x_l - x_k \leqslant d \leqslant x_u - x_k
\end{cases}
\tag{7-38}
$$

为了让算法更加稳定,尤其是如果从一个糟糕的起始猜测点 x_0 开始,而要保证它能达到全局收敛,所以在 NLPQL 中应用了一个附加的线性搜索。只有当 x_{k+1} 满足一个关于二次规划子问题的解决方案 d_k 的下降性,才会执行一个步长计算 $x_{k+1} = x_k + \alpha_k d_k$ 来进行一个新的迭代。按照 Schittkowski 的方法,一个联立线搜索需要因数逼近和一个扩张的拉格朗日价值函数来确定线搜索的参数。此外,有一些可靠的安全措施也需要加以注意,以确保线性化的约束没有相互矛盾。

矩阵 $\boldsymbol{B}_k$ 的更新在 SQP 中可以用无约束优化中的标准技术来执行。在 NLPQL 中,应用了 BFGS 方法。该方法是从单位矩阵开始的一个简单二阶修正,并且只需要微分向量 $x_{k+1} - x_k$ 和 $\nabla L(x_{k+1}, u_k) - \nabla L(x_k, u_k)$。在一些安全措施的保证下,所有的矩阵 $\boldsymbol{B}_k$ 都可以保证是正定的。

SQP 最吸引人的特征之一是在 $\|x_{k+1} - x^*\| \leqslant \gamma_k \|x_k - x^*\|$ 所得到的解决方案的临近区域内的超线性收敛速度。在这里,γ_k 是收敛至零的正数序列,而 x^* 是一个优化解决方案。

为了了解这个收敛的特性,我们用朗格拉日函数的 Hessian 行列式来代替 $\boldsymbol{B}_k$,而且只考虑等式约束。然后就很容易看出 SQP 方法在处理带有 $n+m$ 个等式的非线性系统时和牛顿方法是一样的,而且这个非线性系统有 $n+m$ 个由 Kuhn—Tucker 条件带来的自变量。这个结论同样可以扩展到不等约束的情况中,这样可以看到二次收敛性的特性。

3. 新智能优化算法

近年来,通过模拟生物行为或各种自然现象形成了具有一定自组织性和自适应性的新智能优化算法,包括遗传算法、模拟退火算法、蚁群算法、粒子群优化等。这些新优化算法为利用计算机解决复杂优化设计问题提供了新的手段和有力的帮助。

1)遗传算法(GA)

遗传算法(Genetic Algorithm)是进化计算领域中最有代表性的算法。进化算法通常包括遗传算法、遗传规划、进化策略和进化规划,其中在工程优化设计领域中最受关注的是遗传算法。

遗传算法是 Holland 教授在 20 世纪 60 年代提出的,由于该算法简单、易用,且对很多优化问题能够较容易地给出令人满意的解,所以得到广泛的应用,其影响也越来越大。进化策略、进化规则、遗传算法构成了进化计算的主要框架。

遗传算法主要借助生物进化过程中"适者生存"的规律,模仿生物进化过程中的遗传繁殖机制,对优化问题解空间的个体进行编码(二进制或其他进制),然后对编码后的个体种群进行选择、交叉、变异等操作,通过迭代从新种群中寻找含有最优解或较优解的组合。适

应度函数是评判解个体优劣的唯一标准。遗传操作根据适应度的大小决定个体繁殖的机会，适应度值大的个体得到繁殖的机会大于适应度值小的个体，从而使得新种群的平均适应度值高于旧群体的平均适应度值。

2）模拟退火算法（SA）

模拟退火（Simulated Annealing）算法是以退火过程为物理背景而形成的一种优化算法。在退火过程中，温度逐渐降低，系统在每一温度下都能达到热平衡，最终趋于能量最小的基态。

模拟退火算法作为一种优化方法，从初始点开始每前进一步就对目标函数进行一次评估，只要函数值下降，新的设计点就被接受，反复进行，直到找到最优点。函数值上升的点也可能被接受，这样就能避免找到是局部最优点。是否接受函数值上升点是依据 Metropolis 判据决定的，它是温度的函数，温度高则更容易接受。由于该算法对目标函数的要求很松，所以在非二次面情况下是很稳定的。

模拟退火算法和遗传算法有很多相似之处，它们都需要从旧的设计点通过变异产生新的设计点。模拟退火算法比遗传算法简单，因为它每次在搜索空间中只检查一个设计点，而遗传算法检查一组设计点。除此之外，模拟退火算法的参数也比遗传算法少。

3）蚁群算法（ACO）

蚁群算法（Ant Colony Optimization）是 20 世纪 90 年代初提出的一种模拟真实蚁群觅食行为的寻优搜索算法。其基本思想可简单描述为：在给定点进行路径选择时，曾经被选择的次数越多的路径被重新选中的概率越大。蚁群算法的特点主要包括：采用分布式控制，不存在中心控制；每个个体只能感知局部的信息，不能直接使用全局信息；个体可以改变环境，并通过环境来进行间接通信；具有自组织性，是一类概率型的全局搜索方法；其优化过程不依赖于优化问题本身的严格数学性质，如连续性、可导性以及目标函数和约束函数的精确数学描述；具有潜在的并行性，其搜索过程不是从一点出发，而是同时从多个点同时进行，大大提高整个算法的运行效率和快速反应能力。

4）粒子群优化（PSO）

粒子群优化（Particle Swarm Optimization）源于模拟鸟群在觅食时相互协作使群体达到最优的行为过程，是一种基于群智能的优化计算方法。作为一种基于种群操作的优化技术，PSO 算法中每个粒子代表一个可能的解。群体中每个粒子在迭代过程所经历过的最好位置，就是该粒子本身所找到的最好解，称为个体极值。整个群体所经历过的最好位置，就是整个群体目前找到的最好解，称为全局极值。每个粒子都通过上述两个极值不断更新自己，从而产生新一代群体，并在此过程中实现整个群体对优化设计空间的全面搜索。作为一种新的进化计算技术，PSO 算法并没有 GA 那样的选择、交叉和变异算子，而是每个粒子根据自身的速度变化来调整自己的位置。PSO 算法具有编码方式较简单、速度快、对于初始种群的设置不敏感等优点，但也存在计算量代价较高的缺陷。

7.4.4 结构尺寸优化实例

某雷达天线采用单车装载方式，其天线阵面骨架如图 7.23 所示。天线阵面骨架是雷达天线、内部冷却设备、电子设备等的载体和依托，是保证雷达天线精度的主受力构件，为保证天线阵面精度，要求严格控制天线在风载荷下的刚度（变形），但同时对整个天线的重量控制也极为严格。由于天线阵面骨架既是整个天线的主受力构件，也是天线重量最主要构成部分，因此结构优化设计主要是针对阵面骨架在不同方向的风载荷下的刚强度优化，要求在满足天线精度的前提下，最大限度地减轻天线阵面重量。

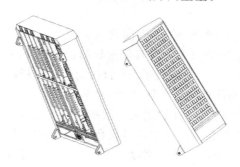

图 7.23　天线阵面骨架

天线阵面主要包括阵面骨架和内部电子设备。阵面内部设备主要为信号、电源的链接，从力学角度其不具备承载能力，在有限元简化中不考虑电、信号链接。结构优化主要分析对象为阵面骨架。

有限元模型根据结构尺寸建立，单位采用 MPa - mm - t 单位制。天线有限元模型如图 7.24 所示，整个模型共有 17 137 个单元。骨架采用壳单元建立，支耳采用体元建立，背面支撑油缸简化为梁单元。材料为铝材，整个天线阵面的总重量（加上设备）一共约为 1.45 t。

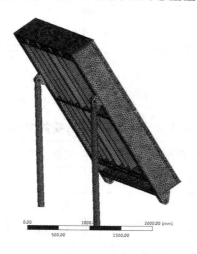

图 7.24　天线有限元模型

建立参数化整个阵面模型，主要优化的目标为阵面骨架的重量。优化约束为在 25 m/s 正风载荷下天线阵面变形不大于 1.8 mm，不考虑自重变形。因此优化模型的各个要素定义如下：

（1）设计变量为阵面骨架框架与筋条的厚度：$t_1 \sim t_7$ 共 7 个设计变量，优化范围为初始值的 $\pm 60\%$。

（2）目标函数为重量（Weight）。

（3）设计约束为天线阵面最大变形（Displacement）。

优化设计模型为

$$
\begin{cases}
\min M(x) \\
D_1(x) \leqslant D_{\max}
\end{cases}
\tag{7-39}
$$

式中，$M(x)$ 为阵面骨架的重量函数；$D_1(x)$ 为正吹风载荷下的位移函数，$x=(T_1,\cdots,T_7)$ 表示设计变量向量。

由于本实例属于带有约束条件的结构优化问题，优化方法适用数学规划法中的 NLPQL 非线性规划法。设计变量为天线骨架壁板与筋条的厚度，为连续可微的；因此采用非线性规划求解方法中的连续二次规划算法进行优化，将目标函数以二阶泰勒级数展开，并把约束条件线性化，原非线性问题就转化为一个二次规划问题，通过解二次规划得到下一个设计点。然后根据两个可供选择的优化函数执行一次线性搜索，计算结果很稳定。

通过 41 次迭代得出最优解，设计变量与优化目标迭代收敛曲线如图 7.25 所示。优化后的结果与初始值相比较，天线阵面在刚度不变的情况下，重量减轻了 21%。优化前后变量对比如表 7-8 所示。

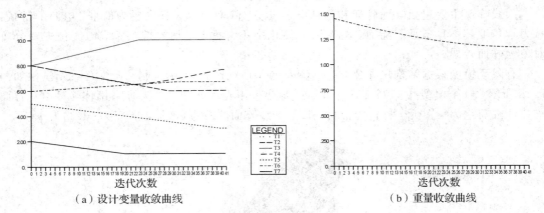

| （a）设计变量收敛曲线 | （b）重量收敛曲线 |

图 7.25 设计变量与优化目标迭代收敛曲线

表 7-8 优化前后变量对比

骨架板厚参数	初始设计	最优设计	壁板参数	初始设计	最优设计
t_1 / mm	8	5	t_2 / mm	8	5
t_3 / mm	8	12	t_4 / mm	8	7.8
t_5 / mm	5	2	t_6 / mm	6	6.8
t_7 / mm	2	1			
变形约束	初始设计	最优设计	天线阵面重量	初始设计	最优设计
Dis/ mm	1.8	1.6	M/ t	1.45	1.15

第8章　数字样机技术

天线阵面作为一种可以主动地、全天候探测远距离目标的探测设备，是雷达系统中最重要的组成部分。其研发过程也是一个集设计、分析、仿真、试验、优化和管理于一体的大型系统工程，整个研发过程中多型号并行、多部门参与、多专业协同，同时设计过程是一个不断迭代反馈的过程。在设计中不但需要多个领域的知识和专家的经验、技巧，还需要进行大量的科学计算和分析。

随着国际政治和军事形势的快速变化以及市场经济的快速发展，天线阵面的研制周期不断缩短，研制难度也不断加大。传统的研制方法很难保证在短期内完成高质量、高可靠性的产品研制。如何在较短的时间周期内研制出高质量、高可靠性的天线阵面成了现代雷达装备研发的一个瓶颈问题。面对新的需求和形势，我们必须从系统的高度改进设计和试验工具、优化设计流程，在天线阵面研制过程中广泛采用数字样机技术，建立天线阵面的全生命周期的数字化模型，减少制造实物样机和检测实物样机的次数，从而缩短研制周期，降低研制成本。

8.1　数字样机技术简介

数字样机(Digital Mock-up)技术是一种用数字样机代替原型样机进行产品的结构和功能展示、性能仿真、测试和评估的数字化设计技术。由于数字样机的绝大部分设计过程是在计算机上实现的，且其具有综合集成、快速灵活和协同合作的特点，因此设计人员根据数字样机可以在原型样机制造之前掌握产品的综合性能和潜在的问题，进一步提出设计变更和设计反馈，减少设计失误和大量的实物试验验证，从而达到缩短研制周期，降低研发成本和提高产品质量的目的。

对于天线阵面而言，结构数字样机技术就是将其天线阵面所包含的所有的设备包括天线骨架、T/R 组件、电源、冷却管路、伺服系统、电缆等，在实际产品生产之前，利用数字化设计工具为概念设计、工程设计和制造提供用于研究的完整的全生命周期数字化模型，其可用于产品的拆装模拟、干涉检查、关联检查、装配协调、运动模拟、仿真设计等工作。

8.1.1　数字样机功能

在当前的政治、军事和经济环境下，天线阵面的研制效率和成本因素一致成为雷达研制单位发展战略中重点考虑和布局的要素。在天线阵面研制过程中，采用数字样机技术能够极大地降低产品研制流程的成本并提高研制效率，满足用户从早期概念设计到详细工程模拟过程中不断变化的业务需求。结合天线阵面的设计特点，数字样机应具有设计验证与优化、设计协同、维护支持的功能，其功能组成如图 8.1 所示。

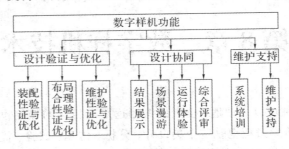

图 8.1　数字样机功能组成

1. 设计验证与优化

有源相控阵雷达天线包括零部件数量较多，如何在设计阶段对零件级、部件级以及整件级的装配性进行评估，尽量在设计阶段发现雷达天线装配性方面的问题，保证产品的装配性，减少反复的设计，是一个亟待解决的问题。有源相控阵雷达天线的设备布局和资源分配合理性直接影响以后 T/R 组件、电源、冷却管路、伺服系统、电缆等设备的安装、使用和维护，因此必须在设计阶段就关心天线阵面系统中人流、物流是否通畅，分析天线阵面布局的合理性，优化天线的整体布局。传统天线阵面设计方法在设计阶段很难对其维护性进行评估与优化。有源相控阵雷达天线包含了大量需要更换或维护的设备，如何验证相关设备在运行阶段的可维护性能，如何验证设计的维护流程是否满足实际维护操作的要求，应在设计阶段就尽早解决。因此必须在设计阶段优化这些维护工作的流程，验证产品维护过程中的维护流程、维护路径等方面的可行性。利用数字样机在设计阶段进行验证和优化的内容如下：

（1）装配性验证与优化：通过在数字样机平台中建立与实物样机相似的数字样机，研究人员在虚拟环境中对虚拟产品进行装配，获得产品装配性的相关数据，并对产品的装配性进行分析和评估，验证产品的装配性能，据此指导或改进产品设计和装配流程。

（2）布局合理性验证与优化：以产品为对象，在结构模型的基础上，建立相应的 VR 模型，通过跟踪器、立体眼镜等 VR 设备将设计/决策人员融入到 VR 模型中，详细观察产品结构的布局情况，验证资源、人员流动的可行性，进而判断布局的合理性，并反馈于设计。

（3）维护性验证与优化：针对产品的结构模型，建立相应的 VR 模型，同时建立维修人员的人体模型，维修设备的资源模型，研究同时考虑这三类模型对产品系统中可维修/更换设备进行虚拟维修操作，交互、真实地模拟设备维修过程、验证维护活动中操作空间可行性、维护流程的可行性、维修方案合理性，设计人员据此改进设计。

2. 设计协同

天线阵面的设计、生产、安装、使用和维护由多个部门和单位协同进行，涉及不同专业的技术人员，需要通过一种协同设计平台来解决多学科、多部门协同设计问题，还需要一种直观、逼真的手段来支持设计协同活动，从而可对天线阵面的不同模型进行展示和场景漫游、对各种方案综合评审、对关键运行过程进行虚拟体验等，进而提高设计人员对天线阵面的理解，增强各个部门、单位和各人员之间的技术沟通及辅助决策的手段。数字样机平台可提供大场景、沉浸式、三维立体模型，能够实现概念论证阶段的概念样机、结构设计阶段的结构样机、功能样机、性能样机、产品使用维护阶段的维护样机等样机展示，促使各类人员对天线阵面的不同层面有更深的理解。

利用数字化样机进行设计协同的内容有：

（1）产品总体布局与结构可视化：以虚拟现实方式展示的产品总体布局、结构模型，观察者通过佩戴立体眼镜、使用 VR 外设对产品总体布局、结构和功能进行浏览，尽早发现设计的问题并进行改进。

（2）产品 CAE 结果可视化：通过 FEA 模型、分析结果的云布图、动画过程、等值面/线等方式，向设计者、分析者和决策者沉浸式展示产品的性能，为性能改进、方案决策提供参考。

（3）运行体验：基于数字样机仿真软件，根据产品工作原理、工作过程，开发产品可视化系统，展示工作原理，再现工作过程，便于各类人员的理解与交流。

（4）综合评审：通过结果展示、场景漫游、运行体验、设计验证与优化和维护支持等功能，为方案评审、综合决策等活动提供支撑。

3. 维护支持

天线阵面约占整部雷达成本的 70%，其设计制造周期也是雷达系统中最长的，由于天线阵面构造复杂，价格昂贵，研制周期短，我们不可能通过生产实物模拟件来进行装配和维护培训，需在实际活动之前对操作人员进行培训，目前还缺乏有效的手段在真实产品出来之前对安装和维护人员进行培训。同时在天线阵面装配完成后，维护是保持、恢复天线阵面正常运行的重要因素，传统的维护办法是在产品实际维修中探索、积累经验，不仅局限性大，而且周期长，不利于快速形成维护保障能力。

在天线阵面研制过程中采用数字样机技术，首先需要在设计阶段就考虑产品的布局性、装配性、维修性等性能对装配、拆卸、使用和维护等后续阶段的影响，把在后续阶段活动中可能存在的问题在设计过程中尽可能早发现并形成解决方案。在设计阶段就能对产品的布局性、装配性、维修性进行评估、优化与验证，从装配和维修的角度改进设备功能和结构设计，不必等到物理样机制造出来后才进行产品布局合理性、装配可行性和维护可行性验证。为了改善天线阵面研制过程中各部门、各专业的技术协调手段，通过数字化建模技术展示产品结构与布局、力学分析结果和工作过程，促进产品设计人员、分析人员、管理人员之间更好的沟通与协调。基于虚拟维护技术，辅助维护方案的制定，同时装配和维护人员在装配和维护实际操作之前进行仿真，这种方式不仅能减少消耗成本，而且能使被培训人员通过操作虚拟设备模拟真实操作的效果，以最直观、最有效的方式完成装配和维护等培训任务。

采用数字样机技术进行维护支持工作的内容有：

（1）系统培训：基于产品数字样机平台，基于数字样机仿真软件开发产品装配、安装和维护培训系统。通过装配、安装和维护培训系统，装配人员、安装人员和维护人员可在装配、安装和维护实际操作之前进行培训。

（2）维护支持：基于产品的故障树，采用维修序列规划方法建立维修任务生成方法。依据生成的维修任务，通过交互式维修仿真对生成的维修任务有效性进行验证。

8.1.2 数字样机技术应用

数字样机技术在一些工程设计与制造技术较发达国家，如美国、德国、日本等已得到广泛的应用，应用领域从雷达工业、汽车制造业、航空航天业、到人机工程学、医学以及工程咨询等很多方面。所涉及的产品从庞大的飞机、火箭、雷达到照相机的快门、轮船的锚链。在各个领域中，针对各种产品，数字样机技术都为用户节约了开支、时间并提供了满意的设计方案。采用虚拟现实技术，基于数字样机软件平台，借助 VR 外设工具可对产品的不同层面(零部件级、组件级、系统级)进行数字化样机装配和维护，实现具有真实感的产品装配与维护，对产品装配性能、装配工艺性和维护性进行评估和优化，在设计阶段验证产品的装配和维护性能。

随着技术的不断进步，天线阵面的结构组成越来越复杂，其所包含的器件也越来越多，雷达天线的布局设计，维修性设计等问题显得尤为突出。为了解决这些问题，美国雷神公司、法国的泰雷兹公司等世界主要的雷达制造商从 20 世纪 90 年代开始，就已经开始研究数字样机技术在雷达天线设计制造中的应用技术。通过使用数字样机技术，极大地改善了天线阵面的布局设计和维修性设计技术手段。从此数字样机技术在天线阵面领域的应用越来越广泛。

结构数字样机技术在国内雷达领域的应用大概始于 2000 年左右。比较著名的有国内的中国电科第十四研究所(简称十四所)、第三十八研究所、第二十九研究所以及中国航天下属的部分研究所。十四所是国内雷达领域的先驱，也最早开展了研究数字样机技术在雷达设计中的应用的工作。十四所搭建了基于 Pro/E 三维设计软件和 Windchill 数据管理的数字样机平台，并于 2003 年左右就已经实现了雷达产品的全三维设计，在舰载雷达、大型地面雷达、车载雷达、机载雷达和星载雷达上得到了广泛的应用，采用 Top-Down 和模块化设计方法，极大地提高了部门间协同设计能力和设计效率，将雷达研制周期由最初的 5 年缩短到两年，而且设计质量得到了很明显的改善，极大地减少了试制返工和模装，取得了巨大的经济效益。第三十八研究所也搭建了与十四所类似的数字样机平台，以 Windchill 数据管理软件作为后台，以 Pro/E 作为三维设计软件与之搭配形成数字样机平台，并在前台集成了 AutoCAD、ANSYS、ADAMS、Hypermesh、Delmia、Division 和 Flotherm 等软件，在后台集成了 CADFix、CADworks 和 CAEView 等软件，同样也取得了不错的成果。

8.2 数字样机平台

数字样机平台是实现产品数字样机并且支持多用户协同的虚拟设计环境，能够提供给用户交互式输入、大范围视野的高分辨率、高质量的三维立体模型。数字样机平台包括软件平台和硬件平台，其中软件平台包括仿真管理系统、仿真应用系统和虚拟现实系统，而硬件平台包括 PLM 核心服务器、管理服务器、数据库服务器、安全服务器等各种服务器和 PC 集群。

8.2.1　总体架构

由天线阵面数字样机功能可知，平台应能够支撑设计验证与优化、设计协同和维护支持等应用，实现信息共享、集成和传递。数字样机平台的总体架构如图 8.2 所示。该数字样机平台总体框架分为三个层次：

（1）底层为计算机支撑环境，包括网络和数据库等为数字样机仿真应用提供基础硬件环境。

（2）中间层为功能层，该层是支持天线阵面数字样机仿真应用的核心及功能实现层。通过定制功能组件实现对各类基于数字样机技术的仿真活动数据、任务、流程等进行管理，通过配备专用仿真软件及二次开发实现平台上基于数字样机的仿真应用功能。

（3）顶层为业务应用层，根据数字样机仿真任务的应用需求，在功能层的支持下，应用相应的仿真应用工具完成各种仿真任务，并将仿真结果形成方案存入功能层进行统一管理。

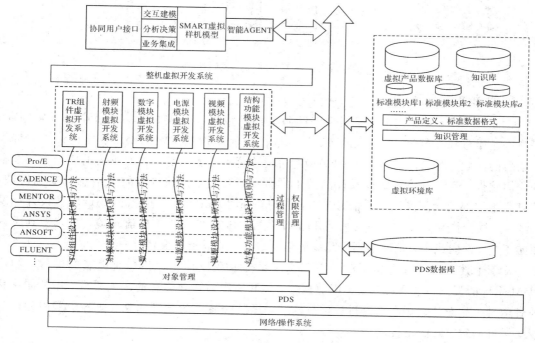

图 8.2　数字样机平台的总体架构

8.2.2　逻辑架构

数字样机平台是一种支持多用户协同的虚拟设计环境，能够提供给用户交互式输入、大范围视野的高分辨率、高质量的三维立体模型。典型数字样机平台的逻辑架构如图 8.3 所示。数字样机平台包括仿真管理系统、仿真应用系统和虚拟现实系统。仿真管理系统为天线阵面数字样机仿真应用提供数据管理及协同管理，仿真应用系统通过配置高性能图形工作站和专用的数字样机软件，支撑数字样机平台的各项功能。虚拟现实系统主要包括投影显示系统、图形发生器、中央控制系统和 VR 外设，支撑需具有沉浸式的人机交互式仿真应用。

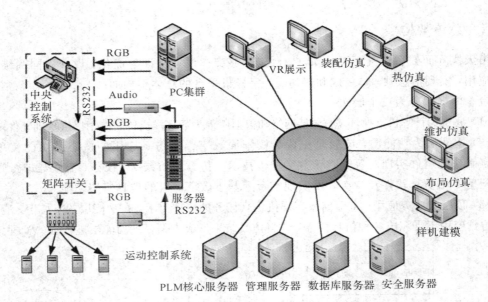

图 8.3　数字样机平台的逻辑架构

1. 产品数据管理(PDM)

　　CAD/CAE/CAM 技术的发展带来的降低产品设计和开发成本,缩短产品开发周期,提高产品质量和生产效率等作用得到了广泛认可。但同时技术上的缺欠也给设计人员带来一些新的问题,例如,CAD/CAE/CAM 技术中各单元自成体系,涉及不同的应用部门和各种应用软件,其产生的数据涉及产品的不同方面,彼此之间缺少有效地信息沟通和协调,信息很难在部门之间准确、可靠地传递和共享;同时,由于设计资源、CAD 软件设计标准不统一,缺少产品开发项目进度控制和工作监控,没有统一的工作流环境,难以做到设计面向工艺,面向成本,也做不到产品级的借用设计,造成资源浪费。

　　鉴于上述问题,在保留 CAD/CAE/CAM 技术在设计、生产方面优点的同时,利用 PDM 系统的强大信息管理功能,以数据、过程和资源为管理信息的三大要素,用整体优化的概念对产品设计数据和设计过程进行描述,规范产品生命管理周期,使各个部门的产品数据保持一致、最新和共享。

　　产品数据管理技术在产品开发中实现了设计/分析/制造过程数据的一致性,它把企业在产品设计生产过程中有关的信息,包括 CAD/CAE/CAM 文件、材料清单(BOM)等与产品有关的信息及与产品有关的过程如加工工序、机构关系、工作标准及方法等进行程序处理,将产品从设计、生产、使用过程中各个阶段的相关数据加以定义、组织和管理,保证产品在整个生命周期内数据的一致性和正确性,能有效缩短产品开发周期,保证数据的安全和共享,提高数据的可靠性和规范性。

2. 各种仿真分析软件应用

　　要设计出性能优良的天线阵面,各种分析计算和数字仿真必不可少,其中常用到的 CAE 软件包括运动仿真软件(如 UG/Motions、MSC、ADAMS)和结构有限元分析软件(如 NXNASTRAN 模块、UG/Structure、MSC.NASTRAN、ANSYS 等)。

利用前面所说的三维数字样机和 PDM 系统,不同学科和专业的人员可以在此平台上进行各种仿真分析:对实体模型进行物理参数分析;产品的拆装模拟、干涉检查、装配协调、运动模拟、仿真设计等工作;应力分析、结构动力学分析等。

例如,可以采用 PTC 公司 PDM 系统 Windchill 作为软件系统的流程平台,并在此平台下采用 Gateway 接口连接产品数据库 Pro/Intralink。平台的主要功能采用 VC++ 和 Pro/Toolkit 作为开发工具在 Pro/Intralink 的底层进行开发。平台的产品模型数据均存储在 Pro/Intralink 下的 Oracle 数据库中。产品的设计过程在 Pro/Intralink 的工作区中进行。外围的仿真和试验软件通过 CADWorks 实现设计模型的转换,并通过定制的流程和角色进行数据的实时传递。平台中可集成多种设计工具,按照工作模式可以将这些工具分为前台工作模式和后台工作模式。前台工作模式的设计软件包括 Pro/E、AutoCAD、ANSYS、ADAMS、Hypermesh、Delmia、Division 和 Flotherm 等;而后台工作模式的软件包括 CADFix、CADWorks 和 CAEView 等。前台工作模式软件需要随设计平台的客户端软件一同安装在设计师的本地计算机上;而后台工作模式软件将安装在数据转换服务器上。平台的软件构成如图 8.4 所示。

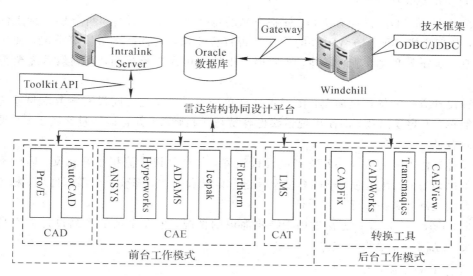

图 8.4 平台的软件构成

为了实现平台对应用软件的管理,所有的前台工作模式软件将通过平台的软件管理器注册到设计系统中,并使各软件与自身的文件类型相关联,设计平台根据设计流程自动启动各设计程序。设计程序所产生的设计文件都将统一放置在平台的工作空间中进行存储。对于后台工作模式,系统将按照设计流程通过触发器自动启动后台应用程序。后台应用程序按照系统提供的任务列表逐个自动完成相应任务后,通过回叫系统,将任务结果发送回流程之中,并按照预定流程发送给相应的设计伙伴。流程走完之后,系统会自动将仿真数据及结果存入平台进行仿真结果集成。

总之,在集成了三维数字样机和数据管理系统的基础上,灵活应用各种仿真分析软件,就可以实现天线阵面的数字化设计,数字化管理,真正将数字样机技术应用于天线阵面设计。并且,各个部门在统一的平台上进行协同设计,能够提高天线阵面的设计效率和设计质量。

8.3 数字样机建模技术

建立数字模型因使用软件和平台的不同而略有区别，本节讲述的建模是基于 Creo 2.0 软件的，主要论述天线阵面建模技术方面的内容，涉及三维建模、三维布线、模型简化等。

8.3.1 三维建模

三维建模是所有数字样机工作中最基础的一项工作，所建立模型的操作修改方便性及建模质量直接决定了后期数字样机各项功能的实施效果及工作效率，所以该项基础工作至关重要。本节将从建模方法和天线阵面的结构特点等方面进行介绍。

1. 建模方法

根据建模对象不同，选择不同的设计方法，常用的设计方法有 Down-Top（自下而上）设计方法、Top-Down（自顶向下）设计方法以及模块化设计方法。

1）Down-Top 设计方法

传统的 Down-Top 设计方法是：先把产品的每个零件都设计好，再分别拿到组件中进行装配，装配完成后再检查各零件的设计是否符合要求，是否存在干涉等情况，如果确认需要修改，则分别更改单独的零件，然后再在组件中再次进行检测，直到最后完全符合设计要求。

这种设计方法的优点是简单，由于零部件单独设计，彼此之间没有相互关联参考，因此建模简单，不容易出错，即使出现错误也容易判断和修改；并且运算量比较小，对硬件的要求相对较低。

该设计方法的缺点在于不符合产品设计流程，与产品设计流程正好相反，因此不适合进行新产品研发；局限性强，不能总揽全局进行设计和修改，修改单个零部件后，相关零部件不能自动更新，需要进行手工干预。

因此，Down-Top 设计方法适用于结构简单的情况，但在全新的产品设计或产品系列丰富多变的情况下就显得不方便。

2）Top-Down 设计方法

Top-Down 设计方法是指由总体布局、总体结构、部件结构到零件结构的一种自上而下、逐步细化的设计过程。Top-Down 设计方法符合大部分产品设计的实际设计流程。特别是对雷达的设计，其设计的流程是先确定雷达的总体参数，然后是雷达的总布置、分系统总布置、整件布置，最后是零件的设计，这个过程称为 Top-Down 设计过程。Top-Down 设计方法与 Down-Top 设计方法的比较如图 8.5 所示。

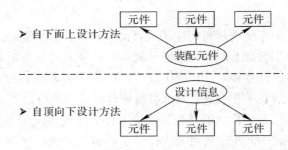

图 8.5 Top-Down 设计方法与 Down-Top 设计方法的比较

使用 Top-Down 设计方法的优点是：解决复杂产品的设计；产品具有较好的可修改性；

提高设计准确性；并行设计及协同设计；有效控制和传递设计意图；快速进行产品变型设计。但 Top-Down 设计方法也存在一些难点：

（1）相对复杂：零部件之间的关联参考，会增加零部件的复杂度，有时候（不规范设计时）甚至因为找不到参考源头而无法修改。

（2）对人员要求高：由于参考关联复杂，要求工程师能够熟练操作软件，熟悉产品设计流程和变化趋势。对总体设计师的要求更高，如果初始布局不合理，则需要进行大量修改，甚至因为无法修改而导致整体崩溃。

（3）对硬件要求高：关联设计带来大量关联计算，尤其是总图的更新，会导致全部相关零部件自动更新，对于计算机硬件和网络速度提出了很高的要求。

（4）对数据管理要求高：由于零部件关联很多，因此对数据文件管理的要求非常高，如果管理不善，会导致数据丢失和关联断裂，从而造成设计混乱。

3）模块化设计方法

某些部件总是自成体系，设计独立性强，与装配的连接采用单一坐标系的方式，骨架模型根据实际情况可以采用内部独立骨架或声明布局的方式，具有较好的互换性，能够简单地从一个型号上抽离并放置到另一个型号上，具有灵活和独立的特点。

一个完整的产品结构，通常是 Top-Down 和模块化相结合的设计方法完成的。产品的主要骨干信息传递，以 Top-Down 设计方法为主。例如，雷达总装与天线车系统之间、设备车系统与各机柜之间；而各子模块系统的设计，则通常以模块化设计方法为主。

2. 天线阵面结构建模

根据建模对象的类型，模型分为零件模型和装配模型。模型包括三维几何模型和属性等辅助信息。零件建模前应了解该零件在装配中的安装位置、安装环境、维修空间以及零件加工工艺要求；建模使用的方法应根据该零件的装配方式、可能的修改和加工工艺过程来决定，使得该模型便于修改、加工和装配。

产品的装配建模一般有两种模式：自底向上装配模式和自顶向下装配模式。当上下级间有传递设计意图的，推荐采用自顶向下的装配建模形式。例如，阵面总装都采用自顶向下的模式进行设计装配。采用该种建模方式，根据设计需要可以方便地对装配模型进行修改和更新。针对模块化产品的装配，要在典型模块约定的坐标系系统下设计，该种情况下推荐使用自底向上的装配建模形式。

天线阵面主要包括天线骨架、T/R 组件、电源、馈线网络（时钟、本振、BIT）、光纤网络、冷却管网等。下面介绍各个部分的主要结构特点，并结合各自的结构特点确定建模方法。

1）天线阵面骨架

常见的天线阵面骨架由框架和反射面板构成。框架主要分为两种形式：一是桁架＋蒙皮结构；二是板梁结构。桁架＋蒙皮结构应用历史比较悠久，从最初的单脉冲雷达到如今的有源相控阵雷达都有较为广泛的应用，设计技术也较为成熟，单位体积的骨架重量也较轻，适用于骨架内设备量不大的天线阵面，如航管雷达、气象雷达等传统雷达及三坐标测量雷达等设备量较少的相控阵雷达。板梁结构形式是近些年发展起来的一种新的结构形式，其结构相对简单，主要由板组成，设计工作量也较桁架结构减少许多，适用于骨架内设备量大、集成度高的天线阵面。随着市场的需求加大以及雷达技术的发展，天线阵面研制周期越来越短，设备量越来越大，集成度也越来越高，这也在一定程度上催生了板梁结构形式的诞生和大量应用。对于桁架式高频箱而言，其桁架单元主要由槽钢（铝）、方形钢（铝）管或圆形钢（铝）管组成，高频箱结构复杂。而对于桁架单元而言，其结构形式较为简单。对于板梁式高频箱而言，其基本结构是由钢（铝）板组成，结构形式较为简单。两种典型结构框架如图8.6所示。目前，两种结构形式应用都较为广泛。

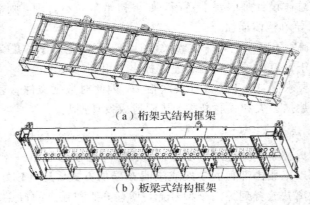

（a）桁架式结构框架

（b）板梁式结构框架

图8.6　两种典型结构框架

天线骨架建模时需要创建装配模型和零部件模型，装配模型的最大外形及与总体的相关结构尺寸已经通过骨架模型移植过来，我们只需要直接调用即可，在此基础上进行骨架的详细设计建模。建模之前还需要根据天线阵面总装细化设计确定天线骨架的各种对内接口及相关尺寸，通过力学仿真分析确定板梁结构或桁架结构的结构强度，此两项工作完成后，即可基本完成了天线骨架的设计。天线骨架的设计建模采用的是典型的 Top-Down 设计方法，先用骨架模型控制各个典型区域特征及骨架尺寸、零部件尺寸和特征等。如采用板梁结构，一般使用骨架模型中的曲线来控制零部件尺寸；而采用桁架结构，一般采用草绘线来控制桁架结构尺寸，采用这种方法进行天线骨架的设计建模，便于后期的修改和优化。

反射面板对于有源相控阵雷达来说是最重要的一个部件，也是最能体现有源相控阵雷达的相控阵特点，结构上可以是一个整板，也可以是多个小的反射板拼装而成。反射面板上需安装有排布规则完全相同的多个辐射单元，少则几百，多则几万，一般呈矩形排列或三角形排列。因此，反射面板会有与之对应的安装孔，如图8.7所示。

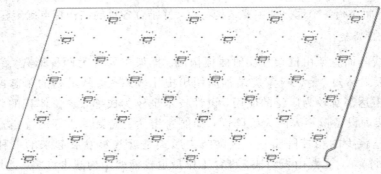

图8.7　反射面板

由以上描述可以看出，面板最主要的特点就是一块平板上有许多排列规则相同的特征，该类特征少则几百，多则几万。该类面板在建模时，可以从上级骨架模型中继承外形等相关参考信息，并在此基础上进行详细设计，也可以直接构造设计。设计时，对于辐射单元数量较小的面板可以将所有特征都在模型中表达出来，其模型数据量不大，不会影响后续的模型装配；而对于辐射单元数量较大的反射板，一般不推荐将所有特性都在模型中表达出来，而采用简化的方法建模，就是选取具有典型意义的局部特征进行建模，其余进行简化处理，如用草绘特征代替模型拉伸或切削特征。

　　2）组件及电源模块

组件主要包括 T/R 组件、R 组件、侦收组件、监测组件等，电源主要包括发射电源、接收电源、其他设备电源。对于天线阵面而言，组件是其最核心的设备，电源模块则是保证天线阵面正常工作的基本供电模块。对于低频段天线阵面，总结组件及电源模块的结构特点，可以发现两者有诸多共同之处，如其安装方式、结构外形、冷却形式、内部器件布局等，尤其是其安装方式和结构外形几乎是完全相同的，两者都是由壳体、冷板、器件及盖板组成。一种电源模块如图 8.8 所示，一种 T/R 组件如图 8.9 所示。

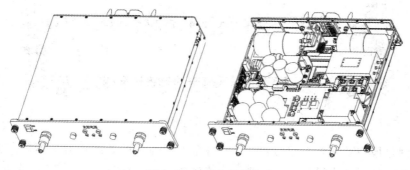

图 8.8　一种电源模块

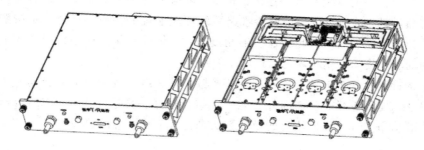

图 8.9　一种 T/R 组件

上述组件和电源模块主体结构件为一个箱体类零件，结构较为复杂。建模时，将 T/R 组件的安装坐标系作为建模基准坐标系，辐射单元的射频输入接口轴作为 T/R 组件的安装基准轴，冷板的表面作为拉伸基准面，将组件内腔高度尺寸设定为变量，确定围框顶面位置尺寸，以围框顶面位置尺寸为拉伸基准面进行草绘，依据 T/R 组件的最大外形尺寸，建立盖板模型，在此基础上进行其余细微特征的拉伸和切削，从而建立 T/R 组件三维模型。

3）冷却管网

天线阵面内大多为有源电子器件，随着电子技术的发展，其热耗越来越高，传统的自然冷却及风冷形式无法满足高热耗，高热流密度的需求，为保证天线阵面内设备器件在允许的温度范围内正常工作，雷达器件的液冷形式应运而生。冷却管网主要由冷却管路、控制阀门及管路连接器组成。典型的冷却管网如图 8.10 所示。

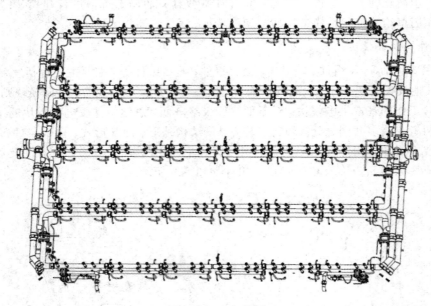

图 8.10　冷却管网

冷却管网建模主要有两个要点：一就是各个不同通径的管路相对位置一定要按照上级发布骨架模型的位置来进行设计，否则在管路装配时会与天线阵面上其他设备干涉；二就是合理分配各个管路的流量和管路连接器位置，以保证各个需要冷却的设备可以有足够的流量可以将热量带走，还可以保证整个管路系统便于装配和拆卸。其余就是按照设计要求将管路零件拉伸成型即可。因此从建模的角度来说，管路系统最主要的是装配建模，其零件建模较为简单，装配建模时需把控这两个要点。

上述结构特点及建模方法中仅对有源相控阵雷达天线中较为重要且具有代表性的几种设备进行描述，其余还有很多零部件未能一一进行描述。实际设计时，应结合产品实际情况，综合采用 Top-Down 和模块化的设计方法进行各个分系统的建模。

8.3.2　三维布线

有源相控阵天线内部电缆数量多，接线关系复杂，常用的二维图纸和接线表很难直观表达设计意图，而电缆的三维建模技术即三维布线可以很好地实现电缆模装的功能，便于指导实际生产和装配。

1. 布线方法

完整的布线模型包括布线参考模型、走线路径、线轴、线缆、三维标注、技术要求等说明文字。布线设计流程如图 8.11 所示。

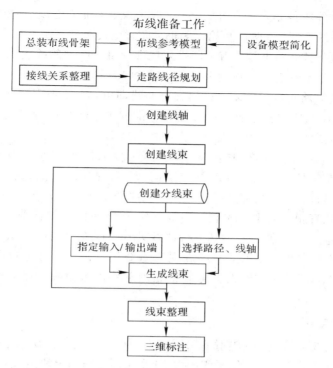

图 8.11 布线设计流程

布线参考模型可以使用骨架、收缩包络或两者结合的方法创建，推荐采用骨架模型的方法创建，便于更新和维护。布线初始骨架由布线模型的上一级装配的设计师提供，布线设计师参照上级提供的布线骨架建立布线骨架并进行增添，形成布线参考模型。若采用收缩包络方式，则所需设备的布线包络应该由该设备的设计师提供，并随设备整件一起归档，布线设计师将设备的布线包络装入布线参考模型，并进行增添，形成布线参考模型。例如，天线阵面布线的布线骨架由阵面总装设计师提供，阵面内部的组件等设备的布线包络由组件设计师提供。

布线参考模型中应设置安装坐标系，坐标系方向应与上级总装相对应，命名为"安装坐标系"。布线参考模型中应包含所有布线路径、所有线缆接入点的接线坐标系和每个接线端的位置号（要保持跟接线表一致）。接线坐标系 Z 轴指向出线方向。若布线路径需穿过设备内部时，设备布线包络中应包含内部走线路径，具体可以使用草绘曲线或设置点的方式来表示走线路径。

三维布线时应根据所需布线的区域、路径和品种进行布线规划和具体三维布线，线缆建模有简单布线、网络布线和沿缆布线三种方法，分述如下：

（1）简单布线：仅需指定线缆起点和终点，中间位置可根据需要后续更改。适合单根或路径不同的线缆布线设计。

（2）沿缆布线：指定起点和终点后，中间位置沿已经布好的电缆进行布线的方式。适合路径相同线缆的布线设计铺设。

（3）网络布线：事先画好布线的网络路径，然后进行布线的方式。适合线缆批量较大的情况。

有源相控阵天线零件繁多，结构复杂。一般来说，大部分电缆组件会装配于高频箱内侧，但因连接方式的不同，有时高频箱外侧也会布置电缆组件。对于高频箱内电缆而言，可以简单地将其分为两类：一类是具有相同排列规则的可以阵列的线缆或者具有相似排列规则的线缆；另一类是不具有统一的排列规则的不可阵列的线缆。对于可阵列的线缆而言，在实际布线时只需要将可阵列的基本模块完整布线即可，布线规则相同时，将该部分电缆阵列；规则相似时，只需在技术要求中说明其余部分按该部分进行走线即可。而对于不可阵列的线缆，则需要按照一定的三维布线方法将其全部布出。

此外，一般情况下同一品种的多根射频电缆有等长要求，利用 Creo 2.0 软件的布线模块可以设定电缆等长，但是不可以批量设定，现有的功能只能每次设定一根，如果线缆数量较少还可以进行，当线缆数量较大时，该部分工作量非常大。一般而言，一个高频箱内的线缆少则几百根，多则几千根，逐根设定电缆等长需要耗费大量的人力和时间，而且等长电缆设定完毕后还需要对其进行绕线处理，该部分的绕线极其困难。因此在进行三维布线时，不设定电缆等长，只是在局部做绕线处理，示意等长电缆的绕线位置即可。这样，电缆装配过程中工作人员可以根据图示将电缆绕在该处，可以较好的传达设计意图。

2. 三维布线实例

基于相控阵天线的特点，其辐射单元排布为可阵列结构，所以就会有很多与辐射单元相关的电缆可以阵列处理。某天线子阵面由 16 个相同的阵列模块组成，在三维布线时，只需要将基本模块完整布出后阵列即可，基本模块如图 8.12 所示。其阵列后的效果如图 8.13 所示。

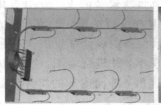 

（a）三维布线模型 （b）实物布线

图 8.12 基本模块三维布线模型和实物布线

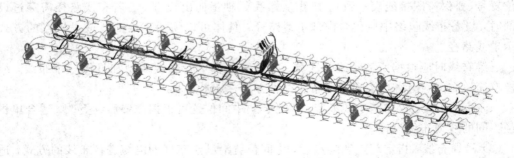

图 8.13 基本模块阵列后效果

电缆的三维建模技术即三维布线可以很好地实现电缆模装的功能，因为其直观、沉浸式立体模型的显示效果，在指导实际生产和装配方面的作用更加明显，如图 8.14 所示。

图 8.14　三维布线的显示效果

8.3.3　模型简化

为解决三维设计大装配模型文件大、运行速度慢、无法打开问题，必须进行模型简化，上一级装配模型中使用下一级的简化模型。简化模型可以采用简化表示、收缩包络、不完全装配、替代模型等方式。

1. 模型简化基本要求

（1）模型基本信息。轻量化模型的所有原始信息必须全部来源于实际模型；轻量化模型应包含总体外形轮廓，安装接口，自身安装需要的基准，其他构件的安装基准坐标系，重要的测量基准等信息。

（2）装配基准信息。供上级使用的安装坐标系、接口面、轴等，安装坐标系的方向需满足相关规范或上级任务输入的要求。

（3）接口信息。接口包括与上级相关的机械接口与电气接口。其中，机械接口包括孔、轴、结合面等几何信息；电气接口、管路接口包括连接器/管接头编号、几何外形、布线/布管坐标系等信息。

（4）外形信息。简化模型外形应与源模型外形一致。

（5）质量信息。简化模型的质量、重心位置等必须与源模型一致。

（6）模型更新。实际模型更改后，轻量化模型必须自动或手动随之更改。

2. 模型简化方法

简化模型可以采用简化表示、收缩包络、不完全装配、安装替代模型四种简化方法。

1）简化表示

简化表示是 Creo 2.0 原始装配模型内的一种状态，其通过排除原始装配模型内部细节的方式达到简化的目的，简化表示不独立存在，只是原始模型的一种状态。简化表示方法如下：

（1）简化表示要求能表达该整件的外形和外观特征，与外形外观特征无关的内部零部件应简化掉。如子阵面在简化时，关闭子阵面后门，排除箱体内所有设备，仅保留子阵箱体、门、单元罩、反射面板等外观特征；机柜在简化时，仅保留机柜壳体，内部设备全部排除。

（2）同一个装配可根据设计需要创建多个简化表示，不同的简化表示对应于不同的设计者或分系统所需装配的某个区域或细节级别。

（3）产品结构设计规范或总体有特殊规定的，按产品结构设计规范执行。

（4）简化表示可通过 Creo 2.0 的"视图管理器"建立，也可使用专用工具创建。

（5）外形上能看到但不影响后续装配或干涉检查的细小零部件亦可以简化去掉，如螺钉、螺母、螺套等。

（6）简化表示为原始装配的一种状态，不需要创建新模型。

2）收缩包络

收缩包络是一个由曲面或实体组成的零件，所有信息继承于原始装配，代表源模型的外部形状，通过简化源模型内部细节的方式达到轻量化的目的，收缩包络的基本要求如下：

（1）收缩包络时不能以未做简化表示的详细模型为源模型直接建立。应该先建立只含外观信息（隐含内部零部件）的简化表示，再以此简化表示为源模型建立收缩包络。

（2）提供给上级装配使用的收缩包络需在"上级装配用简化表示"的基础上进行。

（3）收缩包络文件大小规模不应超过包络源模型的 3 倍。

（4）为了保证包络外形与源模型一致，推荐采用 7 级以上的收缩包络。完成收缩包络后应该人工检查包络外形，确认没有丢失曲面，曲面不连续等变形情况。

（5）原始模型更改时，包络模型必须同步更新。

（6）提交给总体总装用的机柜（含普通机柜、显控台、户外柜、配电柜、伺服柜、冷却散热柜等）、阵面（含子阵面等）、方舱（或机房）、天线座、车辆、平台等，必须同时提供收缩包络和简化表示两种简化模型。

（7）为了保证模型精度，同时控制文件大小，不得对包络再进行包络，即建立收缩包络时，源模型结构树中的下级包络模型必须隐含掉。

（8）通过"保存副本"方式创建的外部收缩包络不能手动或自动更新，重新修改后模型的安装坐标系等基准信息容易丢失，因此，采用收缩包络方式对模型进行轻量化时，须采用内部收缩包络，确保模型能够更新，禁止使用保存副本方式的外部收缩包络。

（9）包络需能真实反映模型的外观和接口信息。

3）不完全装配

不完全装配指在一个装配中，对于大量重复出现的同一个设备，采用只安装一个或只安装几个典型位置的装配方式。对同一个装配中大量重复出现的整件，采用只装一个或只安装几个典型位置的方式来减小模型的大小，提高文件打开和编辑效率。例如，阵面总装中大量重复出现的子阵、组件、电源，部分装配中的螺钉、铆钉等紧固件。采用不完全装配时，需遵循以下原则：

（1）设备不完全装配：不完全装配仅适用于总体及天线阵面的部分装配，如天线车（楼）总装、天线阵面总装等。一般要求装配对象内部存在大量重复出现的子阵面（数量超过 10 个，单个模型大小和占用内存均超过 2 G）、子阵（数量超过 50 个，单个模型大小和占用内存超过 500 M）、组合（数量超过 100 个，单个模型大小和占用内存超过 200 M）等。

（2）机柜、显控台、方舱总装及内部设备总装一般不采用"设备不完全装配"。

（3）紧固件不完全装配：仅适用于同一装配中同一个品种的紧固件数量超过 100 个，且模型大小超过 1 G，占用内存超过 2 G 的装配对象。

（4）须在装配图 ASM 模型的技术要求中对缺装情况、安装要求等进行详细说明。而且 PDS 结构树要求保持完整、准确，确保不出现错、漏投产。

4）安装替代模型

替代模型指单独创建的，能够代替原始装配的模型。替代模型的所有信息不继承于原始模型,可参照骨架模型进行创建和细化,其外形、接口、质心、重量等信息与原始装配保持一致,可随骨架模型进行更新。在大装配中不安装下级装配的真实模型(包括原始 ASM 模型、包络模型和简化表示),而采用安装替代模型。在采用替代模型时,需遵循以下原则:

(1)替代模型挂接在原始装配对应的 PART 下。

(2)在装配图 ASM 模型的技术要求中进行必要的说明。

(3)与缺装一样,PDS 结构树要求保持完整、准确,确保不出现错、漏投产。

(4)替代模型装配仅适用于天线阵面的部分装配,如天线车(楼)总装、天线阵面总装等,一般要求装配对象内部存在大量重复出现的子阵面(数量超过 10 个,单个模型大小和占用内存均超过 2 G)、子阵(数量超过 50 个,单个模型大小和占用内存超过 500 M)、组合(数量超过 100 个,单个模型大小和占用内存超过 200 M)等。

简化表示的优点是无需在源模型外生成新的模型,因此不存在模型更新和信息丢失的问题。其缺点是制造需要手工选取需要保留的对象,对外形复杂的模型操作需要较长时间。收缩包络的优点是打开快,操作较流畅。缺点是会丢失源模型的各种组成信息,需要手动更新,而且文件规模较大。四种优化方法的各项指标对比如表 8-1 所示。

表 8-1 简化方法各项指标对比

	简化表示	收缩包络	不完全装配	替代模型装配
更新方式	无更新问题	需手动更新	无更新	需手动更新
ASM 结构完整性	结构树与源模型一致,可打开装配结构树上任意对象	以零件形式整体存在,无法看出源模型组成结构	不完整,部分对象不出现在装配树中	不完整,替代对象的下级对象无法获取
文件规模	小于原始模型	可能大于或小于原始模型(取决于所选包络级别)	小于原始模型	小于原始模型
可编辑性	同源模型一样编辑	可对包络整体进行编辑,但对组成部分无法单独编辑	部分对象无法编辑	替代对象无法编辑
制作	需要手工选取需要保留的对象	机器自动生成,大的包络需要耗费较长时间	无需额外制作	需额外制作替代模型
外观	完整,与源模型一致	基本完整,但是取决于所选包络级别会不同程度的丢失特征	不完整	完整,但会有差别,取决于替代模型的细致程度
内存需求	源模型的 30%~80%	源模型的 1~3 倍	小于原始模型	小于原始模型
打开速度	快	较快	快(缺装越多打开越快)	快(取决于替代模型的大小和数量)
编辑速度	旋转、缩放较流畅。无法处理二次加工问题	旋转、缩放很流畅	旋转、缩放流畅	旋转、缩放流畅
适用对象	所有雷达组成部分	模块、插箱、机柜、方舱等装配关系比较简单的装配件	天线阵面总装、天线车(楼)总装等	天线阵面总装、天线车(楼)总装等

8.4 数字样机应用

数字样机最重要的功能就是可以代替物理样机进行各种仿真实验和分析，称为数字样机仿真技术。广义的数字样机仿真技术包括虚拟布局、虚拟装配、虚拟维修和精度分配仿真分析。

数字样机仿真技术的实现要依靠硬件和软件平台的支撑，因此要实现雷达的数字化设计和管理，数字样机平台的搭建是必不可少的。由前面平台介绍的部分可以知道，数字样机仿真技术是该平台的一个很重要的功能组成部分。该天线阵面数字样机平台应能够支撑设计验证与优化、设计协同和维护支持等应用，实现信息共享、集成和传递。此平台共有三层组成：底层为计算机支撑环境，包括网络和数据库等，可为数字样机仿真应用提供基础硬件环境；中间层为功能层，该层是支持天线阵面数字样机仿真应用的核心及功能实现层，它主要由精度分配系统、虚拟布局系统、虚拟装配系统及虚拟维修系统等核心业务系统组成；顶层为业务应用层，根据数字样机仿真任务的应用需求，在功能层的支持下，自动调用相应的仿真应用工具完成各种仿真任务，并将单项仿真结果、仿真集成结果等存入功能层进行统一管理。

8.4.1 精度分配仿真

精度分配是天线阵面结构设计非常重要的一个环节，合理地分配天线阵面各部件的精度，使天线阵面系统达到要求的性能指标，并使系统造价最低，是进行精度分配工作的基本目标。

天线阵面精度分配的目的就是保证辐射单元在空间坐标中的相对位置能满足电讯性能需求，即辐射单元在 $X/Y/Z$ 三个方向上的位置精度，还原到天线阵面结构设计上来说，就是对天线阵面整体结构进行合理的精度分配。天线阵面结构误差一般由几种因素引起：机加工、装配、各种载荷（风载、自重等）。对于天线阵面而言，可以将引起结构变形的因素设定为输入变量，将辐射单元在 $X/Y/Z$ 三个方向上的变形量设定为输出变量，由此可以搭建一个天线阵面的精度分配仿真模型，通过精度分配和仿真，改变输入变量从而输出在 $X/Y/Z$ 三个方向上的变形量。

载荷引起的变形可以通过力学仿真分析而得到；制造误差可以通过加工精度仿真和装配精度仿真而得到。数字样机平台的功能层可通过定制功能组件实现对各类基于数字样机技术的仿真活动数据、任务、流程等进行管理。对精度分配系统而言，通过配备专用仿真软件，如力学仿真分析软件、加工精度仿真分析软件、装配精度仿真分析软件及仿真结果集成软件实现平台上基于数字样机的精度分配仿真应用功能，使得天线阵面设计真正实现同一平台的参数化协同设计。

1. 力学仿真

力学仿真对有源相控阵雷达来说至关重要，因为所有类型的结构，都会随着自重、风力、温度等载荷的变化而发生一定的变形。从天线阵面设计的角度来说，因各种载荷而引起的变形约占天线阵面整体变形的 $30\% \sim 40\%$。力学仿真目的就是预计在各种载荷下天线阵面的变形情况，从而在设计过程中进行优化调整，使其达到可以接受的范围。

目前，在天线阵面结构 CAE 仿真技术的推广和普及方面面临着很多具体问题，例如：仿真分析没有统一的标准和规范，不能很好地保证仿真数据的一致性和完整性；长期以来，大量的对于仿真数据的管理和利用一直处于无序状态，造成仿真数据的可重复利用性差，并造成重复劳动和不必要的浪费；对复杂结构系统的分析，采用的分离式分析方法造成了模型过度粗糙和边界简化过度粗糙，使仿真的效率和精度受到影响；同一结构系统的不同工况的计算占用了大量的计算机资源等。

为了从根本解决上述问题，我们需要充分利用数字样机技术的协同作业能力，在搭建数字样机平台时考虑分布式协同仿真。首先根据天线阵面结构计算精度及以往结构仿真计算的经验，确立结构仿真的统一的规范性文件，并要求所有参与仿真的工程师按照相同的标准进行建模和求解。通过对大系统进行任务分解及边界条件的统一定义，将一个庞大的计算任务分解为多个任务子系统。分析工程师可针对不同的结构子系统同时在各自的仿真系统中精确建立仿真计算所需的数学模型，并依据约定的规范及标准进行模型的前处理。最后，根据天线阵面结构不同工况将各自独立的仿真模型经整合后完整地导入专用解算器进行计算。天线阵面力学仿真的方法在第 7 章中有详细叙述。

2. 加工精度仿真

天线阵面承载结构一般为金属结构，零部件加工主要涉及机加工、焊接工艺。应用工艺仿真技术，可以在设计阶段对工件的加工质量进行仿真预测，对工艺设计的有效性进行评估，进而对工艺方案进行优化，提高工件制造精度，降低制造成本，优化整体结构。

要实现对加工性能的预测，不仅需要对加工过程中的物理因素进行仿真，还必须能够对物理仿真的结果进行分析，这就要用到精度预测技术。精度预测技术是真实测量技术的仿真与模拟，是真实测量过程在计算机中的实现。它不仅可以模拟实际的测量过程，而且可以仿真真实的测量仪器，从而根据用户的需求来建立相应的虚拟测量环境，使使用者产生一种身临其境的感觉。

精度预测的关键是如何建立"虚拟工件模型"。对照实际加工环境，工件的获得与加工方式有关，在车削加工中工件的回转运动与刀具的直线运动形成工件的各种表面。工件的加工精度与运动的精确性有关，同时与加工过程中产生的切削力、切削热影响工艺系统刚度导致各种变形有关，还与刀具的磨损、工件毛坯状况以及其他环境影响有关。影响机械加工精度的主要因素有：① 工艺系统的几何误差，包括机床、夹具和刀具等的制造误差及其磨损；② 工件装夹误差；③ 工艺系统受力变形引起的误差；④ 工艺系统受热变形引起的误差；⑤ 工件内应力重新分布引起的变形；⑥ 其他误差，包括原理误差、测量误差、调整误差等。

要想对工件加工精度进行准确预测，加工精度预测模型原则上应包括上述对工件加工精度有影响的所有因素。但是在实际工程应用过程中，不可能将所有的影响因素都考虑进去，因此需要将影响因素根据其影响的大小进行分类，占有比重较小的不考虑或者将其一并考虑加入影响较大的因素中。

图 8.15 是一种加工精度仿真分析系统，其主要有三个模块：主程序模块、Ansys 模块、Matlab 模块。按照加工需要，获取相关的刀具轨迹、主轴转速、进给量等必要的加工信息，由主程序模块的 Delphi 前处理部分预测切削力并自动生成 Ansys 的 APDL 命令流文件，为 Ansys 模块进行工件——刀具变形分析做准备。后处理部分提供主程序与 Matlab 模块的接口。主程序模块负责各个模块之间的通信，协调各个模块的工作。

Ansys 模块负责对机械加工工艺系统建立连续变化模型，经过有限元分析，对加工过程进行物理仿真，将虚拟工件的连续模型离散为散乱点的集合，获得加工工件的表面轮廓。

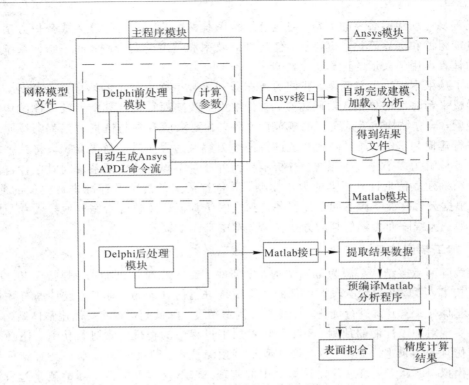

图 8.15　加工精度仿真分析系统

Matlab 模块负责对虚拟工件的原始数据重新采样，同时针对要分析的加工质量类型建立函数原型和 Matlab 优化程序，对这些采样数据的物理因素变化情况进行分析，经过优化求解，得到加工工件质量要素的评价，包括形状精度、位置精度和粗糙度等。

加工精度仿真系统建立起来以后，只需要根据软件平台的要求进行设置边界条件，将三维模型数据导入，然后系统会根据加工方式、装夹方式等模拟加工结果，最终将模拟仿真分析结果传回数字样机平台的精度分配模块进行数据分析与集成。

3. 装配精度仿真

精度分配中比较重要并且不易控制的就是装配精度，装配精度与装配工人的装配水平，装配工艺等息息相关，对于天线阵面而言，装配精度占了整个精度分配的 30％ 左右，所以装配精度的仿真分析至关重要。

随着天线阵面向着集成化、轻量化、精密化方向发展，装配的填充密度和精度要求越来越高，装调已成为有源相控阵雷达天线研制和批量生产中的最薄弱环节。

传统的基于二维图纸的装配精度分析方法主要依靠设计人员的经验，通过经验公式和手工计算方式完成装配精度预测，这种方法工作效率低并且校核困难。由前面的数字样机平台介绍可知，基于三维数字样机技术，我们可以利用专门的装配精度分析软件进行天线阵面的装配精度仿真分析。根据天线阵面的结构连接特点建立基于三维模型的装配精度信息模型，并在构建装配体、零件、公差坐标系的基础上，基于旋量理论对关键装配节点公差进行变动分析，在搜索有效装配公差传递路线的基础上实现天线阵面装配精度预测。

装配精度信息模型集成了 CAD 模型、装配工艺信息、几何精度信息等内容，是一个复合多元化模型，如图 8.16 所示。装配精度信息模型的建立是装配精度仿真的基础。

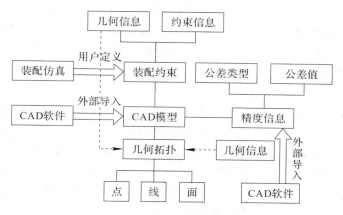

图 8.16　装配精度信息模型

装配精度信息模型建立的基础是 CAD 模型、装配工艺信息以及零件的几何精度信息，装配精度信息模型的建立与数字样机虚拟装配系统中的三维模型紧密相关。虚拟装配系统中，基于三维模型的装配精度信息建模主要包括以下三个步骤：

（1）根据装配体的三维模型创建装配体精度模型，通过层次化分解装配体的三维模型得到零件三维模型，并以此初始化创建零件精度模型，此时模型内仅含三维模型信息。

（2）在装配约束库中，查找与零件间的装配关系和装配约束信息，对具有装配关系的两零件，根据装配约束信息定义结构精度模型，同时将相关的装配约束信息、零件信息等保存在结构精度模型中。

（3）在几何精度库中，查找与结构精度模型中关联几何相关的几何精度信息，构建公差模型，并将其保存在结构精度模型和零件精度模型中。

通过总结零件类型和不同零件类型对应的结构特点，分析每种装配结构中的关键装配公差项，同时综合考虑装配体、零件、公差关联的几何信息，建立装配精度信息的层次化模型，如图 8.17 所示。

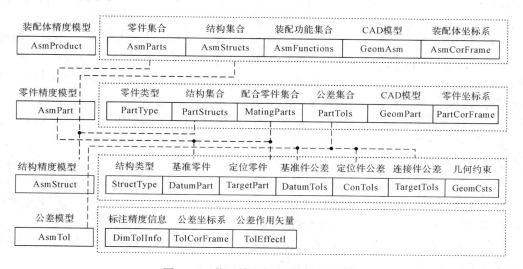

图 8.17　装配精度信息的层次化模型

装配精度信息模型建立以后，只需要根据软件平台的要求进行设置边界条件，然后系统会根据模型库中的装配公差分析要求进行天线阵面的装配精度分析，最终将仿真分析结果传回数字样机平台的精度分配模块进行数据分析与集成。

8.4.2　虚拟布局

虚拟布局是指利用虚拟现实技术的基本特点，将现实布局环境及布局过程通过建模映射到计算机虚拟环境中，借助相关硬件设备，提供给布局设计人员一个三维的、可交互的、直观方便的人机界面，布局人员"沉浸"在虚拟环境中，操作虚拟物体，模拟实际布局的全过程。虚拟布局可根据不同布局任务的具体问题，从初步确定总体布局方案到详细布局整个过程中，利用布局人员的经验、知识和灵感综合运用现有布局求解方法，人机交互地完成整个布局过程。虚拟布局技术是许多先进学科领域的综合集成与应用，其以计算机仿真技术、虚拟现实技术、分析优化技术为基础。

布局问题是产品设计的关键，主要体现在各组件在给定空间的装填上，研究在已知的给定空间内放下若干不同形状、大小等特征的几何体，同时要求这些几何体的布局满足某些特定的条件。布局过程主要分为四个步骤，即问题建模、初始方案、优化方案和方案评价。在问题建模与初始方案中，虚拟布局充分利用虚拟现实技术，完成对待布组件在空间的位置和姿态规划等，其中，需要人与计算机之间能进行实时的交互，并对待布物体进行实时跟踪和碰撞干涉检测。在进行优化方案和方案评估阶段，虚拟布局利用计算机最终给出的优化方案进行人为的调整与修改，同时运用虚拟装配技术对其装配进行检验，待布系统中的任何组件装配上一旦发生干涉或者碰撞，虚拟外设则实时反馈给布局人员。

1. 虚拟布局的方法

虚拟布局的总的思路是首先将复杂待布局零件模型化（用简单柱形、球形、方体等代替），对这些外形简化的物体在不同安装面上进行初步的三维布局；然后应用空间规划，考虑各个安装面内的布局情况，此时演变成二维布局问题；对此分别进行性能优化，得到了初步布局的简单优化结果；此时将实际待布零件模型导入替换之前的简单模型，开始进行详细布局；在简单优化的基础上，对实际形状的待布零件再次进行性能优化，最终得到布局结果。

在初步布局求解时，对待布系统进行空间规划，可大大降低布局问题难于求解的程度，减少了设计变量。进行空间规划并不是简单地将各待布组件分配在不同的安装面上，而是在遵循各组件的性能约束前提下，充分发挥布局设计人员的专业知识及经验灵感，人机交互地安排各待布物在空间的位姿。空间规划一般来说主要包括装填顺序的确定和安装面的分配。

装填顺序的确定需要三个步骤：工程语义的配置、装填顺序规则的定义、装填顺序的求解推理。工程语义的配置是指获取各待布组件及系统的静态属性和参数；装填顺序规则的定义可利用计算机内的布局知识库来计算或设定组件装填顺序权值，权值的设定与布局人员的专业知识和经验有关；在进行装填顺序的求解推理时，由于每个待布组件具有多种属性和参数，因此将同时触发多条布局规则，这些规则之间往往存在冲突，为了解决冲突，为每条规则设定相应的优先级，由优先级和设定的权值来共同决定最终装填顺序。

安装面的分配是通过对装填顺序的求解，利用人机交互手段将各待布组件放置到合适的安装面上，并力求使系统质心尽量靠近某一预定值。

在以上过程中，需要布局人员操作控制器，对待布物进行选定之后，平动或者转动待布物，跟踪器跟踪读取其运动数据并传递给选定物体，达到操纵、控制待布物的目的，最终确定装填顺序和安装面。

虚拟布局立足于人机协同合作的基础之上，其中如何实现这种"结合"并使之具有可操作性成为一个关键问题。发展至今，虚拟布局的人机结合方式基本上采用了两类形式：一类是利用人机交互的手段对待布物进行空间规划的布局方法；另一类是将人机交互应用于布局优化算法之中。目前的布局求解方法主要有：

（1）数学方法：布局问题被抽象简化为一定的数学模型，然后再采用数学规划和数值优化的方法来求解，得到布局问题的一种最优方案。但是纯粹采用数学方法来解决此问题具有局限性，找到的只是局部最优解，并且由于一些复杂的布局问题本身难以用数学模型精确表达，即使计算出结果，有可能与实际问题相差很远。

（2）图论法：以图论为工具建立布局问题的图论模型后，借助图论求解。但图论法只限于小规模规则物体的布局问题求解，而对于规模较大的不规则物体时则力不从心。

（3）人工智能：利用计算机来完成表现出人类智能的方法。该方法理论上虽然能为布局设计提供一条合理、高效的途径，但由于目前对人的思维本质认识不清，模拟人脑相当困难，神经网络计算机还有待研制，人工智能尚待逐步完善。

（4）启发式算法：人们在处理布局问题时，降低目标，不再坚持寻找最优解，而是试图在允许的时间内找到一个相对好的局部最优解或工程满意解。这些算法常常是根据明显的"经验方法"提出的，所以称之为"启发式算法"。这种算法计算速度快，但由于该规则集的建立受到人的实践经验限制，并不能保证每次都能得到较好的解。

2. 虚拟布局应用案例

天线阵面布局不同于其他一般设备，其需要考虑的内容不仅有结构件方面的，还有电性能方面的，要同时兼顾两者。必要时，可以从结构布局的角度来进行优化整个雷达天线的单元分布及连接方式。从虚拟布局定义的角度来讲，就是如何将以上这些设备在有限大的天线阵面上进行合理布局，以保证所有设备既不会相互干涉，又可以方便的拆装和维修，同时又能满足电讯性能要求。

天线阵面的布局设计首先要有电口径作为输入条件，在此基础上才可以进行天线阵面布局设计。图 8.18 为某型车载天线阵面的初始单元分布图，口径为 $7.9 \text{ m} \times 8.5 \text{ m}$。根据车载运输条件，必须将整个天线阵面分为 5 块，其工作和折叠状态如图 8.19 所示。评估该种布局，对电讯而言：天线阵面区域内去除折叠机构处的数个辐射单元，使得阵面幅瓣性能严重下降；对结构而言，为满足天线阵面运输条件，天线阵面的五个部分需折叠，五块折叠结构较为复杂，机构可靠性不高。

图 8.18　阵元分布

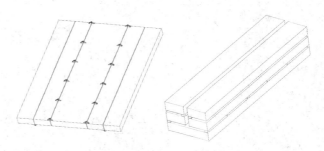

图 8.19　天线阵面工作和折叠状态

　　基于方案存在的问题，优化辐射单元布局，优化后两种口径分布如图 8.20 所示。在满足天线阵面功率孔径积和波瓣宽度要求的前提下，适当减小阵面宽度，增加阵面高度，口径变为6 m×9.6 m。将天线阵面设计为三块，边块向下折叠，该设计可使折叠机构在天线阵面背面，不会影响辐射单元的安装。辐射单元采用矩形排列可使阵面口径最小。综合评估该种布局可知：在相同增益情况下，单元数量较多，导致阵面成本较高；辐射单元列数为奇数，组件与单元不易对应，而且子阵面每个基本模块品种不同，增加设计难度和工作量。而辐射单元采用三角形排列，可使天线阵面电口径一定的情况下，辐射单元的数量最少。将辐射单元列数改为 48 列，每块子阵面上 16 列，利于后端组件等设备设计，是比较好的方案。

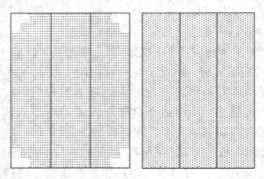

图 8.20　两种口径分布

　　利用二维布局方法完成口径分布设计之后，需要进行三维立体布局设计，可以利用一些简单的模型如圆柱，长方体等进行初步的布局，在此基础上再进行优化，最终实现该天线阵面的详细布局设计。

　　由选定的口径分布方案可知，该天线阵面由三块可折叠的部分组成，每一块可称为一个子阵面，可以用最简单的长方体来代替每个子阵面进行初始布局，其工作和运输状态如图 8.21 所示。接着再进行细化子阵面布局。根据相控阵天线阵面特点以及设计师以往的设计经验，将每个子阵面分成 18 个设备隔舱，每个设备隔舱内包含有组件、电源、水管、电缆、功分网络、辐射单元等设备，先在纵深方向布局，再横向布局。由于电缆及功分网络为柔性设计单元，在此设计时暂时先不予以考虑，而优先考虑组件、电源、水管以及辐射单元的布局。辐射单元根据电讯设计输入，其位置已经定好，所以在此主要考虑组件、电源、水管以及其他设备的布局。

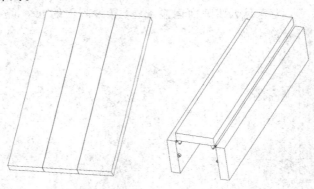

图 8.21　天线阵面工作和运输状态

　　冷却管网给需要冷却的设备如组件、电源等供给冷却液，使其可以在高热耗下正常工作，电源给组件供电，组件产生射频信号并将射频信号传输至辐射单元向外辐射。整个链路如上所述，一般情况下，根据不同的设计要求，组件和辐射单元之间还需要增加设备（如耦合器等）以检测每个通道的性能。为了降低损耗，使得整个链路上电缆数量较少，提高设备维修性能，采用逐级盲插的模式，除原有设备外，增加一级转接层，转接层内含有耦合器和部分其他设备，转接层下侧与辐射单元盲插，上侧与组件盲插，从纵深方向考虑，此种方式最优。子阵面隔舱及其纵深方向布局如图 8.22 所示。

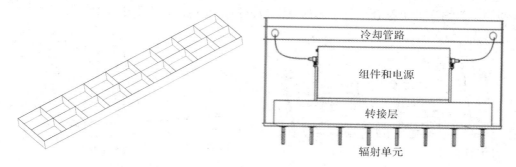

图 8.22　子阵面隔舱及其纵深方向布局

　　纵深方向布局定好以后，就可以开始每个设备舱的横向布局设计，首先需要考虑转接层和冷却管网的布局。根据转接层功能，其只能布置在紧靠辐射单元的设备舱最底层，而冷却管网则可以考虑放置在靠近转接层一侧或者靠近设备舱门一侧。当冷却管网放置在靠近转接层一侧时，冷却管网至组件和电源的软管比较容易连接，但是此时横向和纵向的水管会影响转接层的拆装。所以为了转接层的维修性，冷却管网必须向上移动，考虑冷却管网至组件和电源的软管连接便捷性，冷却管网上移至靠近设备舱门的最顶端。舱内转接层和冷却管路布局如图 8.23 所示。此时转接层上端面距离冷却管网的距离大于转接层自身的厚度，所以不影响转接层的维修性。

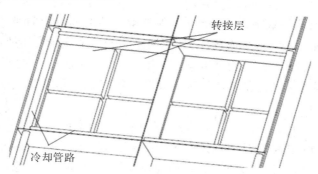

图 8.23　舱内转接层和冷却管路布局

　　转接层位于设备舱的最底层，布局设计时主要考虑其拆装的便捷性，最初将转接层分成两块，在空间位置上，冷却管网不会影响转接层的拆装，但是模拟后，单块转接层尺寸偏大，无法从舱门进出。因此，将转接层分为四块，每两个转接层之间留有一定的间隙，这样就比较方便拆装，而且因为尺寸变小，加工成本也会随之降低。

　　组件和电源一般是一对一或一对多关联，所以通常在进行布局设计时，两者会统一考虑。为了外观统一美观，一般会将组件和电源设计成尺寸及外部特征相似的设备。

图 8.24 为组件和电源的两种布局方案。在第一种方案中，组件和电源横向布置，此时，冷却管网需要根据此种排布方式进行调整，需要将横向水管改成纵向，上下贯穿，由于设备舱横向尺寸较小，组件和电源横向布置时，冷却软管不方便插拔，操作空间较小。此外，辐射单元呈三角形横向错位排布，组件横向排布时，转接层设计较为困难，所以此种方案并不是最优方案。第二种方案是组件和电源被纵向布置，冷却管网不需要调整，仍为上下主供液管、主回液管和横向供液管，冷却管网至组件和电源的软管有相对较大的插拔空间。此外，纵向布置也符合辐射单元的横向错位排布方式，所以最终选择方案二。

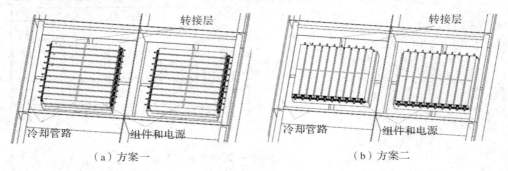

（a）方案一　　　　　　　　　　　　　　　　（b）方案二

图 8.24　组件和电源的两种布局方案

8.4.3　虚拟装配

虚拟装配是近些年兴起的虚拟制造技术研究的重要方向之一，它从产品装配的视角出发，以提高全生命周期的产品及其相关过程设计的质量为目标，综合利用计算机辅助设计技术、虚拟现实技术、计算机建模与仿真技术、信息技术等，建立一个具有较强真实感的虚拟环境，设计者可在虚拟环境中交互式地进行产品设计、装配操作和规划、检验和评价产品的装配性能，并制定合理的装配方案。

虚拟装配技术已成为数字化制造技术在制造业中研究和应用的典范，针对复杂产品利用该技术可优化产品设计，避免或减少物理模型的制作，缩短开发周期，降低成本，从而实现产品的并行开发，提高装配质量和效率，改善产品的售后服务。虚拟装配在航空航天、汽车、船舶、工程机械等领域的复杂产品设计及其装配工艺规划具有重要的意义，受到国内外的普遍关注。

虚拟装配的研究始于 1995 年，美国的华盛顿州立大学和 NIST 联合最早进行了虚拟装配研究，开发了虚拟装配设计环境（Virtual Assembly Design Environment，VADE）。VADE 通过建立一个用于装配规划和评价的虚拟环境来探索产品装配过程中应用虚拟现实技术的可能性，设计人员在产品设计初期便可并行考虑产品装/拆相关环节，避免相应的设计缺陷。VADE 实现了与参数化 CAD 系统（如 Pro/E）的数据共享，能进行产品结构树、零部件实体模型从 CAD 的自动转换，通过捕捉 CAD 环境下的装配约束信息实现零部件装配顺序和装配路径规划，并为零部件的设计改进提供反馈信息。

VADE 原型系统的开发标志着虚拟现实技术在装配领域的成功应用，具有里程碑意义。紧随其后，德国、英国、加拿大、希腊、意大利等多所国外高校和研究机构都开展了虚拟装配的研究。国内有关虚拟装配的研究起步于 20 世纪 90 年代末期，发展速度比较快，已经取得了不少研究成果。

1. 虚拟装配的方法

虚拟装配以产品及其零部件的三维实体模型为基础，借助虚拟现实技术在计算机上仿真装配操作的全过程，进行装配操作及其相关特性的分析，实现产品的装配规划和评价，制定合理的装配方案。一般情况下，虚拟装配是指在计算机上所进行的零部件模型"装配"，虚拟现实环境无关紧要，只是表现手段不同而已。虚拟装配主要实现两个层次的映射，即底层的产品数字化模型映射产品物理模型，顶层的装配过程仿真映射真实的装配过程。底层的映射避免了实物试验件的加工制造，同时使得工程分析、装配仿真成为可能；顶层的映射使得产品装配规划、仿真验证及评价成为可能。

虚拟装配技术主要实现两个方面的应用目标：

（1）以产品设计为中心，实现面向装配的设计与优化。在产品设计中，基于虚拟装配的设计实质上是一种基于 Top-Down 的 CAD 技术，可以实现零件和装配体的混合设计。它首先根据功能要求进行概念设计，确定关键设计参数，然后进行结构设计，根据子功能分解为子装配体并确定各子装配体间的配合关系，形成设计约束。根据确定的设计约束，可将子装配体作为子任务进行分解，可实现并行协同和相关参数的设计。

基于虚拟装配的产品结构优化是为了更好地帮助设计人员进行与装配有关的设计决策，以提高产品的可装配性，是虚拟环境下对产品的计算机数据模型进行装配关系分析的一项计算机辅助设计技术。它结合面向装配设计（Design For Assembly，DFA）的理论和方法，基本任务就是从设计原理方案出发，在各种因素制约下寻求装配结构的最优解，拟定装配草图。它以产品可装配性的全面改善为目的，通过模拟试装和定量分析，找出零部件结构设计中不适合装配或装配性能不好的结构特征，进行设计修改。

（2）以工艺规划为中心，进行装配工艺规划与优化。其研究包括产品装配顺序和路径的确定、装配力和装配变形分析、带实测值的装配精度预分析、装配工装的使用和管理、装配过程和装配零部件的协调、线缆和管路的装配、装配过程的人因工程分析、装配现场的管理等，它主要基于虚拟现实环境，并利用各种人机交互手段，从过程和物理特性的角度实时地模拟装配现场和装配过程中可能出现的各种问题和现象，从而获得可行或较优的装配工艺，指导实际装配过程与操作。

虚拟装配技术的发展和应用与虚拟现实技术、计算机技术、人工智能技术、网络技术、产品设计等多学科领域的发展紧密相关，要进行虚拟装配技术的研究应用，必须要清楚虚拟装配的核心技术。虚拟装配的核心技术是开发虚拟装配应用系统时必须解决的重要共性技术，涉及零部件建模、装配序列规划及优化、可行装配路径规划、装配合理性评价、决策支持、装配误差分析等内容。虚拟装配的核心技术包括：

（1）零部件建模。由于虚拟现实软件建模能力的限制，CAD 系统仍是虚拟装配中零部件模型建立的主要手段。根据系统开发的手段不同，虚拟装配中模型建立的方法也有较大的差异。

（2）装配/拆卸规划技术。工艺设计人员根据经验、知识在虚拟装配环境中交互地对产品的三维模型进行试装/拆卸，规划零部件装配/拆卸顺序，记录并检查装配/拆卸路径，验证工装夹具的工作空间并确定装配/拆卸操作方法，验证装配、拆卸方案，最终得到合理的装配方案。VADE 在虚拟装配环境下，通过约束下的交互运动仿真和碰撞检查，实现装配工艺的验证和规划、维修验证等。

（3）装配规划优化技术。在虚拟装配环境中，可通过仿真对预定的装配规划进行验证，借助优化算法搜索装配顺序，通过确定量化指标进行评价，最终实现对装配规划的优化。

（4）交互操作。在虚拟装配中，零部件模型的交互操作通过碰撞检测和动作的类型来实现，碰撞检测也用于装配路径的验证，其效率和可靠性影响虚拟装配操作的效果。

（5）装配过程中的人因分析。通过虚拟现实技术，开发人员可以在产品开发阶段就对产品装配过程中涉及的人机因素（如装配所需时间、装配操作的舒适程度、安全性）进行分析。例如，采用虚拟现实技术对人工装配中操作者的装配力与装配姿态进行定量评估，并分析装配所需的最大装配力以及每个装配循环过程中的平均装配力，以避免装配工人的疲劳；利用人机工程学模型分析装配工位空间布局对人操作强度的影响，以设计出最优的装配工位。商业化的软件系统（如 Tecnomatix 和 Delmia）均集成了人因分析功能。

所有技术的实现都是依托软硬件平台来实现的，即实现环境，虚拟装配技术也不例外。虚拟装配的环境决定了虚拟装配应用系统的规模、投资、功能，针对不同的应用，虚拟装配的环境各有不同。概括起来虚拟装配环境可分为以下几类：

（1）基于 CAD 平台的虚拟装配系统。通过对 CAD 系统的开发实现虚拟装配的功能该类系统具有强的模型编辑能力，但仿真的真实感和可靠性较差。

（2）基于通用虚拟现实开发系统的桌面虚拟装配系统。虚拟装配系统的开发基于通用的虚拟现实开发系统（如 WKT、VEGA、PTC Division Mock-up 等），可以连接一些虚拟现实的输入/输出设备，具有一定的三维立体和交互效果。哈尔滨工业大学利用 VC++ 和 PTC Division Mock-up 开发了卫星虚拟装配系统，在虚拟环境下进行装配过程交互规划，最后生成装配工艺文档。

（3）大规模的虚拟现实系统。该虚拟装配环境功能强大，沉浸感强。浙江大学的 CAD&CG 国家重点实验室研究了大规模虚拟现实环境（如 CAVE）下复杂产品的装配工艺规划的显示优化问题，以提高交互的实时性。

2. 虚拟装配应用案例

由虚拟装配的定义和方法可知，虚拟装配根据目的不同，有不同的方法来实现，虚拟装配技术有两个主要目的，首先可以实现面向装配的设计与优化，其次可以进行工艺规划与优化。基于虚拟装配的设计是一种基于 Top-Down 设计思想的 CAD 技术，可以实现零件和装配体的混合设计及产品结构优化，更好地帮助设计人员进行与装配有关的设计决策，以提高产品的可装配性。从这个角度来说，虚拟装配与虚拟布局存在一些相似之处，但又有很大的差别，虚拟布局重在设备布局，而虚拟装配重在梳理装配关系和装配结构优化方向。在设计时，梳理天线阵面的各项结构尺寸、设备量，在设备虚拟布局的基础上进行天线阵面装配关系及装配结构的拆分和优化。

以上一节介绍的有源相控阵天线子阵面为例，来说明虚拟装配技术在天线阵面设计中的应用，图 8.25 为单个设备舱内详细布局。利用 Top-Down 的骨架设计技术，可以先根据虚拟布局的结果将以上所有设备集成在一起，然后再根据各个设备的功能、连接关系等确定设备的装配关系。在进行各个设备三维设计时，使用骨架设计技术，使得每个设备的三维模型可以根据骨架模型的修改而及时更新，通过几轮循环，最终确定每个设备的尺寸及装配关系。

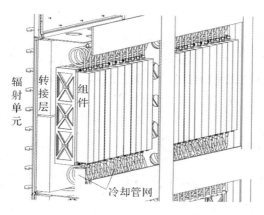

图 8.25　单个设备舱内详细布局

对于该设备舱而言，最重要的莫过于组件、电源和辐射单元的连接。电源给组件及其他设备供电，组件的信号通过后端设计最终传输到单元向外辐射或接收外界辐射信号，由此种连接关系，结合以往的设计经验，可以大致确定电源与组件并行放置，组件至单元之间可以用射频电缆连接。但是为了使设备舱看起来整齐和美观，设计时增加了转接层，将连接电缆及器件隐藏在转接层内部，组件和电源与转接层实现盲插连接，而天线单元与转接层之间也通过盲插连接，此种装配关系，利于组件、电源等设备的拆装维修，也利于天线单元的拆装维修维护，由此可以最终确定装配关系及整个部件。

由于所有零部件均采用骨架模型设计技术，首先根据功能要求进行概念设计，确定关键设计参数，然后进行结构设计，根据子功能分解为子装配体并确定各子装配体间的配合关系，形成设计约束。根据确定的设计约束，可将子装配体作为子任务进行分解，可实现并行协同和相关参数的设计。

1）机架优化设计

各个组件分别由不同的设计人员进行设计，由阵面总体设计人员进行虚拟装配以优化部分设计。在进行该部分装配时发现，组件与机架有干涉行为，组件为天线阵面核心设备，一旦设计确定不易变更，所以在该种情况下，设计人员应优先考虑对机架进行优化设计。优化设计时，可以将组件上端面作为优化参考面，设定好机架上横板至参照面的距离，将机架竖板进行加长设计，同时变更设计输入。优化完成后，干涉已经消除，而且对整体布局没有影响。装配干涉调整如图 8.26 所示。

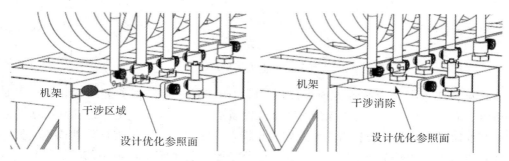

图 8.26　装配干涉调整

2) 水管夹优化设计

装配水管固定夹过程中,发现固定夹内径大于水管的外径,无法将水管按照设计要求固定,而骨架上的固定夹安装孔及水管的管径因设计要求是无法变更的,因此将上述两个条件为优化参照进行固定夹的优化设计。骨架上的固定夹安装孔不动,将固定夹的内径以水管的外径作为设计参考进行优化设计,设计完成后,如图 8.27 所示,固定夹与水管之间的间隙被消除,而固定夹安装孔等特征与位置并未发生变化。

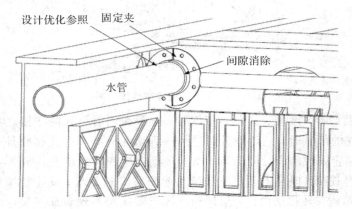

图 8.27　水管夹优化设计

虚拟装配技术在天线阵面设计中的应用不仅限于设计方面,还包括以工艺为中心的装配工艺规划与优化。在此过程中,如果发现问题,反过来还可以指导设计改进。仍以上述天线阵面为例,其虚拟装配环境如图 8.28 所示,其中包括待装高频箱骨架、面板、辐射单元、转接层、组件等,该虚拟装配环境模拟了实际的装配环境,用于工艺规划与设计。

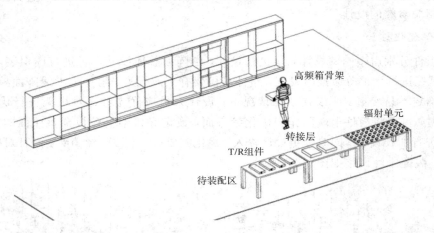

图 8.28　虚拟装配环境

转接层位于设备舱内纵深方向最底层,所以设备舱内装配时要先装配转接层,如图 8.29所示。装配工人将转接层从待装配区拿到设备舱内进行装配,此时还可以根据工艺过程检查装配时是否与相关设备有干涉,如有干涉,需反馈设计人员进行设计改进。装配过程中还可以对工人的操作舒适度进行分析,以此来改进整个装配环境中的工装设计,以达到较好的操作舒适度和较高的装配效率。

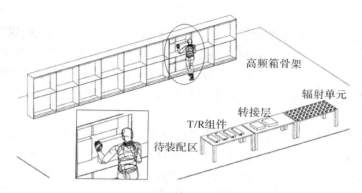

图 8.29　装配转接层

组件是设备舱内处于最上层的设备，安装组件之前需要将固定组件和电源的框架固定于转接层上，然后再将组件直接盲插安装。图 8.30 为虚拟装配系统中工人装配组件的场景。该装配过程与转接层装配过程类似，装配工人将组件从待装配区拿到设备舱内进行装配，检查装配过程中是否与相关设备有干涉，分析装配效率。

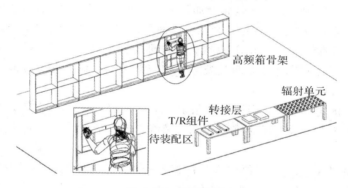

图 8.30　装配组件

基于工艺的虚拟装配除了可以模拟并优化工艺规程外，还可以发现装配过程中的动态干涉问题。设计过程中更多考虑的是设备自身的可实现性，所有设备除了满足设备布局要求的外形尺寸以外，还需要满足工艺装配过程中的各种外界约束。发现问题以后可以重新规划工艺装配路线，观察是否可以满足要求，如仍不能满足要求，就需要反馈设计人员进行设计优化。

8.4.4　虚拟维修

虚拟维修是以计算机技术与虚拟现实技术为依托，在由计算机生成的、包含了产品数字样机与维修人员 3D 人体模型的虚拟场景中，通过驱动人体模型来完成整个维修过程仿真的综合性应用技术。

传统的维修性设计工作中存在一些问题，需要设计人员在实物样机或原型机上模拟真实产品的维修过程来进行。这种方式不能尽早地发现产品设计中存在的问题。有些与维修相关的问题甚至要等到产品投入使用之后才暴露出来。这样，由于此时设计工作已接近尾声，很难再对产品进行大的改进。因此，为了在产品设计初期更好地设计、评价产品的维修特性，需要引入新的设计手段与方法。

数字样机技术的发展使得在数字化虚拟环境下研究产品的维修问题成为可能。采用数字样机技术，可以在早于制造物理样机的阶段就能够获得形象的产品外观与结构特性表达，便于设计人员把握产品的维修特性；另外，结合产品的数字样机以及人体模型技术，能够实现一种"虚拟人修理虚拟产品"的维修过程仿真，从而为维修性与维修工作的研究提供了强大的辅助工具。

在综合 3D 人体模型技术、数字样机技术以及 VR 技术的基础上，开发数字化的虚拟维修应用系统，可以使设计人员与维修人员在产品设计的早期比较方便地对产品的维修性进行定性或定量的评价，为改进维修性设计提供建议，显著地改善了以往一些与维修相关的研制工作相对滞后的状况。此外，使用虚拟维修系统还具有辅助维修保障资源的配置决策、辅助制定维修规程以及提供维修训练等功能。

一般来说，虚拟维修系统由四个部分组成，分别是数字样机、人体模型、VR 外设工具和维修过程描述工具。

1. 虚拟维修的方法

虚拟维修有两种实现方式：一是完全通过人体模型的控制算法来驱动模型完成维修操作仿真，这种方式又称为"虚拟人员修理虚拟产品"；二是引入 VR 外设来控制人体模型动作，即人在回路的仿真方式，这属于"真实人员修理虚拟产品"的应用模式。

一般来说，维修工作需要考虑四类要素：维修对象；维修人员；维修工具、设备与设施；维修作业过程信息。

参照虚拟维修的定义可知，虚拟维修系统与上述要素具有以下对应关系：

（1）通过数字样机技术实现对维修对象、维修工具、维修设备以及设施的外观与功能行为表达。

（2）3D 人体模型技术完成对维修人员的建模处理，包括外观以及行为特性。

（3）维修作业的过程信息，对虚拟维修的"虚拟人员修理虚拟产品"与"真实人员修理虚拟产品"的两种应用模式而言均具有重要的意义：

① 对于"虚拟人员修理虚拟产品"模式，维修作业的过程信息实质上给出了实现维修工作的内容。应用系统根据过程信息，在 3D 人体模型控制算法以及数字样机所提供的功能支持下，驱动人体模型执行维修操作，完成维修作业仿真。

② 对于"真实人员修理虚拟产品"模式，系统实时读取外设的数据信息，然后根据维修过程信息对维修工作状态进行判定，从而在虚拟维修场景中正确地表达人体模型与数字样机的行为变化，实现维修作业仿真。

在虚拟环境中，可以创造出一个逼真的维修训练环境，使操作者身临其境地操作设备。同时在开发产品的时候，引入多种故障设置以及评估系统，可以对接受训练者起到提高和考核的作用。虚拟维修技术脱胎于虚拟现实技术，它比较侧重于产品的维修、装配和功能模拟，并且能够做到有实时交互性和具有沉浸感。

虚拟维修应该满足以下几方面的要求：

（1）全面逼真地反映现实的维修和技术保障的环境及其实现过程。

（2）应该具有功能模拟。

（3）能对操作中出现的干涉、碰撞等提供报警信息。

（4）能够真实反映人机工程环境。

（5）能对维修过程进行优化。

（6）能对完成特定维修任务所需的大概时间等信息进行评估。

（7）能对装备维修和技术保障的正确性进行评估。

开发虚拟维修的方法是：实现软件工具的组合，以形成虚拟维修能力的核心；开发所需的图形数据转换功能；验证利用虚拟维修系统进行的维修与人因的分析。

尽管有许多工具经过评测都可以提供基本的虚拟维修性能，但是，没有任何一个软件可以独立实现所有的功能。因此，最终的解决办法是将多种工具组合在一起共同满足虚拟维修要求。目前使用较为广泛的为 Delmia 和 Transom Jack 软件。当使用软件平台对应的定位器和头戴式显示器时，这一特征可以允许用户以真实人体的方式运动，并在环境中进行交互，同时可以从虚拟人体模型的视角进行观察和操作。

2. 虚拟维修应用案例

为适应现代化战争的需求，所有设备的维护维修要尽可能方便和快捷，尤其是在战时作为"眼睛"的雷达设备，其维护维修性能在很大程度上决定了雷达整体方案的优良程度。

在进行天线阵面虚拟维修设计时主要考虑设备的维修可达性和维修操作方便性，舒适性。需要维修的设备首先要做到维修人员的可达性，如果维修人员都无法到达，更无从谈维修，在可达性做到的前提下，尽可能使维修操作方便，维修人员在操作时的舒适性较好。天线阵面维修主要考虑 T/R 组件、电源、馈线网络（时钟、本振和 BIT）、光纤网络、冷却管网、伺服系统等设备的维修维护性能。本节以典型大型地面天线阵面为例，介绍天线阵面的虚拟维修技术。

大型地面固定雷达天线阵面结构尺寸大，阵面精度高，一般由多层结构组成，如单元层、设备层及阵面骨架。由于其结构尺寸较大，一般单元层采取外向维修，由专用的大型维修平台来提供维修支撑，而其设备层及其他维修则由维修人员直接进入阵面骨架内部来实现，如图 8.31 所示。大型地面固定天线阵面内部一般都专门留有维修人员通道及小型维修升降梯以实现内部设备的维修，利用此种技术即可验证设备维修空间、维修途径，维修单元的可达性和维修人员操作舒适性。

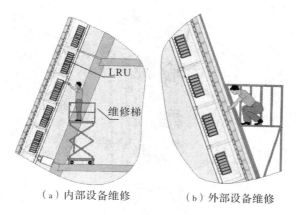

（a）内部设备维修　　　（b）外部设备维修

图 8.31　阵面设备维修

某大型地面固定雷达整个天线阵面设备舱沿高度方向分为 6 层，各层又分为多个房间，人员通过专用的维修通道进入需要维修的房间，对待维修设备进行操作。选取其中一个房间进行维修性仿真分析。房间内设备布局情况如图 8.32 所示。

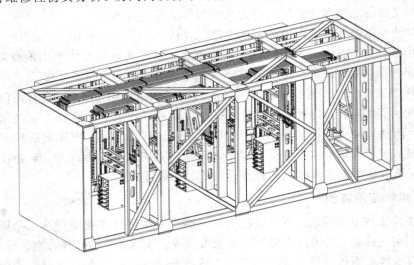

图 8.32　房间内设备布局情况

典型房间内装有超级子阵、子阵综合分机、电源机柜、波导等需要维修的设备，其中，超级子阵和电源机柜的维修空间较大，可以方便地进行维修，而子阵综合分机和波导的维修空间相对较小，需要对其维修性进行仿真分析。

子阵综合分机的插拔方向是往子阵面方向，插拔深度为 300 mm。插拔时，人员背向超级子阵站立，右侧与房间侧壁靠得较近，同时需要避开线缆、水管等附件。维修子阵综合分机如图 8.33 所示，人员操作满足可视、可达的要求，但是舒适度一般，尤其是分机的把手舒适性较差，把手抓握处细小，不符合人机学设计，因此可以在后续设计中进行更改以增加人员操作舒适性。

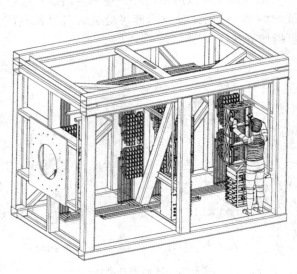

图 8.33　维修子阵综合分机

子阵综合分机背部与波导有连接关系，目前两者设计间距为 200 mm。通过人员操作模拟可知安装和操作空间充足，可视性良好。子阵综合分机插拔过程分析如图 8.34 所示。

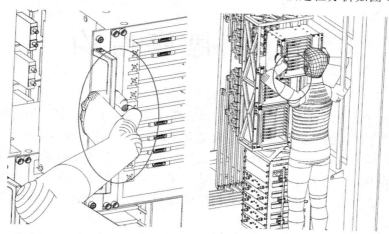

图 8.34 子阵综合分机插拔过程分析

波导安装于固定支架上，人员需要蹲下或立姿方能操作，房间层高约为 2.8 m，顶端波导还需借助小型升降设备来进行维修。波导维修分析如图 8.35 所示，维修时可视、可达没有问题，人员舒适度中等。

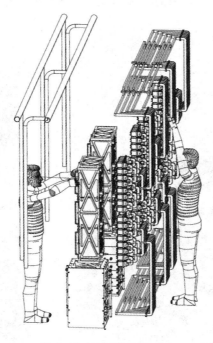

图 8.35 波导维修分析

第9章 智能结构

当前，相控阵技术特别是有源相控阵技术在雷达中得到了广泛的应用。随着军事需求的不断发展和变化，相控阵雷达主要朝着超宽带、多功能、高性能和高集成等方向发展。同时，随着战场环境的复杂化和应用平台的多元化，现代相控阵雷达对天线阵面的应用技术也提出了更大的挑战。为了适应新的发展需求，现代相控阵雷达发展可在超宽带技术、智能自适应技术、多功能一体化技术、轻薄高集成技术、新材料和新工艺等研究内容上进行探索。

伴随电子元器件和微组装技术的不断发展，天线阵面的集成度越来越高，并逐步实现结构与功能的一体化设计。同时，对应用在深空探测以及导弹防御方面的高频段（X波段及以上）的相控阵天线而言，由于其单元间距较小的特点，该类天线阵面的集成度和精度要求更高。图9.1列出了车载、舰载、无人机和薄膜天线等四种典型的轻薄型相控阵天线阵面。可见基于这一发展趋势，未来的有源相控阵天线阵面将具有结构轻薄、大口径、模块化、安装调试高效等特点。

(a) 大型车载天线阵面

(b) 大型舰载天线阵面

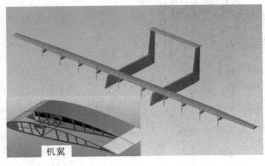

(c) 机翼共形天线阵面

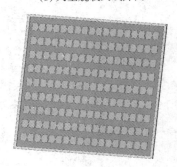

(d) 薄膜天线阵面

图9.1 四种典型的轻薄型相控阵天线阵面

另外，天线阵面通常工作在太阳照射、风、冰雪、振动、冲击、盐雾、湿度等服役环境中。随机、时变的动态环境载荷会引起阵面的结构变形，进而影响阵面性能；太阳照射、盐雾、湿度等环境因素影响阵面的材料物性参数，使得物性参数随服役时间呈现一定的退化和时变性，进而导致服役期间阵面性能演变；大温差环境会影响阵面的精度，引起阵面电性能的变化。

因此，传统的依靠天线阵面结构刚度冗余来保障电性能精度要求的方法将难以满足设计要求，设计智能天线阵面结构将是解决大型天线阵面轻薄化所带来的刚度分布控制问题的可行方法。

9.1　智能结构技术

智能结构是将传感器、作动器及微电子处理控制芯片与主体结构材料集成为一个整体，通过机械、热、光、化学、电、磁等作用，提取结构的信息，并经处理后形成控制激励，改变结构的形状、运动、受力状态等。这使得结构不仅具有承载载荷的能力，还具有识别、分析、处理及控制等多种功能，并能进行数据的传输和多种参数的监测，包括应变、损伤、温度、压力、声音、光波等，而且能够主动控制执行机构来改变材料中的应力分布、强度、刚度、形状、电磁场、光学性能等多种功能；从而使结构材料本身具有自诊断、自适应、自学习、自修复、自增殖、自衰减等能力。

人类航天活动规模的日益扩大及高新技术的飞速发展，推动了智能结构的产生与发展。这种新型的结构系统在航天工程中已具有不可替代的重要作用，在有源相控阵天线领域亦将具有广阔的应用前景。

相控阵天线的电性能与阵元位置精度及反射面的面精度密切相关，在工作过程中受到自身重力、风载、雨雪、温度冲击等各种外部载荷的作用引起的精度变化直接影响电性能。智能结构技术应用于相控阵天线的工作原理如图 9.2 所示，它就是通过分布在阵面上的传感器实时感知结构变形，经基于变形补偿算法的信号驱动执行元件来调整阵面结构形态，控制结构变形，从而保证电性能指标满足使用要求。

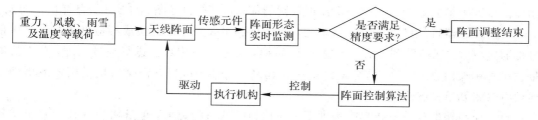

图 9.2　智能结构技术应用于相控阵天线的工作原理

智能结构的快速发展进一步推动了包括材料、力学、控制、微电子、计算机、结构设计理论与工艺方法等众多高新技术的发展。同时，以下诸方面的研究进展也促进了自适应结构的快速发展：

（1）开发利用材料本构关系矩阵中的非对角项。材料完整的本构关系包括机、电、磁、热、光等多种性质，过去人们仅仅关心和应用了材料本构关系矩阵中的对角项。然而，如果能够开发利用材料本构关系矩阵中的非对角项即耦合项，将会设计和生产出更多的新型产品。如利用材料的机、电等耦合效应生产的各类传感器等设备，就为自适应结构的产生和发展提供了必要条件。

（2）复合材料的应用使得结构在成型过程中可以将基于材料耦合性质而产生的功能元件（如传感元件和执行元件）及连接导线等直接植入结构内部，形成完整的整体结构，或者利用材料耦合性质设计、制造出具有传力、传感、作动等多种功能的元器件，以取代常规结构中的某些承力元件，从而形成新的完整的整体。

（3）电子学与计算机科学的进展，包括微电子学、总线结构、开关电路、光纤技术、信息处理、控制方法与人工智能等的发展，可以使得结构具有"神经系统"甚至是"大脑"，且其具有高度集成和紧凑的形式。

发展智能结构有四个关键技术需要深入研究，即智能传感技术、智能执行技术、主动控制技术和智能材料集成技术。智能结构的作用已由结构用途为主逐步向多功能、智能化方向发展，它是被赋予了结构健康自诊断、环境自适应和损伤自愈合功能的一类仿生结构系统。

9.2 传 感 技 术

传感是智能结构的基础，结构的状态信息首先要能检测并表示出来，然后才有可能对其做出分析、判断并进行调整。对智能天线阵面而言，则首先要测量出天线的变形量及其分布。

9.2.1 智能传感器的种类与特性

智能传感器目前还未有统一的科学定义。IEEE 协会从最小化传感器结构的角度，将能提供受控量或待感知量大小且能将其简化并应用于网络环境集成的传感器称为智能传感器。相对于仅提供表征待测物理量大小的模拟电压信号的传统传感器，充分利用先进集成技术、微处理器等技术的智能传感器，其本质特征在于其集感知、信息处理和通信于一体，能提供以数字量方式传播具有一定知识级别的信息，具有自诊断、自校正、自补偿等功能。

智能传感器首先借助自身传感单元，感知待测量，并将之转换成相应的电信号，该信号再通过放大、滤波等调理后，经过 A/D 转换，再基于应用算法进行信号处理，获得待测量大小等相关信息。然后，将分析结果保存起来，通过接口将它们交给现场用户或借助于通信将之告知给系统或上位机等。

自适应结构的传感器要具有高度感受结构力学状态的能力，能够将应变或位移直接转换成电信号输出，它担负着感知外界环境变化，收集外界信息的任务，它必须具有足够的可靠性、敏感性和较高的反应速度，以便能迅速、准确地反应外部信息。智能材料结构对传感元件还有一些要求，如要求传感元件尺寸小而薄，不影响结构的外形；与原结构材料易融合，对原结构材料的影响较小；传感的覆盖面和频率响应要宽；能和工程结构上其他电气设备兼容、受外界干扰小、在结构的使用温度范围内正常工作等；对于长寿命的智能结构，感知材料的性能稳定也是一个非常重要的方面。理想的传感器能将应变或位移直接转换为电信号对外输出，对传感器的主要功能要求是其对应变或位移的灵敏度、空间分辨率和频带宽，其他要求包括温度灵敏度、电磁相容性、迟滞作用、尺寸等。工程中常用的智能传感器有：

（1）位移传感器又称为线性传感器，位移的测量方式所涉及的范围是相当广泛的。小位移通常采用应变式、电感式、差动变压器式、涡流式传感器来测量，大的位移常用感应同步器、光栅、磁栅等传感技术来测量。其中，光栅类传感器具有易实现数字化、精度高、抗干扰能力强等优势可被较好地运用于天线阵面形态测试中。

（2）加速度传感器：它是一种能测量加速力的电子设备。加速度计有角加速度计和线加速度计两种类型，这类传感器可以测得阵面待测点的加速度分布，但是需对测得的信号进行积分等运算才可得到阵面的变形等信息，在积分过程中可能会引入一些趋势项（常数项），进而影响测试精度，因此使用该类传感器需要对阵面的初始状态有较准确的认识。

（3）电阻应变片：其与半导体应变片的结构一样，比较简单，品种较多可满足用户多种需求，且产品稳定性好，但其灵敏度和电磁相容性较差，一般只应用于一些实时性和精度要求不高的测试中。

（4）压电陶瓷：压电陶瓷具有较高的灵敏度，可将极其微弱的机械振动转换成电信号，可用于声呐系统、气象探测、遥测环境保护等，但因其难以集成在阵面内部且柔顺性差等缺点限制了它在自适应阵面中的进一步应用。

（5）压电薄膜：压电薄膜通常很薄，不但柔软、密度低、灵敏度高且具有很强的机械韧性，其柔顺性比压电陶瓷高 10 倍左右，可制成较大面积和多种厚度。

（6）光纤光栅传感器（如图 9.3 所示）：光纤是一种受到广为重视的传感元件，有抗干扰型、光栅型和分布型等多种类型，可嵌埋于材料内部作为应变传感元件。光纤的突出优点是具有很高的灵敏度（10^6 V/ε），而且线性度好，稳定性高，可多路复用，还具有很强的抗电磁干扰性。这就是在飞机智能表层自监测结构研究中，对光纤情有独钟的原因。但其信号处理相对复杂，辅助设备较大，限制了它在实际结构中的应用。可见，随着传感器在阵面中的集成技术的发展，压电薄膜和光纤光栅应变仪将是智能阵面结构中较为理想的传感器。表 9 − 1 列出了几种典型的应变传感器的性能比较。

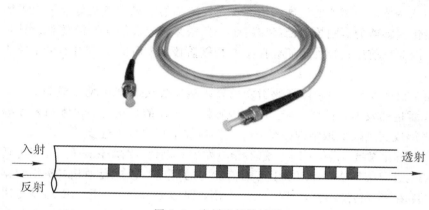

图 9.3　光纤光栅传感器

表 9-1 应变传感器的性能比较

特　性	电阻应变片	半导体应变片	光纤光栅应变仪	压电薄膜	压电陶瓷
灵敏度	30 V/ε	1000 V/ε	10^6 V/ε	10^4 V/ε	2×10^4 V/ε
频带宽	0～10^4 Hz	0～10^4 Hz	0～10^4 Hz	0.1～10^9 Hz	0.1～10^9 Hz
测量标距/mm	0.20	0.76	1.02	<1.02	<1.02
性能稳定性	中	中	优	低	中
电磁相容性	低	中	优	中	中
尺寸、重量	小	小	小	小	小
辅助设备	—	—	复杂	—	—

就目前来看，我国传感器的生产制造水平落后发达国家 5 到 10 年。世界上经常使用的传感器品种约有两万多种，我国经过近二十年的发展，也使传感器的品种有近 1 万种，与国外还有很大差距。我国很多传感器依赖进口，特别在许多重大工程项目中如航空航天、化工、石油领域用的高端传感器，从数量上讲有 40%到 50%、从价值上看有 70%到 80%的传感器依靠进口。智能化传感器所达到的技术水平并不成熟，主要集中表现在以下几个方面：

(1) 多维物理变量检测功能实际上是一把双刃剑。综合性能提高了，但是各个检测元件之间必然会有或多或少的干扰发生，从而影响最终的测量结果，导致测量的不准确，如何消除此类干扰是亟待解决的问题之一。

(2) 数据的自存储功能远不够强大。以带有通信协议的传感器为例，其传感器内部存储器空间仍不足以存储大量的诊断以及参数配置信息，这也是需要解决的问题。

(3) 传感器产业结构存在企业实力不强、分散，市场开拓不够等问题。目前，我国传感器产业要做的不仅仅是要实现自主产权的产业化建设，同时还要加强传感器应用技术的研发，加速新型传感器的产业化进程。

科技以人为本，传感器的发展将依照现在及未来的需求向着更好地为人类服务的方向发展。智能化传感器的研制虽然已经取得了一些成果，但人们还不能随意设计和创造人造思维系统，因此目前还只能处于研究探索的初级阶段。今后的研究内容将主要集中在以下几个方面：

(1) 向微机械发展。半导体产业引发的技术进步使传感器小型化成为可能，微传感器得到了突飞猛进的发展。同时，为制作微传感器所研发的新工艺，如体和表面硅微机械加工以及用来形成三维微机械结构的微立体光刻新技术都取得了进步。

(2) 向网络化发展。网络化是传感器领域发展的趋势。网络化是利用 TCP/IP 协议，现场测控数据就近登临网络，与网络上有通信能力的节点直接进行通信，实现数据的实时发布和共享。随着多台传感器互联网的推广应用，即虚拟 Internet 网，传感器与用户之间可异地交换新信息和浏览，厂商不仅能直接与异地用户交流，更能及时完成如传感器故障诊断、指导用户维修及软件升级等工作，传感器操作流程更加简化，功能更换更加方便。网络化的目标是采用标准的网络协议和模块化结构，将传感器和网络技术结合起来。

（3）利用纳米技术及生物技术研制传感器。目前，分子和原子生物传感器是一门新学科。据报道，外国已利用纳米技术研制出了分子级的电器，如纳米马达、纳米开关和纳米电机等。

（4）开发智能材料，不断完善智能器件原理。主要研究信息注入材料的方式和途径，研究功能效应、信息流在人工智能材料内部的转换机制。

9.2.2 传感器布置优化技术

相控阵天线具有成千上万个阵列单元，如果在每一个单元位置都布置传感器，则需要的传感器数量将是巨大的，从而导致成本高昂、数据量巨大以至难以实现实时处理、布置困难等问题。但如果在多个单元形成的局部区域均匀布置传感器，则可能难以准确反应阵面的状态。基于传感器的布置空间、测试信号的完整性及经济效益等多种因素的考虑，只能在空间结构的有限位置上布置相对较少的传感器，但同时布置的传感器应能完整反应阵面的基本形态。因此，传感器的布置应该满足两个目标：可以真实反应天线阵面结构的动态变化信息；对天线阵面的状态变化足够敏感。可见，只有通过对传感器的布置位置进行合理的优化才可以最大限度地实时监测天线阵面的变化状态。

要进行传感器的优化布置，首先要确定优化布置准则即优化的目标函数，传感器的优化布置基于不同的目标函数会有不同的优化准则，通过对目标函数的优化得出最终的优化布置结果；其次，必须选用适当的优化方法。传感器布置是一个组合优化问题，它的求解仍然是研究的热点之一。优化方法的选择直接关系到优化计算的效率和可行性，目前已提出了多种优化处理方法。下面将分别介绍几种典型的传感器布置优化方法。

1. MAC 法

Thomas 和 Clark 认为 MAC 矩阵是评价模态向量交角的一个很好的工具。由结构动力学原理可知，结构各固有振型在节点上的值形成了一组正交向量。但由于量测的自由度远小于结构模型的自由度并且受到测试精度和测量噪音的影响，测得的模态向量已不可能保证其正交性。在极端的情况下甚至会由于向量间的空间交角过小而丢失重要的模态。因此，在选择测点时有必要使量测的模态向量保持较大的空间交角，尽可能地使原来模型的特性保留下来。模态置信度 MAC 矩阵经常用于对试验振型和理论振型进行匹配和比较，它非常容易实施并且不需要结构的质量矩阵和刚度矩阵。MAC 矩阵表示为

$$\text{MAC}_{ij} = \frac{(\varphi_i^{\text{T}} \cdot \varphi_j)^2}{(\varphi_i^{\text{T}} \cdot \varphi_i)(\varphi_j^{\text{T}} \cdot \varphi_j)} \tag{9-1}$$

式中，φ_i 和 φ_j 分别为第 i 阶和第 j 阶模态向量。

MAC 矩阵非对角元位于 0 和 1 之间，小于 0.05 表示两个模态向量较易分辨，等于 0 表示两个模态向量相互正交，因此在传感器优化布置过程中，应该尽量使 MAC 矩阵非对角元最小。

通过有限元方法得到结构模态矩阵 $\boldsymbol{\Phi}$，然后通过 QR 分解重新排列，以 $\boldsymbol{\Phi}_{s \times m}$ 表示由剩余可选自由度形成的模态向量，其中，m 为可能测取的或感兴趣的模态数，s 为量测自由度的数量，试验中会把模型中不可能作为测点的自由度剔除，如转角自由度及水下无法安置传感器的位置。当消去 $\boldsymbol{\Phi}_{s \times m}$ 的 k 行时，模态 i 和模态 j 的 MAC 矩阵元素变为

$$\text{MAC}_{ij} = \frac{(\varphi_i^{\text{T}}\varphi_j)^2}{(\varphi_i^{\text{T}}\varphi_i)(\varphi_j^{\text{T}}\varphi_j)} = \frac{a_{ij}^2}{a_{ii}a_{jj}} = \frac{B}{A} \quad (9-2)$$

$$(\text{MAC}_{ij})_k = \frac{(a_{ij} - \boldsymbol{\Phi}_{ki}\boldsymbol{\Phi}_{kj})^2}{(a_{ii} - \boldsymbol{\Phi}_{ki}^2)(a_{jj} - \boldsymbol{\Phi}_{kj}^2)} = \frac{[a_{ij}^2 - (2a_{ij}\boldsymbol{\Phi}_{ki}\boldsymbol{\Phi}_{kj} - \boldsymbol{\Phi}_{ki}^2\boldsymbol{\Phi}_{kj}^2)]}{[a_{ii}a_{jj} - (a_{ii}\boldsymbol{\Phi}_{kj}^2 + a_{jj}\boldsymbol{\Phi}_{ki}^2 - \boldsymbol{\Phi}_{ki}^2\boldsymbol{\Phi}_{kj}^2)]} = \frac{B-D}{A-C} \quad (9-3)$$

$$\text{MAC}_{ij} - (\text{MAC}_{ij})_k = \frac{B}{A} - \frac{B-D}{A-C} = \frac{AD-BC}{A(A-C)} \quad (9-4)$$

很显然，式(9-4)中 $A>0$，$A-C>0$，所以只需 $AD-BC<0$ 即可增加 MAC_{ij}，当 MAC_{ij} 到预设值即可，如 0.01。因此可以通过逐步消减法来进行传感器的优化布置，具体的步骤是：① 用有限元方法得到模态矩阵，求其模态置信度矩阵 MAC，并求 MAC 的最大非对角元 max；② 对振型矩阵进行 QR 分解，按"得到的自由度＋剩余自由度"将振型矩阵重排；③ 削去振型矩阵的第 k 个剩余自由度后的 MAC 变为 $(\text{MAC})_k$，并计算其最大非对角元 d；④ $f=\text{max}-d$，将 f 的最小值对应的自由度删除；⑤ 对振型矩阵的所有剩余自由度重复③～④，直到 max 达到预设值。

根据上面的分析可以发现，由这种方法得到的是次优解。由振动理论可知，如果待识别的模态个数为 m，则 m 个传感器就可以满足参数识别的要求，其他的传感器事实上是出于振型可视化或者振型匹配的考虑，所以次优解是可以接受的。

2. 有效独立法

传感器布置的两个最基本的问题是确定传感器的数量和布置位置。当以优化目标函数分类，主要的传感器优化准则有：① 参数识别误差最小准则，如有效独立法（EFI）；② 能量最大准则，如模态动能法；③ 系统可控度与可观度准则，如特征系统实现法；④ 模型缩减准则，如 Guyan 缩减法；⑤ 基于参数损伤敏感性准则；⑥ 其他方法，如模态保证准则等。上述方法中应用较广泛的是由 Kammer 提出的 EFI 法，其基本思想是基于每个传感器测点对确定模态向量线性无关贡献大小，用有限的传感器采集尽可能多的线性无关信息，从而获得模态的最佳估计。EFI 法的一个不足之处在于得到的布置方案中可能含有振动能量很低的测点，测点的信噪比下降，增大健康监测系统参数估计误差。

对于线性时不变结构，任一点响应均可表示成模态向量的线性组合，且高阶振型的贡献很小，故结构测点响应输出 z_s 可以写成前 n 阶振型组合

$$z_s(t) = H_s q(t) + X(t) = \sum_{r=1}^{n} q_r(t)Q_r + X(t) \quad (9-5)$$

式中，$z_s(t)$ 为传感器在 t 时刻的输出向量，可以是结构的位移、速度或加速度；H_s 为对应测点缩减后的模态矩阵；$q(t)$ 为广义模态坐标向量，表示各阶模态对结构响应的贡献大小；Q_r 为第 r 阶模态向量，$r=1,2,\cdots,n$；$X(t)$ 为考虑噪声的影响。

环境激励下的结构模态参数识别是以环境激励作为载荷输入，而不将其作为噪声考虑。噪声来源主要包括传感器和信号传输系统产生的噪声。假设各仪器产生的噪声相互独立且具有相同的测量方差，则

$$R = e^2 I \quad (9-6)$$

式中，R 为噪声的自相关函数，是单位矩阵的 e^2 倍；e^2 为噪声的方差值。

Q 的有效无偏估计为

$$\hat{q} = [H^{T}H]^{-1}H^{T}z \qquad (9-7)$$

由估计值得协方差矩阵为

$$\boldsymbol{J} = E\big[(q-\hat{q})(q-\hat{q})^{T}\big] = \big[H^{T}(e^{2})^{-1}H\big]^{-1} = \boldsymbol{Q}^{-1} = \frac{1}{e^{2}}\boldsymbol{A}^{-1} \qquad (9-8)$$

估计误差的协方差最小作为模态坐标的最佳估计。估计误差的协方差矩阵 $\boldsymbol{J}$ 最小等价于 Fisher 信息矩阵 $\boldsymbol{Q}$ 或 $\boldsymbol{A}$ 的最大化，将会得到 q 的最佳估计。很多文献给出了求最大化 Fisher 信息矩阵 $\boldsymbol{Q}$ 的方法。基于测点对确定模态向量线性无关贡献的大小，Kammer 提出了有效独立法。其构造有效独立向量依次删除对信息矩阵 $\boldsymbol{Q}$ 贡献小的测点，所保留的测点测得的试验模态即是模态空间的最佳估计。

构造幂等矩阵 $\boldsymbol{E}$ 为

$$\boldsymbol{E} = H[H^{T}H]^{-1}H^{T} = HA^{-1}H^{T} \qquad (9-9)$$

矩阵 $\boldsymbol{E}$ 的秩等于其迹，对角线上第 i 个元素表示第 i 个测试点对矩阵 $\boldsymbol{A}$ 的贡献。将矩阵 $\boldsymbol{E}$ 的对角线元素写成如下列向量，即

$$EI = [E_{11}, E_{22}, \cdots, E_{NN}]^{T} \qquad (9-10)$$

式中，$\boldsymbol{E}_{ii}(i=1,2,\cdots,N)$ 的取值范围是 $0 \leqslant \boldsymbol{E}_{ii} \leqslant 1$，若 $\boldsymbol{E}_{ii}=0$，表示第 i 个测点对识别目标模态无效；若 $\boldsymbol{E}_{ii}=1$，表示 i 测点是识别目标模态的关键点。有效独立法通过矩阵 $\boldsymbol{E}$ 对角元素的大小来对各个候选测点的优先顺序进行排序，每次迭代删除最小值对应的测点，保留 $\boldsymbol{E}_{ii}$ 值较大的对应 m 个测点，就是模态空间的最佳估计。

3. 遗传算法

基于系统响应或能量的各类优化准则与系统初值、控制律或激励源密切相关。例如，天线阵面结构振动初值未知，激励复杂，且控制律可能存在变化。因此，寻求通用性强的优化配置方法成为关键。

取 $x = (\dot{\eta}_1, \omega_1\eta_1, \cdots, \dot{\eta}_n, \omega_n\eta_n)^{T}$，系统的传感器输出方程为

$$y(t) = Cx(t) \qquad (9-11)$$

式中，$C = (C_1, \cdots, C_n)$，$C_i = \left(0 \quad \dfrac{c_i}{\omega_i}\right)$，$c_i$ 为 $C_a\boldsymbol{\Phi}$ 的第 i 列。

$$C_a\boldsymbol{\Phi} = \begin{bmatrix} \varphi_1(x_1,y_1) & \varphi_2(x_1,y_1) & \cdots & \varphi_n(x_1,y_1) \\ \varphi_1(x_2,y_2) & \varphi_2(x_2,y_2) & \cdots & \varphi_n(x_2,y_2) \\ \vdots & \vdots & \ddots & \vdots \\ \varphi_1(x_k,y_k) & \varphi_2(x_k,y_k) & \cdots & \varphi_n(x_k,y_k) \end{bmatrix}_{k \times n} \qquad (9-12)$$

式中，模态函数 $\varphi_i(x,y) = \sin(i\pi x)\sin(i\pi y)$，$(x_i,y_i)$ 为传感器的位置坐标；i 为太阳能帆板天线阵面结构固有频率的阶数；k 为所选择传感器的个数；n 为传感器的备选位置。

结构特性决定整个系统的稳定，当终止时间 $T \to \infty$，可观性 Gram 阵 $\boldsymbol{W}_s(0,T) \to \boldsymbol{W}_s$，满足 Lyapunov 方程，即

$$\boldsymbol{A}^{T}\boldsymbol{W}_s + \boldsymbol{W}_s\boldsymbol{A} + \boldsymbol{C}^{T}\boldsymbol{C} = 0 \qquad (9-13)$$

式中，矩阵 $\boldsymbol{A}$ 表示以 $\boldsymbol{A}_i$ 为块对角的矩阵，即 $\boldsymbol{A} = \mathrm{blkdiag}(\boldsymbol{A}_i)$，$\boldsymbol{A}_i = \begin{bmatrix} -2\zeta_i\omega_i & -\omega_i \\ \omega_i & 0 \end{bmatrix}$。显然，以 $\boldsymbol{W}_s$ 为未知量的矩阵方程 $(9-13)$ 中的矩阵 $\boldsymbol{C}$ 包含了传感器的位置信息，求解得到 $\boldsymbol{W}_s$ 也必然和传感器的位置密切相关。

解 Lyapunov 方程（9-13）的可观性 Gram 阵 $\boldsymbol{W}_s$，利用 $\boldsymbol{A}$ 的块对角形式，将 $\boldsymbol{W}_s$ 拆成（2×2）的矩阵块 $\boldsymbol{W}_{ij}(i,j=1,2)$，可得

$$\boldsymbol{A}_i^T\boldsymbol{W}_{ij}+\boldsymbol{W}_{ij}\boldsymbol{A}_j+\boldsymbol{C}_i^T\boldsymbol{C}_j=0 \tag{9-14}$$

则有解析形式位置输出

$$\boldsymbol{W}_{sij}=\frac{\gamma_{ij}}{d_{ij}}\left\{2(\zeta_i\omega_i+\zeta_j\omega_j)\begin{Bmatrix}1 & 2\zeta_j\\2\zeta_i & 4\zeta_i\zeta_j\end{Bmatrix}+\frac{1}{\omega_i\omega_j}\begin{bmatrix}0 & -(\omega_j^2-\omega_i^2)\\\omega_j(\omega_j^2-\omega_i^2) & 2(\zeta_i\omega_i^3+\zeta_j\omega_j^3)\end{bmatrix}\right\} \tag{9-15}$$

式中，$\gamma_{ij}=c_i^Tc_j$；$d_{ij}=4\omega_i\omega_j(\zeta_i\omega_i+\zeta_j\omega_j)(\zeta_j\omega_i+\zeta_i\omega_j)+(\omega_j^2-\omega_i^2)^2$。

当传感器的最优位置是能测出天线阵面的最大主控模态时，所选择的优化准则需要有不依赖于控制规律，物理意义明确，且计算简单，实用有效等优点。可取传感器位置优化准则，即

$$\max J_a=\left(\frac{1}{2m}\sum_{j=1}^{2m}\sigma_j\right)^{(2m)}\sqrt{\prod_{j=1}^{2m}\sigma_j} \tag{9-16}$$

式中，σ_j 为矩阵 $\boldsymbol{W}_s$ 的奇异值，m 为天线阵面的固有频率的阶数。优化准则乘积前一项考虑所有主控模态可观度的算术平均值，后一项考虑所有主控模态可观度的几何平均值，两项乘积最大可以保证所有主控模态可控度集中分布且最大。

由优化准则可知，传感器/作动器安装的最优位置取决于 Gram 阵奇异值的算术平均值与几何平均值的最大乘积。

遗传算法是一类借鉴生物界自然选择和自然遗传机制的随机化搜索算法。遗传算法也是计算机科学人工智能领域中用于解决最优化的一种搜索启发式算法，是进化算法的一种。进化算法最初是借鉴了进化生物学中的一些现象而发展起来的，这些现象包括遗传、突变、自然选择以及杂交等。遗传算法的基本运算过程分为以下几个步骤：

（1）初始化。设置进化迭代计数器 $t=0$，设置最大进化代数 T，随机生成 M 个个体作为初始群体 $P(0)$。

（2）个体评价。计算群体 $P(t)$ 中各个个体的适应度。

（3）选择运算。将选择算子作用于群体，选择的目的是把优化的个体直接遗传到下一代或通过配对交叉产生新的个体并遗传到下一代，选择操作是建立在群体中个体的适应度评估基础上的。

（4）交叉运算。将交叉算子作用于群体，"交叉是指把两个父代个体的部分结构加以替换重组而生成新个体的操作"，遗传算法中起核心作用的就是交叉算子。

（5）变异运算。将变异算子作用于群体，即是对群体中的个体串的某些基因座上的基因值作变动。群体 $P(t)$ 经过选择、交叉、变异运算之后得到下一代群体 $P(t+1)$。

（6）终止条件判断。若 $t=T$，则以进化过程中所得到的具有最大适应度个体作为最优解输出，终止计算。

9.2.3 天线阵面变形测量

1. 天线阵面变形量测试方法

如何精确地对大型相控阵天线阵面结构进行测量，是对其形面进行实时监测并采取一

定补偿保持其形面性能的前提。但因天线面积大、特征结构复杂且单元数量多，难以全部测量；多端口网络，各节点参量互相耦合，给测量造成了一定的难度。因此，采取的测量方法一般要遵循一些原则：整体精度和局部精度的统一；确保关键部件的测量精度；保证足够的测量效率；充分重视测量现场环境；考虑空间误差的分布和传递规律。根据测量仪器与待测设备间的接触方式可将天线阵面测量方法分为非接触式测量法和接触式测量方法。

1）非接触式测量方法

非接触式测量方法的基本原理如图 9-4 所示。用摄像机和标志物组合构成像机链，将空间任意区域柔性地联系起来，高精度测量待测目标相对于测量基准的位置、姿态及其变化量等信息。待测目标和测量基准之间由一系列摄像机和合作标志连接起来，其中，$S_i(i=1, 2, \cdots, n)$ 称为测量传递站，S_0 到 S_n 组成的链路称为相机链。待测目标与测量基准之间的位置和姿态可表示为

$$ {}^nR_0 = \prod_{i=0}^{n-1} {}^{n-i}R_{n-i-1} = {}^nR_{n-1}\,{}^{n-1}R_{n-2}\cdots{}^1R_0 \tag{9-17} $$

$$ {}^nT_0 = {}^nT_{n-1} + \sum_{i=0}^{n-2}\Big[\Big(\prod_{j=0}^{n-i-2} {}^{n-j}R_{n-j-1}\Big)\,{}^{i+1}T_i\Big] \tag{9-18} $$

式中，${}^{i+1}R_i$、${}^{i+1}T_i$ 分别是传递站 S_i 和 S_{i+1} 所在坐标系之间变换的旋转矩阵和平移向量。

由式(9-17)和式(9-18)可以看出，只要中间各级传递站之间的位置姿态通过测量或者标定得到，待测目标相对测量基准的位置和姿态即可计算得出。因为每个传递站是一个刚体，传递站安装位置的变形所带来的传递站整体旋转或移动不会影响最后的测量结果。

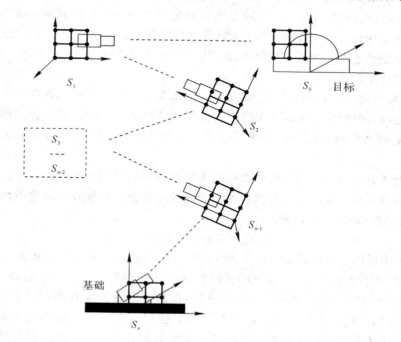

图 9.4 非接触式测量方法的基本原理

非接触式测量方法因具有高分辨率、无破坏、数据获取速度快等优点而被广泛应用。

目前非接触式测量方法有全息法、激光测量法、摄影法、光扫描法、光衍射法等。这些方法在不同的场合有各自的优点，但也有不足之处。如激光测量法中的激光干涉法的测量精度高，但需要在被测物体上安装可移动的反射镜并通过数据转换才能获得结构的静态尺寸，测量过程中光路不得中断等缺点；摄影测量法的测量范围有限，一般适用于 20 m 以内的目标测量，不适用于大型结构的测量。

非接触式测量方法一般都难以实现实时测量，但国外也有研究表明射电全息法是一种理想的测量天线反射面精度的方法，该法的特点有量程无限制、精度高、实时测量、自动化程度高、对天线的姿态无特殊要求。该方法在国际上有普遍的应用，如美国的 GBT 天线，通过射电全息法的测量，将表面精度从 ± 1.10 mm 提高到 ± 0.46 mm，Effelsberg 的 $\phi 100$ m 天线，用该法进行了升级，表面精度提高到 ± 0.50 mm，上海天文台对 $\phi 13.7$ m 射电天文望远镜进行了射电全息检测，得到的测量精度为 ± 0.16 mm，表面精度为 ± 0.25 mm，乌鲁木齐天文站 $\phi 25$ m 天线，通过射电全息法的测量，得到最终表面精度小于 ± 0.40 mm，优于原来 ± 0.65 mm 的精度指标，2007 年上海天文台在国内首次自主对 $\phi 25$ m 射电天文望远镜进行了射电全息检测，表面精度为 ± 0.52 mm。

2) 接触式测量方法

接触式测量和非接触式相比，具有一定测量压力的接触式测量会对测量面有一定的损伤，甚至引起测针变形和磨损且影响其他结构的布置，但随着智能结构集成技术的发展，阵面的传感元件可集成到阵面内部进而可解决这一问题；测量速度相对较慢，不利于进行快速三维形面数据的获取，因此从测量效率的角度考虑，接触式测量方法对数据处理系统的高效性提出了更高的要求。如前所述，目前多数非接触式测量方法难以实现高精度实时动态测量，所以目前大型天线阵面实时监测的测量方法多使用接触式测量方法，将来随着非接触式测量方法的发展，适用于大型天线阵面实时测量的方法会进一步扩展。

典型的应变传感器如光纤布拉格光栅(FBG)、外置式 Fabry-Perot 干涉仪(EFPI)等传感器都可以测得结构的变形。

根据"拉伸时应变—位移关系研究"中的研究认为：应变—位移关系在弹性变形阶段是呈线性的；在均匀塑性变形阶段和颈缩阶段均呈非线性关系，因此用位移法测屈服强度误差较大；数据拟合表明应变—位移很好地符合多项式 $y = ax^2 + bx + c$ 的函数模型，精度较高。

采用间接方法测量时，智能传感器应能实时监测阵面的变形相关量(应变、位移等)并将其反馈给控制系统，控制系统将测得的相关物理量进行物理换算并结合阵面的初始形态分析得到变形后的阵面形态，即

$$S = f(\delta u_1, \delta u_2, \cdots, \delta u_n) + S_0 \tag{9-19}$$

式中，S 表示变形后的阵面形态；S_0 表示阵面的初始形态；δu_i 为阵面变形量。

有研究表明加速度传感器也可测得天线阵面结构的变形，其基本原理是：在天线阵面按照一定的规律布置一定数量的加速度传感器(传感器的重量非常小，不至于影响天线的动态特性)，获得天线阵面各点在振动状态下的加速度响应信号传递给数据采集和记录设备，然后基于汇流环通过网线和处理终端进行实时数据交换，最后经过积分得到相应各点的位移并在终端上显示天线阵面在不同时刻的变形情况，同时根据需要处理终端可以把变形数据传递给天线电性能仿真分析软件实时监控天线的方向图的变化。

2. 天线阵面动态测试技术

天线阵面的形面精度是为保障电性能服务的，因此有必要深入研究电性能与天线阵面形面精度间的相互影响关系，进而可发现阵面变形分布、变形量对电性能指标（如各单元的幅相特性）的影响程度，进一步为天线阵面实时监测中的传感器布置优化、阵面调节中的执行机构的布置及电性能的补偿提供决策依据。图 9.5 列出了天线阵面动态监测与调节方法。该方法主要内容为：先根据测得的阵面形面信息和电性能参数分析阵面形面精度与电性能之间的关系，然后据此相互作用关系优化传感器及执行机构的布置，并对阵面形面进行实时调节直至使其满足电性能要求为止。

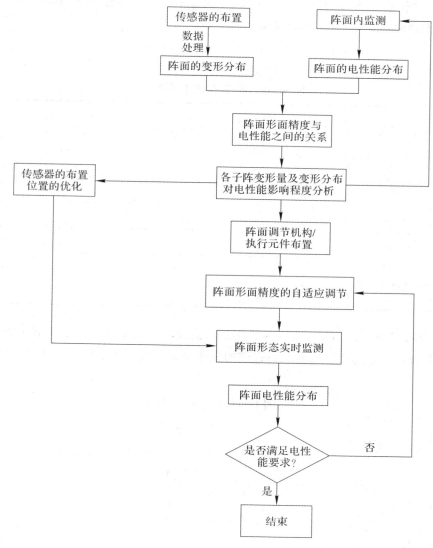

图 9.5　天线阵面动态监测与调节方法

3. 不完备信息下测试数据处理方法

由于传感器数量及布置位置、可直接测量的数据类型等条件的限制，实际可直接测量的数据类型及数据量都是有限的，因此需综合研究不完备信息下测试数据的处理方法。

由于布置空间及传感器数量的限制，工作中的天线阵面可测的数据量是有限的，难以覆盖整个天线阵面。但通过传感器的优化布置可最大限度地获取阵面信息，在已测得的有限数据的基础上需对数据质量进行分析，如直接删除一些明显的异常点和散乱点；采用最小二乘法对某一截面的数据点进行拟合，检查中间各数据点到曲线的欧式距离 e；采用角度判断法检查点沿扫描线方向，可剔除噪声点等数据。进而再对处理后的不完备信息进行处理，尽可能得到完整的数据信息。下面简单介绍一种不完备数据的处理方法。

取不完备信息系统 $S^0 = <U, A = C \cup D, V, f>$（如表 9-2 所示），论域 $U = \{x_i | i = 1, 2, \cdots, n\}$，属性集 $A = \{a_k | k = 1, 2, \cdots, m\}$，设 $x_i \in U$，x_i 的缺失属性集 MAS_i，不完备信息系统 S^0 的缺失对象集 MOS 的定义为

$$\begin{cases} \mathrm{MAS}_i = \{k \mid a_k = *, k = 1, 2, \cdots, m\} \\ \mathrm{MOS} = \{i \mid \mathrm{MAS}_i \neq \varnothing, i = 1, 2, \cdots, n\} \end{cases} \tag{9-20}$$

表 9-2 不完备信息系统 S^0

U	a_1	a_2	a_3	a_4	d
x_1	3	2	1	0	y
x_2	2	3	2	0	y
x_3	*	2	3	1	n
x_4	3	*	*	3	y
x_5	1	*	*	*	n
x_6	*	2	*	*	n
x_7	3	2	1	*	y

在 S^0 中取 $V_k = \{v_k^1, v_k^2, \cdots, v_k^{\tilde{z}}\}$ 为属性 a_k 的值域，$P_k(i, j)$ 为两对象 x_i 和 x_j 在属性 a_k 上取值相同的概率，定义信息系统 S^0 的改进的量化容差关系矩阵的元素 $T_{\mathrm{IV}}(i, j)$ 为

$$T_{\mathrm{IV}}(i, j) = \begin{cases} 0, & \mathrm{MAS}_i \subseteq \mathrm{MAS}_j \\ \prod_{a_k \in C} P_k(i, j), & \text{其他} \end{cases} \tag{9-21}$$

式中

$$T_{\mathrm{IV}}(i, j) = \begin{cases} 1, & a_k(x_i) \neq * \wedge a_k(x_j) \neq * \wedge a_k(x_i) = a_k(x_j) \\ \dfrac{1}{|V_k|}, & (a_k(x_i) = * \wedge a_k(x_j) \neq *) \vee (a_k(x_i) \neq * \wedge a_k(x_j) = *) \\ \dfrac{1}{|V_k|^2}, & a_k(x_i) = * \wedge a_k(x_j) = * \\ 0, & a_k(x_i) \neq * \wedge a_k(x_j) \neq * \wedge a_k(x_i) \neq a_k(x_j) \end{cases}$$

计算得到的量化容差关系矩阵（如表 9-3 所示）是一个对称方阵，它为矩阵的内容 $T_{\mathrm{IV}}(i, j)$ 赋予了新的含义，即它考虑了填充能力因素在内的对象相似度，尤其是当对象 x_j 对对象 x_i 没有填充能力时，不论两者的相似度是多大，都将 $T_{\mathrm{IV}}(i, j)$ 定义为零。

表 9-3　S^0 量化容差关系矩阵 T_0

U	x_1	x_2	x_3	x_4	x_5	x_6	x_7
x_1	1	0	0	0	0	1/64	1/4
x_2	0	1	0	0	0	0	0
x_3	0	0	1	0	1/256	1/256	0
x_4	0	0	0	1	0	1/1024	1/64
x_5	0	0	1/256	0	1	1/4096	0
x_6	1/64	0	1/256	1/1024	1/4096	1	1/256
x_7	1/4	0	0	1/64	0	1/256	1

定义（线性拟合度）：令 $x_i=(x_{i1},\cdots,x_{i4})$，$x_j=(x_{j1},\cdots,x_{j4})$，若其中某个分量为未知数，则取成 0，定义 x_i 和 x_j 的线性拟合度为 $\dfrac{\langle x_i,x_j\rangle}{\parallel x_i\parallel\parallel x_j\parallel}$，进而通过公式对条件属性计算得出线性拟合矩阵（如表 9-4 所示）。

表 9-4　S^0 的线性拟合矩阵

U	x_1	x_2	x_3	x_4	x_5	x_6	x_7
x_1	1.00	0.91	0.50	0.57	0.94	0.53	1.00
x_2	0.91	1.00	0.78	0.34	0.86	0.73	0.91
x_3	0.50	0.78	1.00	0.19	0.50	0.53	0.50
x_4	0.57	0.34	0.19	1.00	0.50	0.00	0.57
x_5	0.94	0.86	0.50	0.50	1.00	0.71	0.94
x_6	0.53	0.73	0.53	0.00	0.71	1.00	0.53
x_7	1.00	0.91	0.50	0.57	0.94	0.53	1.00

容差关系矩阵如表 9-5 所示，将量化容差关系矩阵（如表 9-3 所示）与其相比较，量化容差关系矩阵更简单直观地表达了有关寻找最相似性进行空值填充的信息。在此基础上，结合线性拟合度矩阵对数据进行判断，根据拟合度的不同再转入量化容差矩阵进行分析填充。

表 9-5　S^0 的容差关系矩阵 T_0

U	x_1	x_2	x_3	x_4	x_5	x_6	x_7
x_1	1	0	0	0	0	1	1
x_2	0	1	0	0	0	0	0
x_3	0	0	1	0	1	1	0
x_4	0	0	0	1	0	1	1
x_5	0	0	1	0	1	1	0
x_6	1	0	1	1	1	1	1
x_7	1	0	0	1	0	1	1

该算法的基本步骤如下：

输入：不完备信息系统 $S^0 = \langle U, A = C \cup D, V, f \rangle$。

输出：完备信息系统 $S = \langle U, A = C \cup D, V, f \rangle$。

步骤 1：对决策表 $S^0 = \langle U, A = C \cup D, V, f \rangle$ 进行处理，得出其线性拟合矩阵和量化容差矩阵，对未知的 x_i 的第 a_j 个属性进行估计，若存在 $x_k, k \neq i$，使得其拟合度为 1，则考虑量化容差矩阵，转入步骤 2。若不存在 $x_k, k \neq i$，使得其拟合度为 1，则选取与 x_k 拟合度最高的元素来估计 x_i 的第 a_j 个属性。

步骤 2：根据 U 决策属性 D 对不完备信息系统 S^0 进行分割，得到 $U/D = \{X_1, X_2, \cdots, X_L\}$，分别构成多个决策表，即 $S_1^0, S_2^0, \cdots, S_L^0$，令 $m = |A|$。

步骤 3：对每个子决策表 $S_l^0 = \langle U, A = C \cup D, V, f \rangle$，$l \in \{1, 2, \cdots, L\}$，进行如下处理：

(1) 计算 S_l^0 的初始 $T_{\mathrm{IV}l}^0, \mathrm{MAS}_{il}^0, \cdots, \mathrm{MOS}_i^0, i \in \{1, 2, \cdots, |U_l|\}$，令 $r = 0$。

(2) 产生 S_l^{r+1}。

- $\forall i \notin \mathrm{MAS}_l^r$，$a_k(x_i^{r+1}) = a_k(x_i^r)$，$k = 1, 2, \cdots, m$

- $\forall i \notin \mathrm{MAS}_l^r$，求 j，满足

$T_{\mathrm{IV}l}^r(i, j) = \max(T_{\mathrm{IV}l}^r(i, j))$，$j \in \{1, 2, \cdots, |U_l|\}$，且 $T_{\mathrm{IV}l}^r(i, j) \neq 0$

若存在 j，则有

$$a_k(x_i^{r+1}) = \begin{cases} a_k(x_i') = * \\ a_k(x_i') \neq * \end{cases} \quad k = 1, 2, \cdots, m$$

若不存在 j，则有

$$a_k(x_i^{r+1}) = a_k(x_i^r), \quad k = 1, 2, \cdots, m$$

- 计算 MAS_{il}^{r+1}，MOS_i^{r+1}，若 $S_l^{r+1} = S_l^r$ 或 $\mathrm{MAS}_l^{r+1} = \phi$，转到步骤 4；否则计算 $T_{\mathrm{IV}l}^{r+1}$，令 $r = r + 1$，转到步骤 2。

- 将完成后的自决策表 S_l^{r+1} 记为 S。

在对测得的数据进行筛选后，并对其不完备测试信息进行补充，得到待测物理量沿阵面的分布状态，然后通过不同类型数据间的转换关系得到阵面的变形分布、应力分布等物理量，进而对阵面形态进行重构，拟合出变形后的阵面形态。

9.2.4 传感器与天线阵面集成技术

适合天线阵面测量的传感器类型有：位移传感器、加速度传感器、应变传感器、射电全息类非接触式传感器等。下面介绍几种典型的智能天线阵面结构中智能传感器的集成技术。

1. 大型轻薄天线阵面

在如图 9.1(1) 所示的天线阵面上布置如图 9.6 所示的位移传感器动态收集阵面的变形分布，然后通过 PC 终端来处理这些信息，PC 终端根据阵面精度要求对可变预应力等作动器发出驱动指令，调节阵面的形面精度，最终使阵面精度满足要求。

图 9.6 中所示的传感器可采用阵面内部集成和阵面外部集成两种布置方式，这两种布

置方式各有优缺点：阵面外部集成方式结构简单易于维护，但是各路信号间可能会有相互干扰且信号传输链路会影响阵面美观及其他设备的布置，适用于这种集成方式的传感器有位移传感器、加速度传感器、应变传感器、压电陶瓷等；阵面内部集成方式对阵面外观及其他设备布置的影响很小，但是会对阵面造成一定的损伤且对阵面集成技术要求很高且不易维护和更改设计，适用于这种集成方式的传感器有光纤光栅传感器、压电薄膜等。

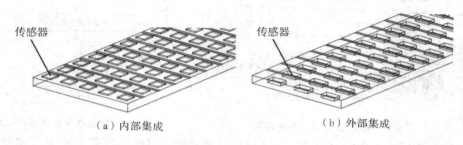

（a）内部集成　　　　　　　　　　　　　（b）外部集成

图 9.6　阵面中智能传感器的两种布置方式

2. 智能蒙皮

智能蒙皮是指在航天器、军舰或潜艇的外壳中嵌入智能结构，其中包含天线、微处理系统和驱动元件，可用于监视、预警、隐身、通信、火控等，目前的研究方向主要是在航天器上的应用。智能蒙皮天线的内涵应包括两个特征——"蒙皮"和"智能"。"蒙皮"突出天线的共形和承载能力；"智能"突出天线的自适应性，能够根据外界的电磁环境产生所需要的辐射/散射特性。智能蒙皮天线要实现这些功能，就必须采用与载体表面共形的多层复合介电材料，在复合材料的预装阶段，在各层之间嵌入大量形状各异或周期性放置的金属贴片、传感器、微机电系统（MEMS）、T/R 电路、馈电网络、传动装置以及热控装置，形成结构复杂的多层共形阵列结构。

智能蒙皮天线可分为三个功能层：封装功能层、射频功能层、控制与信号处理功能层，如图 9.7 所示。封装功能层主要包括承载介质、隔热介质、绝缘介质以及外围封装结构；射频功能层主要包括天线阵列、T/R 电路、热控装置以及馈电网络；控制与信号处理功能层主要由波控电路、DC 电源以及屏蔽挡板组成。整个智能蒙皮天线采用高密度集成设计技术和结构功能一体化成型制造技术，撇去了传统天线设计制造与飞机设计制造分离的模式，即在飞机设计制造期间，就将机载天馈系统相对分离的结构电磁独立功能组件高度集成并与飞机结构一体化成型，打破了传统天线在飞机蒙皮上开孔安装的局限，形成可与机载平台结构高度融合并直接承载环境载荷的一类新型天线。

图 9.7 为智能蒙皮天线的体系架构，图 9.8 给出了智能蒙皮天线的组成框图。该结构中光纤传感器驱动装置以及微处理器嵌入封装功能层的承载介质内，实现能够感知外界环境信息的智能化天线罩；可重构天线阵列、芯片化 T/R 电路以及可重构馈电网络构成了射频功能层，实现电磁信号的动态调控；控制与功能维护单元、健康监测单元、波控计算单元以及驱动的 DC 电源构成了控制与信号处理功能层，从而实现波束自适应。

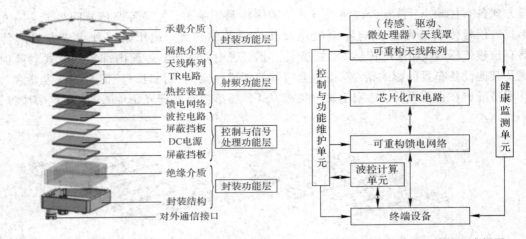

图 9.7　智能蒙皮天线的体系构架　　　　图 9.8　智能蒙皮天线的组成框图

　　封装功能层要实现四大功能：一是结构承载功能，以满足智能蒙皮天线在结构强度、空气动力学等方面的特殊要求，能起到防止氧化、衰减紫外线、防雨雪侵蚀、抵抗气动载荷的作用；二是信息感知功能，封装功能层内集成光纤/传感器还能探测疲劳损伤和攻击损伤，并可使蒙皮产生需要的变形，同时将获取的信息传送给终端设备；三是系统散热/隔热功能，以保证微波/毫米波集成电路正常工作；四是电磁防护功能，既包括对外来电磁攻击的防护，也包括对系统内部电磁干扰的防护。

3. 太阳能飞机上智能传感器的布置

　　图 9.9 所示的太阳能飞机可不依靠化石燃料来实现长时间昼夜飞行，这就为气象预报、空间探测及情报获取等方面提供了更为便捷的手段。由于太阳能飞机是利用日间飞行时采集的太阳能来维持飞机飞行所需的动力，因此太阳能飞机一般具有很大的外部尺寸用来安装太阳能电池，且整体质量较小。如果在太阳能飞机的机翼里布置探测雷达，则需要对刚度较低的机翼实施智能控制，以满足探测雷达对高形面精度的要求。太阳能飞机机翼的典型结构及光纤光栅传感器的信息集成技术如图 9.10 所示，可在图中所示的反射面板上合理布置传感器来实时监测机翼（雷达发射面）的精度。考虑到空间飞行器需有较高的安全系数，因此可在反射面里埋入传感器和作动器时需对阵面的损伤影响较小。在工作中传感器将采集到的数据传输到飞机上的数据处理系统或直接传输到地面信息处理中心。

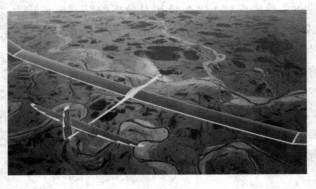

图 9.9　太阳能飞机

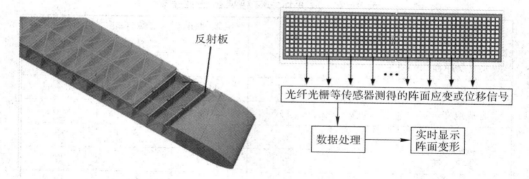

图 9.10　太阳能飞机机翼的典型结构及光纤光栅传感器的信息集成技术

9.3 执 行 技 术

智能结构的"反应"动作是通过执行元件来驱动的，执行元件是一种作动装置，其功能是执行信息处理单元发出的控制指令，并按照规定的方式对外界和/或内部状态与特性变化做出合理的反应。理想的力学执行元件应能直接将电信号转换为母体材料中的应变或位移。衡量执行元件性能的第一类技术指标是最大可用冲程或应变、弹性模量和频带宽；第二类技术指标是迟滞特性、线性范围、拉压强度、疲劳断裂寿命、温度敏感性、可埋入性和性能稳定性；第三类技术指标是尺寸大小、重量和使用功率等。

9.3.1 执行元件的种类与特性

目前，工程应用的作动器主要有三类：

（1）纳米作动器、离子电动聚合物、气动人工肌肉等新型作动器。纳米作动器是能够以0.1 nm～100 nm 的步距驱动或移动被控对象的各种装置或器件；离子电动聚合物是一种利用带电离子在聚合物凝胶中不同的穿透性工作，通电后会改变形状的聚合物，该作动器具有体积小、驱动电压低、形变量大的特点；气动人工肌肉是一种不同于传统气缸—活塞方式的创新气动装置，具有加速度大、反应灵敏、驱动力大、无爬行现象等特点。

（2）应变类作动器/执行元件：该类作动器的主要工作机理是作动应变，它是一种非应力引起的可控应变，可将电信号直接转换为致动应变。目前在工程上广泛应用的主要逆压电效应、电致伸缩、磁致伸缩效应的应变类作动器，典型的有压电陶瓷、压电薄膜（如图9.11 所示），电致伸缩材料（如图 9.12 所示），磁致伸缩材料（如图 9.13 所示）。

（3）形状记忆合金作动器，将形状记忆合金作为传感和驱动的元件相比，形状记忆合金驱动器的动作除温度外几乎不受其他环境条件的影响，具有较好的抗外界干扰的特性，相对其他智能复合材料在价格、技术成熟性和可植入性等方面也有明显的优势。其中后两类作动器在工程上得到了广泛的应用，它们的基本性能的典型取值范围如表 9 - 6所示。

表 9 - 6　应变作动材料典型性能指标

特　性	压电陶瓷	压电薄膜	电致伸缩材料	磁致伸缩材料	形状记忆合金
最大应变冲程/mm	1000	700	1000	2000	20 000
弹性模量/kPa	63	2.1	119	49	28～91
合成应变/mε	350	10	500	580	8500
频带宽	宽	宽	宽	中	窄
可埋入性	好	好	好	好	好
性能稳定性	好	中	好	好	好
供应形式	薄带	薄膜	薄带，线	薄带，线	薄带，线
限制条件	—	低温、低压	强电场	强磁场	低频

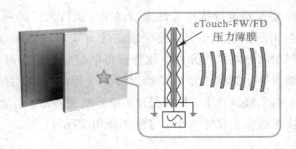

图 9.11　压电薄膜作动器

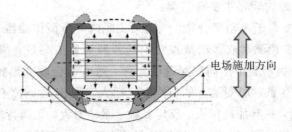

图 9.12　电致伸缩材料

图 9.13　磁致伸缩材料

压电材料是目前应用最广的作动元件,其最大应变量可达 0.1%,而且频带很宽,对温度不敏感。最常用的压电陶瓷(如 PZT)制成片状既可以粘贴在原材料表面或埋于夹层材料内部,用于控制结构的形状或振动;又可以压电堆形式制成所谓主动构件,在桁架结构中既能承载,又能产生力或位移,成为几何可变或可伸展结构形状控制的致动元件;还可以用于太空精密桁架结构的振动控制。但是,为达到足够的致动能力,其应变灵敏度还有待提高。20 世纪 60 年代末发现的高分子压电薄膜(PVDF)也可用于执行元件,其可以大面积粘贴或内埋于原结构,实现分布控制,因而引起人们的重视。

可以作为应变作动元件材料的还有电致伸缩材料(PMN)。这种材料在电场作用下产生变形,具有与压电陶瓷类似指标。磁致伸缩材料能产生比 PMN 更大的应变量,但需外加磁场,所以限制了它的应用。

电流变体是一种悬浮于绝缘介质的介电微粒,在电场中可吸附水分从而具有流变性质,进而可改变其剪切特性。其剪切弹性模量的变化范围可达几个数量级,而且这种变化十分迅速,因而可用于结构阻尼控制。但这种介质仍存在主要缺点:需要施加极高的电压(通常高达数千伏)才能产生较大的屈服应力,电流变液抗腐蚀性较差,对电流变体的作用机理至今尚了解不透彻。

对智能结构的动态控制来讲,除迟滞特性之外,频带宽是材料选择必须考虑的另一个重要因素。对于快过程而言,采用形状记忆合金作为执行元件是不可行的,原因是它的响应速率太低。在选择智能材料时,应根据问题的性质在最大应变冲程、弹性模量、迟滞特性和频带宽之间进行权衡,单纯地说哪一种性质最重要是不全面的。除了最大应变量、弹性模量、频率带宽、延迟特性等主要指标外,其他特性如线性范围、可埋入性和性能稳定性等也影响到作动材料的应用。

9.3.2 执行机构应变作动机理

如前所述,目前应变类作动器在工程上得到较广泛的应用,因此这里以应变类作动器为例介绍执行机构的应变作动机理。作动应变在材料本构关系中的表达方式和热应变是一样的,执行元件中的总应变等于由应力等因素引起的应变加上可控的致动应变。作用于执行元件上的外部应力场由平衡条件和变形协调条件共同决定。不同的局部位移-应变场假设可以导出不同的复合本构模型,而模型的精确程度将对控制算法与控制器设计产生重要影响。

对于上下表面安置有智能型执行元件的复合梁来说,最简单的变形假设可能是:在母体材料内部,应变按线性规律变化,在执行元件内部,应变服从均匀分布。这种模型对于母体材料工作在线弹性范围内,且执行元件很薄的复合梁结构是比较合理的。

对于局部位移-应变场,目前用的比较多的是 Bernoulli-Euler-Kirchoff(BEK)假设:不论执行元件是贴在母体材料的表面或埋入其内部,均假设应变在母体材料和执行元件内部按线性规律连续变化。BEK 假设成立的基本条件是执行元件和母体材料均工作在线弹性范围内。大量的研究工作显示,BEK 假设对于梁元、板元和壳元的有限元分析是比较合理的。

由于执行元件以离散的方式贴在母体材料表面或埋在母体材料内部,因此执行元件的边界效应和执行元件与母体材料之间的界面效应应被予以重视。对于静态分析,边界效应和界面效应将影响分析结果的准确性;对于动态分析、边界效应,尤其是界面效应的影响通常是显著的。对于振动和噪声抑制问题，界面粘接层的厚度与特性对诱导应变的动态延迟会产生重要影响。模型的近似性、制造工艺的随机性、地面实验环境和轨道真实环境的差异都要求控制器具有在线自适应学习功能。界面层遇到的另外一个问题是它自身的粘接强度和可靠性是否有保障。影响粘接强度的主要因素有三个：粘接剂的性能、智能元件的表面处理工艺和叠层结构的细节设计。在循环载荷作用下，由于界面处的应力和应变梯度通常都比较大，因此很容易诱发疲劳源。疲劳现象是一种局部现象，具有明显的随机特征，因此精确的力学模型分析是有效的系统辨识和系统控制赖以建立的基础，对执行元件的布置也有重要的指导意义。

9.3.3 执行元件与阵面集成

执行元件/传感器在阵面上的主要集成方式有如图 9.14 所示的阵面外部和阵面内部两种。

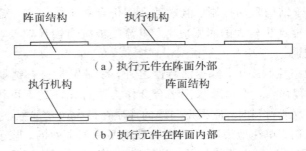

图 9.14　执行元件在阵面上的主要集成方式

阵面外部集成方式在工程实现上相对比较简单，便于工程维护，但该类集成方式下的天线阵面主要有两个缺点：由于各类传输线缆、传感器及执行机构布置在阵面外部进而导致阵面不美观及其他零件的布置困难；各类传输信号之间可能会有干扰等问题。由于阵面内部集成方式的实际困难，这种集成方式在智能结构发展的初期应用的较为广泛。另外由于薄膜天线等新型天线结构厚度尺寸的限制，这类集成方式也有普遍的应用。

内部集成方式下的天线阵面具有外形美观、不影响阵面上其他结构的设计等优点。但该设计方式下的天线阵面在材料集成技术、执行元件/传感器预埋技术、信号传输技术、设备维修技术、电子元件在力作用下的应力影响等方面有待进一步取得突破。目前，执行元件集成在机构内部的情况常见于复合材料层压而成的夹层结构中，这类结构的制造加工技术相对成熟且便于执行元件的预埋处理。但目前将执行元件预埋于承载能力较强的金属结构中还不多见。

1. 外部执行机构集成

智能天线阵面的初级形态是在阵面外部集成阵面调整机构，然后通过阵面测试系统实时监测阵面的形面精度，并将其反馈给阵面控制系统，进而通过调整机构实现阵面变形的自适应调整，使得阵面精度满足要求。

图 9.15 为某型地面大型有源相控阵天线的调整机构。该相控阵天线的结构尺寸巨大，在实际拼装过程中由于装配误差、制造误差的存在使得反射面很难满足精度要求。因此，为了保证阵面的精度，将天线阵面分成多个子阵面，每个子阵面由图中所示的六个调整机

构支撑定位并与天线楼相固定。这种调整机构可在±10 mm范围内实现无级调速，并且能承受3000 kg的轴向载荷。

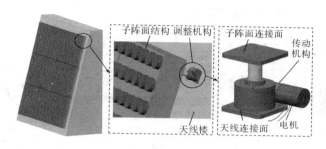

图 9.15　地面大型相控阵天线的调整机构

调整机构的基本工作原理是：监控计算机通过以太网给微型控制器发送姿态指令，微型控制器接收到有关模拟平台运动参数的指令后，经过空间运动模型变换后求解出各个调整机构的伸缩量，通过总线传递给驱动器，由驱动器内部 PC 得到信息并驱动电动机转动，进而使得调整机构按照指令进行拉伸压缩运动。

2. 执行元件阵面内集成

1）星载相控阵天线执行机构的集成

星载结构对重量的要求尤为严格，导致星载结构普遍具有外观轻薄、刚度较低的特点。但星载相控阵天线的结构刚度对其电性能的影响又较为显著。为解决这一显著矛盾，智能天线结构将是这类相控阵天线设计的有效选择。

星载相控阵天线的典型结构如图 9.16 所示。由于星载结构质量的限制，每一单翼结构的反射面板采用蜂窝夹层结构的方式来实现，该类结构便于在面板内集成各类传感器（如光纤光栅传感器）和执行机构（如图 9.16 中所示的压电薄膜执行机构），采用阵面集成的传感器和执行机构的布置方式可使阵面结构较为简洁，有利于阵面组件等设备的布置且减小设备间的相互干扰。

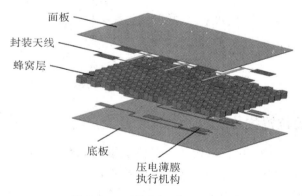

图 9.16　星载相控阵天线结构

2）薄膜天线执行机构集成

典型的薄膜天线结构如图 9.17 所示。其叠层从外表面至内表面依次为 TOP 导电层、聚酰亚胺薄膜、粘接剂及补强板。这种天线结构也是一种典型的层压结构，设计中可以将传感器、执行机构及信号传输线集成于天线内部。由于薄膜天线的自身刚度较小,可采用较小模量的执行机构(压电片等)对其进行主动调节,因此相对于刚度较高的金属阵面结构而言,智能薄膜天线将更便于用在实际产品中。

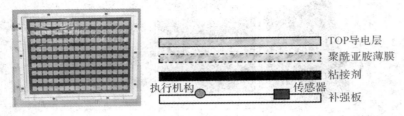

图 9.17　薄膜天线结构

3)可变预应力钢绞线的应用

图 9.18 为可变预应力阵面结构,其长度为 9300 mm,宽度为 1800 mm,厚度为 200 mm。其在阵面自身重力及 35 m/s 风载下的阵面平面度的均方根值为 2.5 mm。在阵面骨架中部两纵梁内布置两根直径为 12 mm 的预应力钢绞线,在钢绞线一端采用电动张拉装置,工作过程中根据张拉力和阵面形变间的关系自动调整预应力绞的张拉量,进而得到调整阵面精度的目的。采用该预应力绞对阵面施加 234 MPa 的预应力后,阵面在自身重力和 35 m/s 风载下的反射面均方根值为 0.5 mm,有效提高了阵面的形面精度。

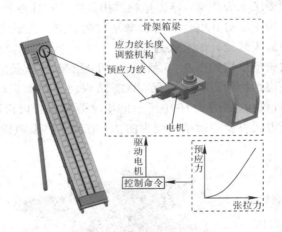

图 9.18　可变预应力阵面结构

9.3.4　执行机构的位置优化

阵面形面精度的调节中,执行机构的布置位置将直接影响阵面调节的精度和效率,甚至可能影响阵面结构的稳定性。此外,与传感器的布置问题类似,执行机构本身需要一定的成本,而且与执行结构配套使用的驱动装置的成本很高,从经济方面考虑,希望采用尽可能少的执行机构。因此,确定执行机构的最佳数目,并将它们布置在最优的位置,具有重要的工程价值。对作动器与传感器等结构系统集成于一体的智能结构来说,考虑到作动器和传感器维修及重新布置的难度,对其布置位置进行优化设计具有更为重要的意义。

因压电材料具有较宽的频带、较好的环境适应性等特点而在工程上得到了较广泛的应用，因此这里以压电类传感器为例研究其在桁架类阵面形面调节中的布置位置与数量，从而实现以最少的数目、最佳的位置实现对结构主动控制的目的。

在对主动控制对象的前 N 阶模态设计好模态作动力后，希望实现该模态作动力的控制电能尽可能小。模态控制力大小与控制电压之间的关系为

$$\{U(t)\}^{\mathrm{T}}[\bar{B}]\{U(t)\} = \{f(t)\}^{\mathrm{T}}\{f(t)\} \tag{9-22}$$

式中，$[\bar{B}] = [B_C]^{\mathrm{T}}[B_C]$ 为 $N \times N$ 正定矩阵，可以证明如下不等式成立，有

$$\lambda_{\min}\{U(t)\}^{\mathrm{T}}\{U(t)\} \leqslant \{U(t)\}^{\mathrm{T}}[\bar{B}]\{U(t)\} \leqslant \lambda_{\max}\{U(t)\}^{\mathrm{T}}\{U(t)\} \tag{9-23}$$

式中，$\lambda_{\min}$ 和 $\lambda_{\max}$ 分别为矩阵 $[\bar{B}]$ 的最小和最大特征值，于是可得

$$\{U(t)\}^{\mathrm{T}}\{U(t)\} \leqslant \frac{1}{\lambda_{\min}}\{f(t)\}^{\mathrm{T}}\{f(t)\} \tag{9-24}$$

式(9-24)给出了模态作动力与控制电压这两个向量的模之间的关系，同时要考虑压电片质量的影响。给出优化准则在压电作动片布置时，还应考虑如下约束条件：① 各压电作动片之间不允许有彼此重叠部分。② 各作动片不能超过给定尺寸（如厂商所能提供的最大尺寸）。③ 作动片不能超出基板。寻找优化指标（如式 9-25）在以上约束条件下的最小值可得作动片最优大小与位置。以前的研究忽略了压电片质量的影响，对于配置有分布式智能材料执行器的空间挠性结构，由于空间运载成本和能力的限制，有必要在设计中考虑执行器对整个结构质量的增加。因此，在研究位置优化配置时，加入了压电片质量的影响因素，对给定特性和厚度的智能材料而言，该约束优化问题可转换成求如下目标函数的最小值问题，即

$$F(x_1, a_1, \cdots, x_N, a_N) = Q \cdot \Big\{ \sum_{\substack{i,j=1 \\ i \neq j}}^{N} \max\big[(a_i - a_j)^2 - (x_i - x_j)^2, 0\big]$$

$$+ \sum_{i=1}^{N} \big[\max(a_i - x_i, 0) + \max(x_{i1} + a_i, 0)\big]$$

$$+ \sum_{i=1}^{N} \big[\max(a_{i1} - a_i, 0) + \max(a_i - a_{i2}, 0)\big]\Big\}$$

$$+ P \sum_{i,j=1}^{N} (a_i - a_j)^2 - R\lambda_{\min}([\bar{B}]) \tag{9-25}$$

式中，x_i 为第 i 片作动片中心坐标，为其长度的一半；a_i 为实际所允许的压电作动片最小和最大长度；Q、P、R 均为大于零的权系数，分别为作用力的影响系数、质量的影响系数和作动器尺寸位置的影响系数。通过寻找以上目标函数的最优解即可得到压电作动片的最佳长度及最佳布置位置。

9.4　控　制　技　术

传统控制是经典控制和现代控制理论的统称，它们的主要特征是基于模型的控制。由于被控对象表现为高度的非线性、高噪声干扰、动态突变性及分散的传感元件，分层和分散的决策机构，多时间尺度、复杂的信息结构等，导致被控对象具有高度的复杂性。上述这些复杂的特性难以用精确的数学模型（微分方程或差分方程）来描述，此外被控对象往往还

存在着某些难以用精确数学方法加以描述的不确定性。但对这样复杂系统的控制性能的要求越来越高，因此基于精确模型的传统控制将难以解决上述复杂对象的控制问题。为解决复杂系统面临的复杂控制系统的难题，人们将人工智能的方法和反馈控制相结合。

近几十年来，自动控制技术由于人工智能、控制理论和计算机科学的交叉取得了很大的进展，形成了智能控制理论。虽然，从不同的认识论和方法论出发产生的各类控制理论与方法，诸如分层递阶自组织控制、模糊控制、专家控制、脑模型控制和手动控制等竞相发展，但它们都处于探索、开拓和发展的时期，系统的理论体系还没有形成。

在智能结构中，控制系统也是一个重要的组成部分，它所起的作用相当于人的大脑。智能结构控制系统包括信息处理系统、控制元件及控制策略与算法，其所实现的功能为：传递传感元件感受到的信息及相关的能量、变换和识别信息、学习、预测和决策等。智能结构控制元件集成于结构中，其控制对象就是结构自身。由于智能结构本身是分布式强耦合的非线性系统，且所处的环境具有不确定性和时变性，因此要求控制系统应能自己形成控制规律，能快速完成优化过程，而且应有很强的鲁棒性和实时在线性。智能控制打破了传统控制系统的研究模式，把对受控对象的研究转移到对控制元件本身的研究上，通过提高控制元件的智能水平，减少对受控对象数学模型的依赖，从而增强了系统的适应能力，使控制系统在受控对象性能发生变化、漂移、环境不确定和时变的情况下，始终能取得满意的控制效果。分布式的传感元件、驱动元件和控制元件，意味着需要有一个与其相适应的分布式的计算结构。这一结构主要包括数据总线、连接网络的布置和信息处理单元。信息处理单元应具有分布式且和中央处理方式相协调的特点，对于复杂的应变系统，还应具有一定的鲁棒性和在线学习功能。结构之所以具有智能特点源于它的自主辨识和分布控制功能。智能结构的控制策略分为三个层次，即局部控制（Local Control）、全局算法控制（Global Algorithm Control）和智能控制（Intelligent Control）。局部控制的目标是增大阻尼和（或）吸收能量并减少残留位移或应变；全局算法控制的目标是稳定结构、控制形状和抑制扰动。这两个层次依据目前的技术水平是可以实现的。智能控制是未来重点研究的领域，通常应具备系统辨识、故障诊断和定位、故障元件的自主隔离、修复或功能重构、在线自适应学习等功能。

结构控制的主要问题是减少溢出、在保证系统稳定性的基础上提高控制效果。控制器的设计建立在结构分析基础之上，一般自适应结构的运动方程可表示为

$$M\ddot{u} + C\dot{u} + Ku = F_S + F_T \qquad (9-26)$$

式中，u 为系统坐标下各节点位移向量；M、C、K 分别为结构系统总质量矩阵、Rayleigh 阻尼矩阵和总刚度矩阵；F_S 为结构系统的外载荷列阵；F_T 为自适应元件对结构产生的电载荷。可以把 F_T 看成反馈控制力，它由控制律来决定，自适应结构和不同的反馈控制律不同，F_T 的表达式不同。上式可化成模态坐标形式以便于模态分析和控制器设计。

柔性结构控制的设计一般只考虑几个最主要的低阶模态，那些被截去的剩余模态引起的动力响应和低阶模态的相互作用有时会引起观测溢出和控制溢出，这两种溢出会降低系统性能，甚至导致系统不稳定。为了达到良好的控制效果，自适应结构系统控制律的设计还必须考虑智能主动元件的特性，如线性范围、非线性性、相位滞后和飘移等，还有系统建模时未考虑到的不确定性。针对上述问题，有关研究人员进行了大量的研究工作，提出了各种各样的控制方法。

9.4.1　模态阻尼控制

　　模态阻尼控制方法已经成为自适应结构主动控制中应用最广泛的方法。利用结构动力学的模态分析方法，容易得到适合控制设计的方程，该方法直观简便，物理概念明确。一般根据结构的各阶频率大小和振型，控制几个最本质的模态。对于大型空间结构，结构分析中只可能计算一部分模态。振动控制时，由于存储量和计算量的限制，能够有效处理的模态数将更少。

　　经典模态阻尼控制方法包括位移反馈、速度反馈、加速度反馈、力反馈及复合反馈控制等，其实质是改变结构的刚度或阻尼特性，提高其抑制自身振动的能力。其中，独立模态空间控制理论（IMSC）在 20 世纪 70 年代末和 80 年代初就得到发展，已经相当成熟。该方法可以使控制力和残余模态完全解耦，从而可降低控制溢出。其优点是可基于单输入单输出系统进行控制设计，对每一模态的控制可分别实现，计算量和功耗小；缺点是需要识别出模态坐标，对每一个模态都需要一个作动器，所需传感器的数目也较多。

9.4.2　最优控制

　　以现代控制理论中的状态空间理论为基础的最优控制是当前振动控制中采用比较多的控制器设计方法，它所能解决的主要对象是结构参数模型比较准确、激励和测量信号比较确定的系统控制问题。最优控制的实质是选择控制信号使控制系统的性能在某种意义上是最优的。先根据控制目的确定目标函数，然后求解带约束条件的泛函极值问题。最优控制中最具代表性的是线性二次型调节器（LQR）问题：基于系统状态方程，构造性能指标为

$$J = \frac{1}{2} \int_0^\infty \left[X^{\mathrm{T}} Q x + u^{\mathrm{T}} R u \right] \mathrm{d}t \qquad (9-27)$$

式中，x 为系统状态变量，u 为控制输入列阵，Q 和 R 为事先取定的加权函数。对线性定常系统，这种二次型问题在数学上易于处理，在工程上易于实现。LQR 最优反馈控制要求状态量可全部测得，限制了该方法在高阶系统中的应用。考虑到输入噪声和量测噪声的影响，引入 Kalmna 滤波器对系统状态作最佳估计的 LQG 法，使得控制器的设计更符合实际与可行，得到更为广泛的应用。

　　最优控制虽可有效地抑制确定性干扰引起的结构弹性振动，但对于不确定性干扰却无能为力，建议引入鲁棒控制或智能控制策略设计控制器。

9.4.3　鲁棒控制

　　模态阻尼控制和最优控制方法中控制器的设计都要求有一个确定的数学模型，且依赖于传感器和作动器的配置。在建立数学模型的过程中，往往要忽略一些次要因素，如不考虑高阶模态的影响、进行降阶处理、非线性环节线性化、时变参数定常化，最后得到一个适合控制系统设计使用的数学模型。如果所建立的模型误差较大或外界扰动及控制设计中有多种不确定的因素，基于模态控制的方法将不能保证闭环系统的稳定性，因此在结构设计中必须考虑鲁棒性问题。

　　鲁棒控制理论就是为了解决不确定控制系统的设计问题而提出的。鲁棒控制设计由系统参数误差、外界干扰、所控制的不确定量的界限值构成对反馈增益矩阵的约束条件，形成有约束的优化问题，可以使受到不确定因素作用的系统保持应有的稳定性要求。鲁棒控制器针对系统工作的最坏情况而设计，因此能适应其他所有工况。

鲁棒控制技术的关键是模型误差的界定，即建立不确定部分的模型，这需要考虑各种因素(固有频率、阻尼系数、增益的不确定性，噪声、外界干扰等)的影响。定界的方法主要通过分析、实验、仿真、辨识等，找出最坏条件下的不确定性界限。鲁棒控制器设计方法(H∞方法)在自适应结构控制中应用较多。H∞方法是 1981 年加拿大的 Zams 提出的，它在名义系统基础上设计控制器，关键是将灵敏度函数作为性能指标，使其最优。对复杂结构，这种求解往往是非常困难的，所以人们多以简单结构为例进行研究。

9.4.4 智能控制

传统的控制方法，需要对被控对象有精确的数学描述，还存在控制的稳定性和鲁棒性等问题。智能控制概念的提出，弥补了上述不足。智能控制方法针对的是结构参数高度不确定、模型高度复杂和外界干扰多变的被控系统。它甚至不必建立系统的数学模型，而是通过专家系统的自学习功能，控制器根据测量误差和经验数据不断修正激励响应函数完成改进系统性能。智能控制具备系统辨识、故障诊断、自修复和自学习等优点，结合智能材料本身的自适应性，以智能材料对周围环境的敏感配以基于智能控制算法的控制策略，可以满足空间结构"在轨"控制的要求。目前自适应结构常用的智能控制方法主要有神经网络控制、模糊控制、自适应控制和基于信息论、遗传算法以及上述三种方法的集成型智能控制。

1. 神经网络控制

BP 神经网络是指基于误差反向传播算法的多层前向神经网络，采用有导师的训练方式。能够以任意精度逼近任何非线性映射；可以学习和自适应未知信息；具有分布式信息存储与处理结构；具有一定的容错性，因此构造出来的系统具有较好的鲁棒性，适合处理复杂问题。

BP 神经网络的学习流程如图 9.19 所示。首先初始化网络的结构和权值，然后根据输入样本前向计算 BP 网络每层神经元的输入信号和输出信号，根据期望输出计算反向误差，对权值进行修正，如果误差小于给定值或迭代次数超过设定值结束学习。

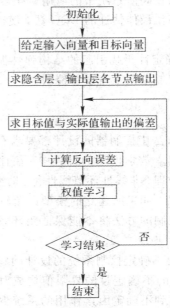

图 9.19 BP 神经网络的学习流程

2. 模糊控制

模糊控制就是对难以用已有规律描述的复杂系统，采用自然语言（如大、中、小）加以叙述，借助定性的、不精确的及模糊的条件语句来表达。模糊控制是一种基于语言的一种智能控制。

传统的自动控制理论中控制器的综合设计都要建立在被控对象准确的数学模型（即传递函数模型或状态空间模型）的基础上，但是在实际中，很多系统的影响因素很多，很难找出精确的数学模型。这种情况下，模糊控制的提出就显得很有意义。因为模糊控制不用建立数学模型，不需要预先知道过程的精确数学模型。

模糊控制中需首先将各种传感器测出的精确量转换成为适于模糊运算的模糊量，然后将这些量在模糊控制器中加以运算，最后再将运算结果中的模糊量转换为精确量，以便对各执行器进行具体的操作控制。可见，模糊控制中需解决模糊量和精确量之间的相互转化的问题。典型的模糊控制原理图如图 9.20 所示。

模糊控制方法是一种语言变量控制器，适用于不易获得精确数学模型的被控对象；该控制方法从属于智能控制的范畴，尤其适用于非线性、时变、滞后系统的控制；具有抗干扰能力强，响应速度快，并对系统参数的变化有较强的鲁棒性的优点。

图 9.20　模糊控制原理图

图中，$x_1 \cdots x_n$ 为模糊控制的输入（精确量）；$X_1 \cdots X_n$ 为模糊量化处理后的模糊量；U 是经过模糊控制规则和近似推理后得出的模糊控制量；u 是经过模糊判决后得到的控制量（精确量）；Y 为对象的输出。

9.4.5　阵面控制集成

利用传感网络和智能结构对天线阵面进行实时补偿的关键在于控制系统的集成。传统的天线阵面内监测（BIT）仅能对单元馈电端的电性能进行监测，其测量值并不能反映天线结构变形对系统性能的影响，如图 9.21 所示。阵面变形的测量往往是单独的一套控制系统，与雷达主机之间并不建立直接的数据通信。对于结构误差引起的性能恶化，仅能在测试阶段进行静态的预补偿，而无法实时动态补偿。而建立单独的控制软硬件系统会带来集成度不高、机动性下降以及成本升高等问题。因此这种非集成的测控系统对于作战环境中相控阵天线性能的改善没有太大的意义。此外，调整天线阵面的最终目的是正确发射或接收定向电磁信号，单纯的结构控制并不能完全满足这个要求，有些场合直接电补偿可以更高效的解决问题。因此有必要将传感网络与执行单元的控制系统和天线阵面融合，使天线阵面能同时实现结构调整和实时电补偿。利用数字化相控阵中前移到天线阵面上的信号处理终端（即数字 T/R 组件）和数字波束合成，即可实现这种设想。

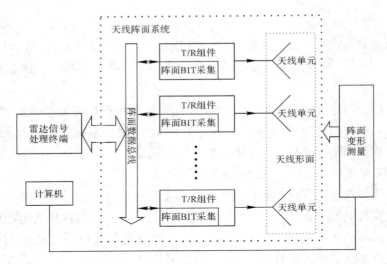

图 9.21　传统阵面 BIT 和阵面结构测量

　　数字化相控阵雷达的软硬件核心分别是数字多波束形成和数字 T/R 组件。数字多波束形成(DBF)方法实际上是一种在视频实现的多波束形成方法。传统的模拟相控阵是在射频或中频上实现多波束形成，一旦多波束网络方案确定之后，波束形状、相邻波束间隔及它们的相交电平即固定且不易改动，难以实现自适应控制。而 DBF 技术将相控阵天线理论与数字信号处理技术结合在一起，可比较方便地实现波束的零点控制、空时自适应信号处理，从而提高相控阵雷达的天线性能。目前，随着直接频率综合器(DDS)技术的发展，DBF 技术不仅应用于接收天线波束的形成，也可应用于发射天线波束的形成。这种形成任意波束的能力也是对阵面变形进行直接电补偿的基础。

　　与数字多波束形成相对应，数字 T/R 组件可以看成是一种视频 T/R 组件。视频 T/R 组件可分为两种：① 只有 T/R 组件的接收输出端为正交双通道数字信号，而发射输入端仍是射频信号；② T/R 组件中发射输入和接受输出信号均为数字量化的视频信号。前者往往被视为从模拟组件到数字组件的一种过渡，而随着 DDS 技术的发展，后者作为一种完全数字化的 T/R 组件逐渐成为数字相控阵技术的主流。本文讨论的数字 T/R 组件也主要指第二种 T/R 组件。

　　相比传统的 T/R 组件，数字 T/R 组件的主要优点是增加了数字发射信号输入和接受信号输出之后带来的信号波形产生、相位与幅度控制的灵活性，其关键元器件增加了 DDS、FPGA、混频器、中频放大器及其带通滤波器、ADC 等集成电路。图 9.22 是某数字 T/R 组件的原理框图。图中 DDS 的输入信号包括时钟信号及频率、相位、幅度三个控制信号，这三个控制信号均是二进制形式的数字信号。发送时，由 DDS 产生的基带信号经射频模拟通道上变频后产生雷达发射激励信号，经高功率放大器放大和环形器再传送到天线单元向空间辐射。接收时，DDS 产生本振基带信号，经上变频器后变为接收本振信号，与低噪声放大器(LNA)、带通滤波器输出的接收信号进行混频，获得中频信号，再经中频放大器、带通滤波器、A/D 变换，获得二进制表示的数字信号形式。

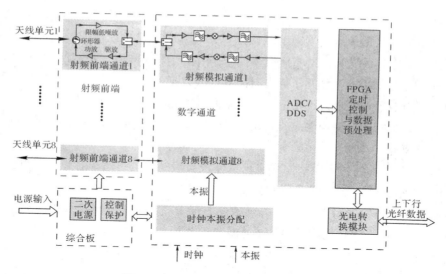

图 9.22　某数字 T/R 组件的原理框图

无论是上行发射信号还是下行接收信号，都要在 FPGA（现场可编程逻辑门阵列）中进行数字信号处理。FPGA 是一种集成度高、灵活性强、可反复擦写的半定制电路，相较于 ASIC 而言，其可实现的功能更为丰富，能够有效弥补定制电路中存在的某些不足，完成时序和组合逻辑复杂的功能。因此，数字化相控阵天线实际是一个分布式的主动控制系统。每一个 T/R 组件均包含独立的模数转换、数字信号处理等功能。如果将阵面上的测量传感网络、执行元件与数字 T/R 组件相结合、构建阵面集成控制系统，不仅可满足大口径天线阵面结构信息的大容量传输与处理需求，还能够按照系统需求在线编程，实现功能的定制化，从而对天线阵面进行智能实时控制。智能阵面信息集成（面向结构）示意图如图 9.23 所示。

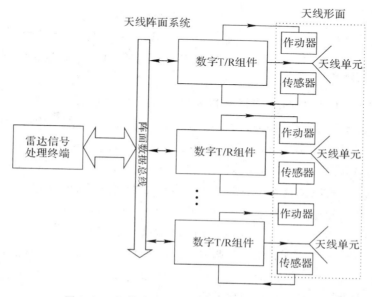

图 9.23　智能阵面信息集成（面向结构）示意图

在这种模式下，分布式传感网络的信息将直接传递给数字 T/R 组件处理。数字 T/R 组件中的控制单元根据传感数据向节点执行单元(作动器)发出控制信号，对阵面结构变形进行实时修正。整个系统形成闭环负反馈控制。相控阵天线阵面上安装的 T/R 组件数量巨大(数百至上千)，可以处理大量分布式测控节点的数据。根据需要，每个数字 T/R 组件可以只负责若干个节点的控制。因此相对运算量并不大，不会给系统带来大的负荷。同时，分布式的控制系统也有利于阵面各节点的并行控制，减少调整时间。这对于超大口径的相控阵天线有着重要意义。

基于数字 T/R 组件的阵面控制集成可以完成天线结构的自适应补偿，其调整示意图如图 9.24 所示。阵面测量控制信号通过独立设置的网络传输，与雷达信号均在 FPGA 内进行相应的数据处理。传感器组采集得到的机械变量转化为模拟电信号后发送给 T/R 组件。T/R 组件内的 ADC 将之转化为数字信号，再发送给 FPGA 处理。FPGA 根据传感数据对节点结构变形做出判断，并向驱动电路发出结构补偿信号。驱动电路一般由 MOS 管或其他功率放大电路组成，负责将 FPGA 发出的电压小信号转化为作动器的驱动电流，完成机械补偿。同时，FPGA 也将传感数据汇总，通过阵面光网络下传给雷达信号处理终端，方便操作者对阵面形态实时监测。

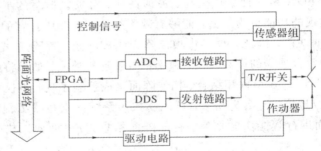

图 9.24　自适应结构调整示意图

驱动控制属于闭环负反馈。作动器的每一步执行后，都需要将实时传感数据反馈到 FPGA，直到阵面结构调整到位。由于组件内部的多通道 ADC 一般没有空闲的端口，传感数据和雷达信号必须共用 ADC 端口。因此必须在雷达工作时序之外完成传感数据采集和结构调整，以实现 ADC 的时分复用。可以通过 FPGA 向传感器组发送控制信号实现这一目的。这样做也是合理的，因为不可能在雷达开机扫描期间对阵面结构进行机械调节。

直接利用作动器机械调节可以有效地补偿天线结构大变形，但是机械调节速度较慢，对于一些高频振动、冲击等带来的结构变形往往无法及时响应。同时，机械补偿毕竟不是面向性能直接补偿，机电耦合存在的误差往往需要提高调整机构的精度来补偿，方法很不经济。相控阵天线结构保形的根本目的是减少电磁波的发射和接收误差。因此，如果能够建立起天线阵面变形和阵面波束变化之间的耦合关系，就可以通过 DDS 和 FPGA 对发射和接收波束进行实时补偿。自适应波形调整示意图如图 9.25 所示。由于数字阵是在数字域对单元幅相进行补偿，所以补偿的相位和幅度可以做到非常精确。而模拟相控阵修正相位误差要在几度的量级，这是由移相器的位数决定的。

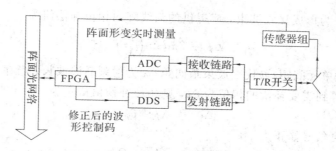

图 9.25 自适应波形调整示意图

理论上，通过这一方法可以实现对每一个阵列单元位姿偏差的补偿。然而，相控阵天线的波束是由所有阵列单元辐射形成的，直接电补偿实际是开环控制（远场波束无法在阵面上实时测量）。如果需要补偿的单元通道过多，则结构测量到电讯补偿之间带来的微小误差积累在合成波束中，反而会恶化天线性能，甚至造成发散不能收敛。因此，需要对测量点和补偿点进行优化，保证控制的稳健性和鲁棒性。这种优化的基础就是天线阵面的机电耦合模型。

早在 20 世纪 60 年代，美国的 Ruzz 研究了反射面天线结构对天线增益的影响，并得到了如下公式，即

$$G = G_0 \exp(-\bar{\delta}^2) \tag{9-28}$$

式中，G_0 是天线理想增益；δ 是结构变形引起的平均相位误差。利用 Ruzz 的相关理论可以较好地解决反射面天线的修形问题。西安电子科技大学的段宝岩和王从思对天线机电耦合的相关理论进行了发展，得到了平板裂缝天线、某型相控阵天线的机电耦合模型。但是在大型相控阵天线中，这种半定量的数学描述逐渐显示出其局限性。随着计算机仿真技术的发展，天线的机电耦合模型逐渐脱离定性的数学描述，进而可以得到比较精确的定量分析结果。在具体的工程实践中，可以在天线测试阶段通过主动对阵面结构施加变形，并测量相应的天线电性能形成机电耦合数据库；再以某种理论模型为迭代初值，通过数据拟合得到特定阵面中结构变形与电性能偏差的耦合关系。分析这种耦合关系，给出阵面各节点不同形变组合下的补偿策略，并固化为 FPGA 内部的控制算法，即可对天线结构变形进行电补偿。

电补偿的信息传输链路与结构补偿的链路基本一致。所不同的是，FPGA 在获得阵面结构的形变信息后，产生修正的幅相补偿值，并同时传递给 DDS。当雷达进入发射时序后，直接将补偿的复信号叠加到 DDS 中的正交发射信号，再进行数字上变频（DUC）。同样的，在雷达接收时序上，FPGA 在 DDC（数字下变频）之后直接对 I/Q 信号进行修正，以实现幅度和相位误差的补偿。下面以接收为例，说明电补偿的基本方法。

数字下变频后的第 i 个通道的接收信号可表示为

$$x_i = I_i + jQ_i \tag{9-29}$$

则第 i 个通道的幅度和相位分别为

$$\begin{cases} |x_i| = (I_i^2 + Q_i^2)^{\frac{1}{2}} \\ \varphi_i = \arctan\left(\dfrac{Q_i}{I_i}\right) \end{cases} \tag{9-30}$$

当不存在误差时，为形成接收波束，应提供的天线阵内相位补偿值为

$$\Delta\phi = 2\pi d \sin\left(\frac{\theta}{\lambda}\right) \tag{9-31}$$

式中，d 代表天线单元间距；θ 代表波束指向角；λ 为射频载波波长。当存在结构误差时，根据机电耦合关系得到需要补偿的相位为 $\delta\phi$，则相位补偿值修正为

$$\Delta\phi_c = \Delta\phi + \delta\phi \tag{9-32}$$

相应的接收复信号修正为

$$x_i' = x_i \cdot \exp(j\Delta\phi_c) = (I_i + jQ_i) \cdot \exp(j\Delta\phi_c) \tag{9-33}$$

如果将上述复信号表述变换为正交两路信号的表达式，则有

$$\begin{bmatrix} I_i' \\ Q_i' \end{bmatrix} = \begin{bmatrix} \cos\Delta\phi_c & \sin\Delta\phi_c \\ -\sin\Delta\phi_c & \cos\Delta\phi_c \end{bmatrix} \begin{bmatrix} I_i \\ Q_i \end{bmatrix} \tag{9-34}$$

可见，做一次矩阵变换，即经过 4 次实数乘法与 2 次实数加法运算后，就可实现对一个单元通道信号的相位补偿。

第 10 章 特种材料与工艺应用

快速发展的有源相控阵天线技术促进了结构、材料、工艺等相关领域的技术进步,材料是基础,工艺是手段,两者与结构实现息息相关。结构设计的实现离不开材料与工艺的支撑,现代有源相控阵天线向着轻型化、小型化、高可靠、低成本目标发展,常规的材料与工艺已难以满足天线结构设计需求,一些新的特种材料与工艺已逐步发展并被运用。本章主要介绍在相控阵天线中应用的特种材料和工艺方法,同时简要介绍了微系统的加工与封装工艺应用。

10.1 特 种 材 料

当前有源相控阵天线中常用的特种材料主要包括复合材料(树脂基复合材料与金属基复合材料)和涂层(热控涂层与隐身涂层)材料。

10.1.1 复合材料

复合材料是由两种或两种以上不同性质的材料,通过物理或化学的方法,在宏观上组成具有新性能的材料。各种材料在性能上互相取长补短,产生协同效应,使复合材料的综合性能优于原组成材料而满足各种不同的要求。复合材料的基体材料分为金属和非金属两大类。金属基体常用的有铝、镁、铜、钛及其合金。非金属基体主要有树脂、橡胶、陶瓷、石墨等。

在天线结构设计中,复合材料已被广泛使用提高雷达天线的环境适应性,减小天线结构自重。复合材料具有比强度和比刚度高、耐疲劳性、减振性好、热膨胀系数小等特点,最早在重量受限的高精度天线中运用,后来逐步成为设计轻型化、高精度天线的有效手段。在天线结构中运用的复合材料分为树脂基复合材料和金属基复合材料两类,下面分别进行介绍。

1. 树脂基复合材料

树脂基复合材料是由以有机聚合物为基体的纤维增强材料,通常使用玻璃纤维、碳纤维、玄武岩纤维或芳纶等纤维增强体。树脂基复合材料具有比强度高、可设计性强、抗疲劳性能好、耐腐蚀性能好以及便于大面积整体成型和具有特殊的电磁性能等独特优点。

按在雷达天线结构的运用,树脂基复合材料可以分为透波型与结构型两类。

1)树脂基透波复合材料

在有源相控阵雷达天线领域,树脂基透波复合材料主要用于高透波天线罩的制造。天线罩用的透波复合材料通常是由增强纤维、树脂基体所组成,是一类集结构、防热、透波于一体的功能复合材料,具有优良的电性能,介电常数 ε 和介电损耗 $\tan\delta$ 都很小,且具有足够的力学强度和适当的弹性模量。下面主要简单介绍基体材料和增强纤维的研究现状。

目前应用于透波材料的树脂基体主要有环氧树脂(EP)、聚酰亚胺树脂(PI)、双马来酰亚胺树脂(BMI)、氰酸酯树脂(CE)等。

(1) 环氧树脂。环氧树脂是泛指分子中含有两个或两个以上环氧基团的有机化合物。环氧树脂是目前国内外军民用航空与雷达领域透波复合材料生产的主体树脂基体,产量占总量的 90%。采用的环氧树脂主要是双酚 A 型、多官能团环氧及改性环氧等。环氧基透波复合材料的优点是工艺成熟、性能稳定、力学性能良好等。缺点是耐热性不够(一般的玻璃化转变温度为 130℃,改性环氧为 150℃~180℃),介电性能较差,吸水率、耐湿热稳定性差等。这些缺陷限制了环氧树脂在透波材料领域的应用。经过多年的研究,环氧透波复合材料体系的正切损耗降低仍不明显,目前的水平为 0.018~0.020。

(2) 聚酰亚胺树脂。聚酰亚胺树脂的分子式为 $C_{35}H_{28}N_2O_7$,它为一种无气味黄色液体。聚酰亚胺树脂具有高的耐热性(大于 250℃),较好的介电性能(在 50 MHz 以下,介电常数为 4.1,介质损耗为 0.008),机械性能、耐化学品性及尺寸性稳定性也比较优秀,是一种具有发展潜力的透波材料用树脂基体。但聚酰亚胺树脂成型温度高(大于 300℃),加工条件苛刻,给其广泛应用带来一定的困难。美国研究开发的基于 PI 的透波材料有 PMR-15、AFR-7000 及其改性材料等,日本群荣化学公司以聚酰亚胺树脂和纳米纤维为原料研制成功了聚酰亚胺纳米纤维。国内对 PI 透波材料进行了一些实验性研究,也取得了一些突破性的进展,由南京工业大学和常州市广成新型塑料有限公司联合研发生产的热塑性聚酰亚胺及其规模化生产技术填补了国内空白,产品性能达到国际先进水平。

(3) 双马来酰亚胺树脂。双马来酰亚胺树脂(BMI)是由聚酰亚胺树脂体系派生的另一类树脂体系,是以马来酰亚胺(MI)为活性端基的双官能团化合物。双马来酰亚胺树脂具有良好的耐热性、优异的力学性能和电性能,其介电常数为 3.1~3.5,正切损耗为 0.005~0.020,耐潮湿、耐化学药品、耐宇宙射线,而且加工性能良好,是一类理想的先进透波复合材料用树脂基体,目前,我国在这方面的研究已经达到了国际水平。由于 BMI 纯度不够,杂质太多造成介电损耗较大,这也是造成 BMI 树脂难以广泛应用的最大原因。目前这个技术难关已被攻克,西北工业大学化工系研制成功的 4501A、4501B 及 4503 等牌号的 BMI 具有良好的力学性能、耐热性和介电性能,是综合性能较好的透波复合材料用树脂基体。利用 TDE-90EP 与 4501A BMI 共混,获得了适于缠绕成型和手糊成型的高性能树脂基体,具有优异的工艺性和耐热性,在 155℃下复合材料的强度、模量保留率明显高于 TDE-85EP 基透波复合材料,并具有优异的介电性能,有利于提高透波率和降低反射率。国外基于 BMI 的透波材料有 Hexcel P550、Hexcel F855 等。但由于受到树脂材料本身结构与性能的限制,BMI 树脂的介电性能只能达到某一个界限,很难有一个明显突破,因此还需要进一步研究改进。

(4) 氰酸酯树脂。氰酸酯树脂是 20 世纪 60 年代开发的一种分子结构中含有两个或两个以上氰酸酯官能团(-OCN)的新型热固性树脂。氰酸酯树脂具有优异的介电性能,其 $\varepsilon=2.6~3.1$,$\tan\delta=0.002~0.005$,且在 X-W 波段内介电性能变化很小;力学性能优于 PTFE、PI 和 BMI;耐热性优异,玻璃化转变温度 $T_g > 260℃$,其中 PT 树脂(氰酸酯化线性酚醛树脂)的 T_g 更是高达 415℃。氰酸酯树脂也存在一些不足之处,如固化后的 CE 树脂由于三嗪环交联密度过大而韧性较差,脆性较大,与环氧树脂相比,CE 的工艺性较差,反应温度较高,预浸料的铺覆性不如环氧树脂等,因此,还不能得到大范围的实际应用。目前,国外研制的 CE 透波材料有 BASF 公司的 5575 - 2、Hexcel 公司的 HX1584 - 3、Dow 化学公司的 XU - 71787 等。国内氰酸酯树脂的研究也有了突破性的进展,西北工业大学化工系与中国航空工业集团研究所共同研究的改性氰酸酯树脂已得到应用。

在增强纤维方面,主要有玻璃纤维、芳纶纤维和聚乙烯纤维等,其分述如下:

(1) 玻璃纤维。玻璃纤维是一种性能优异的无机非金属材料,是以玻璃为原料经高温熔制、拉丝、络纱、织布等工艺制造成的。在透波复合材料中最早使用的是无碱 E 玻璃纤维,后来又有高强度玻璃纤维(S - glass)、高模量玻璃纤维(M - glass)和低介电常数玻璃纤维(D - glass)。真正用于雷达罩的专用玻璃纤维主要是 D - 玻璃纤维。它具有较低的介电常数和正切损耗,但其机械性能要比 E - 玻璃纤维、S - 玻璃纤维的低一些。新型低介电 D 玻璃纤维是一种硅硼纤维(72%~75% 的 SiO_2,23% 的 B_2O_3),主要用于制造雷达罩,目的是改善电性能和减少厚度以降低实心罩的质量。石英玻璃纤维的化学成分是纯度达 99.5% 以上的二氧化硅,其介电常数和正切损耗与上述玻璃纤维相比最小,并且具有弹性模量随温度升高而增加的罕见特性,并可实现宽频透波,使其应用在高性能雷达罩上。目前主要研究玻璃纤维的铺层方向与复合材料介电性能的关系及其数学模型的建立。

(2) 芳纶纤维。芳纶全称为"聚对苯二甲酰对苯二胺",是一种新型高科技合成纤维。芳纶纤维具有较低的密度、优越的抗冲击性和比刚度高、比强度高等特性,在航空上得到广泛应用,有取代玻璃纤维的趋势。然而由于纤维中大分子对称性高,容易造成复合材料构件湿涨开裂,电性能降低,因而在雷达罩中的应用受到影响。目前主要采用 Kevlar 芳纶纤维与碳纤维进行混合使用,形成"三明治"结构来提高复合材料的性能。

(3) 聚乙烯纤维。聚乙烯是世界上最常用的塑料聚合物,其以重复的线性分子结构(- CH2 - CH2)为单位,是一种半结晶聚合物。聚乙烯纤维是密度最小、介电性能优良的一种增强纤维,由于其表面惰性导致纤维与树脂黏附性差,必须对纤维进行表面处理,同时选择合适的树脂体系。超高摩尔质量聚乙烯纤维(UHMPE)强度高、不吸水、抗冲击,在 X 波段至毫米波段范围内,具有优良的介电性能,与树脂浸润性好,复合材料的防弹性和力学性能在高温下保持稳定,是一种很有前途的高性能雷达罩增强材料。常与其他纤维混合成透波混杂复合材料使用。目前国外导弹天线罩大多已采用 UHMPE。

树脂基透波复合材料在天线中的运用除制造传统的天线罩外,目前研究较热的频率选择表面(FSS,简称频选)天线罩和超材料也都属于树脂基透波复合材料,下面分别简要介绍一下频选(FSS)天线罩与超材料(Metamaterial):

(1) 频选(FSS)天线罩。天线罩作为结构功能件,一方面本身需要具备一定的承载和抗恶劣环境的能力;另一方面要满足天线电性能要求。目前,由于雷达天线隐身的需求,隐身天线罩即含频率选择表面的天线罩是目前国内外研究的热点。

FSS 天线罩就是将频率选择表面铺设在天线罩内部,使天线罩体具有己方雷达工作频率的电磁波畅通无阻,使工作频率外的敌方电磁波不能通过天线罩而探测不到雷达天线,既降低了带外干扰又可以减少天线的前向散射来降低目标的雷达散射截面,从而实现带外隐身。FSS 天线罩的原理如图 10.1 所示。

图 10.1 FSS 天线罩的原理

FSS 表面是 FSS 天线罩设计的关键。FSS 表面是一种反射或传输特性表现为频率间不同函数的表面，一般指二维周期性结构，有贴片型和开孔型两种结构类型。贴片型是在介质衬底层上周期性地印上规则的导体贴片单元，开孔型是在很大的金属屏上周期性地开规则的孔单元，常见 FSS 单元形式如图 10.2 所示，天线罩的 FSS 表面，选用双面覆铜箔板，原料为玻璃纤维布/聚酰亚胺基材，$T_g > 290℃$，如图 10.3 所示。

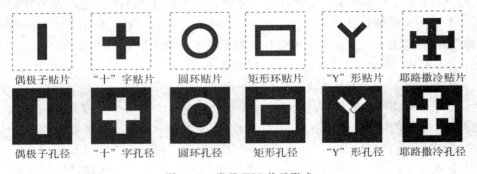

图 10.2 常见 FSS 单元形式

图 10.3 天线罩的 FSS 表面

在 FSS 天线罩中 FSS 表面的加载方式，在结构设计方面，目前比较可行的是将 FSS 表面嵌于介质层之间的结构形式。嵌于介质层之间的 FSS 结构可以获得较为稳定的谐振带宽，并且能够有效地缩减双层 FSS 结构传输系数谐振区域中的凹沟。典型 A 夹层 FSS 天线罩罩壁结构，如图 10.4 所示，并制作了试验件测试，发现 A 夹层加载的 FSS 带内传输损耗较小且带宽的入射角和极化稳定性较好。

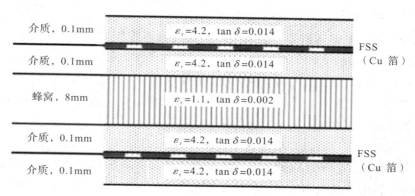

图 10.4　FSS 天线罩罩壁结构

在工艺方面，FSS 天线罩制备的关键是如何将 FSS 表面加载到复合材料天线罩上，FSS 表面的加载目前国内主要采用两种方法，一种是在薄膜基底上采用镀膜、光刻得到柔性 FSS 膜，然后固化到天线罩介质层，这是国内 FSS 天线罩制备常用的、相对比较简单的方法。在制备 FSS 表面时，对于平面罩，直接进行平面 FSS 加工；而对于曲面可展开天线罩，需要先将天线罩曲面剖分成小曲面，再把小曲面延展为平面，进行 FSS 表面加工；也可以将整个天线罩曲面延展为平面进行加工。由于分块加工的 FSS 表面存在加工误差与拼装误差，不可避免会在一定程度上影响 FSS 天线罩的传输特性。而对于不可展开曲面的三维 FSS，必须采用整体加工方法，利用五轴机器人数字化加工技术，构建具有良好开放性和柔性的复杂频率选择表面加工系统，用于加工复杂的 FSS 平面和曲面天线罩。图 10.5 为双曲率 FSS 天线罩。其运用机器人数字化加工而成，加工精度能满足试验要求。

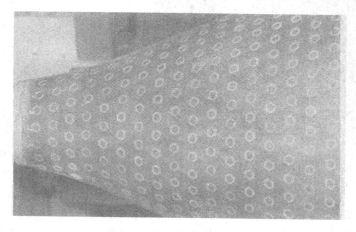

图 10.5　双曲率 FSS 天线罩

由于国内 FSS 天线罩与国外 FSS 天线罩的发展程度相差还较大，目前工作重点是解决 FSS 天线罩的一些基本问题，如 FSS 功能设计以及 FSS 曲面加工等。而美国在 2011 年宣布研发新型隐形轰炸机，将高度融合并提升第四代战斗机采用的隐身技术，具有"全向、宽频"的 FSS 天线罩的制备将是其重点需要攻克的技术。俄罗斯也宣布将在 2017 年前完成新型战略轰炸机的研制工作，对雷达天线罩提出了更低的 RCS、多频段隐身、全向隐身等高度隐身的技术要求。综述国内外 FSS 天线罩在结构设计、制造工艺等方面的研究状况，多频 FSS 天线罩、智能 FSS 天线罩、微型化 FSS 天线罩是未来发展的重点。

（2）超材料（Metamaterial）。超材料是指一些具有人工设计的结构并呈现出天然材料所不具备的超常物理性质的复合材料。超材料的设计思想昭示人们可以在不违背基本的物理学规律的前提下，人工获得与自然界中的物质具有迥然不同的超常物理性质的"新物质"，把功能材料的设计和开发带入一个崭新的天地。

超材料在原则上可以通过微结构单元实现所有的媒质，包括自然界中不存在的左手媒质、特殊的右手媒质、电负材料和磁负材料及坐标轴上的零折射率材料等。当等效介电常数和等效磁导率同时呈现负值时，材料将会表现出一些特殊的电磁性质。例如，"逆多普勒效应"、"逆斯涅尔折射现象"、"逆契仑可夫辐射效应"等。另外，超材料的反射和透射特性也可以达到异于普通介质的数值，甚至接近极限。"完美透镜"、"高阻抗介质"、"完美吸收体"等都是根据特殊的反射或透射性质提出的概念。超材料特殊的电磁性质，使其在微波、光学、电磁隐身等领域隐藏着巨大的应用价值。

目前，国内外研究超材料的应用研究的热点：一是利用超材料的谐振损耗特性制造各种超材料吸波体；二是将超材料应用于微波电路或天线中以提高其性能，如超材料智能蒙皮、超材料雷达天线等。

完全吸波超材料，是利用人工超材料谐振的本性，通过结构设计可以调节其谐振频率附近的金属欧姆损耗以及介电损耗，实现对入射电磁波的完全吸收，如图 10.6 所示。这种吸波超材料具有吸收效率高，结构简单，体积小等优点。

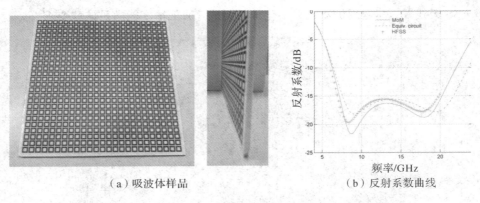

（a）吸波体样品　　　　　　　　（b）反射系数曲线

图 10.6　完全吸波超材料

利用复合左右手传输线这类超材料可以构成一种新型漏波天线，如图 10.7 所示。通过在超材料单元结构中引入变容二极管，改变传输线的色散特性，从而得到压控波束扫描漏波天线。这种行波天线可以实现 180°范围内的扫描。普通的微带漏波天线工作在高次模，需要进行基模抑制才能提高辐射效率，而这种新型漏波天线则工作在基模，这在一定程度上降低了设计的复杂度。

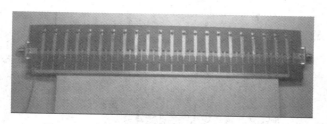

图 10.7　新型漏波天线

光子带隙(Photonic Band Gap，PBG)覆层贴片天线，是指将 PBG 覆层结构与 PBG 基底结合应用的产物，如图 10.8 所示。它将贴片天线的方向性系数提高到了非常接近理论极限的程度。其工作原理是利用一种将高介电常数的介质周期性地放置所产生的一种人工电磁晶体超材料，电磁波在该晶体内部传输的特性类似于电子在半导体晶体中的运动特性，故又称这一类材料为光子晶体或电磁晶体。该电磁晶体的表面波波矢图在某一频率范围出现一个频率禁带，简称为禁带。利用光子晶体的禁带效应，抑制沿基底传播的表面波，增加天线辐射到空间的电磁波，从而改善天线的性能。

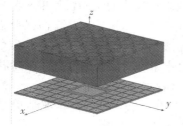

图 10.8　光子带隙覆层贴片天线

为了解决机载监视、侦察、通信天线口径与载机气动性能的矛盾，并实现更高的飞行高度、更长的飞行时间、更快的巡航速度，将超材料用于共形相控阵天线阵面，实现超材料智能蒙皮。将探测系统阵面和机身融合在一起，把阵面(包含天线单元、收发信道、阵面电源等)安装在飞机蒙皮内，通过共形相控阵天线阵面和超薄型设计技术实现"智能蒙皮"，如图 10.9 所示。在整个蒙皮之上均布满了任务系统天线，大大增大了天线孔径，同时与载机机身共形的设计具有最优的气动性能和隐身性能。

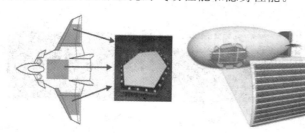

图 10.9　智能蒙皮

国外学者提出的一种带有 S 形超材料天线罩的 WiMax 贴片天线，如图 10.10 所示，该天线罩为一块印刷有 S 形超材料结构的罗杰斯 5880 基板。在贴片天线上方加入该超材料天线罩后，天线增益平均提高了 2 dB。

图 10.10　S形超材料天线罩

2）树脂基结构复合材料

在天线结构中，用于结构支撑的树脂基结构复合材料主要有碳纤维和夹芯复合板，其分述如下：

（1）碳纤维。碳纤维是先进复合材料中最常用也是最重要的增强材料，主要利用其"轻而强"和"轻而硬"的力学特性，广泛用于星载与机载雷达天线的结构设计中。

碳纤维的特点是高强度、高模量、低密度，其比强度、比模量远高于高强合金钢和钛合金；抗疲劳性能好；具有优异的耐磨耗性和润滑性；良好的阻尼性能；化学稳定性好，不燃烧，不被酸、碱、溶剂所侵蚀；线膨胀系数小，尺寸稳定性好；耐热性好，在高温下力学性能仅有少许降低；具有导电性，能反射电磁波，并具有良好的 X 射线透过率。碳纤维属于各向异性材料，其缺点是脆性、抗冲击性和高温抗氧化性较差。目前主要结构复合材料中大多数使用聚丙烯腈基碳纤维（PAN），产量占全世界碳纤维的 90% 左右。

机载雷达天线的围框由碳纤维复合材料铺层成型，外观与阵面轮廓一致，底部裙边分布通孔用与底板固定，前端面与冷板固定，从而提高阵面骨架的整体刚度。天线碳纤维围框的结构如图 10.11 所示。

天线阵面行馈采用的碳纤维外壳，如图 10.12 所示。与相比传统金属外壳，碳纤维外壳重量更轻，刚强度更好。

图 10.11　天线碳纤维围框的结构

图 10.12　碳纤维外壳

（2）夹芯复合板。夹芯板复合板是采用玻纤薄板或金属板材作为蒙皮（面板），常用泡沫塑料与蜂窝作为夹层。夹层结构最大的特点是蒙皮和泡沫夹层粘接牢固，质量轻，刚度大，保温、隔热性能好。其适用于刚度要求高和保温隔热性能要求高的部件。

泡沫夹芯复合板的泡沫按照成型温度区分，室温成型可以选用聚氨酯泡沫、聚苯乙烯泡沫、PET 泡沫，这几种泡沫耐温性都在 80℃ 左右。中温或高温成型可以选用 PMI 泡沫，

PMI 结构泡沫是由甲基丙烯酸(MAA)与甲基丙烯(MAN)共聚物发泡得到的闭孔、刚性硬质泡沫,其特点为具有优异的力学性能(比强度和比模量高)、耐热抗压性能(可承受 180℃/0.7 MPa 的加工环境)、吸水率低(100%闭孔率),具有较低的介电常数和介电损耗,因此其可用于需要发射和传输微波的结构基板或天线罩体的芯材。

在天线结构设计中,夹芯复合板主要用于天线箱体和门。图 10.13 是天线高频箱断面。其四角和中间主梁采用角钢,其余均采用钢蒙皮/铝蜂窝夹层板,整个高频箱铆接或螺接成形,接缝处采用弹性密封胶密封。夹层板的使用不仅减轻了重量,而且减少了环境温度变化对高频箱内电子设备的影响。这种"板式家具"式的结构,加工简单,零部件具有互换性且易于进行防腐处理,方便运输,同时也大大减少了总装工作量,尤其适合于批量生产。发泡包封的单元阵列模块结构也是一种复合材料夹层结构,其刚度好、密封性好,如图 10.14 所示。

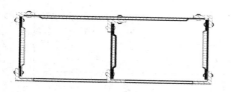

图 10.13　夹芯复合板高频箱断面

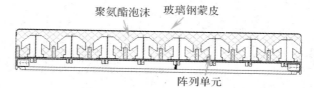

聚氨酯泡沫　　玻璃钢蒙皮

阵列单元

图 10.14　发泡包封的单元阵列模块结构

2. 金属基复合材料

随着 T/R 组件功率增大,有源相控阵天线所面临的散热问题变得突出,采用高导热低膨胀的金属基复合材料成为一种发展趋势。金属基复合材料兼备金属易加工、高导热、高导电的性能以及增强体轻质、低膨胀的性能,同时它还具有良好的尺寸稳定性、高的耐磨性和耐腐蚀性及性能的可设计性。这一系列优点使它成为替代传统电子封装材料的最佳选择。

对于 T/R 组件等多芯片封装模块,要求外壳材料的热膨胀系数要与芯片材料如 Si、砷化镓以及陶瓷基板材料如氧化铝(Al_2O_3)、氧化铍(BeO)、氮化铝(AlN)等相匹配,在 $(3 \sim 7) \times 10^{-6} K^{-1}$ 之间,以避免芯片的热应力损坏。表 10-1 列出了几种常用芯片、基板材料及金属封装材料的主要性能。

表 10-1　常用的芯片、基板材料及金属封装材料的主要性能

材　料	密度/(g/cm³)	热膨胀系数/$10^{-6} K^{-1}$	热导率/$Wm^{-1}K^{-1}$
Si	2.3	4.1	150
SiO_2		0.5	
GaAs	5.33	6.5	44
GaN		5.6	
Al_2O_3	3.61	6.9	25
BeO	2.9	7.2	250
AlN	3.3	4.5	180
Cu	8.9	17.6	400
Al	2.7	23.6	230

续表

材　料	密度/(g/cm³)	热膨胀系数/10^{-6}K^{-1}	热导率/Wm^{-1}K^{-1}
W	19.3	4.45	168
Mo	10.2	5.35	138
kovar	8.2	5.8	17.0
Invar	8.1	0.4	11
Cu－85％Mo	10	6.3	160
Cu－75％W	14.6	8.8	190
Ti(TC4)	4.5	7.89	16
Mg(AZ91D)	1.8	26	117

1) 金属基复合材料种类

金属基复合材料通常以铝、铜、镁和银等作为基体材料，增强材料包括碳纤维段、石墨鳞片或碳化硅、金刚石、氧化铍等微粒，主要分为铝基、铜基、碳/碳、碳/碳化硅复合材料。

(1)铝基复合材料。铝碳化硅(Al/SiC)复合材料具有高导热、低膨胀、高比强度和比刚度的特性，是目前应用最广泛的先进 MMC 封装材料。SiC 体积分数为 $60\%\sim75\%$ 的 Al/SiC 膨胀系数与 GaAs、Si、BeO、Al$_2$O$_3$ 等相接近，且在具体应用中可以通过调节 SiC 的体积分数来获得精确的热匹配。Egide－Xe－Ram 生产的 60 mm×60 mm、60 mm×120 mm、200 mm×200 mm 大尺寸基板已用于 Thomson－CSF 雷达的微波封装。我国对 Al/SiCp 复合材料的研制始于 20 世纪 90 年代后期，现已初步完成了复杂形状预制件的注射成形和构件近净成形研究，并在产品中得到应用，与国外同体积分数 Al/SiCp 封装材料相比热膨胀系数值基本接近，但其缺点是这类材料的热导率比不上铝合金。高 Si 含量的 A1－Si 合金性能虽然优异，但其热导率只在 120 W/(m·K)～180W/(m·K)之间，以 A1－Si 合金为基体材料，采用石墨板、碳纤维及 SiC 作为增强相制备复合材料，则可对材料的性能进行有益的补充，Prieto 采用压力浸渗法制备了增强相体积分数为 0.88％ 的 Al－12Si 复合材料，在保证其他性能稳定的基础上，热导率得到了较大程度的提高。

另一方面，以超高模量、高导热性沥青石墨纤维(k1100)或 CVD 金刚石为增强相则可使热导率显著提高，目前以高温高压合成技术制备金刚石的技术已相当成熟，人工合成金刚石颗粒的热传导率甚至可达 1000 W/(m·K)以上，约为一般纯铜的 2～3 倍，且价格比沥青系连续碳纤维还便宜。因此国外有不少公司利用这种金刚石颗粒来制备各种金属基复合材料的性能，具有相当高的热传导率，且是各向同性的。表 10－2 为不同增强相的铝基复合材料的性能，从表中可以看出，金刚石增强铝基复合材料，其三个方向的热传导率均在 550～600 W/(m·K)之间，甚至有的可以达到 700 W/(m·K)以上，远比纯铜高，且热膨胀系数也只有$(4.5\sim7.5)\times10^{-6}$K^{-1}，与 GaAs 相当接近，重量又轻，只有 3 g/cm³ 左右，是一种相当好的 T/R 封装材料。

表 10 - 2　铝基复合材料的主要性能

材　料	密度	热膨胀系数/$10^{-6}K^{-1}$	热导率/$Wm^{-1}K^{-1}$
AlSiC9（63vol%）	3.01	8.75	200
AlSiC10（55vol%）	2.96	10.56	200
AlSiC12（37vol%）	2.89	11.5	180
Al - 12Si/（90%GF+10%CF）	2.62	3.0	367
Al - 12Si/（60%GF+40%SiC）	2.83	7.0	368
Al/C（K1100）	2.5	6.5	290
Al/Diamond	3.1	7.0	580

对比表 10 - 2 中材料的性能，可以发现，新型材料的特性与铝、铜和铜/钨相比有了巨大的提高，如果把密度考虑在内，则这些材料的优点是惊人的。超高热导材料，其比热导率（热导率与密度的比值）比传统材料，尤其是那些热膨胀系数低的材料，如铜/钨，要高出一个数量级还多，因此，对于重量是关键指标的应用场合，这一特性非常重要。

（2）铜基复合材料。纯铜的热导率为 400 W/（m·K），约为铝的 1.7 倍，而热膨胀系数为 $17×10^{-6}K^{-1}$，低于 Al 的热膨胀系数（$23×10^{-6}K^{-1}$）。与铝基封装材料相比，铜基封装材料添加相对少量的低热膨胀相即可获得与芯片匹配的热膨胀系数，更好地保持铜基体的高热导率，因此，铜基复合材料也成为封装材料领域的研究热点，可望用于 T/R 组件的封装中。

Cu/SiC 封装材料的热物理性能受到 SiC 含量、颗粒尺寸及 SiC 形态等因素的影响，随 SiC 含量的增加，Cu/SiC 的热导率显著下降，热膨胀系数也随之下降。颗粒型 Cu/SiC 的热导率在 250 W/（m·K）～325 W/（m·K）之间，热膨胀系数为（8.0～12.5）×$10^{-6}℃^{-1}$。Schubert 等制备出热导率分别为 222、288 和 306 的颗粒型 Cu/SiC 封装材料，相应的热膨胀系数分别为 14.5、10.6 和 11.2。Cu/SiC 封装材料的制备方法主要有粉末冶金法（包括热压）、熔渗法及其他方法如复合电铸等。

此外，铜与碳也可以进行复合，如采用粉末冶金法制备出 Cu/C 短纤维封装材料，其热物理性能则呈各向同性，C 纤维含量为 13.8、17.9、23.2（体积分数）时，对应的热导率 W/（m·K）分别为 248.5、193.2、157.4，热膨胀系数（×$10^{-6}K^{-1}$）分别为 13.9、12、10.8。此外，以碳纤维组成的三维网络多孔体为预制体，采用氩气辅助压力熔渗 Cu 的方法制备出热物理性能各向同性的 Cu/C 纤维封装材料，其中，Cu/72（体积分数）C 的热膨胀系数为（4～6.5）×$10^{-6}K^{-1}$，热导率大于 260 W/（m·K）。铜基复合材料的主要性能如表 10 - 3 所示。

最近几年，日本对金刚石/铜复合材料做了大量研究，并在制备方面取得了巨大突破。2006 年，日本科学家采用放电等离子烧结法制备出金刚石体积分数为 60% 的金刚石/铜复合材料，其热导率可达到 600W/（m·K）以上，而且可镀覆性和可加工性较好，可进行线切割、研磨和表面镀金。对于此类材料，国内北京有色院等相关科研单位也进行了深入的研究，其所制备的 50%金刚石/铜复合材料的热导率可达 500 W/(m·K)。

表 10-3　铜基复合材料的主要性能

材　料	密度/(g/cm³)	热膨胀系数/$10^{-6}K^{-1}$	热导率/$Wm^{-1}K^{-1}$
CIC (Cu/Invar/Cu)	8.4	5.2	160
CMC (Cu/Mo/Cu)	9.7	6.8	244
Cu/SiC	6.6	7～10.9	320
Cu/Csf(Discontinuous)	6.8	6.5～9.5	300
Cu/Cf(Carbon foam)	5.7	7.4	340
Cu/Diamond(60vol%)	4.6	6	600

（3）碳/碳(C/C)复合材料。碳/碳复合材料是以碳纤维增强炭基体的复合材料，其使用温度高达 2000℃以上，密度低于 2.0 g/cm³，比强度是高温合金的 5 倍，另外，C/C 复合材料的热膨胀系数较小，为$(-1～0.5)\times10^{-6}K^{-1}$，接近零膨胀，在一定温度范围内还表现出负膨胀的特性，如图 10.15 所示，材料的室温热导率为 400 W/(m·K)，随温度的升高而指数降低，并逐渐趋于稳定。

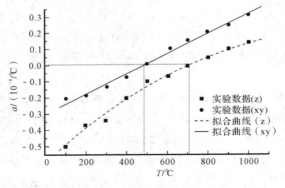

图 10.15　C/C 复合材料热膨胀系数随温度的变化关系

美国的 Ting 等用气相生长碳纤维(VGCF)与环氧树脂进行复合所制备的 C/C 复合材料在室温下其热导率为 661 W/(m·K)，采用液相沥青浸渍制备的 VGCF/C 复合材料的常温热导率为 910 W/(m·K)(VGCF 的体积含量为 70vol%)。尽管如此，C/C 复合材料的热膨胀系数过低，其与芯片材料的热膨胀系数无法进行匹配，但这种低膨胀系数材料在航天领域有着广泛的应用前景。

（4）碳/碳化硅复合材料。SiC 颗粒作为增强材料具有性能优异，成本低廉的优点，其热膨胀系数为 $4.7\times10^{-6}K^{-1}$，与 Si 的热膨胀系数最为接近，热导率为 80 W/(m·K)～170 W/(m·K)，弹性模量达 450 GPa，密度为 3.2 g/cm³，与碳有良好的物理化学匹配性，因此，以连续碳纤维增韧碳化硅制备 C/SiC 陶瓷基复合材料，既可以保证复合材料的高热导率，又可以改善 C/C 复合材料热膨胀系数过低的问题。Tummala Electronics PVT 公司制备的金刚石微粒强化碳化硅（金刚石/SiC）复合材料，密度为 3.3 g/cm³，热导率为 600 W/(m·K)，热膨胀系数为 1.8×10^{-6} K^{-1}，已被成功用于 IBM 计算机服务器散热器中。我国近年来已经全面突破连续纤维增韧碳化硅（CMC-SiC）制备技术，搭建了 CMC-SiC 可工程化的高性能和低成本的制造技术与设备平台，形成了多种纤维预制体结构的 CMC-SiC 材料体系，发展了 CMC-SiC 的同质与异质连接技术，可以进行类似金属的焊接、铆接和螺钉连接等，从而具备了制备各类 CMC-SiC 复杂构件的能力。

2）金属基复合材料在天线中的运用

在有源相控阵天线中，目前使用较多的封装材料有 Al/SiCp 和 Al/Si，开始少量使用的金刚石/铜等。图 10.16 为两种金属基复合材料组件壳体。

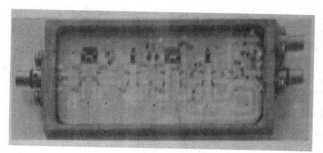 

（a）铝碳化硅微波模块壳体　　　　（b）金刚石/铜组件壳体

图 10.16　两种金属基复合材料组件壳体

3）金属基复合材料发展方向

随着纳米科技的迅速发展，现今的碳纳米管（CNTs）的制备技术取得了长足的进步，其具有优异的力学性能（弹性模量可超过 1 TPa，甚至可以达到 1.8 TPa）和物理性能（单壁碳纳米管（SWNT）的理论室温热导率高达 6600 W/(m·K)，多壁碳纳米管（MWNT）的实验室温热导率达 3000 W/(m·K)），为制备高性能金属基复合材料带来曙光。目前，由美国导弹防卫局资助，由欧米茄压力工艺公司开发出的铜/碳纳米管复合材料，成本较低、较金刚石复合材料有更好的导热性，而且拥有出色的热膨胀特性。Jang 等采用球磨加热等静压制备了 CNF 复合材料，室温热导率相比基体合金提高了 70%，达到 260 W/(m·K)。

另一方面，采用负膨胀材料与 Cu 或 Al 复合，也成为未来金属基复合材料的发展方向之一，在低膨胀材料的体积分散较小的情况下，可以获得与 Si 或 GaAs 相匹配的热膨胀系数，而 Cu 的热导率却损失较小，这样的负膨胀材料有 ZrW_2O_8、ZrV_2O_7 等化合物及 TiNi、Cu-Zn-Al 等形状记忆合金。

10.1.2　涂层

常规涂层的作用主要是防腐和装饰，而特种涂层的作用有热控和隐身等。

1. 热控涂层

对于空间无内热源的等温物体，仅考虑物体受太阳照射，当处于热稳定时所吸收的太阳辐射与向空间辐射出去的热量相等，即根据上述原理，物体的表面温度取决于其表面的太阳吸收比和红外发射率的比值；因而，物体表面温度可以通过选取不同吸收发射比的热控涂层来进行温度控制与调节。

1）热控涂层分类

热控涂层按其组成特点可分为金属基材型涂层、电化学涂层、涂料型涂层、薄膜型涂层、二次表面镜型涂层、织物涂层等，如图 10.17 所示。

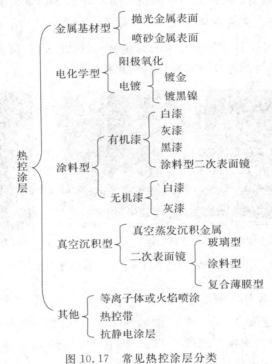

图 10.17　常见热控涂层分类

2）热控涂层制备方法

金属基材型涂层直接在金属基材的表面进行一定的处理就可以形成，如经抛光、喷砂等工艺处理后的表面。电化学涂层一般采用阳极氧化、电解着色和电镀的方式来制备。涂料型涂层是应用最广泛的一种热控涂层，它又可以分为有机涂层、无机涂层和等离子涂层等几类，通常由粘接剂和颜料组成，采用不同的颜料和配比，就可以得到不同热辐射性能的涂层。利用不同的金属在真空蒸发或真空磁控溅射在塑料薄膜表面可以制备成薄膜型涂层。

二次表面镜型涂层是一种由两个表面的特性决定其性能的涂层，这两个表面是对可见光透明、而对红外有较强吸收的透明薄膜层，以及对可见光有很强反射的金属底层，通过选用合适的金属底层和一定厚度的薄膜层，就可以得到要求热辐射性能的涂层。织物涂层是纤维编织或再加以化学浸渍后形成的涂层。

3）热控涂层在天线中的应用

热控涂层在航天领域得到了广泛的应用，因此在星载天线也离不了热控涂层的应用。对于星载 SAR 天线来说，热控涂层是必不可少的，根据不同的温度要求、部位、底材、工艺实施等因素选用不同的热控涂层：① 对于天线的散热面，选用低太阳吸收比、高红外发射率的涂层，提高表面的散热能力；② 对于星载天线内部单机设备，如二次电源、收发组件、波控单元等一般采用高发射率的热控涂层，以增加组件间的辐射换热，如图 10.18 所示。

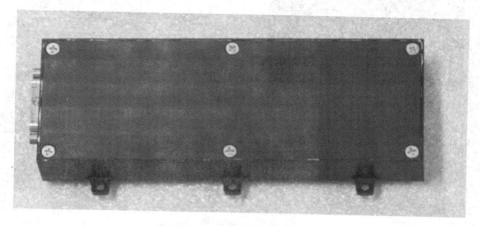

图 10.18　天线模块的热控涂层

4）热控涂层新发展

提升天线主动热控技术的一个重要途径是采用智能热控涂层技术，即天线表面涂层具有一定主动热控功能，具备在复杂的工作条件下独立完成自主热控任务的能力。实现智能热控涂层的方法有：电致变色涂层、热致变色涂层和智能型 MEMS（微机电系统）热控百叶窗（可反复展开式辐射器）。

（1）电致变色热控涂层。电致变色是指在外加电场的作用下，材料的价态与化学组分发生可逆变化，而使材料的发射特性发生可逆改变的现象，从而可以在恰当的时机选用合适的电压来改变目标的光学特性实现表面热辐射参数的变化。金属氧化物（氧化钨、氧化镍等）和导电高分子聚苯胺、聚噻吩及其衍生物等制作的电致变色热控器件，由于其有较好的发射率调控能力，美国 NASA 在 2006 年 3 月发射的 ST‐5 卫星对 Ashwin‐Ushas 公司的电致变色涂层进行了飞行验证，希望在未来天线热控技术中应用。

（2）热致变色智能型热涂层。热致变色是指材料在一定范围内随着温度变化发生颜色变化的特性，该特性被用来研制智能型辐射器，其太阳吸收比或发射率可以随着天线表面的温度变化或航天器热控的要求而改变，从而起到自动调节温度的作用。目前国内外研究较多的是镧锰氧（LMO）和 VO_2 热致变色可变发射率材料，理想状态下，红外波段的半球发射率可以随基体表面温度的变化而大幅度变化，发射率变化范围最大在 0.4。

（3）智能 MEMS 热控百叶窗。MEMS 是指外形轮廓尺寸在毫米（mm）量级以下，构成它的机械零件和半导体元器件尺寸在微米（μm）至纳米（nm）量级的系统。它集微机械的制造技术与微电子加工工艺于一体，相对于常规机械系统而言，MEMS 器件具有体积小、质量轻、功耗低、响应快、智能化和适合批量生产等特点，因此能够用于微型 SAR 天线热控系统。图 10.19 是典型的 MEMS 智能热控原理和微观结构。

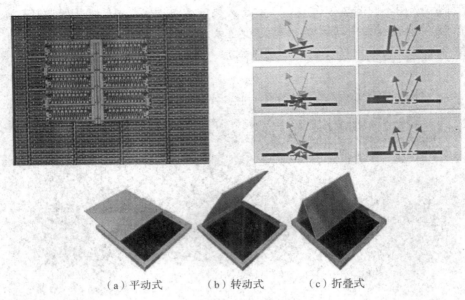

（a）平动式　　　（b）转动式　　　（c）折叠式

图 10.19　MEMS智能热控原理微观结构

2. 隐身涂层

雷达隐身涂层材料是一种涂覆在物体表面的用来降低该物体雷达波散射截面（RCS）的涂料，主要应用于有雷达隐身要求的武器装备生产制造和军事工事施工过程中。隐身涂料由吸收剂和胶粘剂按特定工艺参数配比混合而成，吸收剂是涂料的吸波功能组成，具有特定介电参数，通常以粉末的形式分散在胶粘剂中，胶粘剂是隐身涂料的成膜物质，决定涂层的力学性能和抗环境侵蚀作用。

1）机理与种类

雷达隐身涂料能够吸收衰减入射的电磁波，并通过吸收剂的介电振荡、涡流以及磁致伸缩，将电磁能转化成热能而耗散掉或使电磁波因干扰而消失，最大限度消除被雷达探测到的可能性。

目前雷达隐身涂料技术正向多波段、宽频带和高效能方向发展，呈现出多类隐身涂料共同发展的良好局面。隐身涂料主要有铁氧体隐身涂料、纳米隐身涂料、导电高聚物隐身涂料、耐高温陶瓷隐身涂料和金属微粉隐身涂料等。

（1）铁氧体隐身涂料。以铁氧体作为吸收剂的隐身涂料是目前研究比较多而且比较成熟的隐身材料，主要由六角晶系铁氧体、尖晶石型铁氧体同粘接剂混合构成，与入射电磁波产生自然共振，从而大量吸收电磁波能量，目前已研制并广泛应用的有 Ni-Zn、Li-Zn、Ni-Cd、Mg-Cu-Zn 铁氧体等。

（2）纳米隐身涂料。纳米材料粒子由于粒径极小，比表面积大，处于表面的原子比例增大，增强了活性，在电磁场作用下，原子、电子运动加剧，使得电磁能转化为其他形式的能，增加对电磁波的吸收。同时纳米粒子具有较高的矫顽力，可引起大的磁滞损耗。将纳米材料作为吸收剂制成涂料，易于实现高吸收、涂层薄、重量轻、吸收频带宽、红外微波吸收兼容等要求，是一种非市场有发展前景的高性能、多功能的吸波涂料。

（3）导电高聚物隐身涂料。导电高聚物隐身涂料主要是利用某些具有共轭主链的高分子聚合物，通过化学或电化学方法渗杂剂进行电荷转移作用来设计其导电结构，实现阻抗匹配和电磁损耗，从而吸收雷达波。目前国外新研究方向有以碘经电化学或离子注入法掺杂的聚苯乙炔、聚乙炔以及聚苯胺、聚苯硫、聚噻吩等导电高聚物吸波涂料。

（4）耐高温陶瓷隐身涂料。耐高温陶瓷隐身涂料的吸收剂主要有碳化硅、硼硅酸铝等，它具有比铁氧体、复合金属粉末等吸收剂密度低、吸波性能较好的特点，其中，碳化硅是制作多波段吸波涂料的主要成分。

（5）金属微粉隐身涂料。金属微粉隐身涂料主要以磁性金属微粉为主，包括羰基铁粉、羰基镍粉、钴镍合金粉等。金属微粉吸收剂对雷达波具有强损耗吸收，其损耗机制主要归于铁磁共振吸收和涡流损耗。金属微粉隐身涂料具有微波磁导率较高、温度稳定性好、电参数可调等优点。它通过磁滞损耗、涡流损耗等吸收损耗电磁波，但金属微粉抗氧化和耐酸碱能力较差，介电常数较大，低频段吸波性能较差。

2）应用与发展

目前，在各种隐身技术中，雷达隐身涂料技术是相对最成熟的，由于其使用方便灵活、可调节、吸收性能好等优点而受到世界上许多国家的重视，几乎所有的隐身武器系统上都是用了雷达隐身涂料。

雷达作为重要的军用电子设备，其自身的 RCS 指标特性越来越受到重视，特别是隐身武器装备上的雷达天线的 RCS 指标必须严格控制。除了采用优化天线电路，使负载尽可能与天线特性匹配从而减小天线模式项散射手段外，还必须对雷达天线的结构部分做相应隐身处理。通常在雷达天线的外露表面上喷涂隐身涂料，如天线反射面、天线罩表面、天线结构框架外表面以及天线座外表面等。

隐身涂料的发展使得武器系统在雷达隐身方面得到了长足发展，并在近二十年的局部战争中得到了充分的应用和验证。其最终的应用是生产各种隐身飞行器包括各类隐身轰炸机、战斗机、侦察机、无人机、直升机以及巡航导弹等，如美国的 F-117 隐身战斗轰炸机、B-2A 隐身轰炸机、F-22 战斗机、F-35 战斗机、J-20 战斗机、SR-71 战略侦察机、RAH-66 武装直升机、AGM-86B 战略巡航导弹等。除了应用于隐身飞行器上外，各国还成功地将隐身涂料应用于舰船，如美国的"阿利·伯克"级宙斯盾巡洋舰、法国的"拉斐特"隐身护卫舰、英国的"海幽灵"战舰等。另外，隐身涂料还应用于坦克装甲运输车等陆军装备，如俄罗斯的 T-80 主战坦克、美国的 M113 装甲运输车等。

10.2 特 种 工 艺

有源相控阵天线中常用特种工艺主要有焊接、微细加工与 3D 打印等。

10.2.1 焊接工艺

1. 搅拌摩擦焊

搅拌摩擦焊（FSW）是利用特殊形状的搅拌头旋转着插入被焊零件，然后沿着被焊零件的待焊界面向前移动，通过搅拌头对材料的搅拌、摩擦，使待焊材料加热至热塑性状态，在搅拌头高速旋转的带动下，处于塑性状态的材料环绕搅拌头由前向后转移，同时结合搅拌头对焊缝金属的挤压作用，在热—机联合作用下材料扩散连接形成致密的金属间固相连接。

搅拌摩擦焊的原理如图 10.20 所示。在焊接过程中轴肩与被焊材料的表面紧密接触，防止塑化金属材料的挤出和氧化，焊接过程中压在材料表面的轴肩的直径大于搅拌头的直径，因此焊接表面有轴肩占位要求。

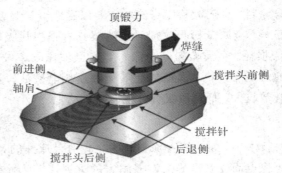

图 10.20　搅拌摩擦焊的原理

1) 搅拌摩擦焊技术特点

(1) 焊接过程中不需填充材料，不需要保护气，焊前不需加工坡口，焊后表面平整，不需特殊处理，焊接所需能量仅为传统焊接方法的 20% 左右，所以焊接成本低。

(2) 由于焊接过程属于固相焊接，温度较低，焊件变形小，焊后残余应力较低，而且焊接区材料组织结构变化小，焊核区为细化的等轴再结晶晶粒，焊缝性能好，焊接质量高。

(3) 焊接过程无烟尘，火焰，飞溅，辐射，噪音低，是一种绿色焊接方法。

(4) 可实现异种材料的焊接并且焊接过程操作简单，安全，易于实现机械化和自动化。

2) 搅拌摩擦焊的运用

天线阵面中各模块的冷板以往大量采用钎焊技术，钎焊工艺灵活，但是接头强度低、焊缝连续性和致密性差，焊接完成在后续的密封性压力实验中往往导致焊缝处的泄漏，而且在后续的机械加工中也很容易造成焊缝的破坏，很小的缺陷就可导致整个产品的报废。改用搅拌摩擦焊，利用其焊缝致密性和强度高的优点，提高冷板的合格率。

(1) 微通道冷板。微通道冷板流速快，流量大，局部压力大；微通道尺寸在 0.4 mm～0.6 mm，采用铝钎焊工艺，钎料很易堵塞流道；水连接接口和 T/R 组件的安装位置的相对位置精度直接影响 T/R 组件电连接的可靠性，对微通道冷板加工精度提出了更高要求；微通道冷板厚度薄，在水压的作用下易变形，焊缝的强度要求高。典型微通道冷板如图 10.21 所示。

微通道冷板采用真空钎焊＋摩擦搅拌复合焊接，采用台阶焊缝结构，有效控制焊料的流淌，保证不堵塞微通道和焊接缝隙处焊料的饱满填充和焊透率。利用真空钎焊完成基板和盖板隔离孤岛、水平结合面的焊接，保证冷板的耐压强度。用摩擦焊完成基板和盖板环形焊缝的焊接，保证环形焊缝的水密可靠性。

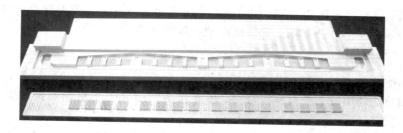

图 10.21　微通道冷板

（2）一体化天线面板。一体化天线面板就是把阵面行列水道集成在骨架面板中，再面板上加工出水道沟槽，再覆上盖板，采用搅拌摩擦焊焊接盖板，形成水道，如图 10.22 所示。一体化面板可以较好地实现阵面的轻量化设计目标，并且可以简化外部管路连接、使阵面结构更加紧凑，减小阵面厚度尺寸。

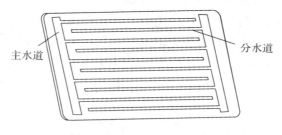

图 10.22　一体化天线面板

2. 电子束焊

电子束焊是指利用加速和聚焦的电子束轰击置于真空或非真空中的焊件所产生的热能进行焊接的方法。电子束焊接在 1954 年首次应用于工业领域，电子束在连接技术、表面改性、打孔等领域得到了广泛的应用。电子束焊的特点如下：

（1）焊缝致密，质量好，能达到 1 级焊缝标准，焊缝的强度能达到母材强度。

（2）焊缝窄而深，焊缝深度和宽度比可达 50∶1，深度可超过 100 mm 的焊缝，可以完成深腔内的焊接。

（3）焊接变形小，焊接后不再加工，可以作为最后工序。

电子束焊接适用于空间紧张的精巧结构。图 10.23 为电子束焊的一体化子阵骨架，其由进/出水总口和四块平行的冷板组合而成，焊接后无法再次进行精加工，对焊接后的精度

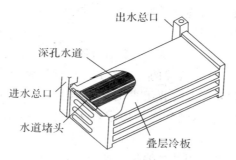

图 10.23　电子束焊的一体化子阵骨架

保证要求极高。冷板材料采用 5A05 铝合金，采用电子束焊接，一方面保证一级焊缝质量；另一方面控制焊接变形和热影响，确保插件的三维精度要求。

3. 钎焊

钎焊是指利用熔点比母材熔点低的填充金属，将焊件和钎料加热到高于钎料熔点，低于母材熔化温度，利用液态钎料润湿母材，填充接头间隙并与母材相互扩散实现连接焊件的方法。

钎焊时只有钎料熔化而母材金属处于固体状态，熔化的钎料依靠润湿和毛细作用吸入零件的间隙内；依靠液态钎料和母材的相互扩散而形成结合。钎焊在天线结构中应用广泛，适用于天线中的液冷冷板、波导元器件、馈线等。

天线液冷冷板钎焊的设计要求如下：

(1) 在壳体焊前毛坯的零件图上应考虑焊后加工余量。

(2) 液冷式冷板的最佳焊接间隙为 0.05 mm～0.10 mm，对于焊接后焊缝需进行机加工的冷板，焊缝的单面焊接间隙应严格控制在 0.08 mm 范围内。

(3) 对于焊接后焊缝面需进行机加工的液冷冷板，液冷通道盖板的厚度(H)应大于壳体上盖板焊接台阶深度(h)，即 $H-h\geqslant2$ mm，如图 10.24 所示。

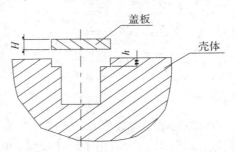

图 10.24　液冷冷板的结构

4. 激光焊接

激光焊是利用经过聚焦产生高能量密度的激光束作为焊接热源的一种高效精密焊接方法。激光焊根据激光器输出能量方式不同可分为脉冲激光焊和连续激光焊。脉冲激光焊辐射到工件上的激光束为脉冲式，激光器输出光束能量为断续的脉冲方式，在脉冲激光焊中大多使用 Nd:YAG 固体激光器和脉冲 CO_2 气体激光器。连续激光焊辐射到工件上的激光束为连续式，激光器输出能量为连续不断的方式，在连续激光焊中大多使用连续 YAG 固体激光器和连续 CO_2 气体激光器。

工业上大多使用 Nd:YAG(波长为 1.06 μm)固体激光器进行电子封装。用于微波组件的壳体材料一般都可采用激光熔焊的方法密封，如铁镍钴合金 4J29 或铁镍合金 4J42，Al 合金、钛合金、Si/Al 合金等。微波组件的盖板与壳体、插座与壳体等的密封均可采用脉冲激光熔焊进行密封，能达到气密性要求。以下内容提及的激光焊接均指脉冲激光焊接。

与其他焊接方法相比，激光焊的主要优点如下：

(1) 激光功率密度高，可焊接高熔点材料，并可进行异种材料的焊接。

（2）激光聚焦后光斑尺寸小，热影响区小，热变形小。

（3）激光焊是非接触焊，无机械应力，无机械变形，焊点无污染，焊接质量好。

（4）焊接过程可用计算机联机控制，进行精密定位，实现自动焊接，并且可通过监视器对焊接过程进行质量监控。

其主要局限性为：

（1）激光器及其相关控制系统的成本很高，一次性投资很高。

（2）对工件的装配精度要求高，激光束不能偏移焊缝位置过多，否则不能施焊。

激光焊可对各种金属进行焊接，在微电子、航空航天、光通信设备、机电仪表、纺织机械、汽车制造、核工业、金银首饰等众多行业和领域具有广泛的应用。

1）激光焊接机理

在不同功率密度的激光束作用下，被作用的金属材料将发生各种不同的变化，其过程极其复杂，主要变化有表面温度升高、熔化、汽化、形成小孔以及产生光致等离子体等。

当激光束作用到金属材料表面，一部分能量被金属表面反射，其余部分进入其内部后被金属材料吸收，起加热作用。金属在系列脉冲激光束的作用下，一般会产生熔化和汽化。激光束能量作用使金属熔化成液态，进一步的能量吸收，使得熔化的液态熔池内一定厚度范围内的温度高于汽化温度，使得熔池内部汽化压力增大，熔池表面液态金属汽化为蒸汽。激光功率密度过高，金属在表面汽化，而不在深层熔化；激光功率密度过低，则能量就扩散分布和加热较大体积，会使焦点处熔深很小。

2）激光焊接工艺参数

脉冲激光焊的焊接工艺参数包括激光功率密度、脉冲频率、脉冲宽度、焊接速度、离焦量等，各参数之间相互制约相互影响，共同影响激光焊接接头质量。各参数影响因素分别介绍如下：

（1）峰值功率。脉冲峰值功率是单位脉冲能量与脉冲宽度的比值。峰值功率过高时，易引起熔池金属大量蒸发汽化，强大的蒸汽压力造成熔池金属飞溅，形成陷坑，焊缝成型差，不能达到气密性要求。

（2）脉冲频率。它影响着焊缝成形，脉冲重复频率增加，两相邻焊缝熔池间的间距减小，相互重叠区域变大，有利于内部裂纹的消除及晶粒的细化，使焊缝质量提高。

（3）脉冲宽度。脉宽决定加热时间进而影响熔深和热影响区。增加脉宽可增加焊缝熔深，但同时增加了热影响区和焊接变形等。

（4）焊接速度。焊接速度影响焊点成形和生产效率，焊接速度过大，焊缝成形不好，过小影响生产效率。

（5）离焦量。它对焊缝成形质量影响很大，一般焊接厚材料时采用负离焦，以得到更大的焊接熔深；焊接薄材料时采用零偏焦或正偏焦。

3）激光焊焊接系统

激光焊焊接系统一般由激光器、电气系统、冷却系统、光学系统、工作台及计算机控制系统等主要部分组成，图 10.25 为密封固体脉冲激光手套箱焊接系统。焊接可以在充有保护气体的手套箱内完成，为焊接环境要求较高和需充保护气的器件或组件密封提供了方法。

图 10.25　密封固体脉冲激光手套箱焊接系统

4）激光焊结构设计

常见的激光焊接密封的常用接头形式主要是对焊和叠焊两种基本形式，盖板一般加工成台阶式结构，以利于与壳体的定位，如图 10.26 所示。

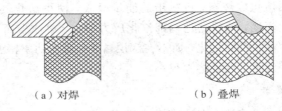

（a）对焊　　　　　（b）叠焊

图 10.26　激光焊接密封的常用接头形式

其中，结构设计时遵循以下原则：

（1）内嵌盖板的台阶宽度不小于 0.5 mm。

（2）焊缝与盒体的边缘的距离不小于 0.8 mm。

（3）绝缘子孔的边缘距激光封焊区域的距离建议不小于 2 mm。

（4）在保证焊接强度的情况下，叠焊部分的盖板厚度不大于 0.5 mm。

5）激光焊接实例

激光焊作为一种特种焊接方法，通常能焊接用常规焊接方法焊接的大多数工程应用材料，而且能用于高熔点、高反射率、高合金等常规方法难以焊接的金属材料，另外还可进行异种金属的焊接。

（1）可伐合金激光焊。可伐合金进行激光焊，需预热和焊后热处理，以消除焊接应力和避免焊接裂纹的产生。中国电子科技集团公司第十四研究所已成功将脉冲激光密封焊接应用于微电子器件壳体的密封，已采用百瓦级的 Nd：YAG 固体激光焊机对微波高功率开关进行密封焊接，图 10.27 为焊接好的高功率开关及其焊缝外观。其壳体和盖板材料都为可伐合金，表面都涂敷 Ni/Au，焊后电路性能完好，焊缝美观、成型好，气密性达到 1×10^{-9} Pa·m³/s。

（2）钛合金激光焊。钛合金（如 TC4、TA2）的热膨胀系数仅有 8 ppm/K，具有较好的可焊性。常见的问题是钛易于与空气中的氧和氮化合，从而影响焊接性能，在惰性气体的保护下进行激光焊，可获得高质量的焊缝，如图 10.28 所示。

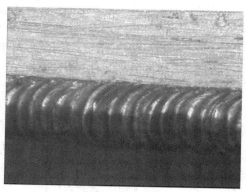

图 10.27　高功率微波开关及其焊缝外观

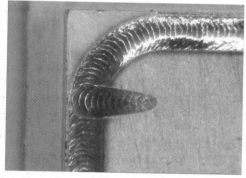

图 10.28　钛合金激光焊的焊缝

（3）铝合金的激光焊。铝合金由于反射率高（一般达 80%以上）、热导率高、线膨胀系数大，不加填充焊丝，很多铝合金进行激光焊比较困难，一般容易产生气孔、夹杂杂质、裂纹等缺陷。但激光焊热输入的可控性很好，能有效抑制上述缺陷的产生。

（4）铝基复合材料的激光焊。由于铝基复合材料增强相与基体之间的物理、化学性能差别很大，焊接冶金过程变得特别复杂，基体与增强相会在界面发生化学反应，焊接缺陷容易产生，这是铝基复合材料可焊性差的主要原因。通过对激光焊的工艺参数进行有效控制，能够大大降低焊缝缺陷，但其焊接还不够成熟，目前国内外研究还比较多。图 10.29 是铝硅材料壳体激光焊接件。

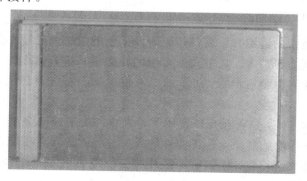

图 10.29　铝硅材料壳体激光焊接件

10.2.2　深孔加工

深孔加工是指加工长度与直径比大于 10 的孔。一般的深孔多数情况下深径比 $L/d \geqslant 100$，深孔加工原理如图 10.30 所示。

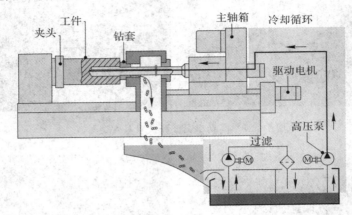

图 10.30　深孔加工原理

深孔加工技术是一个比较成熟的技术，在模具制造等行业有了广泛的应用，可有效降低加工成本。国内加工能力现状为加工孔径 $\phi 3$ mm～$\phi 45$ mm，单边孔深 3 m（对接），表面粗糙度为 0.2 μm～6.3 μm；孔径公差为 IT9-10，直线度为 1/1000。

深孔加工在天线结构中的运用主要是替代传统冷板焊接成型工艺，可以大幅降低制造成本，提高冷板水密可靠性。图 10.31 为深孔加工的子阵冷板。

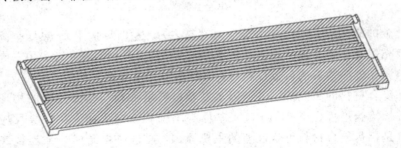

图 10.31　深孔加工的子阵冷板

10.2.3　精密铸造

精密铸造是用精密的造型方法获得精确铸件工艺的总称。它包含熔模铸造、金属型铸造、陶瓷型铸造、压力铸造等。其中较为常用的是熔模铸造，也称为失蜡铸造，它的产品精密、复杂、接近于零件最后形状，可不加工或很少加工就直接使用，是一种近净成形的先进工艺。

压力铸造，简称压铸，是指在高压作用下，使液态或半液态金属以较高的速度填充压铸模具，并在压力下成型和凝固而获得铸件的方法。压铸具有高压和高速充填压铸型的两大特点。与其他铸造方法相比，压铸有产品质量好、生产效率高、经济效果优良等优点。图 10.32 为压铸的喇叭单元。

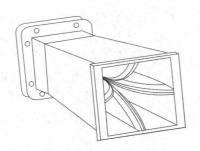

图 10.32　压铸的喇叭单元

10.2.4　真空压力浸渗

真空压力浸渗法是比较常见的金属基复合材料的制备方法之一，该方法将预制件、成型模具和金属原材料置于真空容器中加热，待金属材料熔化后向容器中充入高压惰性气体，金属溶液在气体压力的作用下，浸渗到预制件中形成构件或金属基复合材料。真空压力浸渗法的关键工艺参数有浸渗压力、真空度、预制件粉末粒径和体积分数等，真空度越高，残留在预制件中的气体越少，浸渗后的构件中的孔隙率越低，材料越致密。图 10.33 为真空压力浸渗法的原理示意图。

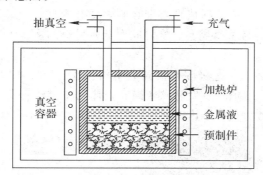

图 10.33　真空压力浸渗法的原理示意图

真空压力浸渗法的制备工艺与挤压铸造法比较相近，但是真空压力浸渗法是要求在真空条件下，一般主要适用于钛基、铝基复合材料，因为设备的真空度很高，能有效防止基体合金与增强材料的高温氧化。真空压力浸渗法特别适合于制备高性能严要求的复杂结构的近净成形复合材料。但是对于此方法设备要求较高，制备的复合材料体积大小又受到真空设备的限制，因此生产成本较高，适合科研和小批量生产。国防科技大学对此开展了多年研究工作，制出了如图 10.34 所示的铝碳化硅复合材料组件外壳。

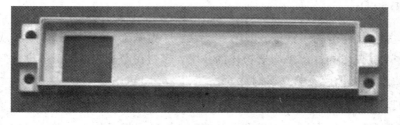

图 10.34　铝碳化硅复合材料组件外壳

真空压力浸渗还可用于复合不同的复合材料，即可以把金属基板、焊接层板等简单构件直接预埋在预制件中，通过压力浸渗连接成型，制成多层复合阶梯材料。在天线结构设计中，为满足星载、机载天线高可靠、轻量化的使用要求，天线内部的组件封装外壳需要保证力学性能与封装性能，而常用的单一封装材料如铝硅碳与铝硅都不能满足要求，必须采用真空压力浸渗把不同材料进行复合。某天线组件外壳采用铝硅碳与铝硅复合结构，如图10.35所示，采用真空压力浸渗成型，既保证了组件底壳的强度，同时又解决了组件盖板的激光封焊问题。

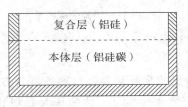

图 10.35　铝硅碳与铝硅复合结构

10.2.5　喷射成型

喷射成型合金成型工艺是指金属液体在惰性气体氛围中雾化后，形成颗粒喷射流，高速喷射到接收盘，凝固后形成喷射成型合金坯料。喷射成型合金具有高速凝固、高合金含量、高精度控制、高综合性能等特点。喷射成型金属材料的强度、塑性、耐磨性、耐热性等显著提高。

喷射成型可以突破铸造工艺极限数倍到数十倍，是生产特种功能材料的好方法，如组件的铝硅壳体，如图10.36所示。喷射成型铝硅壳体的工艺流程为：喷射成型、热等静压、切割成型。具有膨胀系数可调、导热性好、加工性能好、密度小等优点。

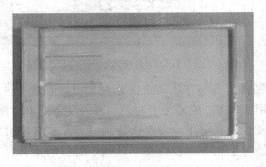

图 10.36　喷射成型的铝硅壳体

10.2.6　3D打印

3D打印是增材制造的一种，是以数字模型文件为基础，运用粉末状金属或塑料等可黏合材料，通过逐层打印的方式来构造物体的技术，起初在磨具制造、工业设计等领域被用于制造模型，后逐渐用于产品的直接制造。

1. 3D打印结构件

3D打印是利用设计出零件的三维实体模型，然后根据具体工艺要求，按照一定的厚度对模型进行分层切片处理,将其离散化为一系列二维层面,再对二维层面信息进行数据处理并加入加工参数,生成数控代码输入成型机,控制成型机的运动顺序完成各层面的成型制造,直到加工出与三维模型相一致的原型或零件。3D 打印的基本流程如图 10.37 所示。它可以自动而迅速地将设计思路转化为具有一定结构和功能的原型或直接制造零件,从而可以对产品设计进行快速评价、修改,以响应市场需求,它不需要传统方法所需求的大量工装模具,节省了成本,缩短了加工周期,实现了高效、低耗、智能化的目的。

三维建模　　　　增材制造　　　　后处理　　　　成品

图 10.37　3D 打印的基本流程

复杂结构件的 3D 打印在天线中的应用主要有薄壁喇叭与波导类、钛合金微波壳体、微通道冷板等。使用微滴喷射成型法打印的喇叭单元样件如图 10.38 所示,其内腔尺寸为 10 mm×10 mm,最小壁厚不大于 1 mm。

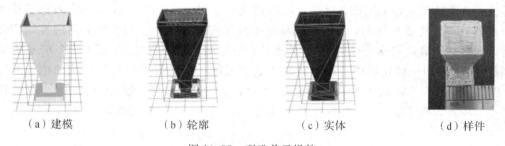

（a）建模　　　　（b）轮廓　　　　（c）实体　　　　（d）样件

图 10.38　喇叭单元样件

2. 3D 打印微波多层板

传统 PCB 多层板的制造工艺为:覆铜板导电图形制作—叠层热压—钻通孔—孔金属化—外层电路制作。随着雷达天线的研制周期不断缩短,要求实现电子电路装备快速研制,传统 PCB 多层板制造工艺的工序复杂、生产周期长等问题凸显出来。采用 3D 打印技术,快速打印电路板,可实现电路板模块的多品种、小型化、低成本、短周期、高质量及升级快的需求。3D 打印电路板的过程如图 10.39 所示。目前 3D 打印技术已能在数分钟内在柔性（或刚性）基板上打印、组装好一块电路板,如图 10.40 所示。

图 10.39　3D 打印电路板的过程

（a）电路板实物

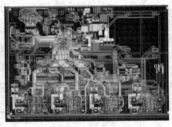
（b）电路板数模

（c）3D打印板

图 10.40　3D 打印的电路板

　　而针对 LTCC 多层基板的快速成型，已有基于数字光处理（DLP）技术的 3D 陶瓷打印机。采用喷印成型技术，其基本原理是基于微滴喷射（Micro-droplet Jetting）原理的一种成型方法，即用外力迫使成形材料以微细液滴（或液流）的形式从喷头腔的小孔（喷嘴）中射至底材上，形成二维图（形）文（字）、点阵或三维实体。这一方法具有分辨率高，喷射频率高，可用原材料广泛，集成度高，低能耗，低材料消耗，无腐蚀工艺，绿色环保，可一次成型多材料、多结构器件，可以在各种基材上制备电子器件，包括各种柔性基底材料等优点。由于基于 LTCC 技术的片式元件的封装尺寸已经达到了极限、工艺流程复杂，制造要求高、工艺柔性差，设计灵活性受限制，运用三维堆积成型原理结合 LTCC 技术与喷墨打印技术开发新的器件一体化成型技术，在同一成型室中打印陶瓷基板与金属导线，逐层打印陶瓷基板与金属导线，最终打印完成功能电子元件。采用喷印成型技术的 LTCC 多层基板如图 10.41 所示。采用一体化集成打印制造陶瓷电子元件技术能极大的简化传统的电子封装技术，提高生产效率、降低成本、安全环保、可靠性高，增加设计、制造的灵活性，对生产尺寸微小、高频、高可靠性、价格低廉和高集成度的电子元件有重大意义。

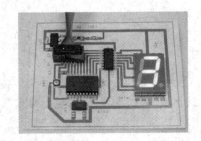

图 10.41　采用喷印成型技术的 LTCC 多层基板

3. 3D 打印天线

　　近年来 3D 打印技术快速发展，人们对 3D 打印的热衷似乎已不再满足于制作各类简单的模型，它不光可以打印出电子产品模型，还可以将其内部的电路打印出来，这种新型技术让 3D 打印完整电子产品成为现实。

　　3D 打印技术是将无机/有机功能材料以非接触沉积的形式在基板上形成电子电路与件的技术，与硅基微电子相比，具有大面积、柔性化和低成本的特点。

　　美国 NASA 的一次性喷墨打印成型柔性相控阵天线，由 16 个单元、金属互连打印银传输线和 64 个碳纳米管薄膜晶体管相移器组成，如图 10.42 所示。

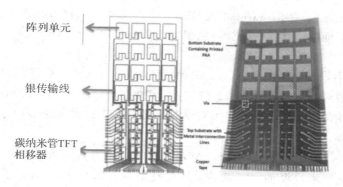

阵列单元

银传输线

碳纳米管TFT
相移器

图 10.42　NASA 的打印成型柔性相控阵天线

美国国防高级研究计划局（DARPA）的 X 波段薄型相控阵雷达与飞行器共形阵列天线，直接"粘贴"到大型结构件，如图 10.43 所示。雷神公司第四代共形阵技术，将共形阵列直接"粘贴"到空中和地面的大型结构件中，如图 10.44 所示。

图 10.43　DARPA 的 X 波段薄型共形阵列天线　　　图 10.44　雷神公司第四代共形阵技术

由于共形阵列天线较传统平板天线具有诸多优势，近年来美国、欧洲、日本正加速共形阵列天线设计、制造工艺、测试等研制工作，共形阵列天线正进入快速发展阶段。3D 电子打印技术将多种功能材料"打印"到刚性/柔性基材，实现复杂三维曲面加工，同时能够一次"打印"成型多组件，并且成本较低，为研制共形阵列天线开辟了新的思路。

10.2.7　微细加工

微细加工是指对小型工件进行的加工。微细加工技术是推动整个微电子、微机械、微系统发展的基础技术，它在实现产品的微小化、集成化、智能化中起着至关重要的作用。

有源相控阵雷达朝着高频段、多功能、高性能和高集成方向发展，使得天线部件的集成度不断提高，尺寸日趋微小化，然而微型化并不简单等同于外形尺寸上的缩小，其根本目的在于由微器件构成的系统能够有更高的技术集成度、更快的响应速度、更好的性能组合、更高的可靠性以及更低的价格。微细加工技术在提高机电产品的性能、质量和发展高新技术中起着关键作用，因而微细加工受到人们的高度重视，是当今制造业最为活跃的研究方向之一，已成为在国际竞争中取得成功的关键技术。

1. 定义及分类

从发展角度来看，微细加工分为传统加工和非传统加工：传统加工又称为微细机械加工，包括微细切削加工、微细磨削和研磨加工；非传统加工又称为特种加工，包括电火花、电子束（或离子束）刻蚀、激光（或超声）微细加工和扫描隧道显微镜（STM）加工等。从实现微结构的方式和途径来看，微细加工分为：

（1）自上而下或由大到小（Top - down）的微细加工方式，即通过材料的去除或堆积逐步形成所需要的微细结构或器件，如束流加工、切削加工、放电加工、刻蚀等许多方法都属于这一类。随着研究的深入开展和相关科学技术的进步，这类方法取得了很大进展，微细加工能力不断提高。

（2）自下而上或由小到大（Bottom - up）的微细加工方式，即通过原子、分子的移动、搬迁、重组来构成纳米尺度的微细结构，扫描隧道显微镜（STM）的原子搬移方法属于此类。这类方法可实现纳米加工，目前处于研究阶段。

2. 微细加工方法与应用

1）微细机械加工

由于机械加工切削力的产生一般认为不适于微型机械的加工制作，微细机械加工与传统机械加工有相同之处，但有很大区别。它以金属为加工对象，可制作毫米尺寸上下的微机械零件。这项技术包括微铣削、微孔钻削、微成行及无心磨削等。微细车铣床如图 10.45 所示。它的特点是三维立体加工，但是一般是单件加工、单件装配，费用较高。

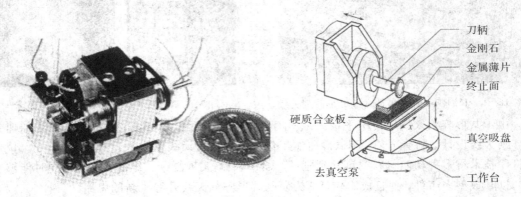

图 10.45　微细车铣床

LTCC 基板中直接制作微通道液冷流道，冷却效果好。微流道采用微细机械加工方法，截面为 0.4 mm～0.6 mm，如图 10.46 所示。经测试，其可满足热流密度 200 W/cm^2 的冷却需求。

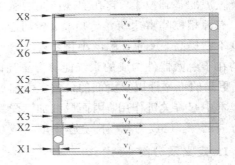

图 10.46　微通道液冷 LTCC 基板

2）微细电火花加工

电火花加工是指利用在低电压和高电流密度的放电过程中，每一次脉冲放电造成材料微团的去除和放电坑的产生，无数个相继产生的微小放电坑最后形成了所需要的最终形状和表面状态，其原理如图 10.47 所示。其特点是加工阻力极小，加工对象是金属等导电材料，主要用于加工微孔、槽、窄缝以及微电极、微冲头和定位销等微细轴类零件，加工孔径可达微米级，加工厚度可达毫米级，可实现三维微细加工，微细电火花加工的微细孔如图 10.48 所示。其缺点是不适合批量生产。

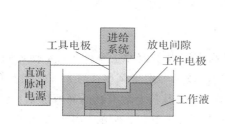

图 10.47　电火花加工原理　　图 10.48　微细电火花加工的微细孔

电火花切割加工，其原理是利用连续移动的细金属丝（称为电极丝）作为电极，对工件进行脉冲火花放电蚀除金属、切割成型，如图 10.49 所示。某天线冷板要求在厚度为 2 mm 的薄板上加工出 4 mm×1 mm 的矩形截面流道（如图 10.50 所示），流道加工是整个冷板的加工难点之一，最终采用钼丝切割保证了精度要求。

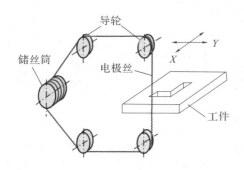
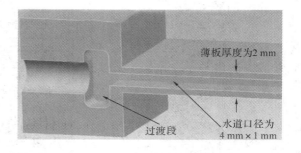

图 10.49　电火花切割加工原理　　图 10.50　矩形截面流道

3）激光微细加工

激光是一种具有亮度高、方向性好和单色性好的相干光，经聚焦后形成直径为亚微米级的光点，焦点处的功率密度可达到 10^8 W/cm$^2 \sim 10^{10}$ W/cm^2，温度高达 10 000℃以上，可在瞬间熔化和汽化各种材料。激光加工就是使材料局部加热，进行非接触加工，它适用于各种材料的微细加工，主要应用有打孔、焊接、修整、光刻等，图 10.51 为激光微细加工实例。目前，激光微细加工的尺寸可达亚微米级。用于微细加工的激光器主要有红宝石激光器、YAG 激光器、准分子激光器和氢离子激光器等。

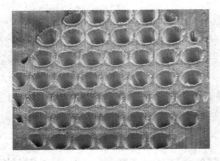

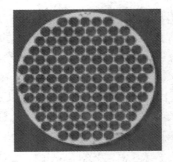

（a）陶瓷上打直径为25 μm的孔阵列　　　　（b）硅片上打直径为6 μm的孔阵列

图 10.51　激光微细加工实例

4）电子束和离子束微细加工

电子束加工是指在真空条件下，利用聚焦形成的高密度电子束冲击零件表面、使材料局部熔化和汽化来进行加工，其原理如图 10.52 所示。这一技术可用于某些微细加工，如打孔、切缝、刻蚀。在微米量级微细加工中，电子束可实现每秒数千孔甚至数万孔的高效加工。它也是一种重要的光刻技术。电子束光刻大规模集成电路过程如图 10.53 所示。离子束加工原理与电子束相似，也是束流经过加速、聚焦后冲击到材料表面。不同之处在于离子的质量要比电子大几个数量级，因此离子束具有更大的动能，主要是靠撞击效应来进行材料去除。在离子束加工中，其束流密度和离子能量可精确控制，所以离子刻蚀可以达到纳米级的加工精度。离子束的加工效率很低，适合于微量去除的场合。除了用于改变零件几何形状的目的外，离子束也用于表面性能增强，如离子镀膜和离子注入，同时也是一种有效的光刻手段。

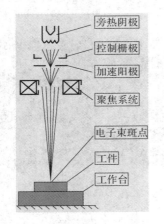

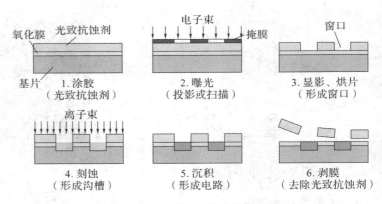

图 10.52　电子束加工原理　　　　图 10.53　电子束光刻大规模集成电路过程

5）超声微细加工

超声微细加工的实质就是在超声波振动作用之下磨粒的机械冲击、磨削等综合效应的结果，其中以磨粒的连续冲击作用为主。超声微细加工主要用于各种硬脆材料、如石英、玻璃、陶瓷、金刚石和硬质合金等加工，可加工出各种形状的型孔、型腔和成型表面。超声波加工原理与样件如图 10.54 所示。

超声微细加工的优点是，由于加工时刀具压力较小，因此工件表面的宏观切削力很小，切削应力、切削热很小，不会引起变形及烧伤，加工精度较高，一般可达到 0.02 mm～0.05 mm，表面粗糙度也较好，适用于加工薄壁、窄缝及低刚度等工件。缺点是生产效率较低。

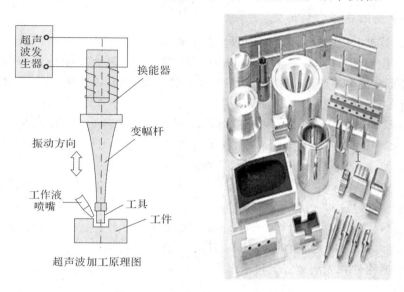

图 10.54　超声波加工原理与样件

6）LIGA 三维立体微细加工

LIGA 三维立体微细加工技术是光刻、电铸和模铸的复合微细加工技术，可制作各种三维立体微型构件，在微制造领域发挥着越来越重要的作用。

LIGA 技术的工艺流程如图 10.55 所示，包括三个主要工序：① X 射线光刻：以同步加速器放射的短波长 X 射线作为曝光光源，在厚度达 0.5 mm 的光致抗蚀剂上生成曝光图形的三维实体；② 电铸成型：用曝光蚀刻图形实体作电铸模具，生成铸型；③ 注塑成型：以生成的铸型作为模具，加工出所需微型零件。

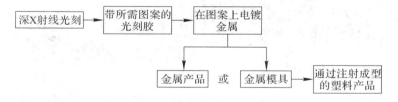

图 10.55　LIGA 技术的工艺流程

10.3　3D　封　装

未来有源相控阵天线的发展趋势是集天线、组件、馈网于一体的多功能综合一体化，要求天线模块实现更高的集成度和更小的尺寸。射频微系统作为构成有源相控阵天线的基本单元，提高其集成度，缩小尺寸是关键。射频微系统需要实现从芯片到模块、再到多通道系统的集成，目前传统的二维封装技术已达到理论上的最大封装密度，但仍然难以满足新一代深度集成相控阵天线的需求，所以高密度 3D 集成封装技术应运而生。

10.3.1 新封装技术

1. 几种常见的高级封装形式

三种封装形式示意图如图 10.56 所示，其分述如下：

（1）"封装上封装"（Package on Package，PoP）：即两个或两个以上已有的封装体进行垂直堆叠，该封装形式测试简便，有效提高了系统集成度，已经具备工程化应用，如图 10.56(a)所示。PoP 封装在某种程度上属于 3D 封装，但是在集成度方面不如以下两种封装形式。

（2）芯片系统集成（System on Chip，SoC）：从设计的角度出发，将各种不同功能模块集成在一块芯片上，在芯片上实现系统的功能，如图 10.56(b)所示。在理想的情况下，SoC 可以实现最低的成本、最小的尺寸和最优的性能。

（3）系统级封装（System in Package，SiP）：从封装的角度出发，各种不同功能模块（芯片）集成在一个封装体内，如图 10.56(c)所示。2005 年国际半导体技术发展路线图（ITRS 2005）在组装与封装（Assembly and Packaging）中对 SiP 的定义是："系统级封装是采用任何组合，将多个具有不同功能的有源电子器件、可选择性的无源元件以及诸如 MEMS 或者光学器件等其他器件首先组装成为可以提供多种功能的单个标准封装件，形成一个系统或者子系统"。

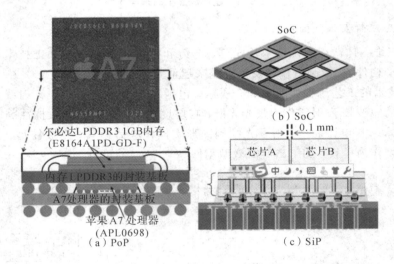

图 10.56　三种封装形式示意图

迄今为止，在 IC 芯片领域，SoC 是最高级的芯片；在 IC 封装领域，SiP 是最高级的封装。一方面，SiP 涵盖了 SoC；另一方面，SoC 也简化了 SiP。但是采用 SoC 的方案还无法解决非硅基芯片（如 GaAs、SiGe 芯片）和微机电系统（MEMS）芯片的异质集成。而 SiP 使用成熟的组装和互连技术，把各种集成电路如 CMOS 电路、GaAs 电路、GaN 电路、SiGe 电路或者光电子器件、MEMS 器件以及各类无源元件如电容、电感等集成到一个封装体内，实现整机系统的功能。经过十几年的发展，SiP 已经被学术界和工业界广泛接受，成为电子技术研究热点和技术应用的主要方向之一，也被认为代表了今后电子技术发展的主要方向之一。

2. 基于硅垂直通孔(TSV)技术的 3D 封装

随着集成电路的特征尺寸越来越小,"摩尔定律"似乎走到了尽头,平面集成电路面临巨大的挑战,作为最有前景的 SiP 封装结构,基于硅垂直通孔(TSV)技术的 2.5D 和 3D 集成封装技术受到越来越广泛的关注,如图 10.57 所示。2.5D 封装是采用具有 TSV 结构的硅转接板作为桥梁,进行多芯片高密度互连;3D 封装是自身具有 TSV 结构的芯片之间进行堆叠与高密度垂直互连。

图 10.57 2.5D 和 3D 集成封装技术

3. 封装技术发展趋势

高性能、小型化是所有电子产品持续不断的要求,其发展趋势是互连密度越来越大,而封装尺寸越来越小。电子封装结构已经由最初的单一芯片板级封装发展到多芯片封装(MCM),随着技术的进步,PoP、SiP、SoC 等高密度封装技术已经逐步得到应用。TSV 技术的出现使高密度垂直互连成为可能,真正意义上的 3D 封装时代即将到来。图 10.58 为电子封装结构发展路线图。电子封装结构随着技术进步而不断更新换代,并将继续向着高性能、高集成度、低成本的 3D 封装技术发展。

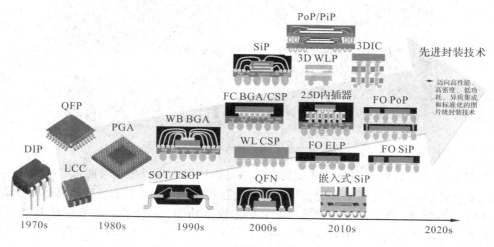

图 10.58 电子封装结构发展路线图

3D 封装技术发展的驱动因素:

(1)超越摩尔:集成电路特征尺寸已达到极限、成本不断攀升,采用新一代封装技术在提高系统性能的同时不断提高集成度。

(2)提高性能:缩短信号传输路径、提高处理速度、提高带宽、降低 RC 延迟、降低功耗等。

(3)异质集成:在一个封装体内,同时集成各种功能器件(RF 器件、存储器、逻辑器件、MEMS 等)、集成多种材料(Si、GaAs、GaN)。

(4) 成本控制:采用圆片级封装技术可有效降低成本。

10.3.2　3D 封装关键技术

3D 封装主要的工艺技术组成是:① 高深宽比 TSV 刻蚀工艺技术;② 高深宽比 TSV 绝缘层/阻挡层/种子层沉积技术;③ 高深宽比 TSV 填孔电镀技术;④ 薄膜多层布线技术;⑤ 微凸点(Cu Pillar)制备技术;⑥ 晶圆减薄及超薄晶圆处理技术;⑦ 芯片到晶圆微组装技术;⑧ 圆片键合技术;⑨ 圆片测试技术。

1. TSV 技术

目前电子产品先进的高密度集成封装技术层出不穷,而 TSV(Through Silicon Via,穿硅过孔)技术是目前最有希望超越"摩尔定律"并在未来主宰高密度 3D 封装微系统的新型技术。它与目前应用于多层互连的通孔有所不同,通孔的尺寸很小,直径通常仅为 $5~\mu m \sim 50~\mu m$,深度为 $10~\mu m \sim 200~\mu m$,普通的打孔工艺难以满足。TSV 工艺包括通孔刻蚀、通孔薄膜淀积、通孔填充、化学机械研磨等关键工序,其工艺流程如图 10.59 所示。

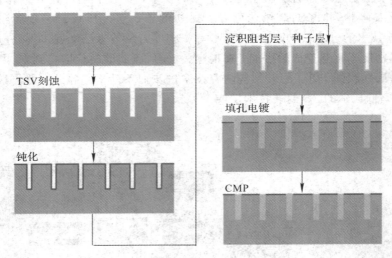

图 10.59　TSV 技术的工艺流程

TSV 技术为集成电路和其他多功能器件的高密度混合集成提供可能,它可实现芯片与芯片间垂直叠层互连,无需引线键合,有效缩短互连线长度,减少信号传输延迟和损失,提高信号速度和带宽,降低功耗和封装体积,是实现多功能、高性能、高可靠且更轻、更薄、更小的半导体系统级封装的有效途径之一。

2. 微凸点技术

为了进一步提高封装集成密度,通常 2D 封装技术所采用的引线键合带来的尺寸限制及可靠性问题不容忽视。与一般 2D 封装技术相比,倒装焊(Flip Chip)技术可以在纵深方向上得到更大的发展空间,而不会增加器件的投影面积,因此可以将组件制作得更加复杂,功能更多,并提高组件的集成度。该技术可以不需要额外的引线,在加工圆片时也不用考虑引线键合点的大小和位置,因此其内部互联线路更短、更有效,这样减少了寄生电容存在的可能性,提高了电路运行的速度和信号传输的可靠性。随着芯片密度越来越高,芯片之间的间距不断减少，铜柱（Cu Pillar）技术逐渐取代了锡铅凸点（Solder Bump），成为倒装焊工艺主流技术。铜柱尺寸更小，互连密度更高，采用电镀工艺批量制作，具有高尺寸一致性和低成本，其工艺流程如图 10.60 所示。得益于铜材料的特性，铜柱比焊料球具有更高的电导率和热导率，满足当前和未来的高密度封装需求。

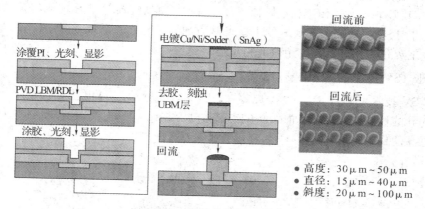

图 10.60　铜柱技术的工艺流程

3. 圆片级封装技术

圆片级封装（Wafer Level Package，WLP）技术以圆片为加工对象，在圆片上同时对众多芯片进行封装、老化、测试，最后切割成单个器件，是高端封装技术的重要组成部分。WLP 技术与 TSV 技术的结合，有效推动了 2.5D/3D 封装技术向低成本工程化应用的进程。图 10.61 为基于 TSV 技术的圆片级封装工艺流程。

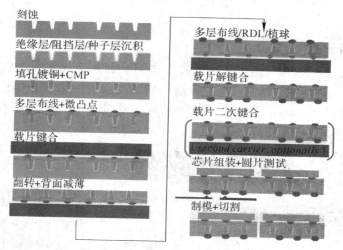

图 10.61　基于 TSV 技术的圆片级封装工艺流程

10.3.3　3D 封装技术的应用

硅转接板作为 2.5D/3D 集成封装的核心结构，通过 TSV 技术提供垂直互连大大缩短了连线长度。同时其热膨胀系数与芯片较好匹配，并兼容圆片级工艺和薄膜多层工艺，可取代陶瓷和有机基板，并且可集成无源器件、MEMS、腔体、微流道、多芯片，实现高性能异质集成。因此硅转接板拥有着广阔的应用与发展空间。

基于 TSV 技术的硅转接板（简称 TSV 硅转接板）的 2.5D/3D 封装已经在微机电（MEMS）、影像传感器（CMOS）以及存储器（FLASH、DRAM）等产品的大规模量产中广泛应用，并逐渐延伸至绘图芯片、多核处理器、电源供应器和功率放大器、FPGA 等芯片产品领域。目前，由逻辑组件、传感器、模拟组件、射频、微处理器等堆叠构成的多功能系统芯片将成为基于 TSV 技术的 3D 封装的主要发展方向。在射频微系统领域，2.5D/3D 封装技术还未出现工程化应用，但其应用研究报道已经越来越多。

1. 基于 TSV 技术的 3D 电感/电容

利用 TSV 技术可制备 3D 电感、电容，如图 10.62 所示。3D 电感、电容具有更小的尺寸和更加优异的性能。与传统平面结构的电感、电容相比，3D 电感具有更高的 Q 值、3D 电容也具有更高的比容值与 Q 值。

图 10.62　基于 TSV 技术的 3D 电感、电容

2. 3D 封装射频组件

德国 Fraunhofer 研究所报道了一种利用 TSV 硅转接板实现的圆片级异质集成射频发射组件，如图 10.63 所示。该结构在 TSV 硅转接板上通过两层薄膜布线技术实现无源器件集成，TSV 直径为 50 mm，发射芯片通过倒装焊技术组装在转接板上，微凸点采用电镀 SnAg 焊料，尺寸为 50 μm，组件对外接口为 250 μm BGA 球。

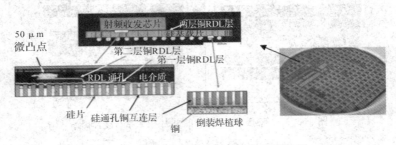

图 10.63　圆片级异质集成射频发射组件

法国 Thales 报道了一种 TSV 硅基气密封装无焊球结构 X 波段 SAR T/R 组件，如图 10.64 所示。该组件采用 500 μm 高阻硅作为转接板，TSV 直径为 200 μm，实现高低频信号垂直传输；MMIC 埋入转接板腔内，通过薄膜布线技术实现互连；采用具有 300 μm 深腔的低阻硅作为盖帽，通转接板键合后实现气密封装，同时具有侧墙隔离作用；该组件采用

焊盘为对外接口，焊盘面积较大，因此组件尺寸偏大，为 20 mm×20 mm×0.8 mm。该组件回波损耗优于 −20 dB，带宽为 10 GHz，满足航空航天需求。

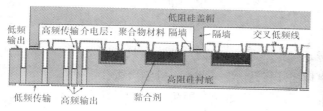

图 10.64　TSV 硅基气密封装无焊球结构 X 波段 SAR T/R 组件

LETI 公司与 IMEC 合作，研制了基于 TSV 硅转接板（Interposer）3D 封装的 T/R 组件（尺寸为 6.5 mm×6.5 mm×0.6 mm），如图 10.65 所示。TSV 硅转接板采用 120 μm）高阻硅材料，通过薄膜多层布线技术集成了天线系统，互连微凸点直径为 80 μm），收发射频芯片倒装于硅转接板上，硅转接板通过 BGA 与 PCB 连通。该组件的高频工作性能优异，阻抗匹配为 57 GHz~68 GHz（17.6%），57 GHz~66 GHz 的增益为 0~5.5 dB，效率大于 80%。在可靠性方面也显示出优异的性能，在未来毫米波相控阵天线应用中具有很大潜力。

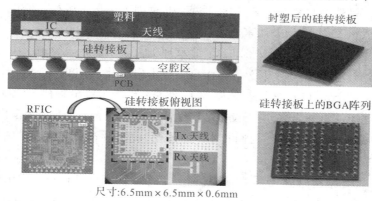

图 10.65　基于 TSV 硅转接板 3D 封装的 T/R 组件

Northrop Grumman 报道了一种圆片级封装的相控阵射频前端组件，如图 10.66 所示。该组件采用低温、气密圆片级封装技术，3D 异质集成了移相器、功放、天线等器件，通过 TSV 结构进行垂直互连。

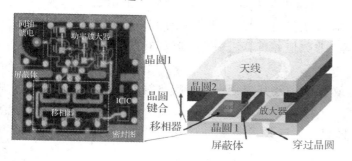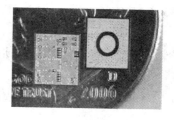

图 10.66　圆片级封装的相控阵射频前端组件

参 考 文 献

[1] 郦能敬. 预警机系统导论[M]. 北京：国防工业出版社，1998.

[2] 张光义，等. 空间探测相控阵雷达[M]. 北京：科学出版社，2001.

[3] 张光义，等. 相控阵雷达原理[M]. 北京：国防工业出版社，2009.

[4] 王小谟，张光义，王德纯，等. 雷达与探测[M]. 2版. 北京：国防工业出版社，2008.

[5] 胡明春，周志鹏，严伟. 相控阵雷达收发组件技术[M]. 北京：国防工业出版社，2010.

[6] 胡明春，周志鹏，高铁. 雷达微波新技术[M]. 北京：电子工业出版社，2013.

[7] 张润逵. 雷达结构与工艺[M]. 北京：电子工业出版社，2007.

[8] 朱序璋. 人机工程学[M]. 西安：西安电子科技大学出版社，2001.

[9] 刘谊才，李文庠. 工业产品造型设计[M]. 北京：科学出版社，1993.

[10] 陈震邦. 工业产品造型设计[M]. 北京：机械工业出版社，2005.

[11] 程能林. 产品造型材料与工艺[M]. 北京：北京理工大学出版社，2002.

[12] 丁玉兰. 人机工程学[M]. 北京：北京理工大学出版社，2000.

[13] 简召全. 工业设计方法学[M]. 北京：北京理工大学出版社，2000.

[14] 尹定邦. 设计学概论[M]. 长沙：湖南科学技术出版社，1999.

[15] 张光义，赵玉洁. 相控阵雷达技术[M]. 北京：电子工业出版社，2006.

[16] 邱成悌，赵惇殳，蒋全兴. 电子设备结构设计原理[M]. 南京：东南大学出版社，2001.

[17] 侯增祺，胡金刚. 航天器热控制技术：原理及其应用[M]. 北京：中国科学技术出版社，2007.

[18] 段宝岩. 天线结构分析、优化与测量[M]. 西安：西安电子科技大学出版社，1998.

[19] 王勖成，邵敏. 有限单元法基本原理和数值方法[M]. 北京：清华大学出版社. 1995.

[20] 张薇，薛嘉庆. 最优化方法[M]. 沈阳：东北大学出版社，2004.

[21] 何坚勇. 运筹学基础[M]. 北京：清华大学出版社，2008.

[22] 黄红选，韩继业. 数学规划[M]. 北京：清华大学出版社，2006.

[23] 梁尚明，殷国富. 现代机械优化设计方法[M]. 北京：化学工业出版社，2005.

[24] 邢文训. 现代优化计算方法. 2版[M]. 北京：清华大学出版社，2006.

[25] 康立山，谢云，尤矢勇，等. 非数值并行算法（第一册）：模拟退火算法[M]. 北京：科学出版社，1994.

[26] 李士勇，陈永强，李研. 蚁群算法及其应用[M]. 哈尔滨：哈尔滨工业大学出版社，2004.

[27] 谭建荣，刘振宇. 数字样机：关键技术与产品应用[M]. 北京：机械工业出版社，2007.

[28] 韩琪. 板壳件的虚拟装配物理仿真技术研究[M]. 西安：西安电子科技大学出版社，2006.

[29] 李天信. 基于装配特征的快速装配仿真技术研究及应用[M]. 西安：西安电子科技大学出版社，2006.

[30] 段宝岩. 电子装备机电耦合：理论、方法及应用. 北京：科学出版社，2011.

[31] 戈稳. 雷达接收机技术[M]. 北京：电子工业出版社，2005.

[32] 邹僖. 钎焊. 2 版[M]. 北京：机械工业出版社，1989.

[33] 中国电子学会生产技术学分会丛书编委会. 微电子封装技术[M]. 合肥：中国科学技术大学出版社，2003.

[34] 陈祝年. 焊接工程师手册[M]. 北京：机械工业出版社，2002.

[35] Harper C A. 电子封装与互连手册[M]. 贾松良，蔡坚，沈卓身，等，译. 北京：电子工业出版社，2009.

[36] 韦娟芳，等. 星载天线结构的发展趋势[J]. 空间电子技术，2002(1)：49－54.

[37] 李晨，张鹏，李松法. 芯片级集成微系统发展现状研究[J]. 中国电子科学研究院学报，2010，5(1)：1－4.

[38] 刘勇. 系统集成中的高阻硅 IPD 技术[J]. 现代电子技术，2014，37(14)：128－131.

[39] 杨建生. 微系统与中规模器件的封装技术设计[J]. 电子与封装，2011，11(5)：5－9.

[40] 吴曼青. 数字阵列雷达的发展与构想[J]. 雷达科技与技术，2008，16(6)：401－405.

[41] 李腾，刘静. 芯片冷却技术的最新研究进展及其评价[J]. 制冷学报，2004(3)：22－32.

[42] Ping Li, Di Zhang, Yonghui Xie. Heat transfer and flow analysis of Al_2O_3 - water nanofluids in microchannel with dimple and protrusion[J]. International Journal of Heat and Mass Transfer，2014(73)：456－467.

[43] Balasubramanian K, Lee P S, Teo C J, et al. Flow boiling heat transfer and pressure drop in stepped fin microchannels[J]. International Journal of Heat and Mass Transfer，2013(67)：234－252.

[44] 苏力争，钟剑锋，曹俊. 高导热 T/R 组件新型封装材料现状及发展方向[J]. 电子机械工程，2011，27(1)：7－12.

[45] 郝新峰，朱小军，严伟. 电子封装用硅铝合金的应用研究[J]. 电子机械工程，2013，29 (4)：49－54.

[46] Unnikrishnan V, Suresh V G, Jayathi Y M. Transport in flat heat pipes at high heat fluxes from multiple discrete sources [J]. ASME Journal of heat transfer，2004，126：347－354.

[47] 张梁娟，钱吉裕，魏涛，等. 微波功率组件基板热阻研究[J]. 电子机械工程，2012，28(6)：5－8.

[48] 房景仕，程辉明. 大角度折叠机构的系统设计[J]. 雷达科学与技术，2010，8(5)：480－485.

[49] 房景仕，张增太. 铰链四连杆机构在雷达设计中的分析与应用[J]. 机械制造与自动化，2007，(6)：55－56.

[50] 许平勇，卫国爱，潘玉龙，等. 液压翻转举升机构及油缸支点的设计[J]. 机械设计

与制造，2005，（11）：45-47.

[51] 夏勇，张增太. 高机动雷达自动架撤系统的设计[J]. 现代雷达，2006，28(10)：25-41.

[52] 张增太. 机动式雷达自动架撤系统的结构设计[J]. 雷达科学与技术，2004，2(6)：345-348.

[53] 张增太. 机动式 3D 雷达结构总体设计探讨[J]. 电子机械工程，2004，20(5)：11-13.

[54] 赖雄鸣，段吉安，朱伟. 多因素影响下的连杆机构可靠性分析[J]. 兵工学报，2012，33(4)：497-502.

[55] 吴文悌，付宝琴，王继龙. 空间连杆机构的公差设计[J]. 长安大学学报：自然科学版，2005，25(1)：97-100.

[56] 郭鹏飞，阎绍泽. 含间隙四连杆机构运动误差的 Monte Carlo 模拟[J]. 清华大学学报：自然科学版，2007，47(11)：1989-1992.

[57] 孟宪举，师忠秀，詹敏晶，等. 连杆机构运动误差概率特性分析[J]. 机械设计，2003，20(1)：47-52.

[58] Baruch M. Optimization procedure to correct stiffness and flexibility matrices using vibration tests[J]. AIAA Journal，1978，16(11)：1208-1210.

[59] Berman A. Mass matrix correction using an incomplete set of measured modes[J]. AIAA Journal，2012，17(17)：1147-1148.

[60] Berman A，Nagy E J. Improvement of a large analytical model using test data[J]. AIAA Journal，1983，21(8)：1168-1173.

[61] Kabe A M. Stiffness matrix adjustment using mode data[J]. AIAA Journal，1985，23(9)：1431-1436.

[62] 郑惠强，宓为建. 大型桥吊结构动力有限元模型修正[J]. 同济大学学报：自然科学版，2001，29(12)：1412-1415.

[63] 宗周红，高铭霖，夏樟华. 基于健康监测的连续刚构桥有限元模型确认（Ⅱ）：不确定性分析与模型精度评价[J]. 土木工程学报，2011，44(3)：85-92.

[64] Park G J. Analytic methods for design practice[M]. Springer-Verlag London Limited，2007.

[65] 陈新度，王石刚，张新访，等. 大型板结构的一种优化准则法[J]. 华中理工大学学报，1995，23(6)：75-78.

[66] 汪树玉，刘国华，包志仁. 结构优化设计的现状与进展[J]. 基建优化，1999，20(4)：3-14.

[67] Parsopoulos K E，Vrahatis M N. On the computation of all global minimizers through particle swarm optimization[J]. IEEE transactions on evolutionary computation，2004，8(3)：211-224.

[68] 杨云斌，王峰军，韦力凡，等. 数字样机技术在复杂产品工程设计中的应用[J]，机械设计与制造，2012，4：253-255.

[69] 何良莉，魏发远，王峰军. 虚拟布局/装配环境下的人机交互技术研究[J]. 机械设

计，2010，27(5)：86－89.

[70] 李勤. 三维数字样机在雷达结构设计制造中的应用[J]. 电子机械工程，2005，21(2)：27－33.

[71] 张红旗，程翔宇，陈帝江. 基于数字样机的雷达结构协同设计平台[J]. 机械与电子，2008(11)：73－75.

[72] 赵静. 结构数字化样机在舰载雷达上的探索[J]. 雷达与对抗，2013，33(4)：56－59.

[73] 李建广，夏平均. 虚拟装配技术研究现状及其发展[J]. 航空制造技术，2010(3)：34－38.

[74] 刘佳，刘毅. 虚拟维修技术发展综述[J]. 计算机辅助设计与图形学学报，2009，21(11)：1519－1534.

[75] 马麟，吕川. 虚拟维修技术的探讨[J]. 计算机辅助设计与图形学学报，2005，17(12)：2729－2733.

[76] 杨宇航，李志忠，郑力. 虚拟维修研究综述[J]. 系统仿真学报，2005，17(9)：2191－2198.

[77] Ruzz J. Antenna Tolerance Theory：A Review[J]. Proceeding of The IEEE，1966，54(4)：633－640.

[78] 吴祖权. 有源相控阵雷达阵面监测方法及其实验研究. 现代雷达，1998，20(5)：1－7.

[79] 吴曼青，王炎，蔡学明. 收发全数字波束形成相控阵雷达关键技术研究[J]. 系统工程与电子技术，2001(23)：45－47.

[80] 保宏，冷国俊，段学超，等. 大型相控阵天线结构保型设计研究[J]. 计算力学学报，2013，30(3)：444－448.

[81] 杨蓓蓓. 有源相控阵雷达天线实时校正方法[J]. 信息化研究，9(6)：27－30.

[82] 张令弥. 智能结构研究的进展与应用[J]. 振动、测试与诊断，1998，18(2)：79－84.

[83] 董聪，夏人伟. 智能结构设计与控制中的若干核心技术问题[J]. 力学进展，1996，26(2)：166－178.

[84] 李宏男，阎石，林皋. 智能结构控制发展综述[J]. 地震工程与工程振动，1999，19(2)：29－35.

[85] 刘福强，张令弥. 作动器/传感器优化配置的研究进展[J]. 力学进展，2000，30(4)：506－516.

[86] 王威远，魏英杰，王聪，等. 压电智能结构传感器/作动器位置优化研究[J]，2007，28(4)：1025－1029.

[87] 江卫，郭燕昌. 高精度多功能自适应相控阵天线的研究[J]. 现代雷达，1999(1)：58－65.

[88] 王从思，康明魁，王伟. 结构变形对相控阵天线电性能的影响分析[J]. 系统工程与电子技术，2013，35(8)：1644－1649.

[89] 李晓理，康运锋，胡广大. 多模型自适应控制算法的性能分析[J]. 系统仿真学报，2007，19(4)：815－819.

[90] 陆长胜，王耀青. 基于模糊控制的实时任务调度策略研究[J]. 工业控制计算机，2005，18(1)：23－25.

[91] 卜锋斌，蒋爱华. 自适应控制算法在振动主动控制中的应用[J]. 噪声与振动控制，2014，34(2)：46-49.

[92] Ray M C, Bhattacharyya R, Samanta B. Static analysis of an intelligent structure by the finite element method[J]. Computers & Structures, 1994, 52(4): 617 -631.

[93] Drozdov A D, Kalamkarov A L. Intelligent composite structures: General theory and applications[J]. International Journal of Solids and Structures, 1996, 33(29): 4411-4429.

[94] Ray M C, Rao K M, Samanta B. Exact solution for static analysis of an intelligent structure under cylindrical bending[J]. Computers & Structures, 1993, 47(6): 1031-1042.

[95] 唐宝富.复合材料在相控阵天线结构中的应用[J]. 电子机械工程，2002，18(3)：35-40.

[96] 李孝轩，胡永芳，禹胜林，等. 微波 GaAs 功率芯片的低空洞率真空焊接技术研究[J]. 电子与封装，2008，8(6)：17-20.

[97] 虞鑫海，陈洪江，刘万章. 新型导电胶粘剂的研制及其固化动力学研究[J]. 粘接，2010(7)：36-39.

[98] 刘运吉，杨道国，秦连城，等. 固化工艺参数对导电胶导电性的影响[J]. 电子元件与材料，2005，24(10)：20-22.

[99] Eric S E. Silicon Packaging and RF Solder-free Interconnect for X-band SAR T/R Module[M], Microwave Engineering Europe, 2001.

[100] 黄强，陆永超，王洋，等. 聚酰亚胺型导电胶装片固化工艺的研究[J]. 电子与封装，2003(5)：21-23.